国家出版基金项目
NATIONAL PUBLICATION FOUNDATION

国家出版基金资助项目
湖北省学术著作出版专项资金资助项目
数字制造科学与技术前沿研究丛书

机械动力学与振动基础及其数字仿真方法

韩清凯　翟敬宇　张　昊　编著

武汉理工大学出版社
·武汉·

内 容 提 要

本书面向现代数字制造科学与技术领域发展需要，能满足重大机械装备制造的机械动力学理论研究与工程分析需求。本书首先介绍了机械动力学与振动的发展历史、现状、研究方法及其发展趋势，然后给出了质点和刚体动力学、多刚体系统动力学、机械振动学等基础理论，接着对机械结构系统的刚柔耦合动力学、板壳结构动力学、转子系统和齿轮系统的动力学与振动理论进行了详细阐述，最后在非线性振动理论的基础上对多体系统、板壳结构、转子系统和齿轮传动系统等典型机械结构和系统的非线性动力学与振动问题进行了分析。本书还给出了相应的数字仿真方法及数值算例。

本书可供在重大机械装备数字化设计与制造相关工程与学科领域工作与研究的人员和学生参考。

图书在版编目(CIP)数据

机械动力学与振动基础及其数字仿真方法/韩清凯，翟敬宇，张昊编著. —武汉：武汉理工大学出版社，2016.12

(数字制造科学与技术前沿研究丛书)

ISBN 978-7-5629-4974-9

Ⅰ.①机… Ⅱ.①韩… ②翟… ③张… Ⅲ.①机械动力学—机械振动—数字仿真—方法研究 Ⅳ.①TH113

中国版本图书馆 CIP 数据核字(2016)第 269800 号

项目负责人：田 高 王兆国　　**责任编辑**：李兰英

责任校对：夏冬琴　　**封面设计**：兴和设计

出版发行：武汉理工大学出版社(武汉市洪山区珞狮路 122 号 邮编：430070)

http://www.wutp.com.cn

经 销 者：各地新华书店

印 刷 者：武汉中远印务有限公司

开　　本：787×1092 1/16

印　　张：17

字　　数：440 千字

版　　次：2016 年 12 月第 1 版

印　　次：2016 年 12 月第 1 次印刷

印　　数：1—1500 册

定　　价：68.00 元

凡购本书，如有缺页、倒页、脱页等印装质量问题，请向出版社发行部调换。

本社购书热线电话：027-87515778 87515848 87785758 87165708(传真)

数字制造科学与技术前沿研究丛书
编审委员会

总　序

当前，中国制造2025和德国工业4.0以信息技术与制造技术深度融合为核心，以数字化、网络化、智能化为主线，将互联网＋与先进制造业结合，正在兴起全球新一轮数字化制造的浪潮。发达国家特别是美、德、英、日等制造技术领先的国家，面对近年来制造业竞争力的下降，最近大力倡导“再工业化、再制造化”的战略，明确提出智能机器人、人工智能、3D打印、数字孪生是实现数字化制造的关键技术，并希望通过这几大数字化制造技术的突破，打造数字化设计与制造的高地，巩固和提升制造业的主导权。近年来，随着我国制造业信息化的推广和深入，数字车间、数字企业和数字化服务等数字技术已成为企业技术进步的重要标志，同时也是提高企业核心竞争力的重要手段。由此可见，在知识经济时代的今天，随着第三次工业革命的深入开展，数字化制造作为新的制造技术和制造模式，同时作为第三次工业革命的一个重要标志性内容，已成为推动21世纪制造业向前发展的强大动力，数字化制造的相关技术已逐步融入制造产品的全生命周期，成为制造业产品全生命周期中不可缺少的驱动因素。

数字制造科学与技术是以数字制造系统的基本理论和关键技术为主要研究内容，以信息科学和系统工程科学的方法论为主要研究方法，以制造系统的优化运行为主要研究目标的一门科学。它是一门新兴的交叉学科，是在数字科学与技术、网络信息技术及其他（如自动化技术、新材料科学、管理科学和系统科学等）与制造科学与技术不断融合、发展和广泛交叉应用的基础上诞生的，也是制造企业、制造系统和制造过程不断实现数字化的必然结果。其研究内容涉及产品需求、产品设计与仿真、产品生产过程优化、产品生产装备的运行控制、产品质量管理、产品销售与维护、产品全生命周期的信息化与服务化等各个环节的数字化分析、设计与规划、运行与管理，以及整个产品全生命周期所依托的运行环境数字化实现。数字化制造的研究已经从一种技术性研究演变成为包含基础理论和系统技术的系统科学研究。

作为一门新兴学科，其科学问题与关键技术包括：制造产品的数字化描述与创新设计，加工对象的物体形位空间和旋量空间的数字表示，几何计算和几何推理、加工过程多物理场的交互作用规律及其数字表示，几何约束、物理约束和产品性能约束的相容性及混合约束问题求解，制造系统中的模糊信息、不确定信息、不完整信息以及经验与技能的形式化和数字化表示，异构制造环境下的信息融合、信息集成和信息共享，制造装备与过程的数字化智能控制、制造能力与制造全生命周期的服务优化等。本系列丛书试图从数字制造的基本理论和关键技术、数字制造计算几何学、数字制造信息学、数字制造机械动力学、数字制造可靠性基础、数字制造智能控制理论、数字制造误差理论与数据处理、数字制造资源智能管控等多个视角构成数字制造科学的完整学科体系。在此基础上，根据数字化制造技术的特点，从不同的角度介绍数字化制造的广泛应用和学术成果，包括产品数字化协同设计、机械系统数字化建模与分析、机械装置数字监测与诊断、动力学建模与应用、基于数字样机的维修技术与方法、磁悬浮转子机电耦合动力学、汽车信息物理融合系统、动力学与振动的数值模拟、压电换能器设计原理、复杂多环耦合机构构型综合及应用、大数据时代的产品智能配置理论与方法等。

围绕上述内容，以丁汉院士为代表的一批我国制造领域的教授、专家为此系列丛书的初步形成，提供了他们宝贵的经验和知识，付出了他们辛勤的劳动成果，在此谨表示最衷心的感谢！

《数字制造科学与技术前沿研究丛书》的出版得到了湖北省学术著作出版专项资金项目的资助。对于该丛书，经与闻邦椿、徐滨士、熊有伦、赵淳生、高金吉、郭东明和雷源忠等我国制造领域资深专家及编委会讨论，拟将其分为基础篇、技术篇和应用篇 3 个部分。上述专家和编委会成员对该系列丛书提出了许多宝贵意见，在此一并表示由衷的感谢！

数字制造科学与技术是一个内涵十分丰富、内容非常广泛的领域，而且还在不断地深化和发展之中，因此本丛书对数字制造科学的阐述只是一个初步的探索。可以预见，随着数字制造理论和方法的不断充实和发展，尤其是随着数字制造科学与技术在制造企业的广泛推广和应用，本系列丛书的内容将会得到不断的充实和完善。

《数字制造科学与技术前沿研究丛书》编审委员会

前　言

随着新一轮科技革命和产业变革的兴起，全球制造业呈现出以数字化、网络化、智能化为核心的新特征。2015 年 4 月，国务院提出了“中国制造 2025”战略规划，力争到 2025 年从制造大国迈入制造强国的行列。我国目前在重大工程、航空航天、能源开发、海洋工程等许多重要工业领域都对重大机械装备有十分迫切的需求，并且这些重大装备不断追求极限功能，向更高速、更精准、更安全可靠、更节能环保的方向发展，这些都对机械设计制造提出了新的要求和一系列迫切需要解决的科学与技术难题。另外，在国内外相关学科领域发展前沿，数字化机械设计与制造理论及技术已经是诸多领域的重要基础和核心，并且在国民经济和国家安全中具有举足轻重的地位和作用。

机械动力学与振动理论在机械设计与制造中起到了关键性作用，决定着装备本质性的功能和质量。因此，面向我国重大机械装备制造业的实际需求以及理论与技术的国际发展前沿，以典型机械结构与系统的动力学特性与振动问题为对象，凝练机械结构和系统的动力学与振动的基础理论，解决机械结构和系统的动力学与振动的理论分析及数字仿真技术难题，形成相对完善的机械动力学与振动基础理论及仿真分析方法体系，对于数字制造科学与技术、重大机械装备设计与制造等学科发展、满足工程应用需求具有重要意义。

机械动力学研究机械在运转过程中的受力、机械中各构件的质量与机械运动之间的相互关系，是现代机械设计的理论基础。机械动力学理论主要包括机械运转过程中能量的平衡和分配关系、机械系统的运动规律、各构件之间的相互作用、回转构件和机构平衡的理论及方法等，通过动力学分析以达到机械的运动学和动力学设计要求。

当前，机械动力学的研究对象已经扩展到包括不同类型的动力机械和不同特性的控制调节装置在内的复杂机电系统。在高速精密机械设计中，为了保证机械运动的精确度和稳定性，构件的弹性效应已成为设计中不可忽视的重要因素。在某些机械设计中，变质量变刚度等时变系统的机械动力学问题十分突出。面向复杂机械结构和系统的数值模拟理论和方法及相应的测试试验技术，也成为机械动力学研究的重要手段。

机械动力学原则上包含着机械振动的分析。随着重大机械装备的发展和振动理论与技术的进步，机械振动已经发展成为自成体系的一门学科。机械振动一般是指物体或质点在其平衡位置附近所做的往复运动。振动量如果超过允许范围，机械设备将产生较大的动载荷和噪声，从而影响其工作性能和使用寿命，甚至导致零部件失效。由于机械结构日益复杂，运动速度日益提高，振动的危害更为突出。在机械工程领域，除固体振动外还有流体振动及固体和流体耦合的振动等。

自从 17 世纪惠更斯首次提出物理摆理论、创制单摆机械钟以来，机械振动问题就是一个重要的理论和技术研究热点领域。长期以来，人们关心的机械振动问题主要集中在避免共振上，研究的重点仍然是机械结构与系统的固有频率和振型问题。20 世纪 30 年代，机械振动的研究由线性振动发展到非线性振动。20 世纪 50 年代，机械振动的研究则发展到用概率和统计方法描述的随机振动。近十几年来，计算机技术的发展，使大型复杂机械结构系统的多自由度振动分析计算成为可能，使复杂机械结构系统以及多场耦合振动的数值模拟与仿真技术得到了跨越式发展，机械振动分析与数值模拟已经成为现代机械设计的重要工具。

本书首先简要介绍了机械动力学与振动的发展历史、现状、研究方法及其发展趋势，强调了在机械工程领域的重要意义，以及对数字制造科学与技术发展的重要支撑作用。然后，介绍了质点和刚体动力学、多刚体动力学、机械振动学等基础理论。对机械结构系统的刚柔耦合动力学、板壳结构动力学、转子系统和齿轮系统的动力学与振动理论进行了详细阐述。最后介绍了非线性动力学与振动基本理论，并对大变形薄板结构和转子系统的非线性问题进行了分析。

为了对机械动力学与振动问题进行定性和定量的理论研究与深入分析，本书引入了针对不同动力学与振动分析研究的数字仿真方法，并给出了相应的算例。这些算例可以为读者准确理解理论要点、快速掌握分析手段提供支持。

本书得到了国家自然科学基金(项目编号:51175070、11472068)、国家重点基础研究发展计划("973 计划")(项目编号:2012CB026000-05、2013CB0354-02)、湖北省学术著作出版专项资金等的支持。本书由韩清凯教授、翟敬宇博士、张昊博士负责编著完成，王美令博士、杨铮鑫博士、宋旭圆博士等参与了本书有关内容的编写。本书的许多工作还是在湖南省"芙蓉学者计划"的支持下，由作者和湖南科技大学机械工程学院的部分老师如李学军教授、蒋玲莉博士、何宽芳博士、沈意平博士等共同完成。作者还特别感谢大连理工大学、东北大学、沈阳化工大学、大连交通大学等单位的同行专家。由于水平有限，本书难免存在一些错误和不妥之处，敬请广大读者批评指正。

作　者

2015 年 10 月 25 日

目　　录

上篇　基础理论

中篇　机械结构与系统动力学

下篇 非线性振动与分岔混沌

1 绪　论

机械动力学与振动是现代机械数字化设计与制造的基础理论体系的重要组成部分之一。机械动力学是研究机械在运转过程中的受力、机械中各构件的质量与机械运动之间的相互关系，主要包括机械运转过程中能量的平衡和分配关系、机械系统的运动规律、各构件之间的相互作用、回转构件和机构平衡的理论和方法等，通过动力学分析以达到机械的运动学和动力学设计要求。机械动力学原则上也包含对机械振动的分析。机械振动一般是指物体或质点在其平衡位置附近所做的往复运动。现代机械的振动问题越来越突出，除固体振动外还有流体振动以及固体和流体的耦合振动等。

本章从机械动力学与振动基础理论的发展历程、机械结构系统动力学与振动问题的典型应用分析、机械动力学与振动问题的数值模拟方法三个方面进行综合评述。

1.1 机械动力学与振动基础理论发展历程

1.1.1 机械动力学理论的发展历程

力学是物理学的一个重要分支，它研究物体受到力的作用时的静止或运动状态。工程力学可以分为两个领域，即静力学和动力学。静力学是研究静止或匀速运动的物体在力的作用下处于平衡状态的规律，以及如何建立各种力学的平衡条件。动力学主要研究作用于物体的力与物体运动状态的关系。对工程力学做出最重要贡献的科学家是牛顿(Isaac Newton，1642—1727)，他提出了力学的三个基本定律和万有引力定律。此后，很快在此基础上，欧拉(Euler)、达兰贝尔(D′Alembert)、拉格朗日(Lagrange)等发展了动力学中可以实用的重要理论技术。

从历史上讲，动力学理论的形成起始于能够对时间进行精确测量的时代，伽利略(Galileo Galilei，1564—1642)是最早对动力学理论做出贡献的科学家。人们对电机、泵、机床、工业机械臂和各种各样的机械设备或装备，甚至对诸如卫星、导弹、太空飞行器的运动预测是基于动力学理论的。随着高科技的飞速发展，人们对动力学理论的需求更为迫切。动力学(广义)的研究内容分为两部分，即运动学和动力学(狭义)，前者分析运动的几何特征，后者则是分析引起运动的力。动力学理论特别是其基本概念和内涵，体现在具有基础性的质点动力学和平面或空间刚体动力学的分析中。

1.1.2 振动基础理论的发展历程

振动学也是力学的一个重要组成部分，可以认为也属于动力学领域，但又有其侧重和特点，自成体系。机械振动是指物体或质点在其平衡位置附近所做的往复运动。振动的研究包括两方面，即物体的振荡运动和作用在其上的力。一般地，所有具有质量和弹性的物体都具有产生振动的能力。在大多数机械装备和结构设计中，都要考虑其振动特性。

机械振动有不同的分类方法。按产生振动的原因可分为自由振动、受迫振动和自激振动；按振动的规律可分为简谐振动、非谐周期振动和随机振动；按振动位移的特征可分为扭转振动和直线振动；按其参数的分布性质可分为离散系统的振动和连续系统的振动；按其稳定性质可分为稳定振动和非稳定振动；按其参数随时间变化的性质可分为定常振动和时变振动。

工程实际中的振动系统，其性能参数一般不随时间而变化，大多属于微幅振动。这样，大多数问题可以近似地被简化为线性问题来处理。非线性振动一般是指恢复力与位移不成正比或阻尼力不与速度一次方成正比的系统的振动。尽管线性振动理论早已相当完善，在工程上已被广泛应用，但很多时候按线性问题处理会引起较大误差，甚至会出现本质的差异。非线性振动在振动系统的分析与动态设计中具有重要价值。

人类对振动现象的认识有着悠久的历史。伽利略于 1581 年发现了摆的等时性，1673 年惠更斯利用几何方法得到单摆振动周期的正确公式，1687 年牛顿考察了单摆在有阻尼介质中的运动；1636 年梅森报告了弦振动的实验研究，1638 年伽利略也明确了弦线振动与其长度、密度和张力的关系。振动理论的物理基础是 1678 年胡克(Hooke)提出的弹性定律，即建立了弹性体变形与恢复力之间的线性关系，引入了振动系统的弹簧概念。此后，牛顿建立了运动变化与受力之间的基本定律，提出了质量概念。牛顿还假设了介质阻尼与速度或速度平方成正比的阻尼概念。到了 18 世纪，线性振动理论已经从物理学中独立出来，并且与数学中的常微分方程和偏微分方程同步发展。离散系统的振动理论在 18 世纪就基本成熟。

在连续体振动理论方面，弦线振动理论也于 18 世纪建立。1746 年，达兰贝尔导出了弦线振动的波动方程并求出了行波解，1753 年，伯努利(Daniel Bernoulli)用无穷多个振型模态叠加得到了弦线振动的驻波解，更有效的数学工具直到 1811 年傅里叶(Fourier)提出函数的三角级数展开形式才出现。1744 年，欧拉研究了梁的横向振动，导出了自由、铰支和固定三种边界条件下的振型函数和频率方程。1916 年，铁摩辛柯(Timoshenko)对截面转动和剪切变形的影响进行了修正。1828 年，纳维(Navier)建立了板弯曲振动的严格理论并研究了三维弹性体的振动。三维弹性体振动理论由泊松(Poisson)于 1829 年和克莱布希(Clebsch)于 1862 年分别建立。

面向工程的振动理论还有一个重要特点，即发展各种近似方法以满足实际需要。1945 年普罗尔(Prohl)用离散化方法分析连续梁，1950 年汤姆孙(Thomson)用矩阵重新表述该方法并形成传递矩阵法。1873 年瑞利(Rayleigh)基于动能和势能分析给出了确定系统基频的近似方法，1909 年里茨(Ritz)推广了该方法以求解几个低阶固有频率。1925 年奥勒特(Oehler)用里茨法研究了汽轮机叶片振动。1943 年柯朗(Courant)基于最小势能原理并采用三角形单元组成分区近似函数来讨论柱体扭转。1956 年特纳(Turner)等把处理杆结构的方法用于连续体力学问题，形成了有限元法。到如今，有限元法已经被广泛应用于振动问题，成为最重要的机械振动分析的数值方法。

在非线性振动方面，惠更斯于 1673 年发现摆的大幅振动不具有等时性，1749 年欧拉研究的压杆失稳所涉及的平衡点分岔，具有典型的非线性系统的动力学特征。非线性振动的系统研究始于19世纪的天体力学问题，20世纪70年代后期发展成为以混沌问题为核心的非线性动力学，成为新兴交叉学科非线性科学的重要组成部分。在非线性动力学定性分析发展历史上，比较有代表性的成果如下所述：1868年马蒂厄(Mathieu)在研究椭圆薄膜振动时给出了以余弦函数为系数的常微分方程。1883年弗洛凯(Floquet)证明了系数为周期函数的高阶线性微分方程周期解的存在性。1881—1886年期间，庞加莱(Poincaré)讨论了三阶系统的奇点分类，提出了极限环的概念，研究了分岔问题，形成了非线性问题的定性理论。1948年，霍普夫(Hopf)探讨了由定态变为周期运动的机制，即Hopf分岔。

在非线性振动的近似解析方法方面，1830年泊松在研究摆振动时提出了摄动法的基本思想。1883年林德施泰特(Lindstedt)把振动频率按小参数展开，解决了长期项问题。1918年达芬(Duffing)在研究硬式弹簧的非线性振动时采用了谐波平衡法。1920年范德波尔(Van der Pol)提出了慢变系数法的思想，1934年克雷洛夫(Krylov)和博戈柳博夫(Bogoliubov)将其发展成为适用于一般弱非线性系统的平均法，1947年米特罗波利斯基(Mitropolsky)又将其发展为可求任意阶近似的渐近法，并逐渐形成了可求解非定常振动的KBM法。20世纪70年代，奈弗(Nayfeh)在非线性振动的多尺度法方面做了大量工作，这一方法得到了广泛应用。

在非线性振动领域，同样包含非线性科学中有关混沌(chaos)研究的重要内容。混沌是指在确定性动力学系统中出现的一种貌似随机的运动。在某些非线性系统中，会因初始值小的扰动而引起运动过程产生很大的变化，即存在初值敏感性。混沌是比分岔更为复杂的一类非线性现象，没有明显的周期和对称性，是一种具备丰富的内部层次的有序状态。混沌现象最初是由洛伦茨(Lorenz)于20世纪60年代在研究大气流动问题时发现的。约克(York)在1975年的论文《周期3则混沌(chaos)》中引入了“混沌”这个名称。1976年梅(May)在对季节性繁殖的昆虫的模拟研究中揭示了通过倍周期分岔达到混沌这一途径。1978年费根鲍姆(Feigenbaum)重新对梅的虫口模型进行计算机数值实验时发现了称之为费根鲍姆常数的两个常数。曼德尔布罗特(Mandelbrot)用分形几何描述一大类复杂无规则的几何对象，说明奇异吸引子具有分数维。20世纪70年代后期，科学家们在许多确定性系统中都发现了混沌现象。目前用来识别混沌的方法主要有三种，即功率谱法、相空间重构法和李雅谱诺夫指数法(Lyapunov Exponents)，后者是定量刻画复杂动力学性态规则性程度的一个量。由于混沌系统的初值敏感性，那些初始状态比较接近的轨迹总体上会指数发散，李雅谱诺夫指数描述了这种轨迹收敛或发散的比率，当同时存在正负李雅谱诺夫指数时，便意味着混沌的存在。

1.2 机械结构系统动力学与振动问题的典型应用

上节对机械动力学与振动基础理论的发展历程进行了概述。面向工程实际需求，机械动力学与振动理论具体应用的领域应具有典型性、独特性和代表性。在这里，主要包括以机器人或机械臂为代表的多体系统、以板壳结构为代表的机械结构、以转子系统和齿轮传动系统为代表的复杂机械系统，评述其动力学与振动，以及它们可能涉及的非线性振动问题。

1.2.1 工业机器人的多体动力学问题

当前,工业机器人日益成为能够代替人类工作的机械装置。机器人是具有可编程的或具有智能控制能力的、能执行某些操作作业或移动动作的自动控制机械。在机器人领域,工业机械臂(操作手)在工业领域中应用最为广泛。很多机械臂由机座、腰部、大臂、小臂、腕部和手部构成,大臂与小臂一般以串联方式连接,也称为串联机械臂。从机械原理角度,一个串联机械臂就是由关节将刚性连杆连接在一起的连杆机构。基于制造和控制操作相对简单等方面考虑,机械臂通常只包括旋转或移动的关节和相互垂直或平行的轴线。

在工业机器人特别是机械臂的发展过程中,多体系统动力学得到了广泛应用。利用动力学理论,可以分析其各个杆件的位移、速度、加速度及其运动轨迹,寻求并获得理想的机械臂运动学和动力学参数,使得机器人系统在最佳状态下工作。

柔性机械臂与刚性机械臂相比,具有可实现高速操作的能力、较高的负载自重比、较低的能耗和更大的工作空间等优点。但是由于柔性机械臂会产生弹性变形,因此柔性机械臂是一个非常复杂的多体动力学系统,其动力学方程具有高度非线性、强耦合以及时变等特点,是目前研究的热点。柔性机械臂的动力学分析还涉及动特性分析与动态设计理论与方法,包括结构动力修改、再设计和结构重分析等。

1.2.2 板壳结构的动力学与振动问题

在机械装备中大量存在着板壳类结构。在工程中,板壳结构的动力学与振动问题十分突出。常规的板壳理论是弹性力学基本理论具体应用到板壳结构中的一种工程简化理论。板壳理论以弹性力学与若干工程假设(Kirchhoff 假设、Kirchhoff-Love 假设等)为基础,研究工程中的板壳结构在外力作用下的应力分布、变形规律和稳定性。

板壳结构动力学与振动的研究已经有一个世纪的历史。其中最主要的贡献来自于铁摩辛柯的板壳振动理论,以及 Mindlin-Reissner 理论的引入弥补了薄板理论的不足。

1874 年,阿兰(Aron)将薄板理论中的 Krichhoff 假设推广到壳体,给出了五个描述壳体振动的方程。1882 年,瑞利将壳体分为两类,一类中面不能延伸,弯曲是主要的考虑因素,另一类只考虑中面的延伸而忽略弯曲刚度。1888 年,勒夫(Love)修正了这一理论并形成了广泛采用的壳体理论。在实际应用中,为了方便计算,往往根据具体问题进行某种近似,这样也就形成了后来的各种圆柱壳理论,主要有针对圆柱壳小挠度问题的 Flügge 圆柱壳理论,在 Flügge 壳体理论基础上考虑扁柱面壳的几何特性和 Sander 几何大变形关系而建立的 Donnell 圆柱壳理论,以及考虑剪切效应的 Reissner 壳体理论等。在板壳结构非线性振动方面,冯·卡门(Von Karman)是板壳非线性理论的奠基者。1941 年,他和钱学森在求解 Donnell(唐奈)大挠度方程的基础上提出了非线性理论。1981 年,赛德尔(Werner Soedel)出版了壳和板线性振动的研究专著 *Vibrations of Shells and Plates*,研究了壳和板的固有频率和固有振型、简化壳方程、近似求解方法、圆柱壳的受迫振动(振型叠加法)、动态影响函数、力矩载荷问题、存在初始应力时壳和板的振动问题等。我国的曹志远等人于 20 世纪 80 年代出版了专著《板壳振动理论》,系统介绍了壳体动力学基本理论和研究方法。目前,板壳振动理论仍在发展,多层板与智能材料结构、复合材料板壳结构为这一领域的研究带来了新的挑战。

1.2.3 转子系统动力学与振动问题

旋转机械在工业部门中被广泛应用，重大旋转机械设备如航空发动机、火箭发动机、汽轮机、压缩机、鼓风机、给水泵、核主泵等，在航空航天、能源动力、交通运输等行业中发挥着重要的作用。旋转机械中的转轴以及安装在其上的叶片、轮盘或叶轮等旋转类部件统称为转子系统。转子系统是旋转机械的核心结构系统，航空发动机、汽轮机、压缩机等典型旋转机械都是以转子系统作为功能实现的主体，也是要求确保安全运行的关键对象。由于很多情况下轴承、轴承座等相关结构对转子的动力学特性有较大影响，也可以将轴承、支承甚至机械基础纳入转子系统。转子动力学就是处理机械装置中的旋转部件即转子(由铰接或轴承支承、以一定角动量绕定轴回转的旋转部件)的相关动力学问题的学科，是机械系统动力学的一个分支。

转子动力学的研究已经有上百年的历史。1869 年兰金(Ran Kine)关于旋转轴的离心力的论文是关于转子动力学研究的开端，兰金定义了柔性旋转系统的所谓临界转速。19 世纪末蒸汽轮机的发展，促进了对高转速机器有关的动力学问题的研究。拉伐尔(De Laval)正确地分析了超过临界转速后转子的行为，成功设计了著名的乳酪分离器和蒸汽轮机。从此，涡轮机械的成功设计都离不开对于转子动力学的全面掌握。弗普尔(Foeppl，1895)，贝里佐(Belluzzo，1905)，斯托多拉(Stodola，1905)，杰夫考特(Jeffcott，1919)等最早完成了有关过临界运行的理论解释。早期的实际转子都相对简单，可以用简单的模型如杰夫考特(Jeffcott)转子模型来定性地解释许多重要的实际特征，包括过临界状态的自定心、转子阻尼与静子阻尼不同的影响规律等。

20 世纪初期，燃气轮机与航空发动机的发展进一步推动了转子动力学的研究，研究内容和方向进一步细化，形成了相应的解析理论和分析方法。人们对转子系统的集中质量模型作了很多简化，偏重于定性分析。传递矩阵法适合于分析具有复杂链式结构的转子系统的固有特性。随着有限元技术的发展，利用有限元进行转子系统的建模和动力学分析越来越重要。采用有限元法可以实现对转子系统复杂结构的建模，也可以引入陀螺效应、轴向载荷、内外阻尼、剪切变形以及轴承、基础弹性等因素，实现对流固耦合和多场边界条件的处理，且可以获得足够的建模精度以分析较宽频率范围内的动态特性和动态响应。纳尔逊(Nelson)较早采用了有限元法进行转子系统动力学研究，在拉兰纳(Lalanne)和蔡尔德(Childs)的转子动力学著作中均以有限元模型为基础。根塔(Genta)利用旋转机械整机有限元模型，可以分析常规的转子动力学特性，如临界转速、坎贝尔图、不平衡响应，还可以进一步分析零部件应力以及多工况和多场耦合作用。肯森斯基(Kicinski)详细介绍了以有限元法为基础、进行转子-轴承-支承系统建模以及非线性响应分析的理论与方法，并在汽轮发电机组轴系设计与故障诊断中加以应用。费舍(Fischer)等采用有限元法分析了滚动轴承间隙、油轴承的油膜涡动、干摩擦等非线性特性。

目前，转子动力学的研究内容主要包括转子弯曲振动的形式、临界转速特性、不平衡响应和稳定性，此外还涉及转子动平衡、瞬态响应分析等，有些需要进行转子系统的扭转振动分析。转子动力学研究也向更多相关学科扩展，如转子系统的振动与噪声、强度疲劳与可靠性、状态监测与故障诊断、被动与主动控制等，相关领域的研究十分活跃，所取得的新理论不断得到应用和检验。转子系统动力学领域的研究还有很多新产生的热点，例如非线性和非稳态转子动力学以及主动控制旋转机械系统等，人们给予了高度的重视并已经取得了明显的进步。

1.2.4 齿轮系统动力学与振动问题

齿轮是机械传动系统的重要部件，通过主动件与从动件啮合或借助中间件啮合传递动力或运动。齿轮系统由于具有高扭矩、高质量比、高可靠性、高平稳性和高传动效率等优点，被广泛应用于航空航天、交通船舶、汽车与车辆工程、能源动力、工程机械等各个工业领域。齿轮系统动力学特性及振动是机械系统动力学与振动的重要研究内容，它以齿轮副啮合过程的动力学特性为核心，以提高和改善齿轮系统的动力学特性和振动行为为目的，利用机械动力学与振动理论与方法，揭示齿轮系统在传递动力和运动过程中的振动、冲击和噪声的发生及发展规律。

齿轮系统动力学一直受到人们的重视。近 20 年来，随着相关力学与实验技术的发展，形成了较为完整的齿轮系统动力学基本理论体系，主要包括齿轮系统动力学建模、动载特性、自由振动、振动响应、固有特性及其参数敏感性、振动噪声抑制方法等。

在早期的齿轮系统动力学的研究中，主要将齿轮简化为单自由度振动系统，以啮合冲击作为描述和解释齿轮动态激励与动态响应的基础。后来，将齿轮系统作为弹性机械系统，以振动理论为基础，分析在啮合刚度、传递误差和啮合冲击等作用下的扭转和平移等多自由度齿轮系统的动力学行为。

根据建立齿轮系统动力学模型时所考虑的因素和使用方法，通常可以分为集中质量模型和有限元模型。由于质量集中是齿轮传动系统所具有的明显特点，因此在大量的文献中都采用了集中质量法建立其动力学模型。根据动力学模型的复杂程度通常可将动力学模型分为两大类，即纯扭转动力学模型和平移-扭转耦合动力学模型。前者仅考虑各个构件的扭转自由度而忽略支承刚度的影响，即认为构件的支承刚度足够大而忽略横向振动的自由度，模型相对简单；而后者则要考虑构件支承刚度的影响，除了考虑绕构件自身轴线的扭转自由度外还要考虑构件平移振动的自由度。

在齿轮动载荷模型方面，近年来，人们考虑了啮合参数时变激励。如帕克（Parker）等以弹性动力学为基础建立了行星轮系的纯扭转动力学模型，分析了行星轮系的固有特性及参数敏感性。阿姆巴瑞沙（Ambarisha）等在有限元分析轮齿啮合刚度的基础上，采用集中参数模型研究了行星轮系在啮合刚度激励下的非线性动力学问题，建立了行星轮系的 3D 有限元（齿圈）/集中参数混合模型，分析了系统振动特性和齿圈变形。

在目前已有的研究成果中，虽然在单级齿轮传动系统动力学模型中已考虑轴承柔性支承的影响，但在齿轮传动系统中考虑轴承影响的研究相对较少。帕克等建立的行星轮系扭转-平动耦合动力学模型，将滚动轴承模拟为线性弹簧柔性支承，分析了行星齿轮传动的固有特性及振动模态等动态特性。李（Lim）、辛格（Singh）对滚动轴承的时变刚度进行了研究并引入了单级平行轴齿轮系统的耦合振动分析。

上述研究虽然包含了许多非线性因素，如时变啮合刚度、传动误差等，但可把这些归结为线性系统的参数振动问题，因此还属于线性理论的研究范畴。目前，人们在齿轮系统的非线性振动研究方面做了许多工作，在建立考虑不同非线性因素的齿轮系统非线性动力学模型的基础上，通过谐波平衡法等进行分析求解，取得了一定的研究成果。

1.3 机械动力学与振动问题的数值模拟方法

一般地，数值模拟是指利用计算机，结合有限元或有限容积等概念，通过数值计算和图像显示的方法，达到对物理问题或工程问题研究的目的。数值模拟也可以理解为利用计算机进行的实验。数值模拟技术诞生于 1953 年布鲁斯(Bruce)和皮斯曼(Peaceman)模拟的一维气相不稳定径向和线形流。到目前，数值模拟技术已经日趋成熟，成为重要的研究工具和研究策略。

机械动力学与振动理论的研究，除了经典的和现代的力学分析方法以及非线性分析方法之外，数值模拟技术也占有重要的地位。对于复杂机械结构和系统，往往只有通过数值模拟才能获得工程所需要的结果。数值模拟主要包括对所建立的不同形式的机械动力学与振动系统所对应的常微分方程和偏微分方程进行数值求解，以及面向机械结构系统的诸如有限元法建模与求解等内容。

进行机械结构系统动力学与振动问题的数值模拟时，首先要建立反映问题本质的数学模型，即建立反映问题各量之间的微分方程及相应的定解条件。然后，需要寻求高效率、高精确度的计算方法。目前已经发展了许多数值计算方法，包括微分方程的离散化及其求解方法。在确定了计算方法后，需要编制程序和进行计算。对于计算完成后所获得的大量数据，需要通过图形加以显示，即科学计算的可视化。

在机械动力学与振动研究领域，可以采用通用计算机程序编制相应的计算软件，还可以利用许多平台软件，如 Mathematica、MathCAD 等，进行复杂系统的动力学方程推导与求解。在机械结构系统的有限元分析方面，还可以利用现有大规模有限元软件平台，如 ANSYS、ABAQUS、ADINA 等。除此之外，MATLAB 也具有较强大的计算功能，有利于进行机械动力学与振动分析的数值模拟。在本书中，这些软件和平台都在机械动力学与振动基础理论介绍和典型应用示例中得到使用。

▶▶▶ 上篇　基础理论 ◀◀◀

2　质点和刚体动力学

本章介绍质点的位置、位移、速度、加速度等基本概念，给出质点沿直线或曲线运动时的描述方法，介绍动能定理以解决质点动力学问题即力与运动的关系，给出刚体运动学的描述方法以及刚体动力学问题的解决方法。

2.1　质点运动学

2.1.1　基本概念

质点运动学给出了质点的运动描述方法，即任一时刻质点的位置、位移、速度、加速度的描述方法。

(1) 位置

通过单轴坐标系上的 s 来定义位置。如图 2.1 所示，原点 O 是轴上的固定点。s 的大小即为质点到原点 O 的距离，而位置的方向性可以通过 s 的代数符号来表示。在图 2.1 所示的情况下，对应的位置 s 为正值。因此，位置是一种既有大小又有方向的矢量。

(2) 位移

位移定义为质点位置的改变量。如图 2.2 所示，当质点从一点移动到另一点时，它的位移可以表述为：

$$\Delta s = s' - s \tag{2.1}$$

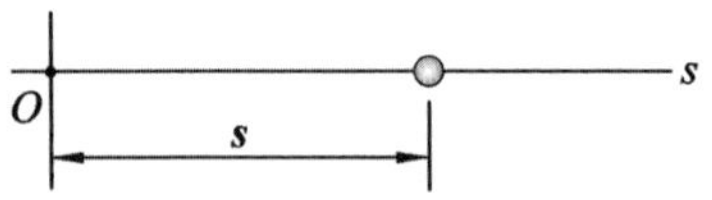

图 2.1　质点位置图

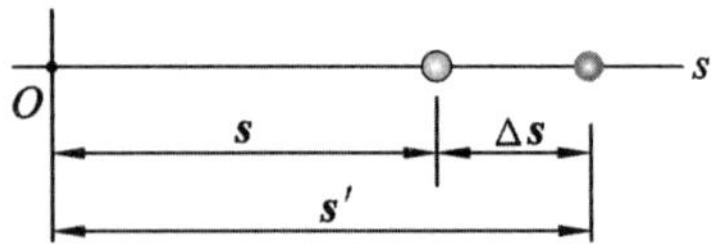

图 2.2　质点位移图

在图 2.2 所示的情况下，由于质点的终点位置沿 s 方向在起始位置的右侧，Δs 为正值；同样，如果终点位置在起始位置的左侧，则得到的 Δs 就为负值。位移也是一个有大小和方向的矢量。位移与质点移动的距离不同，质点移动的距离是对质点在直线上所移动的长度的数量度量。

(3) 速度

如果质点在时间间隔 Δt 内移动的距离为 Δs，那么质点在这段时间间隔内的平均速度为：

$$\boldsymbol{v}_{\text{avg}}=\frac{\Delta \boldsymbol{s}}{\Delta t} \tag{2.2}$$

当 Δt 趋近于无穷小时，平均速度就近似为一个瞬时点的速度，由此可得出瞬时速度 $\boldsymbol{v}$ 的表达式：

$$\boldsymbol{v}=\lim_{\Delta t\to 0}\frac{\Delta \boldsymbol{s}}{\Delta t} \tag{2.3}$$

或者

$$\boldsymbol{v}=\frac{\mathrm{d}\boldsymbol{s}}{\mathrm{d}t} \tag{2.4}$$

因为 Δt 和 $\mathrm{d}t$ 始终为正值，所以速度的正负是由 $\Delta \boldsymbol{s}$ 或者 $\mathrm{d}\boldsymbol{s}$ 决定的，而速度的大小则由速率来表示。

(4) 加速度

如果质点在任意两点处的瞬时速度已知，那么在时间间隔 Δt 内质点的平均加速度定义为：

$$\boldsymbol{a}_{\text{avg}}=\frac{\Delta \boldsymbol{v}}{\Delta t} \tag{2.5}$$

式中 $\Delta \boldsymbol{v}$——在时间间隔 Δt 内速度的变化量(m/s)，也即：$\Delta \boldsymbol{v}=\boldsymbol{v}'-\boldsymbol{v}$。

与瞬时速度公式相仿，任一时刻的瞬时加速度也可由令 Δt 趋于无穷小得到：

$$\boldsymbol{a}=\lim_{\Delta t\to 0}\frac{\Delta \boldsymbol{v}}{\Delta t} \tag{2.6}$$

或者

$$\boldsymbol{a}=\frac{\mathrm{d}\boldsymbol{v}}{\mathrm{d}t} \tag{2.7}$$

又已知式(2.4)瞬时速度的表达式，式(2.7)可以进一步写成如下形式：

$$\boldsymbol{a}=\frac{\mathrm{d}^2\boldsymbol{s}}{\mathrm{d}t^2} \tag{2.8}$$

通过消去以上公式中的时间变量 $\mathrm{d}t$，可以得到位移与速度之间的关系，如下式所示：

$$\boldsymbol{a}\mathrm{d}\boldsymbol{s}=\boldsymbol{v}\mathrm{d}\boldsymbol{v} \tag{2.9}$$

2.1.2 质点在空间曲线运动时的一般描述

当一个质点沿着曲线路径运动时，所产生的轨迹称为质点的曲线运动。以下采用三维直角坐标系描述质点曲线运动的位置、速度和加速度。

(1) 质点的位置

建立如图 2.3 所示的空间直角坐标系，质点的位置 $\boldsymbol{r}$ 为：

$$\boldsymbol{r}=x\boldsymbol{i}+y\boldsymbol{j}+z\boldsymbol{k} \tag{2.10}$$

质点与坐标原点的距离为：

$$r=\sqrt{x^2+y^2+z^2} \tag{2.11}$$

(2) 质点的速度

对质点的位置 $\boldsymbol{r}$ 求导得到质点的速度 $\boldsymbol{v}$，质点的速度矢量示意图如图 2.4 所示。

$$\boldsymbol{v}=\frac{\mathrm{d}\boldsymbol{r}}{\mathrm{d}t}=\frac{\mathrm{d}}{\mathrm{d}t}(x\boldsymbol{i})+\frac{\mathrm{d}}{\mathrm{d}t}(y\boldsymbol{j})+\frac{\mathrm{d}}{\mathrm{d}t}(z\boldsymbol{k}) \tag{2.12}$$

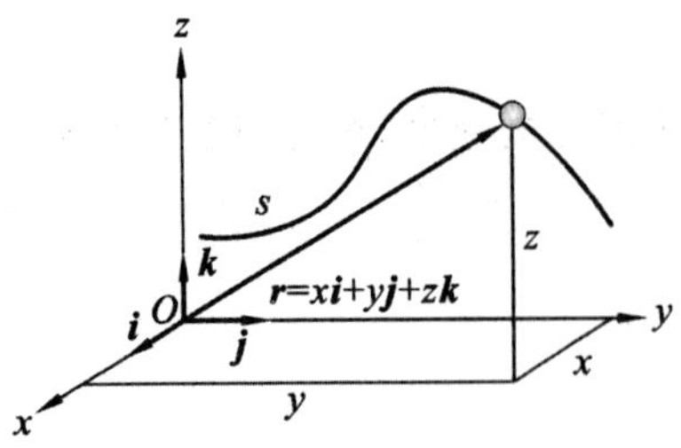

图 2.3 质点的位置

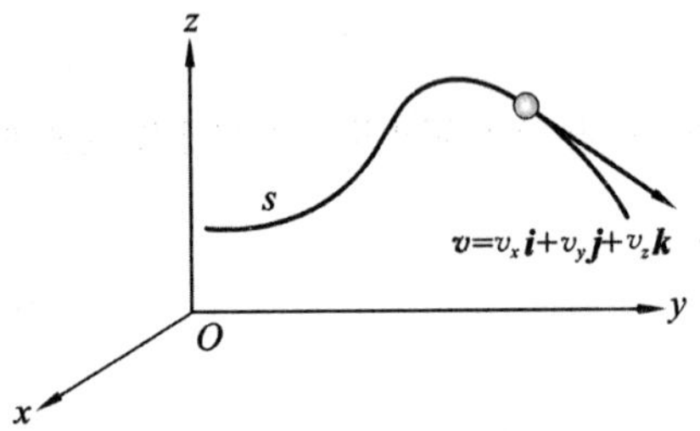

图 2.4 质点的速度

将式(2.12)中第一项$\frac{\mathrm{d}}{\mathrm{d}t}(x\boldsymbol{i})$单独求导，得：

$$\frac{\mathrm{d}}{\mathrm{d}t}(x\boldsymbol{i})=\frac{\mathrm{d}x}{\mathrm{d}t}\boldsymbol{i}+\frac{\mathrm{d}\boldsymbol{i}}{\mathrm{d}t}x \tag{2.13}$$

由于空间坐标系 $Oxyz$ 固定，则式(2.13)中$\frac{\mathrm{d}\boldsymbol{i}}{\mathrm{d}t}=0$，同样处理式(2.12)第二、三项后，式(2.12)可以简化为：

$$\boldsymbol{v}=\frac{\mathrm{d}\boldsymbol{r}}{\mathrm{d}t}=v_x\boldsymbol{i}+v_y\boldsymbol{j}+v_z\boldsymbol{k} \tag{2.14}$$

其中

$$v_x=\dot{x}\quad v_y=\dot{y}\quad v_z=\dot{z} \tag{2.15}$$

质点速度的大小为：

$$v=\sqrt{v_x^2+v_y^2+v_z^2} \tag{2.16}$$

(3) 质点的加速度

对式(2.14)进行求导得到质点的加速度，加速度矢量如图 2.5 所示。

$$\boldsymbol{a}=\frac{\mathrm{d}\boldsymbol{v}}{\mathrm{d}t}=a_x\boldsymbol{i}+a_y\boldsymbol{j}+a_z\boldsymbol{k} \tag{2.17}$$

质点加速度的大小为：

$$a=\sqrt{a_x^2+a_y^2+a_z^2} \tag{2.18}$$

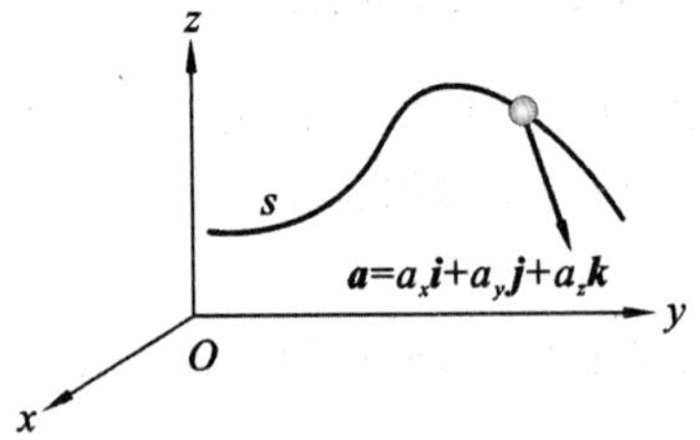

图 2.5 质点的加速度

2.2 质点动力学

质点动力学用于建立作用于质点上的外力与质点运动参数之间的关系。

2.2.1 力和加速度的关系

根据牛顿第二定律，可以建立质点动力学基本方程。如下式所示：

$$\sum \boldsymbol{F} = m\boldsymbol{a} \tag{2.19}$$

式中 $\sum \boldsymbol{F}$——作用力之和(N)；

m——质点的质量(kg)；

$\boldsymbol{a}$——质点所产生的加速度(m/s^2)。

质点的受力情况和加速度如图 2.6 所示。在这里，采用平行四边形法则求合力，$\boldsymbol{F}_R = \sum \boldsymbol{F} = \boldsymbol{F}_1 + \boldsymbol{F}_2$。

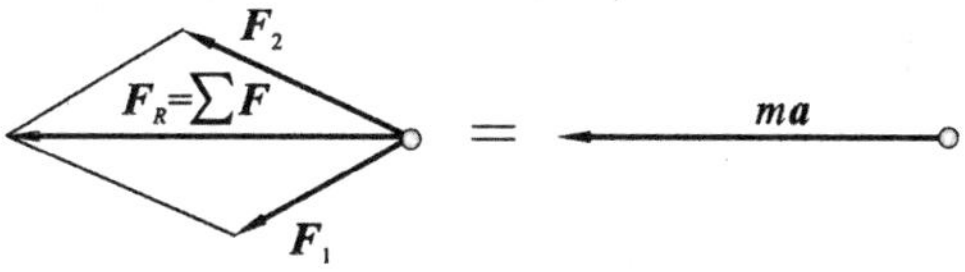

图 2.6 质点的受力和加速度

2.2.2 惯性坐标系

惯性坐标系是指满足牛顿运动定律的坐标系，物体只有在不受外力或合外力为 0 的情况下才永远保持匀速直线运动状态或者静止状态，也就是说物体产生加速度必须有力的作用。质点在惯性参考坐标系中的运动情况如图 2.7 所示。

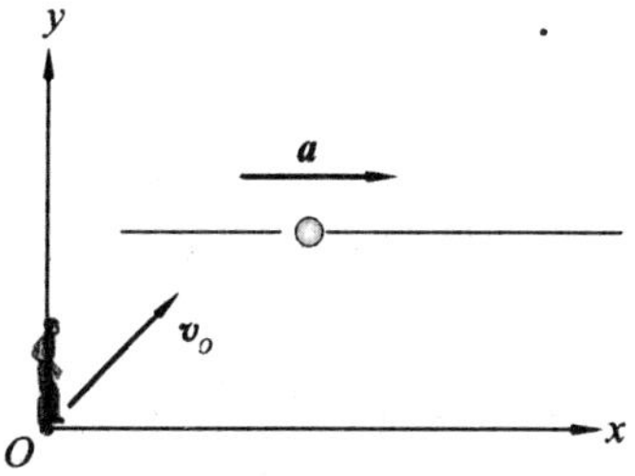

图 2.7 惯性坐标系

2.3 功、动能、势能与能量守恒定律

除了直接采用牛顿第二定律分析质点动力学问题之外，还可以采用能量守恒定律进行分析。

2.3.1 力做的功

只有质点在所受的外力的方向上产生位移时，质点所受的力才可能做功。

如图 2.8 所示，质点在起始位置受到一个竖直向上的恒力 $\boldsymbol{F}$，该力使质点的位置由 $\boldsymbol{r}$ 移动到 $\boldsymbol{r}'$，那么质点的位移可以写成 $d\boldsymbol{r}=\boldsymbol{r}'-\boldsymbol{r}$，进而可以得到力 $\boldsymbol{F}$ 所做的功为：

$$dU = \boldsymbol{F} \cdot d\boldsymbol{r} \tag{2.20}$$

在变化的外力 $\boldsymbol{F}$ 的作用下质点由 $\boldsymbol{r}_1$ 移动到 $\boldsymbol{r}_2$ 或者由 s_1 移动到 s_2，如图 2.9 所示，则力 $\boldsymbol{F}$ 所做的功表述为如下积分形式：

$$U_{1-2} = \int_{r_1}^{r_2} \boldsymbol{F} \cdot d\boldsymbol{r} = \int_{s_1}^{s_2} F\cos\theta\, ds \tag{2.21}$$

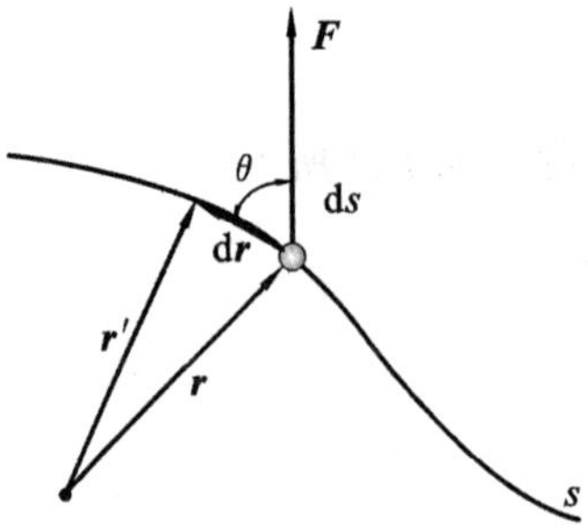

图 2.8 质点受力图

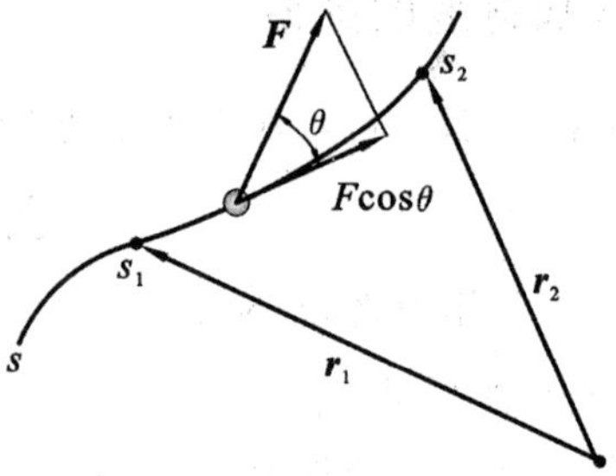

图 2.9 变力做功

对于重力做功的情况，如图 2.10 所示，物体受到重力 $\boldsymbol{W}$ 的作用，沿着其运动轨迹 s 由位置 s_1 移动到 s_2，在某个中间点，位移可表示为 $\mathrm{d}\boldsymbol{r}=\mathrm{d}x\boldsymbol{i}+\mathrm{d}y\boldsymbol{j}+\mathrm{d}z\boldsymbol{k}$。再由重力矢量 $\boldsymbol{W}=-W\boldsymbol{j}$，可以得到：

$$
\begin{aligned}
U_{1-2} &= \int \boldsymbol{F}\cdot \mathrm{d}\boldsymbol{r} \\
&= \int_{r_1}^{r_2}(-W\boldsymbol{j})\cdot(\mathrm{d}x\boldsymbol{i}+\mathrm{d}y\boldsymbol{j}+\mathrm{d}z\boldsymbol{k}) \\
&= \int_{y_1}^{y_2} -W\mathrm{d}y \\
&= -W(y_2-y_1)
\end{aligned}
$$

上式重力做的功还可以表示为如下形式：

$$U_{1-2}=-W\Delta y \tag{2.22}$$

由此可以看出，重力所做的功和质点的运动路径无关，它等于重力的大小和竖直方向位移的乘积。在图 2.10 所示的情况中，因为重力方向向下，而质点的位移方向向上，重力所做的功为负值。

对于弹簧力做功的情况，如图 2.11 所示。如果一个弹簧被拉长 $\mathrm{d}s$，那么作用在拉长点上的弹簧力所做的功为 $\mathrm{d}U=-F_s\mathrm{d}s=-ks\mathrm{d}s$。由于施加的拉伸力的方向和 $\mathrm{d}s$ 的方向相反，所做的功为负功。假若质点位置由 s_1 移动到 s_2，那么力 F_s 做的功为：

$$U_{1-2}=-\left(\frac{1}{2}ks_2^2-\frac{1}{2}ks_1^2\right) \tag{2.23}$$

图 2.12 所示的直线 $F_s=ks$ 下面的阴影区域即为 U_{1-2}。

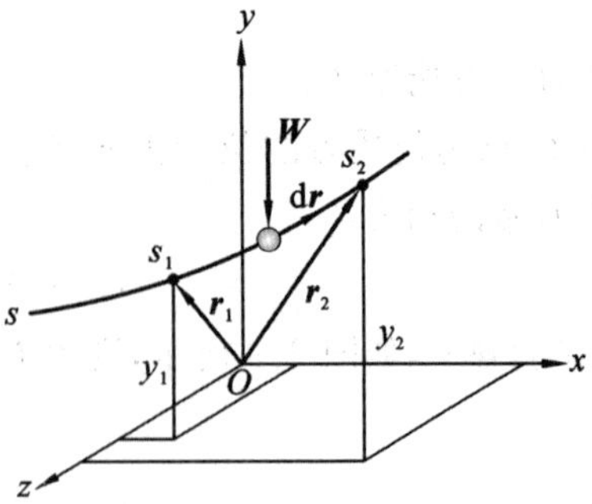

图 2.10 重力做功

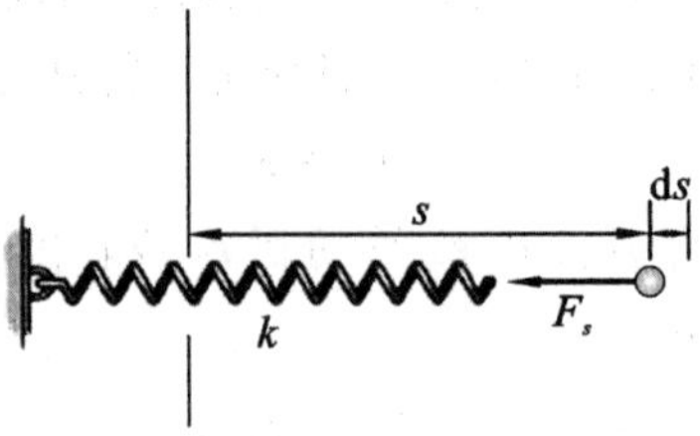

图 2.11 功的几何表示

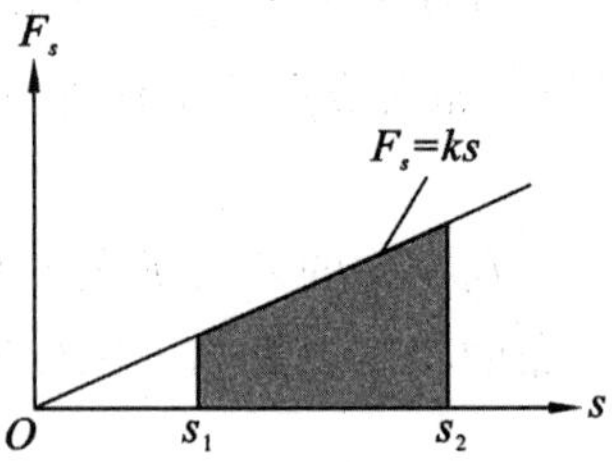

图 2.12 弹簧力做功

2.3.2 动能

能量可以定义为做功的能力，如果想让一个质点从静止运动到速度为 v，那么就必须有力对它做相应的功。当速度为 v 时，质点所具有的动能和力做的功是相等的，也就是说，动能是质点做功能力的一种度量。

质点动能定义为：

$$T=\frac{1}{2}mv^2 \tag{2.24}$$

式中 T——质点所具有的动能(J)；

m——质点的质量(kg)；

v——质点瞬时速度(m/s)。

功和动能的相同之处在于它们都是标量，单位都为焦耳。不同点在于，功有正功和负功之分，而动能始终都不为负值。

功能原理的表述为：当质点从起始位置移动到末位置时，质点在起始位置的动能加上作用在质点上的合力做的功之和等于质点的末动能。如下式所示：

$$T_1+\sum U_{1-2}=T_2 \tag{2.25}$$

式中 T_1——起始动能(J)；

U_{1-2}——作用在质点上的力所做的功(J)；

T_2——末动能(J)。

功能原理相当于对公式 $\sum F_t=ma_t$ 两边取积分，再把公式 $a_t=v\mathrm{d}v/\mathrm{d}s$ 代入即可。

对于用牛顿第二定律 $\sum F_t=ma_t$ 所表述的问题，功能原理提供了另外一种方便的解决方法。因为式(2.25)包含了对质点进行运动分析的各个变量，而当涉及多质点系统时，由于功和能都为标量，可以直接把功和能进行代数相加得到质点系统的动能公式，即：

$$\sum T_1+\sum U_{1-2}=\sum T_2 \tag{2.26}$$

2.3.3 势能

如果质点的能量来源于自身所处的位置，大小由选取的固定基准或者参考平面决定，那这种能量就称为势能。在机械系统中，由重力或者弹簧弹力产生的势能是进行动力学分析时非常重要的对象。

(1) 重力势能

如图 2.13 所示，当 y 为向上正值时，质点的重力势能可表示为：

$$V_{\mathrm{g}}=Wy \tag{2.27}$$

(2) 弹性势能

当弹簧被拉伸或压缩时，弹簧产生势能。和重力势能不同，弹性势能始终都为正值，因为不管是拉伸或者压缩，当回到初始位置时，弹力方向和弹簧活动端位移方向始终相同，如图 2.14所示。弹簧弹性势能可表示为：

$$V_{\mathrm{e}}=\frac{1}{2}ks^2 \tag{2.28}$$

式中 V_e——弹簧弹性势能(J)；

k——弹簧弹性系数(N/m)。

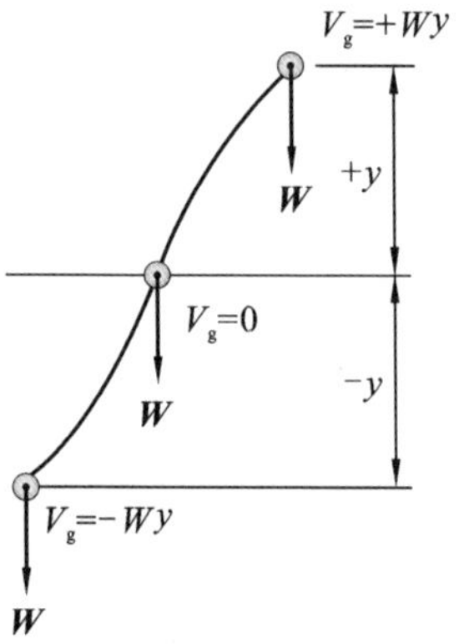

图 2.13 重力势能

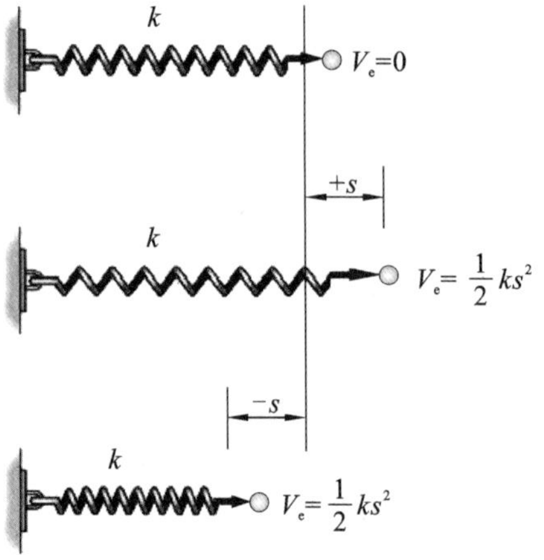

图 2.14 弹性势能

(3) 势能函数

如果一个质点同时受到重力和弹力的作用，那么质点所具有的势能 V 可以用两者求和的一个势能函数表示：

$$V=V_g+V_e \tag{2.29}$$

V 的大小取决于质点自身的位置与相应势能基准之间的位置关系。

当质点由一点移动到另一点时，系统中保守力做的功可由下面公式求出：

$$U_{1-2}=V_1-V_2 \tag{2.30}$$

保守力是指：如果一个力所做的功不取决于施力对象的运动路径，仅取决于力的起始位置和末位置，那么就称这种力为保守力。势能衡量的是当把一个质点从指定位置移动到基准位置时保守力所做的功。

2.3.4 能量守恒定律

当一个质点在一个既有保守力又有非保守力做功的系统中运动时，保守力做的功可以写成它们势能的差值，由式(2.30)可得：

$$\left(\sum U_{1-2}\right)_{\text{cons.}}=V_1-V_2 \tag{2.31}$$

由此，功能原理公式又可写成：

$$T_1+V_1+\left(\sum U_{1-2}\right)_{\text{noncons.}}=T_2+V_2 \tag{2.32}$$

在这里，$\left(\sum U_{1-2}\right)_{\text{noncons.}}$ 表示非保守力对质点做的功。如果仅有保守力做功，上式简化成：

$$T_1+V_1=T_2+V_2 \tag{2.33}$$

上式即为机械能守恒定律或者能量守恒定律。它表述了当仅有保守力做功时，质点的动能和势能总和不变，为了保持总能量不变，消失的动能必须转化为势能，反之亦然。

2.4 刚体运动的描述方法

2.4.1 刚体的平动

当刚体运动时，如果刚体内任意一条给定的直线在运动中保持它的方向不变，称这种运动为平动。如图 2.15 所示，A、B 是刚体上任意两点，刚体相对固定坐标系 xOy 做平动运动。

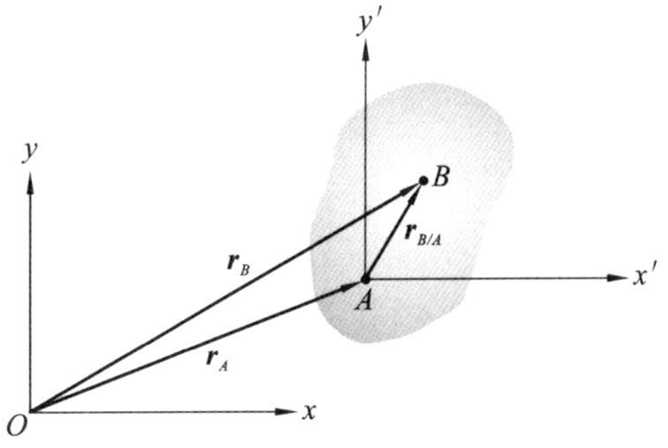

图 2.15 刚体的平动

刚体的位置为：

$$\boldsymbol{r}_B=\boldsymbol{r}_A+\boldsymbol{r}_{B/A} \tag{2.34}$$

式中 $\boldsymbol{r}_{B/A}$——B 点相对于 A 点的位置矢量。

刚体的速度定义为对式(2.34)求导，即：

$$\boldsymbol{v}_B=\boldsymbol{v}_A+\mathrm{d}\boldsymbol{r}_{B/A}/\mathrm{d}t \tag{2.35}$$

由于 $\boldsymbol{r}_{B/A}$的大小和方向都不变，所以 $\mathrm{d}\boldsymbol{r}_{B/A}/\mathrm{d}t=0$，因此有：

$$\boldsymbol{v}_B=\boldsymbol{v}_A \tag{2.36}$$

刚体的加速度定义为对式(2.36)求导，即：

$$\boldsymbol{a}_B=\boldsymbol{a}_A \tag{2.37}$$

2.4.2 刚体绕定轴的转动

当刚体绕固定坐标轴回转时，刚体上任意一点 P 做圆周运动，如图 2.16 所示。为了分析这种运动，首先定义刚体关于定轴的角运动。

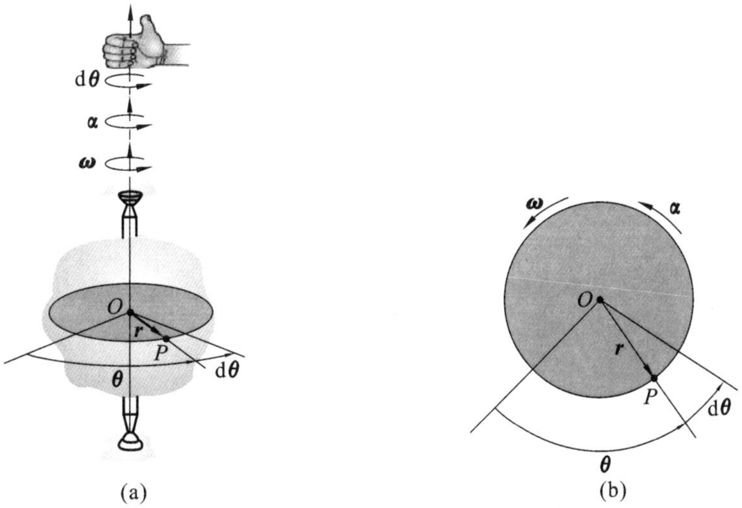

图 2.16 刚体绕固定坐标系的转动

角位置：图 2.16 中所示角的位置定义为从固定参考线到 $\boldsymbol{r}$ 的角度 $\boldsymbol{\theta}$。

角位移：角位移是角位置的变化，用 $\mathrm{d}\boldsymbol{\theta}$ 表示，这个矢量的幅值为 $\mathrm{d}\theta$，单位可以是度、弧度或转速，方向用右手螺旋法则确定。

角速度：角位置对时间的变化率是角速度 $\boldsymbol{\omega}$，角速度的单位通常为 rad/s。大小为：

$$\omega=\frac{\mathrm{d}\theta}{\mathrm{d}t} \tag{2.38}$$

角加速度：角速度对时间的变化率是角加速度，方向取决于 $\boldsymbol{\omega}$ 是增大还是减小，大小为：

$$\alpha=\frac{\mathrm{d}^2\theta}{\mathrm{d}t^2} \tag{2.39}$$

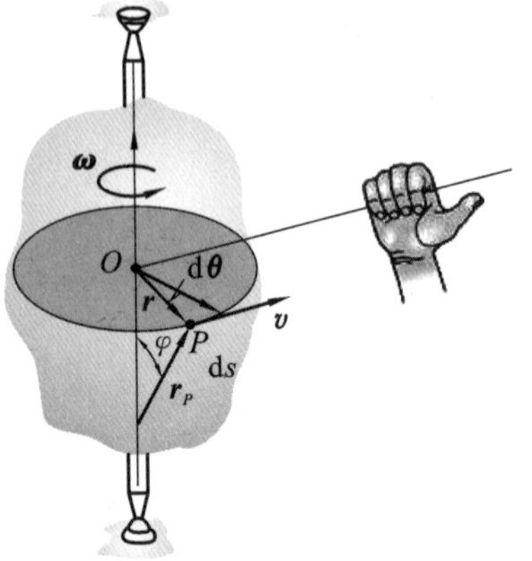

图 2.17　刚体上定点绕定轴的转动

如图 2.17 所示，由于刚体绕定轴转动，所以 P 点做以 O 为圆心，r 为半径的圆周运动。

位置与位移：P 点的位置用矢量 $\boldsymbol{r}$ 表示，$\boldsymbol{r}$ 从圆心 O 指向点 P。如果刚体转过 $\mathrm{d}\theta$ 角，P 点的位移为 $\mathrm{d}s=r\mathrm{d}\theta$。

速度：P 点速度的大小可用 $\mathrm{d}s=r\mathrm{d}\theta$ 除以 $\mathrm{d}t$ 求得，方向为沿 P 点的切线方向，即：

$$v=\omega r \tag{2.40}$$

P 点速度的大小和方向可由 $\boldsymbol{\omega}$ 叉乘 $\boldsymbol{r}_P$ 得到。$\boldsymbol{r}_P$ 为轴上任意一点指向点 P 的向量，如图2.18所示，其方程为：

$$\boldsymbol{v}=\boldsymbol{\omega}\times\boldsymbol{r}_P \tag{2.41}$$

通过右手螺旋法则来确定 $\boldsymbol{v}$ 的方向，大小为$\omega r_P\sin\varphi$，因为 $r=r_P\sin\varphi$，所以 $v=\omega r$，与方程(2.40)一致。

下面将 $\boldsymbol{r}_P$ 换为 $\boldsymbol{r}$，$\boldsymbol{r}$ 位于运动平面内由圆心 O 指向 P，从而 P 点的速度为：

$$\boldsymbol{v}=\boldsymbol{\omega}\times\boldsymbol{r} \tag{2.42}$$

加速度：P 点的加速度可分为切向加速度 $\boldsymbol{a}_\mathrm{t}$ 和法向加速度 $\boldsymbol{a}_\mathrm{n}$，如图 2.18 所示，由 $\boldsymbol{a}_\mathrm{t}=\mathrm{d}\boldsymbol{v}/\mathrm{d}t$ 和 $\boldsymbol{a}_\mathrm{n}=\boldsymbol{v}^2/\boldsymbol{r}$，得：

$$\boldsymbol{a}_\mathrm{t}=\boldsymbol{\alpha}\boldsymbol{r} \tag{2.43}$$

$$\boldsymbol{a}_\mathrm{n}=\boldsymbol{\omega}^2\boldsymbol{r} \tag{2.44}$$

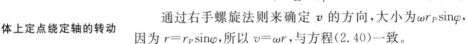

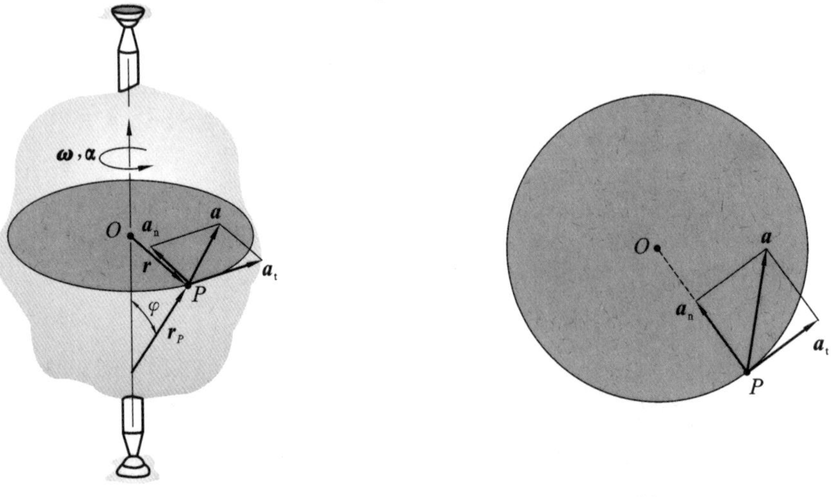

(a)　　(b)

图 2.18　刚体上定点的加速度

切向加速度表示 P 点速度大小对时间的变化率，如果 P 点速度增大，则 $\boldsymbol{a}_t$ 与 $\boldsymbol{v}$ 同向；如果 P 点速度减小，则 $\boldsymbol{a}_t$ 与 $\boldsymbol{v}$ 反向；如果 P 点速度为常量，则 $\boldsymbol{a}_t$ 为 0。

法向加速度表示速度方向对时间的变化率，$\boldsymbol{a}_n$ 的方向始终指向圆心 O。

和速度一样，加速度也可由叉乘得到，将式(2.42)对时间求导，可得：

$$\boldsymbol{a}=\frac{\mathrm{d}\boldsymbol{v}}{\mathrm{d}t}=\frac{\mathrm{d}\boldsymbol{\omega}}{\mathrm{d}t}\times\boldsymbol{r}_P+\boldsymbol{\omega}\times\frac{\mathrm{d}\boldsymbol{r}_P}{\mathrm{d}t} \tag{2.45}$$

再将 $\boldsymbol{\alpha}=\mathrm{d}\boldsymbol{\omega}/\mathrm{d}t$ 和 $\mathrm{d}\boldsymbol{r}_P/\mathrm{d}t=\boldsymbol{v}=\boldsymbol{\omega}\times\boldsymbol{r}_P$ 代入上式，得：

$$\boldsymbol{a}=\boldsymbol{\alpha}\times\boldsymbol{r}_P+\boldsymbol{\omega}\times(\boldsymbol{\omega}\times\boldsymbol{r}_P) \tag{2.46}$$

上式等号右边第一项为切向加速度，第二项为法向加速度。

2.5 刚体动力学

2.5.1 平动坐标系下的运动描述

如图 2.19 所示，在固定坐标系 XYZ 下，刚体平动和绕基点 A 转动，已知 A 点的速度 $\boldsymbol{v}_A$ 和加速度 $\boldsymbol{a}_A$，以 A 点为坐标原点建立局部平动坐标系 xyz 来描述刚体上任意一点 B 的运动。

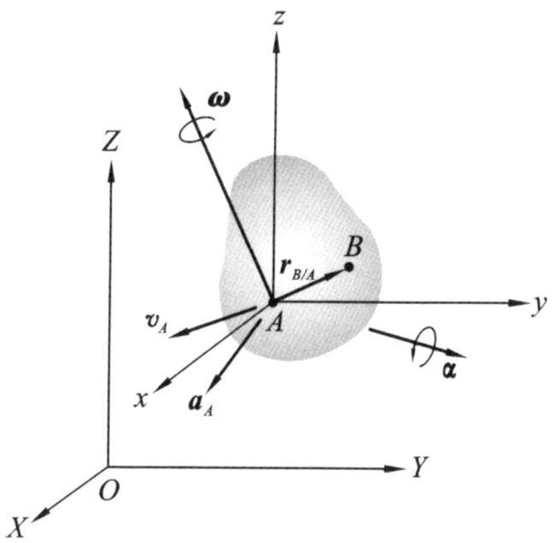

图 2.19 刚体平动和绕基点的转动

位置的矢量关系式为：

$$\boldsymbol{r}_B=\boldsymbol{r}_A+\boldsymbol{r}_{B/A} \tag{2.47}$$

式中 $\boldsymbol{r}_B$——B 点的位移；

$\boldsymbol{r}_A$——A 点的位移；

$\boldsymbol{r}_{B/A}$——B 点相对于 A 点的位移。

则速度可以推导为：

$$\boldsymbol{v}_B=\boldsymbol{v}_A+\boldsymbol{\omega}\times\boldsymbol{r}_{B/A} \tag{2.48}$$

式中 $\boldsymbol{v}_B$——B 点的速度；

$\boldsymbol{v}_A$——A 点的速度；

$\boldsymbol{\omega}$——刚体绕 A 点转动的角速度；

$\boldsymbol{r}_{B/A}$——B 点相对于 A 点的位移。

加速度为：

$$\boldsymbol{a}_B=\boldsymbol{a}_A+\boldsymbol{\alpha}\times\boldsymbol{r}_{B/A}+\boldsymbol{\omega}\times(\boldsymbol{\omega}\times\boldsymbol{r}_{B/A}) \tag{2.49}$$

式中 $\boldsymbol{a}_B$——B 点的加速度；

$\boldsymbol{a}_A$——A 点的加速度；

$\boldsymbol{\alpha}$——刚体绕 A 点转动的角加速度。

2.5.2 刚体运动的一般描述

描述刚体运动最常用的方法是在固定坐标系下建立一个平动加转动的局部坐标系，这种分析方法可以用来描述机构中不同单元上两个点的运动，也可以描述当一个单元或两个单元同时做曲线运动时二者的相对运动。

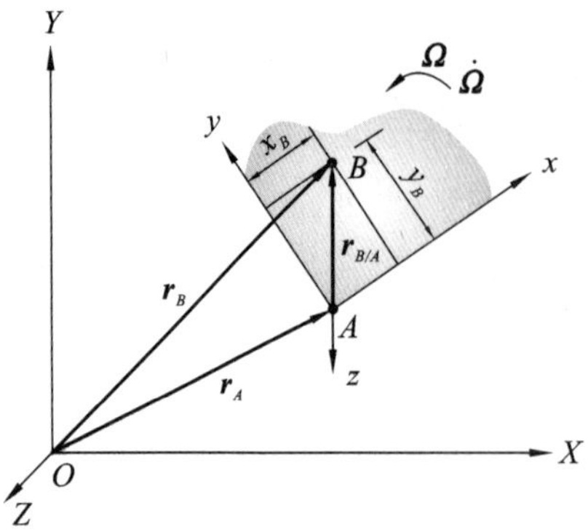

图 2.20 描述刚体运动的坐标系

如图 2.20 所示，XYZ 为固定坐标系，A 点和 B 点的位置矢量为 $\boldsymbol{r}_A$ 和 $\boldsymbol{r}_B$，基点 A 为参考坐标系 xyz 的坐标原点，x,y,z 相对于 X,Y,Z 做平动和转动。B 点相对于 A 点的位置矢量为 $\boldsymbol{r}_{B/A}$。

所关注的位置用单位矢量表示为：

$$\boldsymbol{r}_{B/A}=x_B\boldsymbol{i}+y_B\boldsymbol{j} \tag{2.50}$$

图中三个位置矢量的关系方程为：

$$\boldsymbol{r}_B=\boldsymbol{r}_A+\boldsymbol{r}_{B/A} \tag{2.51}$$

相应地，速度可以表示为下式，其中 A 点的速度为 $\boldsymbol{v}_A$，B 点的速度为 $\boldsymbol{v}_B$：

$$\boldsymbol{v}_B=\boldsymbol{v}_A+\frac{\mathrm{d}\boldsymbol{r}_{B/A}}{\mathrm{d}t} \tag{2.52}$$

上式等号右边第二项继续推导为：

$$\begin{aligned}\frac{\mathrm{d}\boldsymbol{r}_{B/A}}{\mathrm{d}t}&=\frac{\mathrm{d}}{\mathrm{d}t}(x_B\boldsymbol{i}+y_B\boldsymbol{j})\\&=\frac{\mathrm{d}x_B}{\mathrm{d}t}\boldsymbol{i}+x_B\frac{\mathrm{d}\boldsymbol{i}}{\mathrm{d}t}+\frac{\mathrm{d}y_B}{\mathrm{d}t}\boldsymbol{j}+y_B\frac{\mathrm{d}\boldsymbol{j}}{\mathrm{d}t}\\&=\left(\frac{\mathrm{d}x_B}{\mathrm{d}t}\boldsymbol{i}+\frac{\mathrm{d}y_B}{\mathrm{d}t}\boldsymbol{j}\right)+\left(x_B\frac{\mathrm{d}\boldsymbol{i}}{\mathrm{d}t}+y_B\frac{\mathrm{d}\boldsymbol{j}}{\mathrm{d}t}\right)\end{aligned} \tag{2.53}$$

上式等号右边第一部分在坐标系 xyz 中记为 $(\boldsymbol{v}_{B/A})_{xyz}$，第二部分中的 $\mathrm{d}\boldsymbol{i}/\mathrm{d}t$、$\mathrm{d}\boldsymbol{j}/\mathrm{d}t$ 由图 2.21 可知，得：

$$\frac{\mathrm{d}\boldsymbol{i}}{\mathrm{d}t}=\boldsymbol{\Omega}\times\boldsymbol{i}\quad\frac{\mathrm{d}\boldsymbol{j}}{\mathrm{d}t}=\boldsymbol{\Omega}\times\boldsymbol{j} \tag{2.54}$$

将这些表达式都代入方程(2.53)，可得：

$$\begin{aligned}\frac{\mathrm{d}\boldsymbol{r}_{B/A}}{\mathrm{d}t}&=(\boldsymbol{v}_{B/A})_{xyz}+\boldsymbol{\Omega}\times(x_B\boldsymbol{i}+y_B\boldsymbol{j})\\&=(\boldsymbol{v}_{B/A})_{xyz}+\boldsymbol{\Omega}\times\boldsymbol{r}_{B/A}\end{aligned} \tag{2.55}$$

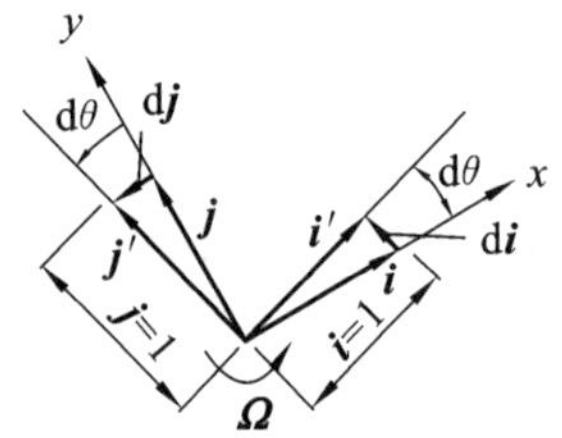

图 2.21 式(2.53)等号右边第二项的坐标描述

因此，根据式(2.52)，得到刚体上 B 点的速度方程式为：

$$\boldsymbol{v}_B=\boldsymbol{v}_A+\boldsymbol{\Omega}\times\boldsymbol{r}_{B/A}+(\boldsymbol{v}_{B/A})_{xyz} \tag{2.56}$$

式中 $\boldsymbol{v}_B$——B 点的速度；

$\boldsymbol{v}_A$——在固定坐标系 XYZ 中观察，局部坐标系 xyz 的原点 A 的速度；

$\boldsymbol{\Omega}$——在固定坐标系 XYZ 中观察，局部坐标系 xyz 的角速度；

$(\boldsymbol{v}_{B/A})_{xyz}$——在局部坐标系 xyz 中 B 点相对于 A 点的速度；

$\boldsymbol{r}_{B/A}$——B 点相对于 A 点的位置。

继续推导，可以得到刚体上 B 点的加速度表达式。首先，在固定坐标系 XYZ 中观察 B 点的加速度，可以通过对式(2.56)求导得到，即：

$$\frac{\mathrm{d}\boldsymbol{v}_B}{\mathrm{d}t}=\frac{\mathrm{d}\boldsymbol{v}_A}{\mathrm{d}t}+\frac{\mathrm{d}\boldsymbol{\Omega}}{\mathrm{d}t}\times\boldsymbol{r}_{B/A}+\boldsymbol{\Omega}\times\frac{\mathrm{d}\boldsymbol{r}_{B/A}}{\mathrm{d}t}+\frac{\mathrm{d}(\boldsymbol{v}_{B/A})_{xyz}}{\mathrm{d}t}$$

$$\boldsymbol{a}_B=\boldsymbol{a}_A+\dot{\boldsymbol{\Omega}}\times\boldsymbol{r}_{B/A}+\boldsymbol{\Omega}\times\frac{\mathrm{d}\boldsymbol{r}_{B/A}}{\mathrm{d}t}+\frac{\mathrm{d}(\boldsymbol{v}_{B/A})_{xyz}}{\mathrm{d}t} \tag{2.57}$$

式中 $\mathrm{d}\boldsymbol{\Omega}/\mathrm{d}t=\dot{\boldsymbol{\Omega}}$——刚体在局部坐标系 xyz 的角加速度。$\mathrm{d}\boldsymbol{r}_{B/A}/\mathrm{d}t$ 由方程式(2.55)得到，

因此

$$\boldsymbol{\Omega}\times\frac{\mathrm{d}\boldsymbol{r}_{B/A}}{\mathrm{d}t}=\boldsymbol{\Omega}\times(\boldsymbol{v}_{B/A})_{xyz}+\boldsymbol{\Omega}\times(\boldsymbol{\Omega}\times\boldsymbol{r}_{B/A}) \tag{2.58}$$

又因为

$$\frac{\mathrm{d}(\boldsymbol{v}_{B/A})_{xyz}}{\mathrm{d}t}=\left[\frac{\mathrm{d}(\boldsymbol{v}_{B/A})_x}{\mathrm{d}t}\boldsymbol{i}+\frac{\mathrm{d}(\boldsymbol{v}_{B/A})_y}{\mathrm{d}t}\boldsymbol{j}\right]+\left[(\boldsymbol{v}_{B/A})_x\frac{\mathrm{d}\boldsymbol{i}}{\mathrm{d}t}+(\boldsymbol{v}_{B/A})_y\frac{\mathrm{d}\boldsymbol{j}}{\mathrm{d}t}\right] \tag{2.59}$$

上式等号右边第一部分为在坐标系 xyz 中观察的 B 点的加速度，记为$(\boldsymbol{a}_{B/A})_{xyz}$。第二部分由方程(2.54)可得，因此

$$\frac{\mathrm{d}(\boldsymbol{v}_{B/A})_{xyz}}{\mathrm{d}t}=(\boldsymbol{a}_{B/A})_{xyz}+\boldsymbol{\Omega}\times(\boldsymbol{v}_{B/A})_{xyz} \tag{2.60}$$

将以上结果都代入式(2.57)中，最后得到刚体上 B 点的加速度表达式：

$$\boldsymbol{a}_B=\boldsymbol{a}_A+\dot{\boldsymbol{\Omega}}\times\boldsymbol{r}_{B/A}+\boldsymbol{\Omega}\times(\boldsymbol{\Omega}\times\boldsymbol{r}_{B/A})+2\boldsymbol{\Omega}\times(\boldsymbol{v}_{B/A})_{xyz}+(\boldsymbol{a}_{B/A})_{xyz} \tag{2.61}$$

式中 $\boldsymbol{a}_B$——从 XYZ 中观察 B 点的加速度；

$\boldsymbol{a}_A$——从 XYZ 中观察 A 点的加速度；

$\boldsymbol{\Omega},\dot{\boldsymbol{\Omega}}$——参考系 xyz 转动的角速度和角加速度；

$(\boldsymbol{v}_{B/A})_{xyz}$，$(\boldsymbol{a}_{B/A})_{xyz}$——从 xyz 中观察 B 点相对于 A 点的速度和加速度；

$\boldsymbol{r}_{B/A}$——B 点相对于 A 点的位置。

$2\boldsymbol{\Omega}\times(\boldsymbol{v}_{B/A})_{xyz}$ 称为科里奥利(Coriolis)加速度，是在转动坐标系下观察到的一项重要的加速度组成部分。

2.5.3 刚体动力学方程

(1) 平动方程

用 m 表示物体的质量，用 $\boldsymbol{F}$ 和 $\boldsymbol{a}_G$ 分别表示作用于质点上的力和质点的加速度，则物体平动方程的矢量表达式为：

$$\sum\boldsymbol{F}=m\boldsymbol{a}_G \tag{2.62}$$

式中

$$\sum\boldsymbol{F}=\sum F_x\boldsymbol{i}+\sum F_y\boldsymbol{j}+\sum F_z\boldsymbol{k}$$

对应的用三个标量式表达，则为：

$$\begin{cases}\sum F_x=m(a_G)_x\\ \sum F_y=m(a_G)_y\\ \sum F_z=m(a_G)_z\end{cases} \tag{2.63}$$

(2) 转动方程

$$\sum\boldsymbol{M}_o=\dot{\boldsymbol{H}}_o \tag{2.64}$$

此式表明质点(也包括刚体)对某一定点 O 的力矩之和等于关于 O 点的总角动量对时间的变化率。

如图 2.22 所示，XYZ 为惯性参考系，参考系 xyz 的坐标原点为质心 G，一般情况下 G 做加速运动，这样 xyz 就不是惯性参考系，但是第 i 个微粒在这个坐标系下的角动量为：

$$(\boldsymbol{H}_i)_G=\boldsymbol{r}_{i/G}\times\boldsymbol{m}_i\boldsymbol{v}_{i/G} \tag{2.65}$$

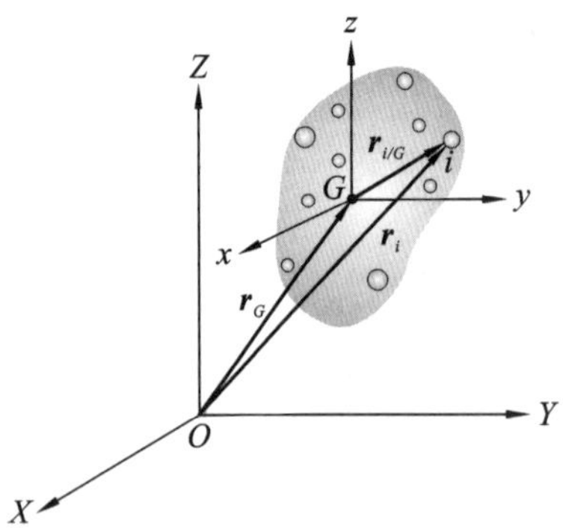

图 2.22 惯性参考系

其中，$\boldsymbol{r}_{i/G}$ 和 $\boldsymbol{v}_{i/G}$ 为第 i 个微粒相对于质点 G 的位移和速度，对上式求导，得：

$$(\dot{\boldsymbol{H}}_i)_G=\dot{\boldsymbol{r}}_{i/G}\times m_i\boldsymbol{v}_{i/G}+\boldsymbol{r}_{i/G}\times m_i\dot{\boldsymbol{v}}_{i/G} \tag{2.66}$$

根据定义 $\boldsymbol{v}_{i/G}=\dot{\boldsymbol{r}}_{i/G}$，则等式右端第一项为 0，又因为 $\dot{\boldsymbol{v}}_{i/G}=\boldsymbol{a}_{i/G}$，所以上式可化为：

$$(\dot{\boldsymbol{H}}_i)_G=\boldsymbol{r}_{i/G}\times m_i\,\boldsymbol{a}_{i/G} \tag{2.67}$$

同理，可以得到其他微粒的表达式，对所有微粒求和得到

$$\dot{\boldsymbol{H}}_G=\sum(\boldsymbol{r}_{i/G}\times m_i\,\boldsymbol{a}_{i/G}) \tag{2.68}$$

这里 $\dot{\boldsymbol{H}}_G$ 表示物体关于 G 点总角动量随时间的变化率。第 i 个微粒相对于 G 点的加速度 $\boldsymbol{a}_{i/G}=\boldsymbol{a}_i-\boldsymbol{a}_G$，$\boldsymbol{a}_i$ 和 $\boldsymbol{a}_G$ 表示在惯性系 XYZ 中微粒与质心的加速度，从而有：

$$\dot{\boldsymbol{H}}_G=\sum(\boldsymbol{r}_{i/G}\times m_i\,\boldsymbol{a}_i)-(\sum m_i\boldsymbol{r}_{i/G})\times\boldsymbol{a}_G \tag{2.69}$$

由质心的定义 $\sum m_i\boldsymbol{r}_{i/G}=(\sum m_i)\bar{\boldsymbol{r}}=0$，上式等号右端最后一项为 0，由平动方程(2.62)知可用第 i 个微粒上的力 $\boldsymbol{F}_i$ 替换 $m_i\,\boldsymbol{a}_i$，通过 $\sum\boldsymbol{M}_G=\sum(\boldsymbol{r}_{i/G}\times\boldsymbol{F}_i)$，得：

$$\sum\boldsymbol{M}_G=\dot{\boldsymbol{H}}_G \tag{2.70}$$

2.5.4 角动量方程

如图 2.23 所示，刚体的质量为 m，质心为 G。XYZ 为惯性坐标系。在这个坐标系中可定义关于任意点 A 的角动量，$\boldsymbol{r}_A$ 的方向为从坐标原点指向 A，$\boldsymbol{\rho}_A$ 的方向为从点 A 指向第 i 个小微粒，如果微粒的质量为 m_i，则微粒 i 关于 A 点的角动量为：

$$(\boldsymbol{H}_A)_i=\boldsymbol{\rho}_A\times m_i\boldsymbol{v}_i \tag{2.71}$$

$\boldsymbol{v}_i$ 代表在惯性坐标系中测得的微粒的速度，如果刚体的加速度为 $\boldsymbol{\omega}$，那么点 i 的速度为：

$$\boldsymbol{v}_i=\boldsymbol{v}_A+\boldsymbol{\omega}\times\boldsymbol{\rho}_A \tag{2.72}$$

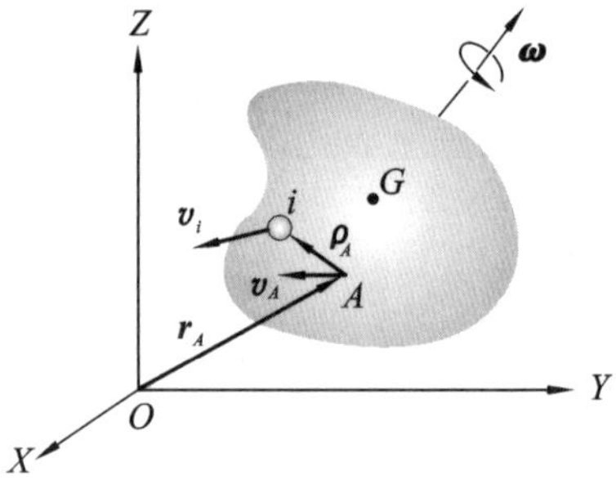

图 2.23 刚体的角动量描述

因此

$$\begin{aligned}(\boldsymbol{H}_A)_i&=\boldsymbol{\rho}_A\times m_i(\boldsymbol{v}_A+\boldsymbol{\omega}\times\boldsymbol{\rho}_A)\\&=\boldsymbol{\rho}_A m_i\times\boldsymbol{v}_A+\boldsymbol{\rho}_A\times(\boldsymbol{\omega}\times\boldsymbol{\rho}_A)m_i\end{aligned} \tag{2.73}$$

将刚体的所有微粒加起来，得到积分为：

$$\boldsymbol{H}_A=\int_m\boldsymbol{\rho}_A\times\mathrm{d}m\times\boldsymbol{v}_A+\int_m\boldsymbol{\rho}_A\times(\boldsymbol{\omega}\times\boldsymbol{\rho}_A)\mathrm{d}m \tag{2.74}$$

关于固定点 O 的角动量：如果刚体上的 A 点为固定点，如图 2.24 所示，则 $\boldsymbol{v}_A=0$，式(2.74)可简化为：

$$\boldsymbol{H}_O=\int_m\boldsymbol{\rho}_O\times(\boldsymbol{\omega}\times\boldsymbol{\rho}_O)\mathrm{d}m \tag{2.75}$$

关于质心 G 的角动量：如果 A 为刚体的质心 G，如图 2.25 所示，则 $\int_m \boldsymbol{\rho}_A \times \mathrm{d}m = 0$，式(2.74) 可简化为：

$$\boldsymbol{H}_G = \int_m \boldsymbol{\rho}_G \times (\boldsymbol{\omega} \times \boldsymbol{\rho}_G)\mathrm{d}m \tag{2.76}$$

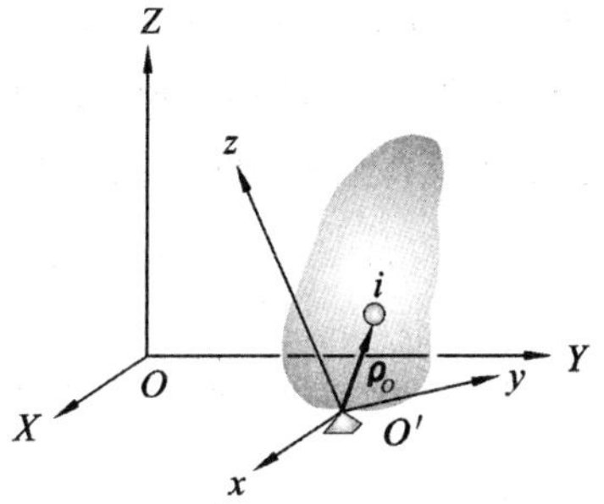

图 2.24　刚体关于固定点的角动量

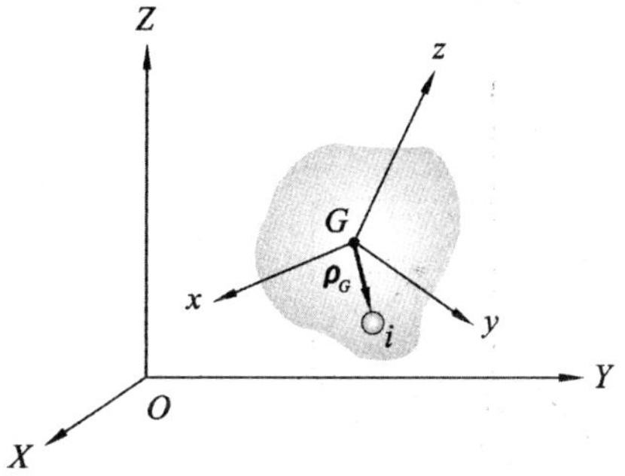

图 2.25　刚体关于质心的角动量

关于任意点 A 的角动量：通常情况下点 A 不是固定点 O 或质心 G，如图 2.26 所示，式(2.74)可表示为：

$$\boldsymbol{H}_A = \boldsymbol{\rho}_{G/A} \times m\boldsymbol{v}_G + \boldsymbol{H}_G \tag{2.77}$$

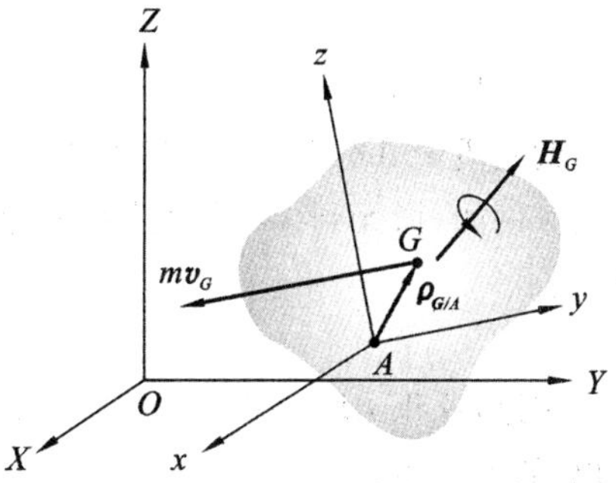

图 2.26　刚体关于任意点 A 的角动量

角动量 $\boldsymbol{H}$ 的分解：为了能够应用式(2.75)、式(2.76)、式(2.77)来计算，角动量应写成标量形式，因此还需要建立坐标系 xyz，相对于 XYZ 可以是任意方向，如图 2.24～图 2.26 所示。对于一般方程，如式(2.75)和式(2.76)中均含有如下形式：

$$\boldsymbol{H} = \int_m \boldsymbol{\rho} \times (\boldsymbol{\omega} \times \boldsymbol{\rho})\mathrm{d}m \tag{2.78}$$

在 xyz 坐标系中 H、ρ、ω 可以表示为：

$$\begin{aligned}
H_i\boldsymbol{i} + H_j\boldsymbol{j} + H_k\boldsymbol{k} &= \int_m (x\boldsymbol{i} + y\boldsymbol{j} + z\boldsymbol{k}) \times [(\omega_x\boldsymbol{i} + \omega_y\boldsymbol{j} + \omega_z\boldsymbol{k}) \times (x\boldsymbol{i} + y\boldsymbol{j} + z\boldsymbol{k})]\mathrm{d}m \\
&= \left[\omega_x\int_m (y^2 + z^2)\mathrm{d}m - \omega_y\int_m xy\,\mathrm{d}m - \omega_z\int_m xz\,\mathrm{d}m\right]\boldsymbol{i} + \\
&\quad \left[-\omega_x\int_m yx\,\mathrm{d}m + \omega_y\int_m (x^2 + z^2)\mathrm{d}m - \omega_z\int_m yz\,\mathrm{d}m\right]\boldsymbol{j} + \\
&\quad \left[-\omega_x\int_m zx\,\mathrm{d}m - \omega_y\int_m zy\,\mathrm{d}m + \omega_z\int_m (x^2 + y^2)\mathrm{d}m\right]\boldsymbol{k}
\end{aligned} \tag{2.79}$$

从上式可以看到 $\boldsymbol{i}, \boldsymbol{j}, \boldsymbol{k}$ 各自分量中的积分式恰好为惯性矩和惯性积，因此得到：

$$\begin{cases}
H_x = I_{xx}\omega_x - I_{xy}\omega_y - I_{xz}\omega_z \\
H_y = -I_{yx}\omega_x + I_{yy}\omega_y - I_{yz}\omega_z \\
H_z = -I_{zx}\omega_x - I_{zy}\omega_y + I_{zz}\omega_z
\end{cases} \tag{2.80}$$

2.5.5　惯性矩和惯性积的定义

(1) 惯性矩

刚体上一质量微元 dm 对于某一坐标轴的惯性矩定义为微元的质量与微元点到该坐标轴垂直距离平方的乘积。图 2.27 中刚体上一点 dm 关于 x 轴的惯性矩为：

$$\mathrm{d}I_{xx}=r_x^2\mathrm{d}m=(y^2+z^2)\mathrm{d}m \tag{2.81}$$

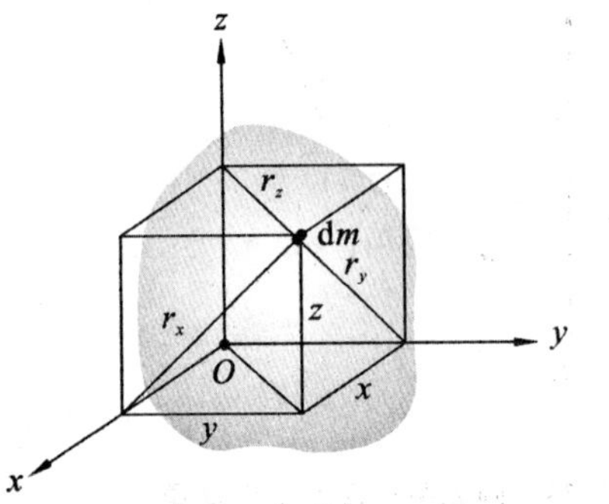

图 2.27　刚体上微元关于 x 轴的惯性矩

对上式在整个刚体上进行积分就得到刚体的惯性矩 I_{xx}，因此关于每个坐标轴的惯性矩为：

$$\begin{cases} I_{xx}=\int_m r_x^2\mathrm{d}m=\int_m (y^2+z^2)\mathrm{d}m \\ I_{yy}=\int_m r_y^2\mathrm{d}m=\int_m (x^2+z^2)\mathrm{d}m \\ I_{zz}=\int_m r_z^2\mathrm{d}m=\int_m (x^2+y^2)\mathrm{d}m \end{cases} \tag{2.82}$$

可以看出，惯性矩是正值，因为它是对质量 dm 与距离平方的乘积求积分。

(2) 惯性积

微元质量 dm 关于两个正交平面的惯性积定义为微元的质量与微元到两平面垂直距离的乘积。例如，微元到 yz 平面的距离为 x，到 xz 平面的距离为 y，图 2.27 所示的微元的惯性积 $\mathrm{d}I_{xy}$ 为：

$$\mathrm{d}I_{xy}=xy\mathrm{d}m \tag{2.83}$$

注意，这里 $\mathrm{d}I_{xy}=\mathrm{d}I_{y}$。再对整个质量进行积分，同样可得到刚体关于其他平面组合的惯性积，如下所示：

$$\begin{cases} I_{xy}=I_{yx}=\int_m xy\mathrm{d}m \\ I_{yz}=I_{zy}=\int_m yz\mathrm{d}m \\ I_{xz}=I_{zx}=\int_m xz\mathrm{d}m \end{cases} \tag{2.84}$$

从上式可以看出惯性积与惯性矩不同，惯性积可能为正、负或 0。其结果取决于所定义坐标的代数符号。

(3) 平行移轴定理

平行移轴定理是计算物体转动惯量的一条重要定理，即物体对任一轴的转动惯量等于物体对通过质心的平行轴的转动惯量再加上物体的质量与两轴间距离平方的乘积。如图 2.28 所示，G 点在坐标系 xyz 中的坐标为(x_G，y_G，z_G)，则关于 x、y、z 轴的惯性矩为：

$$\begin{cases} I_{xx}=(I_{x'x'})G+m(y_G^2+z_G^2) \\ I_{yy}=(I_{y'y'})G+m(x_G^2+z_G^2) \\ I_{zz}=(I_{z'z'})G+m(x_G^2+y_G^2) \end{cases} \tag{2.85}$$

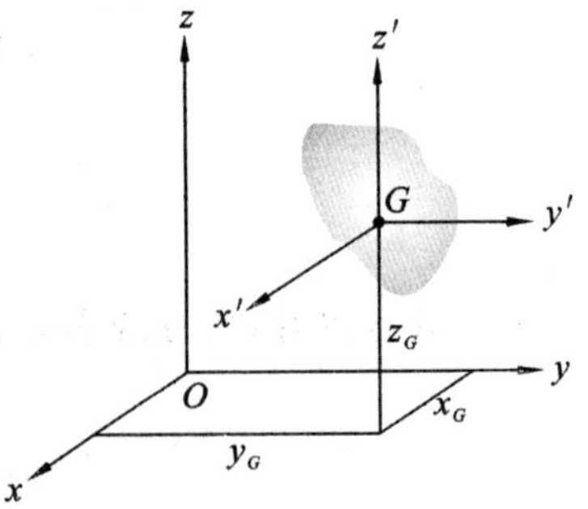

图 2.28　平行移轴定理

用同样的方法，可得到物体的惯性积的平行移轴公式，即：

$$\begin{cases} I_{xy}=(I_{x'y'})G+mx_G\,y_G \\ I_{yz}=(I_{y'z'})G+my_G\,z_G \\ I_{zx}=(I_{z'x'})G+mz_G\,x_G \end{cases} \tag{2.86}$$

(4) 惯性张量

物体的惯性特性可以用九个分量来完全描述，其中有六项是相互独立的，用矩阵形式表示为：

$$\begin{bmatrix} I_{xx} & -I_{xy} & -I_{xz} \\ -I_{yx} & I_{yy} & -I_{yz} \\ -I_{zx} & -I_{zy} & I_{zz} \end{bmatrix} \tag{2.87}$$

这个矩阵叫作惯性张量。对于点 O 我们通常定义一个特殊的坐标系，使物体的惯性积为0，这样惯性张量变为一个对角矩阵：

$$\begin{bmatrix} I_x & 0 & 0 \\ 0 & I_y & 0 \\ 0 & 0 & I_z \end{bmatrix} \tag{2.88}$$

在这里，$I_x=I_{xx}$、$I_y=I_{yy}$、$I_z=I_{zz}$ 称为物体的主惯性矩，对应的轴称为惯性主轴，三个主惯性矩中包含了物体惯性矩的最大值和最小值。

2.6 算 例

2.6.1 算例 1

如图 2.29 所示，$\theta=60°$ 时，连杆的角速度为 3 rad/s，角加速度为 2 rad/s^2。此时，圆环 C 沿连杆向外滑下，当滑到 $x=0.2$ m 时，相对连杆，圆环 C 的速度为 2 m/s，加速度为 3 m/s^2。求此刻圆环的科氏加速度 $\boldsymbol{a}_{\mathrm{Cor}}$ 以及速度和加速度。

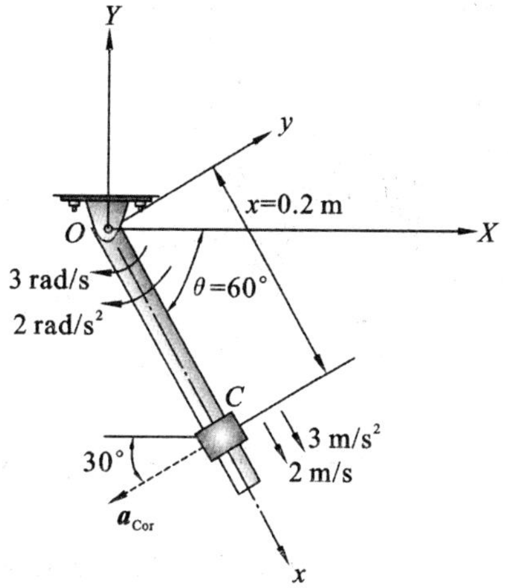

图 2.29 算例 1 图

(1) 坐标轴

如图 2.29 所示，两个坐标轴的原点都位于点 O，因为圆环是相对于连杆运动的，所以圆环的 xyz 参照系在连杆上。

(2) 动力学方程

$$\boldsymbol{v}_C=\boldsymbol{v}_O+\boldsymbol{\Omega}\times\boldsymbol{r}_{C/O}+(\boldsymbol{v}_{C/O})_{xyz} \tag{2.89}$$

$$\boldsymbol{a}_C=\boldsymbol{a}_O+\dot{\boldsymbol{\Omega}}\times\boldsymbol{r}_{C/O}+\boldsymbol{\Omega}\times(\boldsymbol{\Omega}\times\boldsymbol{r}_{C/O})+2\boldsymbol{\Omega}\times(\boldsymbol{v}_{C/O})_{xyz}+(\boldsymbol{a}_{C/O})_{xyz} \tag{2.90}$$

以 $\boldsymbol{i},\boldsymbol{j},\boldsymbol{k}$ 向量的矢量形式来表达数据比以向量形式表达更为简单。因此，已知条件可描述为表 2-1 所示的形式。

表 2-1 算例 1

移动参考系的运动	相对于移动参考系 C 的运动
$\boldsymbol{v}_O=0$	$\boldsymbol{r}_{C/O}=(0.2\boldsymbol{i})\text{m}$
$\boldsymbol{a}_O=0$	$(\boldsymbol{v}_{C/O})_{xyz}=(2\boldsymbol{i})\text{m/s}$
$\boldsymbol{\Omega}=(-3\boldsymbol{k})\text{rad/s}$	$(\boldsymbol{a}_{C/O})_{xyz}=(3\boldsymbol{i})\text{m/s}^2$
$\dot{\boldsymbol{\Omega}}=(-2\boldsymbol{k})\text{rad/s}^2$	

由定义得科氏加速度为：

$$\boldsymbol{a}_{\text{Cor}}=2\times\boldsymbol{\Omega}\times(\boldsymbol{v}_{C/O})_{xyz}=2\times(-3\boldsymbol{k})\times(2\boldsymbol{i})=(-12\boldsymbol{j})\text{m/s}^2$$

该矢量的方向如图 2.29 中虚线所示，如果有要求，可以将它分解为沿 X 轴和沿 Y 轴的分量 $\boldsymbol{I}$,$\boldsymbol{J}$。

将数据代入式(2.89)、式(2.90)中，可以得到圆环的速度以及加速度，分别为：

$$\begin{aligned}\boldsymbol{v}_C&=\boldsymbol{v}_O+\boldsymbol{\Omega}\times\boldsymbol{r}_{C/O}+(\boldsymbol{v}_{C/O})_{xyz}\\&=0+(-3\boldsymbol{k})\times(0.2\boldsymbol{i})+2\boldsymbol{i}\\&=(2\boldsymbol{i}-0.6\boldsymbol{j})\text{m/s}\end{aligned}$$

$$\begin{aligned}\boldsymbol{a}_C&=\boldsymbol{a}_O+\dot{\boldsymbol{\Omega}}\times\boldsymbol{r}_{C/O}+\boldsymbol{\Omega}\times(\boldsymbol{\Omega}\times\boldsymbol{r}_{C/O})+2\boldsymbol{\Omega}\times(\boldsymbol{v}_{C/O})_{xyz}+(\boldsymbol{a}_{C/O})_{xyz}\\&=0+(-2\boldsymbol{k})\times(0.2\boldsymbol{i})+(-3\boldsymbol{k})\times[(-3\boldsymbol{k})\times(0.2\boldsymbol{i})]+2\times(-3\boldsymbol{k})\times2\boldsymbol{i}+3\boldsymbol{i}\\&=0-0.4\boldsymbol{j}-1.80\boldsymbol{i}-12\boldsymbol{j}+3\boldsymbol{i}\\&=(1.20\boldsymbol{i}-12.4\boldsymbol{j})\text{m/s}^2\end{aligned}$$

2.6.2 算例 2

如图 2.30 所示，齿轮的质量为 10 kg，其轴线与旋转轴之间存在 10°夹角，轴的质量忽略不计。如果 $I_z=0.1\ \text{kg}\cdot\text{m}^2$，$I_x=I_y=0.05\ \text{kg}\cdot\text{m}^2$，转轴角速度 $\omega=30$ rad/s，试求此时推力轴承 A 和径向轴承 B 分别施加于转轴的作用力。

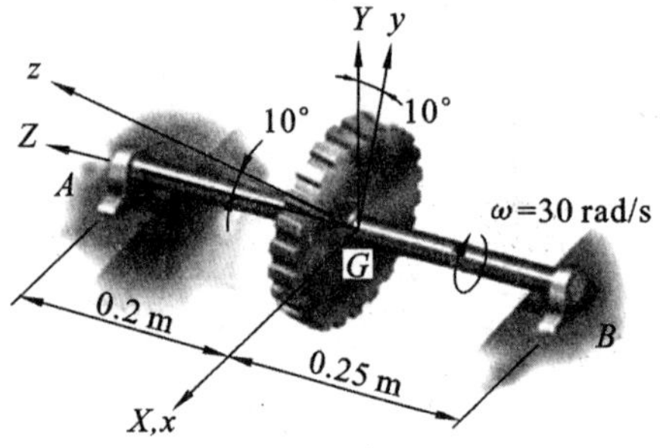

图 2.30 算例 2 图

(1) 受力分析

绘制受力图如图 2.31(a)所示，其中 xyz 坐标系的原点与齿轮的重心 G 重合，故原点位置固定，坐标系建于齿轮上并随齿轮转动，由此可知，坐标轴代表了齿轮的三个惯性轴，因此$\boldsymbol{\Omega}=\boldsymbol{\omega}$。

(2) 运动分析

如图 2.31(b)所示，齿轮角速度 $\boldsymbol{\omega}$ 幅值不变，方向与轴 AB 方向一致，因 $\boldsymbol{\omega}$ 是在 $GXYZ$ 坐标系下的向量，转化为 $Gxyz$ 坐标系的具体值为：$\omega_x=0$，$\omega_y=-30\sin10°$ rad/s，$\omega_z=30\cos10°$ rad/s。

上述三值相对于任意原点的 xyz 坐标系是固定不变的，故 $\dot{\omega}_x=0$，$\dot{\omega}_y=0$，$\dot{\omega}_z=0$。同时注意，因为 $\boldsymbol{\Omega}=\boldsymbol{\omega}$，故 $\dot{\omega}=(\dot{\omega})_{xyz}$。由上述值，可得到这些变量对时间的导数与 X、Y、Z 轴相关，$\boldsymbol{\omega}$ 的幅值固定，方向与$+Z$ 方向重合，故 $\dot{\boldsymbol{\omega}}=0$。齿轮重心 G 为固定点，则$(a_G)_x=(a_G)_y=(a_G)_z=0$。

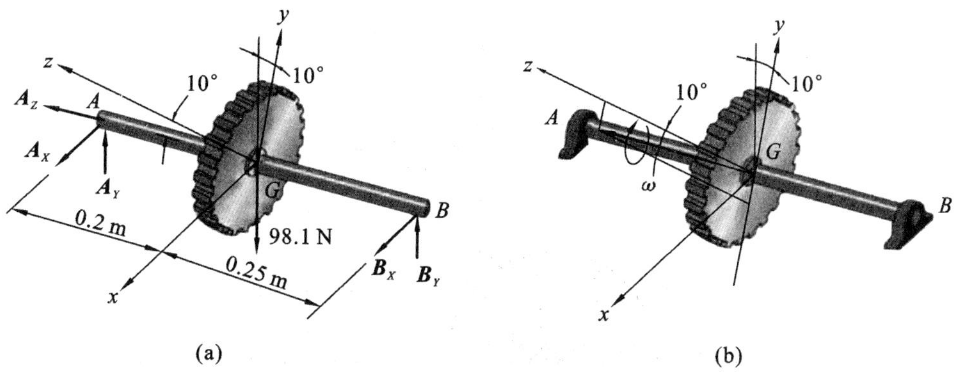

图 2.31　算例 2 的分析图

(a)受力分析;(b)运动分析

(3) 运动方程

$$\sum M_x = I_x\dot{\omega}_x - (I_y - I_z)\omega_y\omega_z$$

将具体物理量和数值代入上式得:

$$-(A_Y)(0.2) + (B_Y)(0.25) = 0 - (0.05 - 0.1) \times (-30\sin 10°) \times (30\cos 10°)$$

整理得:

$$-0.2A_Y + 0.25B_Y = -7.70 \tag{2.91}$$

$$\sum M_y = I_y\dot{\omega}_y - (I_z - I_x)\omega_z\omega_x$$

$$A_X(0.2)\cos 10° - B_X(0.25)\cos 10° = 0 - 0$$

$$A_X = 1.25B_X$$

$$\sum M_z = I_z\dot{\omega}_z - (I_x - I_y)\omega_x\omega_y$$

$$A_X(0.2)\sin 10° - B_X(0.25)\sin 10° = 0 - 0$$

$$A_X = 1.25B_X \tag{2.92}$$

$$\sum F_X = m(a_G)_X;\quad A_X + B_X = 0 \tag{2.93}$$

$$\sum F_Y = m(a_G)_Y;\quad A_Y + B_Y - 98.1 = 0 \tag{2.94}$$

$$\sum F_Z = m(a_G)_Z;\quad A_Z = 0$$

联立方程(2.91)~(2.94)可得:

$$A_X = B_X = 0, A_Y = 71.6\ \text{N}, B_Y = 26.5\ \text{N}$$

2.6.3　算例 3

如图 2.32 所示,电机带动杆 AB 做旋转运动。A 与圆环 C 之间的距离为 0.25 m,并且 C 沿着杆 AB 运动,速度为 3 m/s,加速度为 2 m/s²。圆环 C 的速度和加速度为常数。

(1) 坐标系建立

固定坐标系 XYZ 的原点选择在平面的中心,移动坐标系 xyz 的原点选择在点 A,坐标系建立如图 2.32 所示。因为轴环 C 具有 ω_P 和 ω_M 两部分的角运动,所以在坐标系 xyz 里,轴环被视为有一个 Ω_{xyz} 等于 ω_M 的角速度。因此,增加 xyz 坐标轴到工作平面上,这样使 Ω 等于 ω_P。

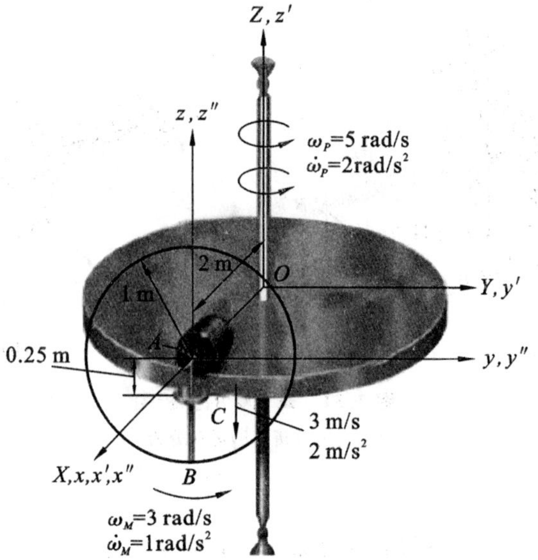

图 2.32 算例 3 图

(2) 运动方程

将式(2.89)和式(2.90)应用到点 A 和点 C 上得：

$$\boldsymbol{v}_C=\boldsymbol{v}_A+\boldsymbol{\Omega}\times\boldsymbol{r}_{C/A}+(\boldsymbol{v}_{C/A})_{xyz}$$

$$\boldsymbol{a}_C=\boldsymbol{a}_A+\dot{\boldsymbol{\Omega}}\times\boldsymbol{r}_{C/A}+\boldsymbol{\Omega}\times(\boldsymbol{\Omega}\times\boldsymbol{r}_{C/A})+2\boldsymbol{\Omega}\times(\boldsymbol{v}_{C/A})_{xyz}+(\boldsymbol{a}_{C/A})_{xyz}$$

(3) 运动分析

① A 点的运动

$\boldsymbol{r}_A$根据 X、Y、Z 坐标改变了方向。为了找到 $\boldsymbol{r}_A$的时间导数，用 x'、y'、z'坐标轴代替转动了 $\boldsymbol{\Omega}'=\boldsymbol{\omega}_P$的 X、Y、Z 坐标轴，由此可以得到：

$$\boldsymbol{\Omega}=\boldsymbol{\omega}_P=(5\boldsymbol{k})\text{rad/s}(\boldsymbol{\Omega}\text{ 关于 }X、Y、Z\text{ 坐标轴不改变方向})$$

$$\dot{\boldsymbol{\Omega}}=\dot{\boldsymbol{\omega}}_P=(2\boldsymbol{k})\text{rad/s}^2$$

$$\boldsymbol{r}_A=(2\boldsymbol{i})\text{m}$$

$$\boldsymbol{v}_A=\dot{\boldsymbol{r}}_A=(\dot{\boldsymbol{r}}_A)_{x'y'z'}+\boldsymbol{\omega}_P\times\boldsymbol{r}_A=0+5\boldsymbol{k}\times2\boldsymbol{i}=(10\boldsymbol{j})\text{m/s}$$

$$\boldsymbol{a}_A=\ddot{\boldsymbol{r}}_A=[(\ddot{\boldsymbol{r}}_A)_{x'y'z'}+\boldsymbol{\omega}_P\times(\dot{\boldsymbol{r}}_A)_{x'y'z'}]+\dot{\boldsymbol{\omega}}_P\times\boldsymbol{r}_A+\boldsymbol{\omega}_P\times\dot{\boldsymbol{r}}_A$$
$$=[0+0]+2\boldsymbol{k}\times2\boldsymbol{i}+5\boldsymbol{k}\times10\boldsymbol{j}=(-50\boldsymbol{i}+4\boldsymbol{j})\text{m/s}^2$$

② 点 C 相对于点 A 的运动

$(\boldsymbol{r}_{C/A})_{xyz}$根据 X、Y、Z 坐标改变了方向。为了找到$(\boldsymbol{r}_{C/A})_{xyz}$的时间导数，用 x''、y''、z''坐标轴代替转动了 $\boldsymbol{\Omega}''=\boldsymbol{\Omega}_{xyz}=\boldsymbol{\omega}_M$ 的 X、Y、Z 坐标轴，由此可以得到：

$$\boldsymbol{\Omega}_{xyz}=\boldsymbol{\omega}_M=(3\boldsymbol{i})\text{rad/s}(\boldsymbol{\Omega}_{xyz}\text{ 不根据 }x、y、z\text{ 坐标轴变化})$$

$$\dot{\boldsymbol{\Omega}}_{xyz}=\dot{\boldsymbol{\omega}}_M=(1\boldsymbol{i})\text{rad/s}^2$$

$$(\boldsymbol{r}_{C/A})_{xyz}=(-0.25\boldsymbol{k})\text{m}$$

$$(\boldsymbol{v}_{C/A})_{xyz}=(\dot{\boldsymbol{r}}_{C/A})_{xyz}=(\dot{\boldsymbol{r}}_{C/A})_{x''y''z''}+\boldsymbol{\omega}_M\times(\boldsymbol{r}_{C/A})_{xyz}$$
$$=-3\boldsymbol{k}+[3\boldsymbol{i}\times(-0.25\boldsymbol{k})]=(0.75\boldsymbol{j}-3\boldsymbol{k})\text{m/s}$$

$$(\boldsymbol{a}_{C/A})_{xyz}=(\ddot{\boldsymbol{r}}_{C/A})_{xyz}=[(\ddot{\boldsymbol{r}}_{C/A})_{x''y''z''}+\boldsymbol{\omega}_M\times(\dot{\boldsymbol{r}}_{C/A})_{x''y''z''}]+\dot{\boldsymbol{\omega}}_M\times(\boldsymbol{r}_{C/A})_{xyz}+\boldsymbol{\omega}_M\times(\dot{\boldsymbol{r}}_{C/A})_{xyz}$$

$$=[-2\boldsymbol{k}+3\boldsymbol{i}\times(-3\boldsymbol{k})]+(1\boldsymbol{i})\times(-0.25\boldsymbol{k})+(3\boldsymbol{i})\times(0.75\boldsymbol{j}-3\boldsymbol{k})$$

$$=(18.25\boldsymbol{j}+0.25\boldsymbol{k})\text{m/s}^2$$

③ C 点的运动

$$\boldsymbol{v}_C=\boldsymbol{v}_A+\boldsymbol{\Omega}\times\boldsymbol{r}_{C/A}+(\boldsymbol{v}_{C/A})_{xyz}$$

$$=10\boldsymbol{j}+[5\boldsymbol{k}\times(-0.25\boldsymbol{k})]+(0.75\boldsymbol{j}-3\boldsymbol{k})$$

$$=(10.75\boldsymbol{j}-3\boldsymbol{k})\text{m/s}$$

$$\boldsymbol{a}_C=\boldsymbol{a}_A+\dot{\boldsymbol{\Omega}}\times\boldsymbol{r}_{C/A}+\boldsymbol{\Omega}\times(\boldsymbol{\Omega}\times\boldsymbol{r}_{C/A})+2\boldsymbol{\Omega}\times(\boldsymbol{v}_{C/A})_{xyz}+(\boldsymbol{a}_{C/A})_{xyz}$$

$$=(-50\boldsymbol{i}+4\boldsymbol{j})+[2\boldsymbol{k}\times(-0.25\boldsymbol{k})]+5\boldsymbol{k}\times[5\boldsymbol{k}\times(-0.25\boldsymbol{k})]$$

$$+2\times5\boldsymbol{k}\times(0.75\boldsymbol{j}-3\boldsymbol{k})+(18.25\boldsymbol{j}+0.25\boldsymbol{k})$$

$$=(-57.5\boldsymbol{i}+22.25\boldsymbol{j}+0.25\boldsymbol{k})\text{m/s}^2$$

3 多刚体系统动力学

多刚体系统动力学的研究包括运动学分析、动力学建模、动力学响应分析等内容。下面以串联式机械臂为对象加以叙述。

3.1 多刚体系统运动学原理

多刚体系统的运动学是将构成串联式机械臂的连杆机构的空间位移表示为时间的函数，如机械臂关节变量空间和末端执行器位姿之间的关系，涉及机械臂相对于固定参考坐标系的运动几何学关系。

机械臂运动学问题主要包括：①已知机械臂杆件几何参数和关节角矢量，求末端执行器相对于参考坐标系的位姿，为机械臂运动学的正问题；②已知机械臂杆件的几何参数，给定末端执行器相对于参考坐标系的期望位姿，为了满足末端执行器到达该位姿的要求，求解各个关节的角位移，为机械臂运动学的逆问题。

3.1.1 多刚体系统的运动描述方法

(1) 机构空间坐标的齐次变换

典型的机械臂由多个连杆通过关节串联起来，固定在基座上，前端装有满足作业需要的末端执行器。机械臂连杆机构常采用的关节有回转关节和棱柱形移动关节，表示关节位置的变量称为关节变量。末端执行器的位置是指工作空间的几何位置，此外还要明确末端执行器的位姿，即末端执行器从什么方向到达该点，包括转动角、俯仰角、偏转角，对应转动、俯仰、偏转三种运动。

对于任意机构可建立某一个坐标系$\{S_A\}$，空间任一点 p 的位置可用如下矢量表示，即：

$$^{A}\boldsymbol{p}=(x_p,y_p,z_p)^{\mathrm{T}} \tag{3.1}$$

式中，左上角的 A 表示对应的参考坐标系。

空间中的任一点在不同的参考坐标系中的坐标值不同，相当于两个参考坐标系之间的变换。如下是基本的坐标系转换关系式。设点 p 绕$\{S_A\}$的 z 轴转动 θ 角，新的坐标等于旧坐标$^{A}\boldsymbol{p}$ 左乘一个旋转矩阵$\boldsymbol{R}(z,\theta)$，即：

$$^{A}\boldsymbol{p}_{\mathrm{new}}=\boldsymbol{R}(z,\theta)\cdot {}^{A}\boldsymbol{p} \tag{3.2}$$

其中旋转矩阵 $\boldsymbol{R}(z,\theta)$为：

$$\boldsymbol{R}(z,\theta)=\begin{bmatrix}\cos\theta & -\sin\theta & 0\\ \sin\theta & \cos\theta & 0\\ 0 & 0 & 1\end{bmatrix} \tag{3.3}$$

同理定义绕$\{S_A\}$的 x、y 轴转动的旋转矩阵$\boldsymbol{R}(x,\theta)$,$\boldsymbol{R}(y,\theta)$。

采用齐次坐标变换方法,也就是把平移和旋转合起来组成一个变换矩阵,进行广义坐标变换。坐标点矢量扩大为 4×1,旋转变换矩阵也扩大为 4×4,其中第 4 行前三个元素和第 4 列的前三个元素均为 0,第 4 行第 4 列的元素为 1,也就是该点的齐次坐标为:

$$\boldsymbol{X}=(x_p,y_p,z_p,1)^{\mathrm{T}} \tag{3.4}$$

三个旋转齐次变换矩阵为:

$$\begin{cases} Rot(x,\theta)=\begin{bmatrix}1 & 0 & 0 & 0\\ 0 & \cos\theta & -\sin\theta & 0\\ 0 & \sin\theta & \cos\theta & 0\\ 0 & 0 & 0 & 1\end{bmatrix}\\ Rot(y,\theta)=\begin{bmatrix}\cos\theta & 0 & \sin\theta & 0\\ 0 & 1 & 0 & 0\\ -\sin\theta & 0 & \cos\theta & 0\\ 0 & 0 & 0 & 1\end{bmatrix}\\ Rot(z,\theta)=\begin{bmatrix}\cos\theta & -\sin\theta & 0 & 0\\ \sin\theta & \cos\theta & 0 & 0\\ 0 & 0 & 1 & 0\\ 0 & 0 & 0 & 1\end{bmatrix}\end{cases} \tag{3.5}$$

平移齐次变换矩阵如下,即:

$$Trans(a,b,c)=\begin{bmatrix}1 & 0 & 0 & a\\ 0 & 1 & 0 & b\\ 0 & 0 & 1 & c\\ 0 & 0 & 0 & 1\end{bmatrix} \tag{3.6}$$

由于采用了扩展矩阵进行变换,需要遵循独特的逆向运算原则。例如,如果某点 $\boldsymbol{X}=(x_p,y_p,z_p,1)^{\mathrm{T}}$ 的一个变换过程是:首先绕 z 轴旋转 θ_z,再绕 x 轴旋转 θ_x,最后平移(a,b,c),则整个变换矩阵要逆序相乘得到,即:

$$\boldsymbol{T}=Trans(a,b,c)\cdot Rot(x,\theta_x)\cdot Rot(z,\theta_z) \tag{3.7}$$

这样,该点在新坐标系内的齐次坐标为:

$$\boldsymbol{X}_{\mathrm{new}}=\boldsymbol{TX} \tag{3.8}$$

(2) 机械臂多刚体系统的齐次坐标变换

对于以机械臂为代表的多刚体系统,一般主要采用如下几个坐标系:$\{U\}$为全局坐标系,$\{R\}$为基座坐标系,每个连杆都有自己的连杆坐标系,$\{H\}$为末端执行器上的坐标系,如图 3.1 所示。

机械臂的底部是 R 的原点,R 的位置是以全局坐标系$\{U\}$为基准的,它们之间的关系由变换矩阵${}^U\boldsymbol{T}_R$ 确定。末端执行器的位置与基座的关系由变换矩阵${}^R\boldsymbol{T}_H$ 确定。变换矩阵${}^H\boldsymbol{T}_E$ 则可以将工具的尖端 E 与坐标系$\{H\}$联系起来。一般情况下,${}^U\boldsymbol{T}_R$ 和${}^H\boldsymbol{T}_E$ 均为常数矩阵。这样,工具尖端 E 与全局坐标系$\{U\}$的关系为:

$${}^U\boldsymbol{T}_E={}^U\boldsymbol{T}_R\cdot{}^R\boldsymbol{T}_H\cdot{}^H\boldsymbol{T}_E \tag{3.9}$$

在机械臂的运动学分析中,需要求出${}^R\boldsymbol{T}_H$,即末端执行器相对于基座坐标系的齐次变换矩阵。设齐次变换矩阵${}^R\boldsymbol{T}_H$ 有如下形式,即:

$$
{}^{R}\boldsymbol{T}_{H}=\begin{bmatrix}\boldsymbol{n} & \boldsymbol{o} & \boldsymbol{a} & \boldsymbol{p}\\ 0 & 0 & 0 & 1\end{bmatrix}=\begin{bmatrix}n_x & o_x & a_x & p_x\\ n_y & o_y & a_y & p_y\\ n_z & o_z & a_z & p_z\\ 0 & 0 & 0 & 1\end{bmatrix} \tag{3.10}
$$

式中　$\boldsymbol{n}=(n_x,n_y,n_z)$，$\boldsymbol{o}=(o_x,o_y,o_z)$，$\boldsymbol{a}=(a_x,a_y,a_z)$是末端执行器 H 相对于基座坐标系$\{U\}$的位姿向量；$\boldsymbol{p}=(p_x,p_y,p_z)^{\mathrm{T}}$ 是末端执行器 H 相对于基座坐标系$\{U\}$的位姿向量，如图 3.2 所示。

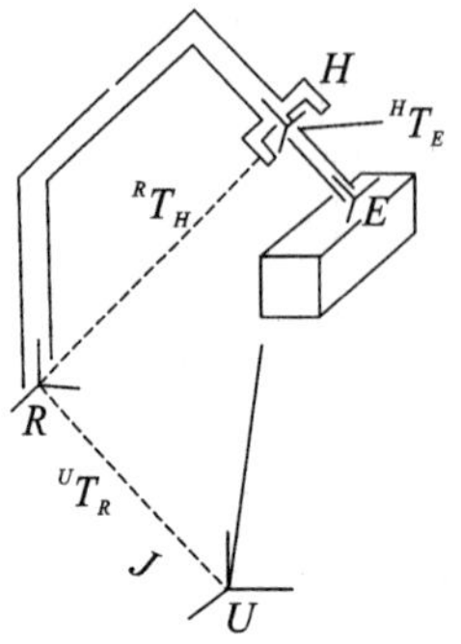

图 3.1　机械臂的几个主要坐标系

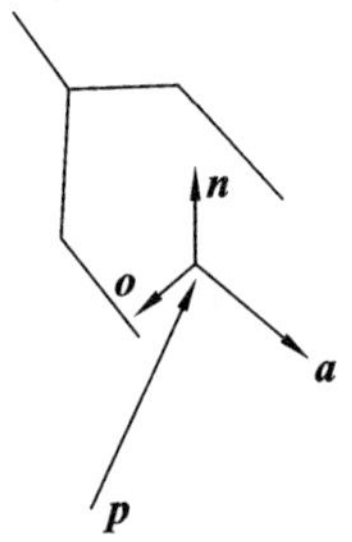

图 3.2　机械臂末端执行器的位姿向量

齐次变换矩阵$^{R}\boldsymbol{T}_{H}$ 中的 $\boldsymbol{n}$，$\boldsymbol{o}$，$\boldsymbol{a}$ 具有正交性，可以容易地求得其逆矩阵为：

$$
({}^{R}\boldsymbol{T}_{H})^{-1}={}^{H}\boldsymbol{T}_{R}=\begin{bmatrix}n_x & n_y & n_z & -\boldsymbol{p}\cdot\boldsymbol{n}\\ o_x & o_y & o_z & -\boldsymbol{p}\cdot\boldsymbol{o}\\ a_x & a_y & a_z & -\boldsymbol{p}\cdot\boldsymbol{a}\\ 0 & 0 & 0 & 1\end{bmatrix} \tag{3.11}
$$

(3) 连杆机构几何参数的 D-H 定义法及其齐次坐标变换矩阵

通常采用 D-H(Denavit-Hartenberg)定义法来描述相邻杆件之间的平移和转动关系，即建立每个关节处的杆件坐标系，列写相应的齐次变换矩阵，表示它与前一杆件坐标系的关系。这样通过每个关节的逐次变换，最后获得末端执行器到基座坐标系的位姿坐标关系。

采用图 3.3 所示的 D-H 坐标定义法，明确每个杆件上附着的坐标系位姿，D-H 参数和关节变量具体如下：

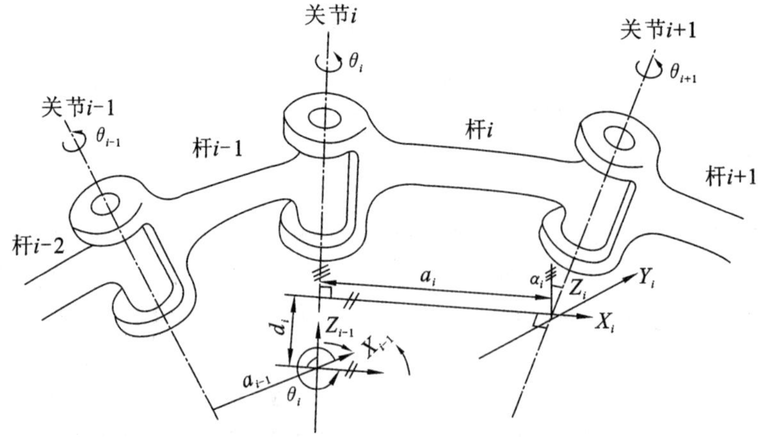

图 3.3　连杆 D-H 坐标系定义方法及其几何参数

① Z_i 轴是沿 $i+1$ 关节的运动轴；

② X_i 轴是沿 Z_i 和 Z_{i-1} 的公法线，指向离开 Z_{i-1} 轴的方向；

③ Y_i 轴的方向按 $X_iY_iZ_i$ 构成右手直角坐标系来确定；

④ Z_{i-1} 到 Z_i 两轴间的夹角为 α_i，以绕 X_i 轴右旋为正，α_i 称为连杆 i 的扭歪角；

⑤ 公法线长度 a_i 是 Z_{i-1} 和 Z_i 两轴间的最小距离，a_i 定义为第 i 杆的长度；

⑥ X_{i-1} 和 X_i 两轴之间的夹角为 θ_i，以绕 Z_{i-1} 轴右旋为正；

⑦ 两公法线 a_{i-1} 和 a_i 之间的距离称为连杆距离 d_i，大小等于两 X 轴之间的距离。

根据 D-H 坐标系定义法建立每一个连杆的坐标系后，按如下顺序变换，得到两相邻杆 $i-1$ 和杆 i 的坐标系之间的齐次变换矩阵，或称为相对位姿矩阵 ${}^{i-1}\mathbf{A}_i$：

① 绕 Z_{i-1} 轴旋转 θ_i 角，使 X_{i-1} 与 X_i 处于同一平面；

② 沿 Z_{i-1} 轴平移 d_i，使 X_{i-1} 与 X_i 处于同一直线；

③ 沿 X_i 轴平移 a_i，使杆 $i-1$ 上的坐标原点与杆 i 重合；

④ 绕 X_i 轴旋转 α_i 角，使 Z_{i-1} 轴转到与 Z_i 处于同一直线上。

具体表达式为：

$$
\begin{aligned}
{}^{i-1}\mathbf{A}_i=\mathbf{A}_i &= R(Z_{i-1},\theta_i)\,Trans(0,0,d_i)\,Trans(a_i,0,0)\,R(X_i,\alpha_i)\\
&=\begin{bmatrix}\cos\theta_i & -\cos\alpha_i\sin\theta_i & \sin\alpha_i\sin\theta_i & a_i\cos\theta_i\\ \sin\theta_i & \cos\alpha_i\cos\theta_i & \sin\alpha_i\sin\theta_i & a_i\sin\theta_i\\ 0 & \sin\alpha_i & \cos\alpha_i & d_i\\ 0 & 0 & 0 & 1\end{bmatrix}
\end{aligned}
\tag{3.12}
$$

对于平动关节，长度 a_i 没有意义，可令其为零，即 $a_i=0,\theta_i=0$，保留 d_i。

以上得到了每个杆件坐标系的齐次矩阵表达式，使用这些坐标系之间的齐次变换矩阵，可以导出从末端执行器至基座之间的坐标变换矩阵 ${}^{R}\boldsymbol{T}_H$。由于串联机械臂可被视为由一串关节相邻的杆件组成，每一个杆的位姿与相邻杆的关系通过 ${}^{i-1}\mathbf{A}_i$ 相连，${}^{0}\mathbf{A}_1$ 将第一号杆与基底通过下式连接起来，设共有 n 个杆件，这样就获得了串联机械臂杆件系统的齐次变换矩阵表达式，即：

$$
{}^{R}\boldsymbol{T}_H=\prod_{i=1}^{n}{}^{i-1}\mathbf{A}_i={}^{0}\mathbf{A}_1\,{}^{1}\mathbf{A}_2\,{}^{2}\mathbf{A}_3\cdots \tag{3.13}
$$

3.1.2　机械臂的正向运动学分析

如果已知某时刻机械臂各关节变量，即已知关节广义位移 q_i，根据上节分析可以容易地求出末端执行器的位姿矩阵，从而明确了它的位置和姿态。这个问题又称为正向运动学变换，也就是实现由关节空间向直角坐标空间的变换。

机械臂多刚体系统运动学分析的位姿分析正问题的求解步骤如下：

① 建立机械臂各杆的坐标系　各杆附体坐标系按 D-H 坐标定义法建立。基座附体坐标系应使 Z_0 轴沿关节 1 的运动轴并指向手臂的肩部。X_0，Y_0 与 Z_0 构成右手直角坐标系，方向可任选，在建立坐标系时应尽量使 X_i 与 X_{i-1} 同向；O_i 与 O_{i-1} 在 Z_i 方向同高，否则关节变量 θ_i（或 d_i）要加初始值，末端执行器的坐标系按图 3.4建立。

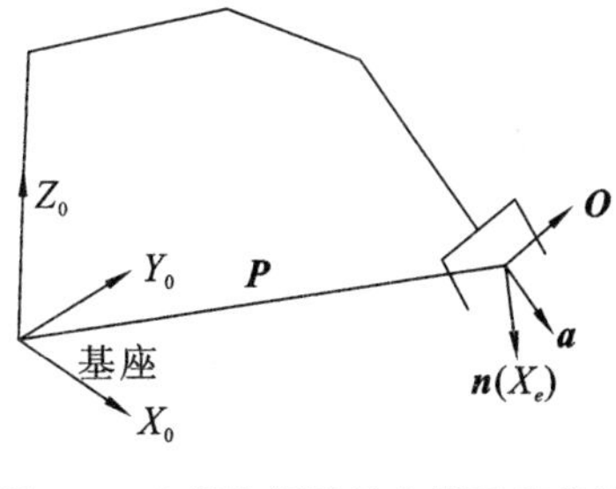

图 3.4　末端执行器的坐标系定义法

② 确定各连杆参数和关节变量　各连杆参数和关

节变量可按 D-H 坐标定义法来确定。

③ 求出两杆之间的位姿矩阵 $\boldsymbol{A}_i(i=1,2,\cdots)$　按式(3.12)来计算。

④ 求末端执行器的位姿矩阵　用式(3.13)求出 ${}^0\boldsymbol{T}_e$，通过矩阵相乘得到。

⑤ 求末端执行器的位姿　位置为 ${}^0\boldsymbol{P}(p_x,p_y,p_z)$，姿态为 $\boldsymbol{n},\boldsymbol{o},\boldsymbol{a}$，即：

$$ {}^0\boldsymbol{T}_e=\begin{bmatrix} n_x & o_x & a_x & p_x \\ n_y & o_y & a_y & p_y \\ n_z & o_z & a_z & p_z \\ 0 & 0 & 0 & 1 \end{bmatrix} \tag{3.14} $$

3.1.3 多刚体系统的速度分析

(1) 雅可比矩阵

机械臂运动学的正问题是指末端执行器位置 r 与关节变量 θ 的关系，用齐次坐标变换矩阵表示的公式为：

$$ {}^B\boldsymbol{T}_E={}^B\boldsymbol{T}_1\,{}^1\boldsymbol{T}_2\,{}^2\boldsymbol{T}_3\cdots{}^n\boldsymbol{T}_E \tag{3.15} $$

式中，${}^B\boldsymbol{T}_E$ 是指末端执行器 E 的附着坐标系相对于基座坐标系的变换矩阵，${}^B\boldsymbol{T}_1$ 是杆 1 的附着坐标系相对于基座坐标系的变换矩阵，${}^1\boldsymbol{T}_2$ 是杆 2 的附着坐标系相对于杆 1 附着坐标系的变换矩阵，依次类推。${}^n\boldsymbol{T}_E$ 则是末端执行器的附着坐标系相对于杆 n 附着坐标系的变换矩阵。上式可以写成如下统一的形式，即：

$$ \boldsymbol{r}=\boldsymbol{f}(\boldsymbol{\theta}) \tag{3.16} $$

式中　$\boldsymbol{r}$ 是末端执行器位姿变量，一般包括表示姿态的变量。

通常情况下，机械臂末端执行器应有 3 个位置变量和 3 个姿态变量，即 6 个变量，也就是 $\boldsymbol{r}$ 的自由度 m 为 6。关节变量 θ 可以包括 n 个杆件回转或平移量。一般情况下应满足 $n=m$。

对式(3.16)进行微分，可以求得末端执行器移动速度 $\dot{\boldsymbol{r}}$ 与关节速度 $\dot{\boldsymbol{\theta}}$ 之间的关系，即：

$$ \frac{\mathrm{d}\boldsymbol{r}}{\mathrm{d}t}=\boldsymbol{J}\,\frac{\mathrm{d}\boldsymbol{\theta}}{\mathrm{d}t} \tag{3.17} $$

式中

$$ \boldsymbol{J}=\frac{\partial\boldsymbol{f}(\boldsymbol{\theta})}{\partial\boldsymbol{\theta}^{\mathrm{T}}}=\begin{bmatrix} \dfrac{\partial f_1}{\partial\theta_1} & \cdots & \dfrac{\partial f_1}{\partial\theta_n} \\ \vdots & & \vdots \\ \dfrac{\partial f_m}{\partial\theta_1} & \cdots & \dfrac{\partial f_m}{\partial\theta_n} \end{bmatrix}\in R_{m\times n} \tag{3.18} $$

$\boldsymbol{J}$ 称为雅可比矩阵。

利用雅可比矩阵还可表示关节微小转动角度与末端执行器微小位移之间的关系，即式(3.17)两边同乘以 $\mathrm{d}t$，得：

$$ \mathrm{d}\boldsymbol{r}=\boldsymbol{J}\mathrm{d}\boldsymbol{\theta} \tag{3.19} $$

(2) 利用雅可比矩阵求解关节驱动力

假设机械臂系统处于静止状态，可以用虚功原理导出机械臂末端执行器的负载与关节驱动力之间的静态平衡力学关系。所谓虚功原理，是指约束力不做功的系统实现平衡，其充分必要条件是结构上允许的虚位移施力所做的功之和为零，其中约束力是使系统动作受到制约的力。

假设末端执行器的虚位移是 $\delta \boldsymbol{r} \in R^{m\times 1}$，关节的虚位移是 $\delta \boldsymbol{\theta} \in R^{n\times 1}$，末端执行器受到的力 $\boldsymbol{F} \in R^{m\times 1}$，关节驱动力为 $\boldsymbol{\tau} \in R^{n\times 1}$，其中末端执行器受到的力 $\boldsymbol{F}$ 是指外界对机械臂的末端执行器的作用力（末端执行器对外界的作用力是其反力）。机械臂的虚功可表示为：

$$W = \boldsymbol{\tau}^{\mathrm{T}} \delta \boldsymbol{\theta} + \boldsymbol{F}^{\mathrm{T}} \delta \boldsymbol{r} \tag{3.20}$$

由于满足静平衡条件 $W=0$，且考虑末端执行器虚位移 $\delta \boldsymbol{r}$ 与关节虚位移 $\delta \boldsymbol{\theta}$ 之间的关系用雅可比矩阵表示，即：

$$\delta \boldsymbol{r} = \boldsymbol{J} \delta \boldsymbol{\theta} \tag{3.21}$$

则有

$$\boldsymbol{\tau}^{\mathrm{T}} \delta \boldsymbol{\theta} + \boldsymbol{F}^{\mathrm{T}} \boldsymbol{J} \delta \boldsymbol{\theta} = \boldsymbol{0} \tag{3.22}$$

得到

$$(\boldsymbol{\tau}^{\mathrm{T}} + \boldsymbol{F}^{\mathrm{T}} \boldsymbol{J}) \delta \boldsymbol{\theta} = \boldsymbol{0} \tag{3.23}$$

由于上式对任意的 $\delta \boldsymbol{\theta}$ 都成立，可以得到

$$\boldsymbol{\tau} = -\boldsymbol{J}^{\mathrm{T}} \boldsymbol{F} \tag{3.24}$$

该式表示机械臂在静止状态时，末端执行器受力 $\boldsymbol{F}$ 与关节驱动力 $\boldsymbol{\tau}$ 的关系。

3.1.4 机械臂运动学分析的逆问题

当已知机械臂的机构形式，并且给定了末端执行器在空间的位姿时，需要进行运动学逆分析才能确定各关节变量的取值。机械臂多刚体系统运动学的逆问题对于设计和控制十分重要，因为要完成既定的动作，必须使各关节转动或平动的运动适当，才能实现预期效果。

运动学逆分析的方法很多，主要有解析法、几何法和数值法。解析法是针对具体杆系形式进行推导的代数方法，不具有普遍性；几何法较直观；数值法在一定范围内可以求得合理的解。

(1) 机械臂逆运动分析的解析方法

以三自由度平面机械臂的运动学逆分析为例加以说明，见图 3.5。

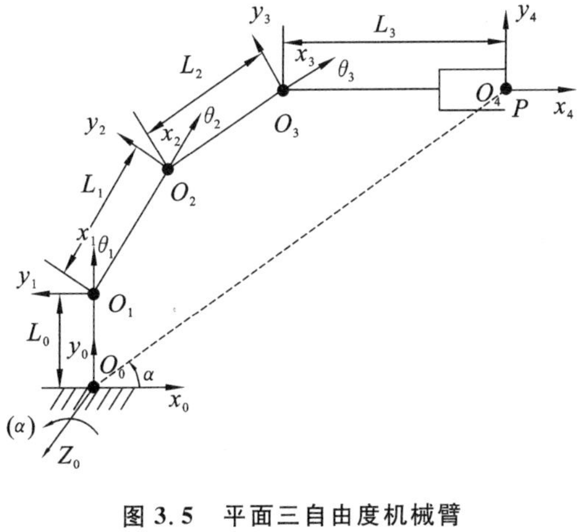

图 3.5 平面三自由度机械臂

① 确定 ${}^{R}\boldsymbol{T}_{H}$。如图 3.5 所示，末端执行器的位置为 P 点的坐标 $(p_x, p_y, 0)$。相对于基础坐标系 $\{R\}=\{O_0 x_0 y_0\}$，末端执行器的坐标系 $\{H\}=\{O_3 x_3 y_3\}$ 是由 $x_0 y_0$ 绕 z_0 转动 α 角得到的，

且仅在平面内旋转，因此末端执行器的位姿矩阵${}^R\boldsymbol{T}_H$ 为：

$$
{}^R\boldsymbol{T}_H=\begin{bmatrix}\cos\alpha & -\sin\alpha & 0 & p_x\\ \sin\alpha & \cos\alpha & 0 & p_y\\ 0 & 0 & 1 & 0\\ 0 & 0 & 0 & 1\end{bmatrix}
$$

② 末端执行器相对于坐标系$\{H\}=\{O_3x_3y_3\}$的齐次矩阵为：

$$
{}^H\boldsymbol{T}_E=\begin{bmatrix}1 & 0 & 0 & 0\\ 0 & 1 & 0 & 0\\ 0 & 0 & 1 & 0\\ 0 & 0 & 0 & 1\end{bmatrix}
$$

③ 列出逐次齐次变换矩阵的整体表达式为：

$$
{}^R\boldsymbol{T}_H=\boldsymbol{A}_1\boldsymbol{A}_2\boldsymbol{A}_3{}^H\boldsymbol{T}_E
$$

具体为：

$$
\begin{bmatrix}\cos\alpha & -\sin\alpha & 0 & p_x\\ \sin\alpha & \cos\alpha & 0 & p_y\\ 0 & 0 & 1 & 0\\ 0 & 0 & 0 & 1\end{bmatrix}
$$

$$
=\begin{bmatrix}\cos(\theta_1+\theta_2+\theta_3) & -\sin(\theta_1+\theta_2+\theta_3) & 0 & L_1\cos\theta_1+L_2\cos(\theta_1+\theta_2)+L_3\cos(\theta_1+\theta_2+\theta_3)\\ \sin(\theta_1+\theta_2+\theta_3) & \cos(\theta_1+\theta_2+\theta_3) & 0 & L_1\sin\theta_1+L_2\sin(\theta_1+\theta_2)+L_3\sin(\theta_1+\theta_2+\theta_3)\\ 0 & 0 & 1 & 0\\ 0 & 0 & 0 & 1\end{bmatrix}\begin{bmatrix}1 & 0 & 0 & 0\\ 0 & 1 & 0 & 0\\ 0 & 0 & 1 & 0\\ 0 & 0 & 0 & 1\end{bmatrix}
$$

由对应的矩阵元素(1,1)相等，$\cos\alpha=\cos(\theta_1+\theta_2+\theta_3)$，得：

$$
\theta_1+\theta_2+\theta_3=\alpha
$$

类似地，由(1,4)元素相等，得：

$$
L_1\cos\theta_1+L_2\cos(\theta_1+\theta_2)+L_3\cos(\theta_1+\theta_2+\theta_3)=p_x
$$

由(2,4)元素相等，得：

$$
L_1\sin\theta_1+L_2\sin(\theta_1+\theta_2)+L_3\sin(\theta_1+\theta_2+\theta_3)=p_y
$$

上两式写成

$$
L_1\cos\theta_1+L_2\cos(\theta_1+\theta_2)=p_x-L_3\cos\alpha=p_x^* \tag{3.25}
$$

$$
L_1\sin\theta_1+L_2\sin(\theta_1+\theta_2)=p_y-L_3\sin\alpha=p_y^* \tag{3.26}
$$

其中，上两式的右侧 p_x^*、p_y^* 可以先求出具体的数值。这样，将式(3.25)、式(3.26)进行平方相加：

$$
L_1^2+L_2^2+2L_1L_2[\cos\theta_1\cos(\theta_1+\theta_2)+\sin\theta_1\sin(\theta_1+\theta_2)]=p_x^{*2}+p_y^{*2}
$$

也就是

$$
\cos[\theta_1-(\theta_1+\theta_2)]=\cos\theta_2=\frac{p_x^{*2}+p_y^{*2}-L_1^2-L_2^2}{2L_1L_2}=c^*
$$

于是可以解得

$$\cos\theta_2 = c^*$$
$$\Rightarrow \sin\theta_2 = \sqrt{1-c^{*2}}$$
$$\Rightarrow \tan\theta_2 = \frac{\sqrt{1-c^{*2}}}{c^*}$$
$$\Rightarrow \theta_2 = \arctan\left(\frac{\sqrt{1-c^{*2}}}{c^*}\right)$$

代入式(3.25)、式(3.26)中，分别得到：

$$(L_1+L_2c^*)\cos\theta_1 - L_2\sqrt{1-c^{*2}}\sin\theta_1 = p_x^* \tag{3.27}$$

$$(L_1+L_2c^*)\sin\theta_1 + L_2\sqrt{1-c^{*2}}\cos\theta_1 = p_y^* \tag{3.28}$$

再由式(3.27)、式(3.28)进而可以解得：

$$\sin\theta_1 = \frac{p_y^*(L_1+L_2c^*) - p_x^*L_2\sqrt{1-c^{*2}}}{(L_1+L_2c^*)^2+L_2^2(1-c^{*2})} = a^*$$

$$\cos\theta_1 = \frac{p_x^*(L_1+L_2c^*) + p_y^*L_2\sqrt{1-c^{*2}}}{(L_1+L_2c^*)^2+L_2^2(1-c^{*2})} = b^*$$

最后得到

$$\theta_1 = \arctan\frac{a^*}{b^*},\ \theta_3 = \alpha - \theta_1 - \theta_2$$

(2) 机械臂逆运动分析的数值方法

对于一个有 n 个自由度的机械臂，其关节变量向量可写为：

$$\boldsymbol{q} = (\theta_1, \theta_2, \cdots, \theta_n)^{\mathrm{T}} \tag{3.29}$$

设机械臂末端执行器 E 在基础坐标系中的位姿可用如下矢量表示：

$$\boldsymbol{p} = (x_e, y_e, z_e, \theta_{ex}, \theta_{ey}, \theta_{ez})^{\mathrm{T}} = (p_1, p_2, p_3, p_4, p_5, p_6)^{\mathrm{T}}$$

它们应该是 n 个关节变量的函数，所以也可以写为：

$$\boldsymbol{p} = \Phi(\theta_1, \theta_2, \cdots, \theta_n) \tag{3.30}$$

对式(3.30)进行微分，可以求得末端执行器移动速度与关节角速度之间的关系，即：

$$\frac{\mathrm{d}\boldsymbol{p}}{\mathrm{d}t} = \boldsymbol{J}\frac{\mathrm{d}\boldsymbol{q}}{\mathrm{d}t} \tag{3.31}$$

其中，$\boldsymbol{p}\in R_{m\times 1}$ 表示末端执行器在空间坐标系下的坐标，$\boldsymbol{q}\in R_{n\times 1}$ 表示机械臂的广义坐标，即关节角度。$\boldsymbol{J}\in R_{m\times n}$ 即为雅可比矩阵，其表达式为：

$$\boldsymbol{J} = \frac{\partial \boldsymbol{p}}{\partial \boldsymbol{q}} = \begin{bmatrix} \dfrac{\partial p_1}{\partial \theta_1} & \cdots & \dfrac{\partial p_1}{\partial \theta_n} \\ \vdots & & \vdots \\ \dfrac{\partial p_m}{\partial \theta_1} & \cdots & \dfrac{\partial p_m}{\partial \theta_n} \end{bmatrix} \in R_{m\times n} \tag{3.32}$$

对于本节讨论的平面三自由度机械臂，依据式(3.18)可解得其雅可比矩阵为：

$$\boldsymbol{J} = \begin{bmatrix} -L_3C_{123}-L_2C_{12}-L_1C_1 & -L_3C_{123}-L_2C_{12} & -L_3C_{123} \\ -L_3S_{123}-L_2S_{12}-L_1S_1 & -L_3S_{123}-L_2S_{12} & -L_3S_{123} \end{bmatrix} \tag{3.33}$$

其中，$C_i=\cos\theta_i$，$S_i=\sin\theta_i$。对式(3.31)继续求导可得：

$$\ddot{\boldsymbol{p}} = \boldsymbol{J}\ddot{\boldsymbol{q}} + \dot{\boldsymbol{J}}\dot{\boldsymbol{q}} \tag{3.34}$$

其中雅可比矩阵对时间的导数为：

$$\dot{\boldsymbol{J}}=\frac{\mathrm{d}\boldsymbol{J}}{\mathrm{d}t}=\frac{\partial \boldsymbol{J}}{\partial q_1}\dot{q}_1+\frac{\partial \boldsymbol{J}}{\partial q_2}\dot{q}_2+\frac{\partial \boldsymbol{J}}{\partial q_3}\dot{q}_3 \tag{3.35}$$

对于本节讨论的平面三自由度机械臂，上式中的雅可比矩阵的导数为：

$$\frac{\partial \boldsymbol{J}}{\partial q_1}=\begin{bmatrix} L_3S_{123}+L_2S_{12}+L_1S_1 & L_3S_{123}+L_2S_{12} & L_3S_{123} \\ -L_3C_{123}-L_2C_{12}-L_1C_1 & -L_3C_{123}-L_2C_{12} & -L_3C_{123} \end{bmatrix}$$

$$\frac{\partial \boldsymbol{J}}{\partial q_2}=\begin{bmatrix} L_3S_{123}+L_2S_{12} & L_3S_{123}+L_2S_{12} & L_3S_{123} \\ -L_3C_{123}-L_2C_{12} & -L_3C_{123}-L_2C_{12} & -L_3C_{123} \end{bmatrix}$$

$$\frac{\partial \boldsymbol{J}}{\partial q_3}=\begin{bmatrix} L_3S_{123} & L_3S_{123} & L_3S_{123} \\ -L_3C_{123} & -L_3C_{123} & -L_3C_{123} \end{bmatrix}$$

在一般情况下，串联机械臂是非冗余的，即 $m=n$，这时 $\boldsymbol{J}$ 为满秩矩阵，也就是说对于一个确定的运动 $f(\boldsymbol{p})$，如果已知 $\boldsymbol{p},\dot{\boldsymbol{p}},\ddot{\boldsymbol{p}}$，就可以求出相应的关节角速度和角加速度，即：

$$\left.\begin{aligned} \dot{\boldsymbol{q}}&=\boldsymbol{J}^{-1}\dot{\boldsymbol{p}} \\ \ddot{\boldsymbol{q}}&=\boldsymbol{J}^{-1}(\ddot{\boldsymbol{p}}-\dot{\boldsymbol{J}}\dot{\boldsymbol{q}}) \end{aligned}\right\} \tag{3.36}$$

当 $m\neq n$ 时，$\boldsymbol{J}^{-1}$ 是不存在的。此时，角度与位置的关系可以表示为：

$$\ddot{\boldsymbol{q}}=\boldsymbol{J}^{+}(\ddot{\boldsymbol{p}}-\dot{\boldsymbol{J}}\dot{\boldsymbol{q}})+(E-\boldsymbol{J}^{+}\boldsymbol{J})z \tag{3.37}$$

其中，$\boldsymbol{J}^{+}$ 为雅可比矩阵 $\boldsymbol{J}$ 的伪逆，它满足下面四个条件：

a) $\boldsymbol{J}\boldsymbol{J}^{+}\boldsymbol{J}=\boldsymbol{J}$　　b) $\boldsymbol{J}^{+}\boldsymbol{J}\boldsymbol{J}^{+}=\boldsymbol{J}^{+}$　　c) $(\boldsymbol{J}^{+}\boldsymbol{J})^{\mathrm{T}}=\boldsymbol{J}^{+}\boldsymbol{J}$　　d) $(\boldsymbol{J}\boldsymbol{J}^{+})^{\mathrm{T}}=\boldsymbol{J}\boldsymbol{J}^{+}$

对于式(3.37)，$\boldsymbol{J}^{+}(\ddot{\boldsymbol{p}}-\dot{\boldsymbol{J}}\dot{\boldsymbol{q}})$为极小最小二乘解（也称为最佳逼近解）。$(E-\boldsymbol{J}^{+}\boldsymbol{J})z$ 为方程的齐次解，是雅可比矩阵 $\boldsymbol{J}$ 零空间解的集合，即机械臂在某一时间所有可能运动方式的集合，当 $\boldsymbol{J}$ 矩阵为满秩矩阵时，该项为 $\mathbf{0}$。式(3.37)中的 z 可以写成：

$$z=k\cdot \boldsymbol{u} \tag{3.38}$$

式中，k 为放大系数，$\boldsymbol{u}$ 可以是实现优化控制的任意矢量。

3.2 多刚体系统动力学原理

多刚体系统动力学是给出多刚体系统的动力学方程，进而分析组成多刚体系统的机构、机械臂连杆等各关节的位置、速度、加速度与驱动力矩之间的关系。

以串联式机械臂为代表的多刚体系统的动力学分析包括两个方面：一是已知各关节的驱动力或力矩，求解各关节的位置、速度和加速度，即动力学正问题；二是已知各关节的位置、速度和加速度，求解各关节所需的驱动力或力矩，即动力学逆问题。

目前研究多刚体系统动力学的方法很多，主要有牛顿-欧拉方法、拉格朗日方法、阿贝尔方法、凯恩方法等。在这里主要介绍牛顿-欧拉方法和拉格朗日方法。

3.2.1 牛顿-欧拉方法

牛顿-欧拉方法直接利用牛顿力学的刚体动力学，导出机械臂多刚体系统动力学的递推公式，即已知各连杆的速度、角速度及转动惯量，就可以利用牛顿-欧拉刚体动力学公式导出各关节执行器的驱动力及驱动力矩的递推公式，然后再归纳出多刚体系统动力学的动力学模型。

以下分析均在基座坐标系$\{S_B\}$中进行。设已知杆 i 的质心为 c_i，c_i的速度为 $\boldsymbol{v}_{c_i}$，加速度为 $\boldsymbol{a}_{c_i}$，且以角速度 $\boldsymbol{\omega}_i$ 和角加速度$\dot{\boldsymbol{\omega}}_i$ 绕 O_i 转动，如图 3.6 所示。

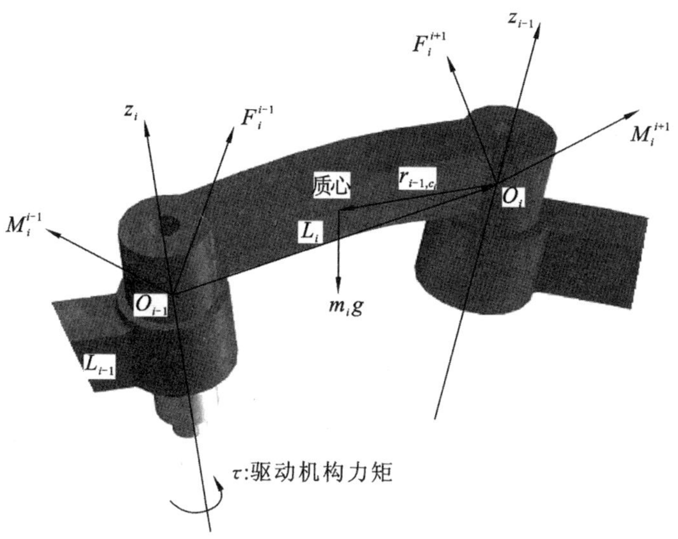

图 3.6 某杆件的速度和加速度示意图

利用牛顿-欧拉方法求机械臂多刚体系统的动力学方程时，应从末杆开始计算，逐步向基座推算。注意到进行杆系动力学方程推导时用到了各杆的速度及角速度矢量，而它们应从基座向末杆的方向依次递推计算。

对杆 i 而言，建立如下牛顿运动方程和欧拉运动方程，即：

牛顿方程：

$$\boldsymbol{F}_i^{i-1}=\boldsymbol{F}_i^{i+1}+m_i\dot{\boldsymbol{v}}_{c_i}-m_i\boldsymbol{g} \tag{3.39}$$

欧拉方程：

$$\boldsymbol{M}_i^{i-1}=\boldsymbol{M}_i^{i+1}-\boldsymbol{r}_{i,c_i}\times\boldsymbol{F}_i^{i+1}+\boldsymbol{r}_{i-1,c_i}\times\boldsymbol{F}_i^{i-1}+\boldsymbol{I}_i\dot{\boldsymbol{\omega}}_i+\boldsymbol{\omega}_i\times\boldsymbol{I}_i\boldsymbol{\omega}_i \tag{3.40}$$

式中，$\boldsymbol{F}_i^{i-1}$ 是杆 $i-1$ 对杆 i 的作用力，$\boldsymbol{F}_i^{i+1}$ 是杆 $i+1$ 对杆 i 的作用力，m_i 是杆 i 的质量，$\boldsymbol{g}$ 是重力加速度矢量，$\boldsymbol{M}_i^{i-1}$ 是杆 $i-1$ 对杆 i 的作用力矩，$\boldsymbol{M}_i^{i+1}$ 是杆 $i+1$ 对杆 i 的作用力矩，$\boldsymbol{r}_{i-1,c_i}$ 是关节 i 上附着坐标系原点 O_{i-1} 到质心 c_i 的矢径，$\boldsymbol{r}_{i,c_i}$ 是关节 $i+1$ 上附着坐标系原点 O_i 到质心 c_i 的矢径。$\boldsymbol{I}_i$ 是杆 i 相对于其质心 c_i 的惯性张量。$\boldsymbol{\omega}_i\times\boldsymbol{I}_i\boldsymbol{\omega}_i$ 为科氏力项。

在第 i 个关节上，驱动力矩的公式为：

$$\boldsymbol{\tau}_i=\boldsymbol{u}_{i-1}\boldsymbol{M}_{i-1}^i \tag{3.41}$$

式中，$\boldsymbol{u}_{i-1}$ 是关节 i 的附着坐标系的 z_{i-1} 轴在基座坐标系中的单位矢量，即相对于基座坐标系 $\{S_B\}$。

对于平动关节的情况，上式应为：

$$\boldsymbol{\tau}_i=\boldsymbol{u}_{i-1}\boldsymbol{F}_{i-1}^i \tag{3.42}$$

上面公式中的 $\boldsymbol{I}_{c_i}$ 为第 i 个连杆的惯性张量，为 3×3 阶对称矩阵，它们是以各自的坐标系 $\{C\}$ 为参考描述，即：

$$\boldsymbol{I}_C=\begin{bmatrix} I_{xx} & -I_{xy} & -I_{xz} \\ -I_{xy} & I_{yy} & -I_{yz} \\ -I_{xz} & -I_{yz} & I_{zz} \end{bmatrix} \tag{3.43}$$

牛顿-欧拉动力学分析的递推算法由两部分组成：首先由内向外递推计算各连杆的速度和加速度，并由牛顿-欧拉公式计算出各连杆的惯性力和惯性力矩；然后由外向内递推计算各连杆的相互作用力和力矩，以及关节驱动力或力矩。

已知条件如下：

① 机器人轨迹的 $\boldsymbol{q}=(\theta_1,\theta_2,\cdots,\theta_n)^{\mathrm{T}}$ 以及 $\dot{\boldsymbol{q}}$ 和 $\ddot{\boldsymbol{q}}$。

② 质心在坐标系中的位置矢量 $\boldsymbol{r}_{c_i}$。

③ 杆件惯性张量 $\boldsymbol{I}$。

④ $\{i\}$坐标系描述的坐标系$\{i+l\}$原点的位置矢量。

3.2.2 拉格朗日方法

多刚体系统的动力学方程可以根据拉格朗日原理建立。拉格朗日动力学方程基于能量平衡方程。

对于任何机械系统，拉格朗日函数 L 定义为系统总动能 T 与势能 U 之差，即：

$$L(\boldsymbol{q},\dot{\boldsymbol{q}})=T(\boldsymbol{q},\dot{\boldsymbol{q}})-U(\boldsymbol{q}) \tag{3.44}$$

对于由 n 个连杆组成的机械臂多刚体系统，由拉格朗日函数描述的动力学方程为：

$$\boldsymbol{\tau}_i=\frac{\mathrm{d}}{\mathrm{d}t}\left(\frac{\partial L}{\partial \dot{\boldsymbol{q}}_i}\right)-\frac{\partial L}{\partial \boldsymbol{q}_i} \tag{3.45}$$

式中，$\boldsymbol{\tau}_i$ 为作用在第 i 个关节上的驱动力矩。

3.2.3 机械臂多刚体系统动力学方程的一般形式

机械臂多刚体系统动力学方程可以写成矩阵形式，表示为：

$$\boldsymbol{M}\ddot{\boldsymbol{\theta}}+\boldsymbol{C}(\boldsymbol{\theta},\dot{\boldsymbol{\theta}})\dot{\boldsymbol{\theta}}+\boldsymbol{G}(\boldsymbol{\theta})=\boldsymbol{\tau} \tag{3.46}$$

$\boldsymbol{M}$ 为系统的惯性矩阵，对于有 n 个关节的机械臂，其为 $n\times n$ 阶正定矩阵。$\boldsymbol{M}\ddot{\boldsymbol{\theta}}$ 表示惯性力矩或惯性力，$\boldsymbol{M}$ 的主对角线元素表示各个连杆本身的有效惯量，代表给定关节上的力矩与产生的角加速度之间的关系；非对角线元素表示连杆本身的有效惯量，即某连杆的加速度运动对另一关节产生的耦合作用力矩的度量。$\boldsymbol{\theta}$ 为系统的广义坐标，$\boldsymbol{C}(\boldsymbol{\theta},\dot{\boldsymbol{\theta}})$ 为离心力和科氏力项矩阵，$\boldsymbol{G}(\boldsymbol{\theta})$ 为重力项，$\boldsymbol{\tau}$ 为广义力项。

对于式(3.46)所示的机械臂动力学方程，都可以证明其满足如下性质：

① 正定性。对任意 $\boldsymbol{\theta}$，惯性矩阵 $\boldsymbol{M}(\boldsymbol{\theta})$ 都是一个对称的正定矩阵。

② 斜对称性。矩阵函数 $\dot{\boldsymbol{M}}(\boldsymbol{\theta})-2\boldsymbol{C}(\boldsymbol{\theta},\dot{\boldsymbol{\theta}})$ 对于任意 $\boldsymbol{\theta}$、$\dot{\boldsymbol{\theta}}$ 都是斜对称的。即对任意向量 $\boldsymbol{\xi}$ 有：

$$\boldsymbol{\xi}^{\mathrm{T}}\{\dot{\boldsymbol{M}}(\boldsymbol{\theta})-2\boldsymbol{C}(\boldsymbol{\theta},\dot{\boldsymbol{\theta}})\}\boldsymbol{\xi}=0 \tag{3.47}$$

③ 线性特性。存在一个依赖于机械臂参数的参数向量，使得 $\boldsymbol{M}(\boldsymbol{\theta})$、$\boldsymbol{C}(\boldsymbol{\theta},\dot{\boldsymbol{\theta}})$ 和 $\boldsymbol{G}(\boldsymbol{\theta})$ 满足线性关系：

$$\boldsymbol{M}(\boldsymbol{\theta})\alpha+\boldsymbol{C}(\boldsymbol{\theta},\dot{\boldsymbol{\theta}})\beta+\boldsymbol{G}(\boldsymbol{\theta})=\boldsymbol{\Phi}(\boldsymbol{\theta},\dot{\boldsymbol{\theta}},\alpha,\beta)\boldsymbol{P} \tag{3.48}$$

式中，$\boldsymbol{\Phi}(\boldsymbol{\theta},\dot{\boldsymbol{\theta}},\alpha,\beta)$ 为已知变量函数的回归矩阵，它是机械臂广义坐标及其各阶导数的已知函数矩阵，$\boldsymbol{P}$ 是描述机械臂质量特征的未知定常参数向量。

3.3 两自由度机械臂动力学分析

平面两自由度刚性机械臂是一种典型的多刚体系统，包含着丰富的动力学特性，是研究机构运动和控制的代表性机械系统。在这里，分别采用牛顿-欧拉方法和拉格朗日方法进行平面两自由度机械臂的动力学分析。

3.3.1 基于牛顿-欧拉方法的两自由度机械臂动力学分析

图 3.7 所示为平面两自由度机械臂系统的几何参数和坐标系定义。

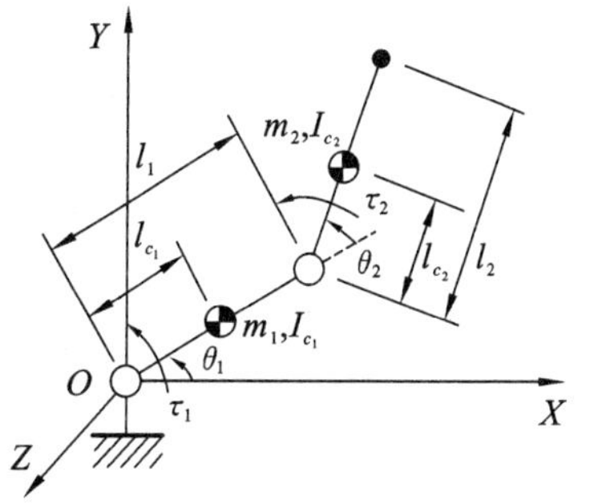

图 3.7 二连杆机械臂的动力学模型

(1) 求杆 1 的速度 $\boldsymbol{v}_{c_1}$ 和角速度 $\boldsymbol{\omega}_1$

$\boldsymbol{\omega}_1$ 是杆 1 在基座坐标系 $\{S_B\}=\{OXYZ\}$ 的三个坐标轴 $\{X,Y,Z\}$ 上的绕 O 点的转动角速度矢量，具体为：

$$\boldsymbol{\omega}_1=\begin{bmatrix}0\\0\\\dot{\theta}_1\end{bmatrix}$$

杆 1 的速度 $\boldsymbol{v}_{c_1}$ 为：

$$\boldsymbol{v}_{c_1}=\begin{bmatrix}v_{c_1x}\\v_{c_1y}\\v_{c_1z}\end{bmatrix}=\begin{bmatrix}\dfrac{\mathrm{d}x_{c_1}}{\mathrm{d}t}\\\dfrac{\mathrm{d}y_{c_1}}{\mathrm{d}t}\\0\end{bmatrix}=\begin{bmatrix}\dfrac{\mathrm{d}(l_{c_1}\cos\theta_1)}{\mathrm{d}t}\\\dfrac{\mathrm{d}(l_{c_1}\sin\theta_1)}{\mathrm{d}t}\\0\end{bmatrix}=\begin{bmatrix}-l_{c_1}\dot{\theta}_1\sin\theta_1\\l_{c_1}\dot{\theta}_1\cos\theta_1\\0\end{bmatrix}$$

在已知关节角度 θ_1,θ_2 以及角速度时，上述参量可以容易地得到。

(2) 求杆 2 的速度 $\boldsymbol{v}_{c_2}$ 和角速度 $\boldsymbol{\omega}_2$

在基座坐标系 $\{S_B\}$ 中，有：

$$\boldsymbol{\omega}_2=\begin{bmatrix}0\\0\\\dot{\theta}_1+\dot{\theta}_2\end{bmatrix}$$

由于

$$x_{c_2}=l_1\cos\theta_1+l_{c_2}\cos(\theta_1+\theta_2)$$
$$y_{c_2}=l_1\sin\theta_1+l_{c_2}\sin(\theta_1+\theta_2)$$
$$z_{c_2}=0$$

求导可得 $\boldsymbol{v}_{c_2}$，如下式所示：

$$\boldsymbol{v}_{c_2}=\begin{bmatrix}v_{c_2x}\\v_{c_2y}\\v_{c_2z}\end{bmatrix}=\begin{bmatrix}\dfrac{\mathrm{d}x_{c_2}}{\mathrm{d}t}\\\dfrac{\mathrm{d}y_{c_2}}{\mathrm{d}t}\\\dfrac{\mathrm{d}z_{c_2}}{\mathrm{d}t}\end{bmatrix}=\begin{bmatrix}-[l_1\sin\theta_1+l_{c_2}\sin(\theta_1+\theta_2)]\dot{\theta}_1-l_{c_2}\sin(\theta_1+\theta_2)\dot{\theta}_2\\{}[l_1\cos\theta_1+l_{c_2}\cos(\theta_1+\theta_2)]\dot{\theta}_1+l_{c_2}\cos(\theta_1+\theta_2)\dot{\theta}_2\\0\end{bmatrix}$$

对应再求导，可求得加速度 $\dot{\boldsymbol{\omega}}_1$、$\dot{\boldsymbol{\omega}}_2$、$\dot{\boldsymbol{v}}_{c_1}$、$\dot{\boldsymbol{v}}_{c_2}$。

(3) 求杆 2 的力和力矩

将上述 $\dot{\boldsymbol{\omega}}_1$、$\dot{\boldsymbol{\omega}}_2$、$\dot{\boldsymbol{v}}_{c_1}$、$\dot{\boldsymbol{v}}_{c_2}$ 代入式(3.39)、式(3.40)，并引入系统的几何参数、惯性参数等，可以进行递推计算。

先从杆 2 开始，即 $i=2$ 的情形，有：

$$\boldsymbol{F}_2^1=\boldsymbol{F}_2^3+m_2\dot{\boldsymbol{v}}_{c_2}-m_2\begin{bmatrix}0\\-g\\0\end{bmatrix}$$

式中，$\boldsymbol{F}_2^3$ 是杆 2 在末端受到的载荷力矢量，$\dot{\boldsymbol{v}}_{c_2}$ 由 $\boldsymbol{v}_{c_2}$ 求导得到，容易算得$\boldsymbol{F}_1^2$ 的显式表达式。

再求得$\boldsymbol{M}_2^1$ 如下：

$$\boldsymbol{M}_2^1=\boldsymbol{M}_2^3-\boldsymbol{r}_{2,c_2}\times\boldsymbol{F}_2^3+\boldsymbol{r}_{1,c_2}\times\boldsymbol{F}_2^1+\boldsymbol{I}_2\dot{\boldsymbol{\omega}}_2+\boldsymbol{\omega}_2\times\boldsymbol{I}_2\boldsymbol{\omega}_2$$

分别代入 $\boldsymbol{r}_{1,c_2}$、$\boldsymbol{r}_{2,c_2}$、$\boldsymbol{I}_2$ 的具体值和$\dot{\boldsymbol{\omega}}_2$、$\boldsymbol{\omega}_2$ 的求算结果，以及已经求得的$\boldsymbol{F}_1^2$，同时考虑杆 2 在末端受到的载荷力矩向量$\boldsymbol{M}_2^3$ 和力向量$\boldsymbol{F}_2^3$，$\boldsymbol{M}_1^2$ 即可求得。

(4) 求杆 1 的力和力矩

已知$\boldsymbol{F}_1^2=-\boldsymbol{F}_2^1$，$\boldsymbol{M}_1^2=-\boldsymbol{M}_2^1$，求 $i=1$ 的力和力矩。在导出$\boldsymbol{F}_1^2$ 和$\boldsymbol{M}_1^2$ 后，按式(3.39)、式(3.40)可继续求解杆 1 上的受力$\boldsymbol{F}_0^1$ 和$\boldsymbol{M}_0^1$。在式(3.39)、式(3.40)中，令 $i=1$，有：

$$\boldsymbol{F}_1^0=\boldsymbol{F}_1^2+m_1\dot{\boldsymbol{v}}_{c_1}-m_1\boldsymbol{g}$$

$$\boldsymbol{M}_1^0=\boldsymbol{M}_1^2-\boldsymbol{r}_{1,c_1}\times\boldsymbol{F}_1^2+\boldsymbol{r}_{0,c_1}\times\boldsymbol{F}_1^0+\boldsymbol{I}_1\dot{\boldsymbol{\omega}}_1+\boldsymbol{\omega}_1\times\boldsymbol{I}_1\boldsymbol{\omega}_1$$

(5) 求关节 2 和关节 1 的驱动力矩

由式(3.41)求出这两个关节上的驱动力矩。在这里，有$\boldsymbol{u}_0=\{0,0,1\}^{\mathrm{T}}$，$\boldsymbol{u}_1=\{0,0,1\}^{\mathrm{T}}$。得到的关节驱动力矩分别是：

$$\boldsymbol{M}_1^0=-\boldsymbol{M}_0^1$$

$$\boldsymbol{\tau}_1=\boldsymbol{u}_0\boldsymbol{M}_0^1=\begin{bmatrix}0\\0\\1\end{bmatrix}\boldsymbol{M}_0^1$$

$$\boldsymbol{\tau}_2=\boldsymbol{u}_1\boldsymbol{M}_1^2=\begin{bmatrix}0\\0\\1\end{bmatrix}\boldsymbol{M}_1^2$$

整理上述所有公式(略去了中间推导过程)，导出的最后结果是：

$$\tau_1=M_{11}\ddot{\theta}_1+M_{12}\ddot{\theta}_2+C_{122}\dot{\theta}_2^2+2C_{112}\dot{\theta}_1\dot{\theta}_2+G_1 \tag{3.49}$$

$$\tau_2=M_{22}\ddot{\theta}_2+M_{21}\ddot{\theta}_1+C_{221}\dot{\theta}_1^2+G_2 \tag{3.50}$$

式中 $M_{11}=m_1l_{c_1}^2+I_1+m_2(l_1^2+l_{c_2}^2+2l_1l_{c_2}\cos\theta_2)+I_2$；

$M_{22}=m_2l_{c_2}^2+I_2$；

$M_{12}=M_{21}=m_2(l_{c_2}^2+l_1l_{c_2}\cos\theta_2)+I_2$；

$C_{112}=C_{122}=-C_{221}=-m_2l_1l_{c_2}\sin\theta_2$；

$G_1=m_1l_{c_1}g\cos\theta_1+m_2g[l_{c_2}\cos(\theta_1+\theta_2)+l_1\cos\theta_1]$；

$G_2=m_1l_{c_1}g\cos(\theta_1+\theta_2)$。

上式可以写成矩阵形式：

$$\boldsymbol{M}\ddot{\boldsymbol{\theta}}+\boldsymbol{C}(\boldsymbol{\theta},\dot{\boldsymbol{\theta}})\dot{\boldsymbol{\theta}}+\boldsymbol{G}(\boldsymbol{\theta})=\boldsymbol{\tau}$$

3.3.2 基于拉格朗日方法的两自由度机械臂动力学分析

对于如图 3.8 所示的平面两自由度刚性机械臂，铰接点 O_1 为固定转动副铰接点，机械臂 1 可绕铰接点 O_1 转动，铰接点 O_2 为可运动的转动副铰接点，在铰接点处设置驱动器。机械臂 1 和机械臂 2 的质量分别为 m_1 和 m_2，长度分别为 l_1 和 l_2，质心到铰接点的距离分别为 d_1 和

d_2，相对于各自质心的转动惯量分别为 I_1 和 I_2。

所建立的固定坐标系为 $\{O_1XY\}$，几何参数以及角度关系见图 3.8。

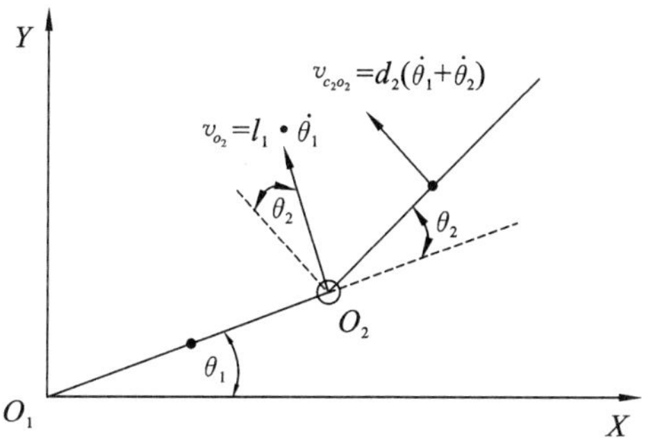

图 3.8　平面两自由度刚性机械臂系统受力图

应用拉格朗日方程建立系统的动力学模型。已知拉格朗日方程为：

$$\frac{\mathrm{d}}{\mathrm{d}t}\frac{\partial T}{\partial \dot{q}_j}-\frac{\partial T}{\partial q_j}+\frac{\partial U}{\partial q_j}=Q_j(t)\quad (j=1,2,3,\cdots)$$

式中　$q_j,\dot{q}_j$ 分别为系统的广义坐标和广义速度；T,U 分别为系统的动能和势能；$Q_j(t)$ 为广义激励力。

取机械臂 1 的摆角 θ_1 和机械臂 2 相对机械臂 1 的相对摆角 θ_2 为两自由度机械臂系统的广义坐标。机械臂 1 的动能为：

$$T_1=\frac{1}{2}(I_1+m_1 l_{c_1}^2)\dot\theta_1^2$$

机械臂 2 的动能为：

$$T_2=\frac{1}{2}m_2 v_{c_2}^2+\frac{1}{2}I_2(\dot\theta_1+\dot\theta_2)^2$$

系统总动能为：

$$T=T_1+T_2$$

由平面运动刚体上点的速度合成原理可知，机械臂 2 质心的运动速度由其质心绕 O_2 的转动和随机械臂 1 的 O_2 点的运动合成，即：$\boldsymbol{v}_{c_2}=\boldsymbol{v}_{o_2}+\boldsymbol{v}_{c_2o_2}$，$\boldsymbol{v}_{o_2}$ 和 $\boldsymbol{v}_{c_2o_2}$ 的大小和方向如图 3.8 所示，则有：

$$v_{c_2}=\sqrt{(l_1\dot\theta_1\sin\theta_2)^2+[l_1\dot\theta_1\cos\theta_2+l_{c_2}(\dot\theta_1+\dot\theta_2)]^2}$$

因此，整理得系统总动能为：

$$T=\frac{1}{2}(I_1+m_1 l_{c_1}^2)\dot\theta_1^2+\frac{1}{2}m_2[l_1^2\dot\theta_1^2+2l_1 l_{c_2}\dot\theta_1(\dot\theta_1+\dot\theta_2)\cos\theta_2+l_{c_2}^2(\dot\theta_1+\dot\theta_2)^2]+\frac{1}{2}I_2(\dot\theta_1+\dot\theta_2)^2$$

取 X 轴为零势能线，则机械臂 1 的势能可以表示为：

$$U_1=m_1 g l_{c_1}\sin\theta_1$$

机械臂 2 的势能为：

$$U_2=m_2 g[l_1\sin\theta_1+l_{c_2}\sin(\theta_1+\theta_2)]$$

系统的总势能为：

$$U=m_1 g l_{c_1}\sin\theta_1+m_2 g[l_1\sin\theta_1+l_{c_2}\sin(\theta_1+\theta_2)]$$

广义激励力为关节驱动电机的输出转矩，即 $Q_i(t)=\tau_i(i=1,2)$。

将上面的系统总动能 T、总势能 U 以及广义激励力 $Q_i(t)$ 代入拉格朗日方程，这里广义坐标、速度为 θ_i 和 $\dot{\theta}_i$，式中各项可以求得：

$$\frac{\mathrm{d}}{\mathrm{d}t}\frac{\partial T}{\partial \dot{\theta}_1}=(I_1+m_1 l_{c_1}^2)\ddot{\theta}_1+m_2 l_1^2\ddot{\theta}_1+m_2 l_1 l_{c_2}(2\ddot{\theta}_1+\ddot{\theta}_2)\cos\theta_2-m_2 l_1 l_{c_2}(2\dot{\theta}_1+\dot{\theta}_2)\dot{\theta}_2\sin\theta_2+m_2 l_{c_2}^2(\ddot{\theta}_1+\ddot{\theta}_2)+I_2(\ddot{\theta}_1+\ddot{\theta}_2)$$

$$\frac{\mathrm{d}}{\mathrm{d}t}\frac{\partial T}{\partial \dot{\theta}_2}=m_2 l_1 l_{c_2}\ddot{\theta}_1\cos\theta_2-m_2 l_1 l_{c_2}\dot{\theta}_1\dot{\theta}_2\sin\theta_2+m_2 l_{c_2}^2(\ddot{\theta}_1+\ddot{\theta}_2)+I_2(\ddot{\theta}_1+\ddot{\theta}_2)$$

$$\frac{\partial T}{\partial \theta_1}=0$$

$$\frac{\partial T}{\partial \theta_2}=-m_2 l_1 l_{c_2}\dot{\theta}_1(\dot{\theta}_1+\dot{\theta}_2)\sin\theta_2$$

$$\frac{\partial U}{\partial \theta_1}=(m_1 l_{c_1}+m_2 l_1)g\cos\theta_1-m_2 l_{c_2}g\cos(\theta_1+\theta_2)$$

$$\frac{\partial U}{\partial \theta_2}=m_2 g l_{c_2}\cos(\theta_1+\theta_2)$$

$$Q_{\theta_1}=\tau_1$$

$$Q_{\theta_2}=\tau_2$$

式中，m_1 和 m_2 分别为机械臂 1 和机械臂 2 的质量；I_1 和 I_2 分别为机械臂 1 和机械臂 2 对各自质心的转动惯量；l_{c_1} 和 l_{c_2} 分别为两铰接点到两机械臂质心的距离；g 为重力加速度。

整理上面的式子，得到机械臂 1 的运动微分方程为：

$$\frac{\mathrm{d}}{\mathrm{d}t}\frac{\partial T}{\partial \dot{\theta}_1}-\frac{\partial T}{\partial \theta_1}+\frac{\partial U}{\partial \theta_1}=[m_1 l_{c_1}^2+m_2(l_1^2+l_{c_2}^2+2l_1 l_{c_2}\cos\theta_2)+I_1+I_2]\ddot{\theta}_1+[m_2(l_{c_2}^2+l_1 l_{c_2}\cos\theta_2)+I_2]\ddot{\theta}_2-m_2 l_1 l_{c_2}\dot{\theta}_2^2\sin\theta_2-2m_2 l_1 l_{c_2}\dot{\theta}_1\dot{\theta}_2\sin\theta_2+(m_1 l_{c_1}+m_2 l_1)g\cos\theta_1-m_2 l_{c_2}g\cos(\theta_1+\theta_2)=\tau_1$$

机械臂 2 的运动微分方程为：

$$\frac{\mathrm{d}}{\mathrm{d}t}\frac{\partial T}{\partial \dot{\theta}_2}-\frac{\partial T}{\partial \theta_2}+\frac{\partial U}{\partial \theta_2}=[m_2(l_{c_2}^2+l_1 l_{c_2}\cos\theta_2)+I_2]\ddot{\theta}_1+(m_2 l_{c_2}^2+I_2)\ddot{\theta}_2+m_2 l_1 l_{c_2}\dot{\theta}_1^2\sin\theta_2+m_2 l_{c_2}g\cos(\theta_1+\theta_2)=\tau_2$$

该平面二自由度刚性机械臂系统的运动微分方程还可以写成如下矩阵形式：

$$\boldsymbol{M}\ddot{\boldsymbol{\theta}}+\boldsymbol{C}(\boldsymbol{\theta},\dot{\boldsymbol{\theta}})\dot{\boldsymbol{\theta}}+\boldsymbol{G}(\boldsymbol{\theta})=\boldsymbol{\tau}$$

式中 $\boldsymbol{M}=\begin{bmatrix}M_{11} & M_{12}\\ M_{21} & M_{22}\end{bmatrix}$为系统的惯性矩阵；

$\boldsymbol{\theta}=\begin{bmatrix}\theta_1\\ \theta_2\end{bmatrix}$为系统的广义坐标向量；

$\boldsymbol{C}(\boldsymbol{\theta},\dot{\boldsymbol{\theta}})=\begin{bmatrix}C_{11} & C_{12}\\ C_{21} & C_{22}\end{bmatrix}$为离心力和科氏力项矩阵；

$\boldsymbol{G}(\boldsymbol{\theta})=\begin{bmatrix}G_1(\theta)\\ G_2(\theta)\end{bmatrix}$为重力向量；

$\boldsymbol{\tau}=\begin{bmatrix}\tau_1\\ \tau_2\end{bmatrix}$为广义激励力向量。

各分量具体的表达式为：

$$M_{11}=m_1 l_{c_1}^2+m_2(l_1^2+l_{c_2}^2+2l_1 l_{c_2}\cos\theta_2)+I_1+I_2$$
$$M_{12}=m_2(l_{c_2}^2+l_1 l_{c_2}\cos\theta_2)+I_2$$
$$M_{21}=m_2(l_{c_2}^2+l_1 l_{c_2}\cos\theta_2)+I_2$$
$$M_{22}=m_2 l_{c_2}^2+I_2$$
$$C_{11}=-m_2 l_1 l_{c_2}\dot{\theta}_2\sin\theta_2$$
$$C_{12}=-m_2 l_1 l_{c_2}\dot{\theta}_2\sin\theta_2-m_2 l_1 l_{c_2}\dot{\theta}_1\sin\theta_2$$
$$C_{21}=m_2 l_1 l_{c_2}\dot{\theta}_1\sin\theta_2$$
$$C_{22}=0$$
$$G_1(\theta)=(m_1 l_{c_1}+m_2 l_1)g\cos\theta_1-m_2 l_{c_2}g\cos(\theta_1+\theta_2)$$
$$G_2(\theta)=m_2 l_{c_2}g\cos(\theta_1+\theta_2)$$

3.3.3　平面两自由度机械臂动力学数值仿真

本节对平面两自由度机械臂进行建模及仿真分析。机械臂的动力学建模参数主要包括各杆件的惯性张量 I_{ij}、质量 m_i、质心位置 L_{c_i} 以及连杆长度 L_i 等具体数值，见表 3.1。

表 3.1　两自由度刚性机械臂惯性张量及相关参数标称值表

连杆 i	I_{ij} (kg/m^2)	m_i (kg)	L_{c_i} (m)	L_i (m)
1	0.04	2	0.075	0.15
2	0.04	2	0.075	0.15

设机械臂两个杆件在 $t=0$ 的初始状态为 $\boldsymbol{q}_0=(0,0)$，$\dot{\boldsymbol{q}}_0=(0,0)$，两个关节驱动力矩为 0 Nm，重力加速度为(0，−9.8，0) m/s^2。

根据上节的动力学方程，得到机械臂两个关节的角位移曲线，如图 3.9 所示。

两自由度刚性机械臂的运动轨迹如图 3.10 所示。从图中可知机械臂在重力的作用下，在 x-y 平面内做往复摆动。

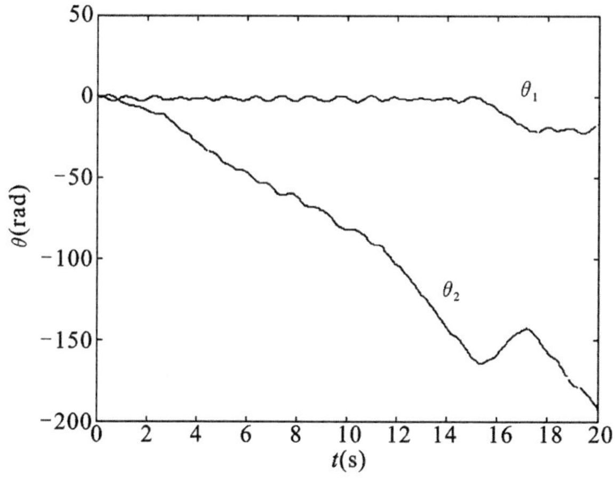

图 3.9　机械臂两关节的角位移曲线

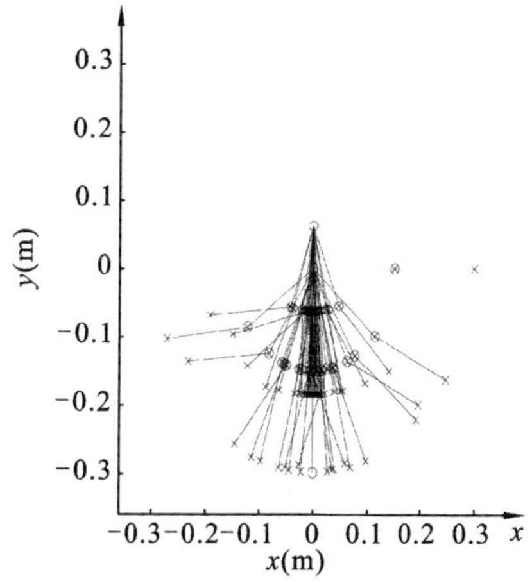

图 3.10　两自由度刚性机械臂的位置变化

3.4 三自由度机械臂动力学分析

三自由度串联刚性机械臂的运动由各个关节轴系完成，每个轴具有一个自由度，可以完成某一方向的转动，三个轴同时协调运动，可以完成相对复杂的动作。其简化力学模型见图 3.5，包括所建立的坐标系。杆 i 的杆长为 L_i，转角为 θ_i，杆 0 表示基座，其转角为 $\theta_0=90°$不变。各关节运动范围及各连杆参数由表 3.2 给出。

表 3.2 三自由度机械臂各连杆及关节参数

杆号 i	0	1	2	3
θ_i	—	$-160°\sim160°$	$-160°\sim160°$	$-160°\sim160°$
L_i(mm)	90	144	144	241

3.4.1 基于牛顿-欧拉方法的三自由度机械臂动力学分析

1. 求杆的速度和角速度

进行杆系动力学方程推导时用到了各杆的速度及角速度矢量，应从基座向末杆的方向依次递推计算。

已知杆 i 的质心为 c_i，c_i 的速度为 $\boldsymbol{v}_{c_i}$，加速度为 $\dot{\boldsymbol{v}}_{c_i}$，且以角速度 $\boldsymbol{\omega}_i$ 和角加速度 $\dot{\boldsymbol{\omega}}_i$ 绕 c_i 转动。首先推导各杆件的速度、加速度及角速度、角加速度。

(1) 杆 1 的速度 $\boldsymbol{v}_{c_1}$ 和角速度 $\boldsymbol{\omega}_1$

$\boldsymbol{\omega}_1$ 是杆 1 在基座坐标系$\{S_B\}$的三个坐标轴$\{x_0, y_0, z_0\}$上表示的转角速度矢量，则由关节角度 θ_1 计算得到：

$$\boldsymbol{\omega}_1=\begin{bmatrix}0\\0\\\dot{\theta}_1\end{bmatrix},\dot{\boldsymbol{\omega}}_1=\begin{bmatrix}0\\0\\\ddot{\theta}_1\end{bmatrix}$$

求得的速度 $\boldsymbol{v}_{c_1}$ 及加速度 $\dot{\boldsymbol{v}}_{c_1}$ 为：

$$\boldsymbol{v}_{c_1}=\begin{bmatrix}v_{c_1x}\\v_{c_1y}\\v_{c_1z}\end{bmatrix}=\begin{bmatrix}\dfrac{\mathrm{d}x_{c_1}}{\mathrm{d}t}\\\dfrac{\mathrm{d}y_{c_1}}{\mathrm{d}t}\\0\end{bmatrix}=\begin{bmatrix}\dfrac{\mathrm{d}(L_{c_1}\sin\theta)}{\mathrm{d}t}\\\dfrac{\mathrm{d}(L_{c_1}\cos\theta)}{\mathrm{d}t}\\0\end{bmatrix}=\begin{bmatrix}(L_{c_1}\cos\theta_1)\dot{\theta}_1\\-(L_{c_1}\sin\theta_1)\dot{\theta}_1\\0\end{bmatrix}$$

$$\dot{\boldsymbol{v}}_{c_1}=\begin{bmatrix}\dot{v}_{c_1x}\\\dot{v}_{c_1y}\\\dot{v}_{c_1z}\end{bmatrix}=\begin{bmatrix}\dfrac{\mathrm{d}v_{c_1x}}{\mathrm{d}t}\\\dfrac{\mathrm{d}v_{c_1y}}{\mathrm{d}t}\\0\end{bmatrix}=\begin{bmatrix}-(L_{c_1}\sin\theta_1)\dot{\theta}_1^2+(L_{c_1}\cos\theta_1)\ddot{\theta}_1\\-(L_{c_1}\cos\theta_1)\dot{\theta}_1^2-(L_{c_1}\sin\theta_1)\ddot{\theta}_1\\0\end{bmatrix}=\begin{bmatrix}-H_{x111}\dot{\theta}_1^2+h_{x11}\ddot{\theta}_1\\-H_{y111}\dot{\theta}_1^2-h_{y11}\ddot{\theta}_1\\0\end{bmatrix}$$

其中

$$H_{x111}=L_{c_1}\sin\theta_1 \qquad H_{y111}=L_{c_1}\cos\theta_1$$

$$h_{x11}=L_{c_1}\cos\theta_1 \qquad h_{y11}=L_{c_1}\sin\theta_1$$

(2) 杆 2 的速度 $\boldsymbol{v}_{c_2}$ 和角速度 $\boldsymbol{\omega}_2$

$$\boldsymbol{\omega}_2=\begin{bmatrix}0\\0\\\dot{\theta}_1+\dot{\theta}_2\end{bmatrix},\dot{\boldsymbol{\omega}}_2=\begin{bmatrix}0\\0\\\ddot{\theta}_1+\ddot{\theta}_2\end{bmatrix}$$

由

$$x_{c_2}=L_1\sin\theta_1+L_{c_2}\sin(\theta_1+\theta_2)$$

$$y_{c_2}=L_1\cos\theta_1+L_{c_2}\cos(\theta_1+\theta_2)$$

$$z_{c_2}=0$$

求导得 $\boldsymbol{v}_{c_2}$ 如下：

$$\boldsymbol{v}_{c_2}=\begin{bmatrix}v_{c_2x}\\v_{c_2y}\\v_{c_2z}\end{bmatrix}=\begin{bmatrix}\dfrac{\mathrm{d}x_{c_2}}{\mathrm{d}t}\\\dfrac{\mathrm{d}y_{c_2}}{\mathrm{d}t}\\\dfrac{\mathrm{d}z_{c_2}}{\mathrm{d}t}\end{bmatrix}=\begin{bmatrix}[L_1\cos\theta_1+L_{c_2}\cos(\theta_1+\theta_2)]\dot{\theta}_1+L_{c_2}\cos(\theta_1+\theta_2)\dot{\theta}_2\\-[L_1\sin\theta_1+L_{c_2}\sin(\theta_1+\theta_2)]\dot{\theta}_1-L_{c_2}\sin(\theta_1+\theta_2)\dot{\theta}_2\\0\end{bmatrix}$$

$$\dot{\boldsymbol{v}}_{c_2}=\begin{bmatrix}\dot{v}_{c_2x}\\\dot{v}_{c_2y}\\\dot{v}_{c_2z}\end{bmatrix}=\begin{bmatrix}\dfrac{\mathrm{d}v_{c_2x}}{\mathrm{d}t}\\\dfrac{\mathrm{d}v_{c_2y}}{\mathrm{d}t}\\\dfrac{\mathrm{d}v_{c_2z}}{\mathrm{d}t}\end{bmatrix}=\begin{bmatrix}-(\dot{\theta}_1+\dot{\theta}_2)^2L_{c_2}S_{12}+(\ddot{\theta}_1+\ddot{\theta}_2)L_{c_2}C_{12}-\dot{\theta}_1^2L_1S_1+\ddot{\theta}_1L_1C_1\\-(\dot{\theta}_1+\dot{\theta}_2)^2L_{c_2}C_{12}-(\ddot{\theta}_1+\ddot{\theta}_2)L_{c_2}S_{12}-\dot{\theta}_1^2L_1C_1-\ddot{\theta}_1L_1S_1\\0\end{bmatrix}$$

$$=\begin{bmatrix}-H_{x211}\dot{\theta}_1^2-H_{x222}\dot{\theta}_2^2-H_{x212}\dot{\theta}_1\dot{\theta}_2+h_{x21}\ddot{\theta}_1+h_{x22}\ddot{\theta}_2\\-H_{y211}\dot{\theta}_1^2-H_{y222}\dot{\theta}_2^2-H_{y212}\dot{\theta}_1\dot{\theta}_2-h_{y21}\ddot{\theta}_1-h_{y22}\ddot{\theta}_2\\0\end{bmatrix}$$

其中

$$H_{x211}=L_{c_2}S_{12}+L_1S_1 \qquad H_{y211}=L_{c_2}C_{12}+L_1C_1$$

$$H_{x222}=L_{c_2}S_{12} \qquad H_{y222}=L_{c_2}C_{12}$$

$$H_{x212}=2L_{c_2}S_{12} \qquad H_{y212}=2L_{c_2}C_{12}$$

$$h_{x21}=L_{c_2}C_{12}+L_1C_1 \qquad h_{y21}=L_{c_2}S_{12}+L_1S_1$$

$$h_{x22}=L_{c_2}C_{12} \qquad h_{y22}=L_{c_2}S_{12}$$

(3) 杆 3 的速度 $\boldsymbol{v}_{c_3}$ 和角速度 $\boldsymbol{\omega}_3$

$$\boldsymbol{\omega}_3=\begin{bmatrix}0\\0\\\dot{\theta}_1+\dot{\theta}_2+\dot{\theta}_3\end{bmatrix},\quad \dot{\boldsymbol{\omega}}_3=\begin{bmatrix}0\\0\\\ddot{\theta}_1+\ddot{\theta}_2+\ddot{\theta}_3\end{bmatrix}$$

由

$$x_{c_3}=L_1\sin\theta_1+L_2\sin(\theta_1+\theta_2)+L_{c_3}\sin(\theta_1+\theta_2+\theta_3)$$

$$y_{c_3}=L_1\cos\theta_1+L_2\cos(\theta_1+\theta_2)+L_{c_3}\cos(\theta_1+\theta_2+\theta_3)$$

$$z_{c_3}=0$$

求导得 $\boldsymbol{v}_{c_3}$ 如下：

$$\boldsymbol{v}_{c_3}=\begin{bmatrix}v_{c_3x}\\v_{c_3y}\\v_{c_3z}\end{bmatrix}=\begin{bmatrix}\dfrac{\mathrm{d}x_{c_3}}{\mathrm{d}t}\\\dfrac{\mathrm{d}y_{c_3}}{\mathrm{d}t}\\\dfrac{\mathrm{d}z_{c_3}}{\mathrm{d}t}\end{bmatrix}=\begin{bmatrix}(L_1C_1+L_2C_{12}+L_{c_3}C_{123})\dot{\theta}_1+(L_2C_{12}+L_{c_3}C_{123})\dot{\theta}_2+L_{c_3}C_{123}\dot{\theta}_3\\-(L_1S_1+L_2S_{12}+L_{c_3}S_{123})\dot{\theta}_1-(L_2S_{12}+L_{c_3}S_{123})\dot{\theta}_2-L_{c_3}S_{123}\dot{\theta}_3\\0\end{bmatrix}$$

$$\dot{\boldsymbol{v}}_{c_3}=\begin{bmatrix}\dot{v}_{c_3x}\\\dot{v}_{c_3y}\\\dot{v}_{c_3z}\end{bmatrix}=\begin{bmatrix}\dfrac{\mathrm{d}x_{c_3}}{\mathrm{d}t}\\\dfrac{\mathrm{d}y_{c_3}}{\mathrm{d}t}\\\dfrac{\mathrm{d}z_{c_3}}{\mathrm{d}t}\end{bmatrix}$$

$$=\begin{bmatrix}-(\dot{\theta}_1+\dot{\theta}_2+\dot{\theta}_3)^2L_{c_3}S_{123}+(\ddot{\theta}_1+\ddot{\theta}_2+\ddot{\theta}_3)L_{c_3}C_{123}-(\dot{\theta}_1+\dot{\theta}_2)^2L_2S_{12}+(\ddot{\theta}_1+\ddot{\theta}_2)L_2C_{12}-\dot{\theta}_1^2L_1S_1+\ddot{\theta}_1L_1C_1\\-(\dot{\theta}_1+\dot{\theta}_2+\dot{\theta}_3)^2L_{c_3}C_{123}-(\ddot{\theta}_1+\ddot{\theta}_2+\ddot{\theta}_3)L_{c_3}S_{123}-(\dot{\theta}_1+\dot{\theta}_2)^2L_2C_{12}-(\ddot{\theta}_1+\ddot{\theta}_2)L_2S_{12}-\dot{\theta}_1^2L_1C_1-\ddot{\theta}_1L_1S_1\\0\end{bmatrix}$$

$$=\begin{bmatrix}-H_{x311}\dot{\theta}_1^2-H_{x322}\dot{\theta}_2^2-H_{x333}\dot{\theta}_3^2-H_{x312}\dot{\theta}_1\dot{\theta}_2-H_{x323}\dot{\theta}_2\dot{\theta}_3-H_{x313}\dot{\theta}_1\dot{\theta}_3+h_{x31}\ddot{\theta}_1+h_{x32}\ddot{\theta}_2+h_{x33}\ddot{\theta}_3\\-H_{y311}\dot{\theta}_1^2-H_{y322}\dot{\theta}_2^2-H_{y333}\dot{\theta}_3^2-H_{y312}\dot{\theta}_1\dot{\theta}_2-H_{y323}\dot{\theta}_2\dot{\theta}_3-H_{y313}\dot{\theta}_1\dot{\theta}_3-h_{y31}\ddot{\theta}_1-h_{y32}\ddot{\theta}_2-h_{y33}\ddot{\theta}_3\\0\end{bmatrix}$$

其中

$$H_{x311}=L_{c_3}S_{123}+L_2S_{12}+L_1S_1 \qquad H_{y311}=L_{c_3}C_{123}+L_2C_{12}+L_1C_1$$

$$H_{x322}=L_{c_3}S_{123}+L_2S_{12} \qquad H_{y322}=L_{c_3}C_{123}+L_2C_{12}$$

$$H_{x333}=L_{c_3}S_{123} \qquad H_{y333}=L_{c_3}C_{123}$$

$$H_{x312}=2L_{c_3}S_{123}+2L_2S_{12} \qquad H_{y312}=2L_{c_3}C_{123}+2L_2C_{12}$$

$$H_{x323}=2L_{c_3}S_{123} \qquad H_{y323}=2L_{c_3}C_{123}$$

$$H_{x313}=2L_{c_3}S_{123} \qquad H_{y313}=2L_{c_3}C_{123}$$

$$h_{x31}=L_{c_3}C_{123}+L_2C_{12}+L_1C_1 \qquad h_{y31}=L_{c_3}S_{123}+L_2S_{12}+L_1S_1$$

$$h_{x32}=L_{c_3}C_{123}+L_2C_{12} \qquad h_{y32}=L_{c_3}S_{123}+L_2S_{12}$$

$$h_{x33}=L_{c_3}C_{123} \qquad h_{y33}=L_{c_3}S_{123}$$

2. 求杆的力及力矩

(1) 杆 3 的力$\boldsymbol{F}_2^3$ 和力矩$\boldsymbol{M}_2^3$

$$\boldsymbol{F}_2^3=\boldsymbol{F}_3^4+m_3\dot{\boldsymbol{v}}_{c_3}-m_3\begin{bmatrix}0\\-g\\0\end{bmatrix}=\begin{bmatrix}F_{x32}\\F_{y32}\\F_{z32}\end{bmatrix}=$$

$$\begin{bmatrix}F_x-(H_{x311}\dot{\theta}_1^2+H_{x322}\dot{\theta}_2^2+H_{x333}\dot{\theta}_3^2+H_{x312}\dot{\theta}_1\dot{\theta}_2+H_{x323}\dot{\theta}_2\dot{\theta}_3+H_{x313}\dot{\theta}_1\dot{\theta}_3-h_{x31}\ddot{\theta}_1-h_{x32}\ddot{\theta}_2-h_{x33}\ddot{\theta}_3)m_3\\F_y-(H_{y311}\dot{\theta}_1^2+H_{y322}\dot{\theta}_2^2+H_{y333}\dot{\theta}_3^2+H_{y312}\dot{\theta}_1\dot{\theta}_2+H_{y323}\dot{\theta}_2\dot{\theta}_3+H_{y313}\dot{\theta}_1\dot{\theta}_3+h_{y31}\ddot{\theta}_1+h_{y32}\ddot{\theta}_2+h_{y33}\ddot{\theta}_3-g)m_3\\F_z\end{bmatrix}$$

对于$\boldsymbol{M}_2^3$ 有：

$$\boldsymbol{M}_2^3=\boldsymbol{M}_3^4-\boldsymbol{r}_{3,c_3}\times\boldsymbol{F}_3^4+\boldsymbol{r}_{2,c_3}\times\boldsymbol{F}_2^3+\boldsymbol{I}_3\dot{\boldsymbol{\omega}}_3+\boldsymbol{\omega}_3\times\boldsymbol{I}_3\boldsymbol{\omega}_3$$

其中

$$\boldsymbol{r}_{3,c_3}=[(L_3-L_{c_3})\sin(\theta_1+\theta_2+\theta_3)\quad(L_3-L_{c_3})\cos(\theta_1+\theta_2+\theta_3)\quad 0]^{\mathrm{T}}$$

$$\boldsymbol{r}_{2,c_3}=[L_{c_3}\sin(\theta_1+\theta_2+\theta_3)\quad L_{c_3}\cos(\theta_1+\theta_2+\theta_3)\quad 0]^{\mathrm{T}}$$

(2) 杆 2 的力$\boldsymbol{F}_1^2$ 和力矩$\boldsymbol{M}_1^2$

$$\boldsymbol{F}_1^2=\boldsymbol{F}_2^3+m_2\dot{\boldsymbol{v}}_{c_2}-m_2\begin{bmatrix}0\\-g\\0\end{bmatrix}=\begin{bmatrix}F_{x21}\\F_{y21}\\F_{z21}\end{bmatrix}$$

$$=\begin{bmatrix}F_{x21}-(H_{x211}\dot{\theta}_1^2+H_{x222}\dot{\theta}_2^2+H_{x212}\dot{\theta}_1\dot{\theta}_2-h_{x21}\ddot{\theta}_1-h_{x22}\ddot{\theta}_2)m_2\\F_{y21}-(H_{y211}\dot{\theta}_1^2+H_{y222}\dot{\theta}_2^2+H_{y212}\dot{\theta}_1\dot{\theta}_2+h_{y21}\ddot{\theta}_1+h_{y22}\ddot{\theta}_2-g)m_2\\F_{z21}\end{bmatrix}$$

对于$\boldsymbol{M}_1^2$ 有：

$$\boldsymbol{M}_1^2=\boldsymbol{M}_2^3-\boldsymbol{r}_{2,c_2}\times\boldsymbol{F}_2^3+\boldsymbol{r}_{1,c_2}\times\boldsymbol{F}_1^2+\boldsymbol{I}_2\dot{\boldsymbol{\omega}}_2+\boldsymbol{\omega}_2\times\boldsymbol{I}_2\boldsymbol{\omega}_2$$

其中

$$\boldsymbol{r}_{2,c_2}=[(L_2-L_{c_2})\sin(\theta_1+\theta_2)\quad(L_2-L_{c_2})\cos(\theta_1+\theta_2)\quad 0]^{\mathrm{T}}$$

$$\boldsymbol{r}_{1,c_2}=[L_{c_2}\sin(\theta_1+\theta_2)\quad L_{c_2}\cos(\theta_1+\theta_2)\quad 0]^{\mathrm{T}}$$

(3) 杆 1 的力$\boldsymbol{F}_0^1$ 和力矩$\boldsymbol{M}_0^1$

$$\boldsymbol{F}_0^1=\boldsymbol{F}_1^2+m_1\dot{\boldsymbol{v}}_{c_1}-m_1\begin{bmatrix}0\\-g\\0\end{bmatrix}=\begin{bmatrix}F_{x10}\\F_{y10}\\F_{z10}\end{bmatrix}$$

$$=\begin{bmatrix}F_{x21}-(H_{x111}\dot{\theta}_1^2-h_{x11}\ddot{\theta}_1)m_1\\F_{y21}-(H_{y111}\dot{\theta}_1^2+h_{y11}\ddot{\theta}_1-g)m_1\\F_{z21}\end{bmatrix}$$

$$\boldsymbol{M}_0^1=\boldsymbol{M}_1^2-\boldsymbol{r}_{1,c_1}\times\boldsymbol{F}_1^2+\boldsymbol{r}_{0,c_1}\times\boldsymbol{F}_0^1+\boldsymbol{I}_1\dot{\boldsymbol{\omega}}_1+\boldsymbol{\omega}_1\times\boldsymbol{I}_1\boldsymbol{\omega}_1$$

其中

$$\boldsymbol{r}_{1,c_1}=[(L_1-L_{c_1})\sin\theta_1\quad(L_1-L_{c_1})\cos\theta_1\quad 0]^{\mathrm{T}}$$

$$\boldsymbol{r}_{0,c_1}=[L_{c_1}\sin\theta_1\quad L_{c_1}\cos\theta_1\quad 0]^{\mathrm{T}}$$

(4) 关节3、关节2和关节1的驱动力矩

第 i 个关节上的驱动力矩为：

$$\tau_1=\boldsymbol{k}_0\ \boldsymbol{M}_0^1,\ \tau_2=\boldsymbol{k}_1\ \boldsymbol{M}_1^2,\tau_3=\boldsymbol{k}_2\ \boldsymbol{M}_2^3$$

$$\boldsymbol{k}_0=\boldsymbol{k}_1=\boldsymbol{k}_2=(0,0,1)^{\mathrm{T}}$$

整理上述所有公式，导出的最后结果是：

$$\tau_1=H_{13}\ddot{\theta}_3+H_{12}\ddot{\theta}_2+H_{11}\ddot{\theta}_1+h_{133}\dot{\theta}_3^2+h_{122}\dot{\theta}_2^2+h_{111}\dot{\theta}_1^2+h_{112}\dot{\theta}_1\dot{\theta}_2+h_{113}\dot{\theta}_1\dot{\theta}_3+h_{123}\dot{\theta}_2\dot{\theta}_3+G_1$$

$$\tau_2=H_{23}\ddot{\theta}_3+H_{22}\ddot{\theta}_2+H_{21}\ddot{\theta}_1+h_{233}\dot{\theta}_3^2+h_{222}\dot{\theta}_2^2+h_{211}\dot{\theta}_1^2+h_{212}\dot{\theta}_1\dot{\theta}_2+h_{213}\dot{\theta}_1\dot{\theta}_3+h_{223}\dot{\theta}_2\dot{\theta}_3+G_2$$

$$\tau_3=H_{33}\ddot{\theta}_3+H_{32}\ddot{\theta}_2+H_{31}\ddot{\theta}_1+h_{322}\dot{\theta}_2^2+h_{312}\dot{\theta}_1\dot{\theta}_2+h_{311}\dot{\theta}_1^2+G_3$$

上述表达式可以写成如下矩阵形式：

$$\boldsymbol{\tau}=\boldsymbol{M}(\boldsymbol{q})\ddot{\boldsymbol{q}}+\boldsymbol{C}(\boldsymbol{q},\dot{\boldsymbol{q}})\dot{\boldsymbol{q}}+\boldsymbol{g}(\boldsymbol{q})$$

式中，$\boldsymbol{\tau}$ 为关节力矩，关节变量 $\boldsymbol{q}=(\theta_1,\theta_2,\theta_3)^{\mathrm{T}}$；$\boldsymbol{M}(\boldsymbol{q})$ 为系统的惯性矩阵；$\boldsymbol{C}(\boldsymbol{q},\dot{\boldsymbol{q}})$ 为离心力和科氏力项；$\boldsymbol{g}(\boldsymbol{q})$ 为重力载荷向量，具体表达式略。

3.4.2 基于拉格朗日方法的三自由度机械臂动力学分析

(1) 拉格朗日方程

设机械臂关节 i 广义坐标 $q_i\in R^n$，广义坐标的一阶时间导数为 $\dot{q}_i\in R^n$，τ_i 是广义力。根据拉格朗日方程进行动力学建模。设机械臂系统各关节的动能总和为 $\boldsymbol{v}(q_i,\dot{q}_i)=\frac{1}{2}\dot{q}_i{}^{\mathrm{T}}\boldsymbol{M}(q_i)\dot{q}_i$，其中 $\boldsymbol{M}(q_i)$ 为对称的正定惯性矩阵，势能总和为 $\boldsymbol{P}(q_i)$。拉格朗日方程为：

$$\frac{\mathrm{d}}{\mathrm{d}t}\left(\frac{\partial \boldsymbol{L}}{\partial \dot{q}_i}\right)-\frac{\partial \boldsymbol{L}}{\partial q_i}=\tau_i \quad (i=1,2,3)$$

式中，拉格朗日函数 $\boldsymbol{L}(q_i,\dot{q}_i)=\boldsymbol{v}(q_i,\dot{q}_i)-\boldsymbol{P}(q_i)$。

假设机械臂转动关节变量分别为 θ_1、θ_2 和 θ_3；杆的质量为 m_1、m_2 和 m_3；杆的其他 D-H 参数 α_i、d_i 和 $a_i(i=1,2,3)$ 参见 3.1.1 节的有关定义。上述方程中，对于转动关节 $q_i=\theta_i$；对于移动关节 $q_i=d_i$。

(2) 机械臂关节速度

为了推导方便，相应的齐次变换矩阵改写为：

$${}^0\boldsymbol{A}_1=\begin{bmatrix}\cos\theta_1 & 0 & \sin\theta_1 & 0\\ \sin\theta_1 & 0 & -\cos\theta_1 & 0\\ 0 & 1 & 0 & d_1\\ 0 & 0 & 0 & 1\end{bmatrix}=\begin{bmatrix}C_1 & 0 & S_1 & 0\\ S_1 & 0 & -C_1 & 0\\ 0 & 1 & 0 & d_1\\ 0 & 0 & 0 & 1\end{bmatrix}$$

$${}^1\boldsymbol{A}_2=\begin{bmatrix}\cos\theta_2 & 0 & \sin\theta_2 & 0\\ \sin\theta_2 & 0 & -\cos\theta_2 & 0\\ 0 & 1 & 0 & d_2\\ 0 & 0 & 0 & 1\end{bmatrix}=\begin{bmatrix}C_2 & 0 & S_2 & 0\\ S_2 & 0 & -C_2 & 0\\ 0 & 1 & 0 & d_2\\ 0 & 0 & 0 & 1\end{bmatrix}$$

$$
{}^{2}\boldsymbol{A}_3=\begin{bmatrix}\cos\theta_3 & -\sin\theta_3 & 0 & 0\\ \sin\theta_3 & \cos\theta_3 & 0 & 0\\ 0 & 0 & 1 & d_3\\ 0 & 0 & 0 & 1\end{bmatrix}=\begin{bmatrix}C_3 & -S_3 & 0 & 0\\ S_3 & C_3 & 0 & 0\\ 0 & 0 & 1 & d_3\\ 0 & 0 & 0 & 1\end{bmatrix}
$$

$$
{}^{0}\boldsymbol{A}_2={}^{0}\boldsymbol{A}_1{}^{1}\boldsymbol{A}_2=\begin{bmatrix}C_1 & 0 & S_1 & 0\\ S_1 & 0 & -C_1 & 0\\ 0 & 1 & 0 & d_1\\ 0 & 0 & 0 & 1\end{bmatrix}\begin{bmatrix}C_2 & 0 & S_2 & 0\\ S_2 & 0 & -C_2 & 0\\ 0 & 1 & 0 & d_2\\ 0 & 0 & 0 & 1\end{bmatrix}=\begin{bmatrix}C_1C_2 & S_1 & C_1S_2 & d_2S_1\\ S_1C_2 & -C_1 & S_1S_2 & -d_2C_1\\ S_2 & 0 & -C_2 & d_1\\ 0 & 0 & 0 & 1\end{bmatrix}
$$

$$
{}^{0}\boldsymbol{A}_3={}^{0}\boldsymbol{A}_1{}^{1}\boldsymbol{A}_2{}^{2}\boldsymbol{A}_3=\begin{bmatrix}C_1 & 0 & S_1 & 0\\ S_1 & 0 & -C_1 & 0\\ 0 & 1 & 0 & d_1\\ 0 & 0 & 0 & 1\end{bmatrix}\begin{bmatrix}C_2 & 0 & S_2 & 0\\ S_2 & 0 & -C_2 & 0\\ 0 & 1 & 0 & d_2\\ 0 & 0 & 0 & 1\end{bmatrix}\begin{bmatrix}C_3 & -S_3 & 0 & 0\\ S_3 & C_3 & 0 & 0\\ 0 & 0 & 1 & d_3\\ 0 & 0 & 0 & 1\end{bmatrix}
$$

$$
=\begin{bmatrix}C_1C_2C_3-S_1S_3 & -C_1C_2S_3+C_3S_1 & C_1S_2 & d_3C_1S_2+d_2S_1\\ S_1S_3C_2-C_1S_3 & -S_1S_3C_2-C_1C_2 & S_1S_2 & d_3S_1S_2-d_2C_1\\ S_2S_3 & -S_2C_3 & -C_2 & -d_3C_2+d_1\\ 0 & 0 & 0 & 1\end{bmatrix}
$$

式中，$C_i=\cos\theta_i$，$S_i=\sin\theta_i$。

由上式可以看出，矩阵${}^{0}\boldsymbol{A}_i(i=1,2,3)$中的所有非零元素都可以写成关节变量 $\theta_i(i=1,2,3)$的函数。

假设机械臂第 i 个杆上的一个固定点为${}^{i}\boldsymbol{r}_i$，${}^{i}\boldsymbol{r}_i=(x_i,y_i,z_i,1)^{\mathrm{T}}$，其相对于第 i 个坐标系的速度为零，相对于基座坐标系的速度不为零，可表示成如下形式：

$$
{}^{0}\boldsymbol{v}_i=\boldsymbol{v}_i=\frac{\mathrm{d}}{\mathrm{d}t}({}^{0}\boldsymbol{r}_i)=\frac{\mathrm{d}}{\mathrm{d}t}({}^{0}\boldsymbol{A}_i{}^{i}\boldsymbol{r}_i)=\left(\sum_{j=1}^{i}\frac{\partial\,{}^{0}\boldsymbol{A}_i}{\partial q_j}\dot{q}_j\right){}^{i}\boldsymbol{r}_i
$$

式中，q_i 是第 i 个关节的广义坐标，既适用于转动关节又适用于移动关节。

为了简化上式中的含偏微分形式，对于第 i 个转动关节，定义矩阵 $\boldsymbol{Q}_i$ 如下：

$$
\boldsymbol{Q}_i=\begin{bmatrix}0 & -1 & 0 & 0\\ 1 & 0 & 0 & 0\\ 0 & 0 & 0 & 0\\ 0 & 0 & 0 & 0\end{bmatrix}
$$

从而存在下式表示的矩阵关系，即：

$$
\frac{\partial\,{}^{i-1}\boldsymbol{A}_i}{\partial q_i}=\boldsymbol{Q}_i{}^{i-1}\boldsymbol{A}_i
$$

因此

$$
\frac{\partial\,{}^{0}\boldsymbol{A}_i}{\partial q_i}=\begin{cases}{}^{0}\boldsymbol{A}_1{}^{1}\boldsymbol{A}_2\cdots{}^{j-2}\boldsymbol{A}_{j-1}\boldsymbol{Q}_j{}^{j-1}\boldsymbol{A}_j\cdots{}^{i-1}\boldsymbol{A}_i & (j\leqslant i)\\ 0 & (j>i)\end{cases}
$$

上式可以解释为第 j 个关节的运动对第 i 个连杆的作用。

为了简化符号表达，引入 $\boldsymbol{U}_{ij}=\partial\,{}^{0}\boldsymbol{A}_i/\partial q_j$，因此，杆上任一点${}^{i}\boldsymbol{r}_i$ 的速度可以写成如下形式，有：

$$
\boldsymbol{v}_i=\left(\sum_{j=1}^{i}\boldsymbol{U}_{ij}\dot{q}_j\right){}^{i}\boldsymbol{r}_i
$$

式中，$U_{ij}=\begin{cases}{}^{0}A_{j-1}Q_j{}^{j-1}A_i & (j\leqslant i)\\ 0 & (j>i)\end{cases}$。

(3) 机械臂多刚体系统的动能

在获得机械臂系统每个连杆的关节速度后，可以计算每个连杆的动能。设连杆 i 的动能为 $\mathbf{V}_i$，则有：

$$\mathrm{d}\mathbf{V}_i=\frac{1}{2}(\dot{x}_i^2+\dot{y}_i^2+\dot{z}_i^2)\mathrm{d}m=\frac{1}{2}\mathrm{Tr}(\boldsymbol{v}_i\boldsymbol{v}_i^{\mathrm{T}})\mathrm{d}m$$

这里用一个迹运算符代替了向量的点乘，$\mathrm{Tr}\boldsymbol{A}=\sum_{i=1}^{n}a_{ii}$，动能公式为：

$$\mathbf{V}_i=\int\mathrm{d}\mathbf{V}_i=\frac{1}{2}\mathrm{Tr}\Big[\sum_{j=1}^{i}\sum_{k=1}^{i}\boldsymbol{U}_{ij}\Big(\int{}^{i}\boldsymbol{r}_i{}^{i}\boldsymbol{r}_i^{\mathrm{T}}\mathrm{d}m\Big)\boldsymbol{U}_{ik}^{\mathrm{T}}\dot{q}_j\dot{q}_k\Big]$$

式中惯性积分项可以定义成如下形式，即：

$$\boldsymbol{J}_i=\int{}^{i}\boldsymbol{r}_i{}^{i}\boldsymbol{r}_i^{\mathrm{T}}\mathrm{d}m=\begin{bmatrix}\int x_1^2\mathrm{d}m & \int x_1y_1\mathrm{d}m & \int x_1z_1\mathrm{d}m & \int x_1\mathrm{d}m\\ \int x_1y_1\mathrm{d}m & \int y_1^2\mathrm{d}m & \int y_1z_1\mathrm{d}m & \int y_1\mathrm{d}m\\ \int x_1z_1\mathrm{d}m & \int y_1z_1\mathrm{d}m & \int z_1^2\mathrm{d}m & \int z_1\mathrm{d}m\\ \int x_1\mathrm{d}m & \int y_1\mathrm{d}m & \int z_1\mathrm{d}m & \int\mathrm{d}m\end{bmatrix}$$

$$=\begin{bmatrix}\dfrac{-I_{xx}+I_{yy}+I_{zz}}{2} & I_{xy} & I_{xz} & m_i\bar{x}_i\\ I_{xy} & \dfrac{I_{xx}-I_{yy}+I_{zz}}{2} & I_{yz} & m_i\bar{y}_i\\ I_{xz} & I_{yz} & \dfrac{I_{xx}+I_{yy}-I_{zz}}{2} & m_i\bar{z}_i\\ m_i\bar{x}_i & m_i\bar{y}_i & m_i\bar{z}_i & m_i\end{bmatrix}$$

这里的 $\boldsymbol{J}_i$ 依赖于第 i 个杆上的质量分布，与它们的位置和速度无关，因此在求机械臂动能的过程中只需计算一遍 $\boldsymbol{J}_i$。$\boldsymbol{I}_{ij}$ 为惯性张量，定义为：

$$I_{ij}=\int\Big[\delta_{ij}\Big(\sum_k x_k^2\Big)-x_ix_j\Big]\mathrm{d}m$$

式中，下标 i,j,k 表示第 i 坐标系中的主坐标轴；δ_{ij} 为克罗内克符号。

因此，杆 i 的动能可以写成如下形式，即：

$$\mathbf{V}_i=\int\mathrm{d}\mathbf{V}_i=\frac{1}{2}\mathrm{Tr}\Big[\sum_{j=1}^{i}\sum_{k=1}^{i}\boldsymbol{U}_{ij}\boldsymbol{J}_i\boldsymbol{U}_{ik}^{\mathrm{T}}\dot{q}_j\dot{q}_k\Big]$$

整个机械臂系统的总动能为上式求和，得：

$$\mathbf{V}=\sum_{i=1}^{n}\mathbf{V}_i=\frac{1}{2}\sum_{i=1}^{n}\mathrm{Tr}\Big[\sum_{j=1}^{i}\sum_{k=1}^{i}\boldsymbol{U}_{ij}\boldsymbol{J}_i\boldsymbol{U}_{ik}^{\mathrm{T}}\dot{q}_j\dot{q}_k\Big]=\frac{1}{2}\sum_{i=1}^{n}\sum_{j=1}^{i}\sum_{k=1}^{i}\big[\mathrm{Tr}(\boldsymbol{U}_{ij}\boldsymbol{J}_i\boldsymbol{U}_{ik}^{\mathrm{T}})\dot{q}_j\dot{q}_k\big]\quad(n=3)$$

(4) 机械臂多刚体系统的势能

定义机械臂的每一个连杆势能为 $\boldsymbol{P}_i$，则有：

$$\boldsymbol{P}_i=-m_i\boldsymbol{g}{}^{0}\bar{\boldsymbol{r}}_i=-m_i\boldsymbol{g}({}^{0}\mathbf{A}_i{}^{i}\bar{\boldsymbol{r}}_i)\ (i=1,2,3)$$

则机械臂系统的总势能为：

$$P(q_i)=\sum_{i=1}^{n}P_i=\sum_{i=1}^{n}-m_i\boldsymbol{g}({}^0\boldsymbol{A}_i{}^i\bar{\boldsymbol{r}}_i)\quad(n=3)$$

式中，$\boldsymbol{g}=(g_x,g_y,g_z,0)$是在基坐标中的重力向量，对于平面三自由度机械臂，有 $\boldsymbol{g}=(0,0,-|g|,0)(g=9.8062\ \mathrm{m/s^2})$；${}^i\bar{\boldsymbol{r}}_i=(\bar{x}_i,\bar{y}_i,\bar{z}_i,1)^{\mathrm{T}}$ 为杆 i 质量中心在第 i 个坐标系中的向量。

(5) 机械臂系统动力学方程

定义拉格朗日函数

$$\boldsymbol{L}=\boldsymbol{V}-\boldsymbol{P}$$

即

$$\boldsymbol{L}=\frac{1}{2}\sum_{i=1}^{n}\sum_{j=1}^{i}\sum_{k=1}^{i}[\mathrm{Tr}(\boldsymbol{U}_{ij}\boldsymbol{J}_i\boldsymbol{U}_{ik}^{\mathrm{T}})\dot{q}_j\dot{q}_k]+\sum_{i=1}^{n}m_i\boldsymbol{g}({}^0\boldsymbol{A}_i{}^i\bar{\boldsymbol{r}}_i)$$

根据拉格朗日方程，推导得到系统的动力学方程为：

$$\boldsymbol{\tau}=\sum_{j=i}^{n}\sum_{k=1}^{j}\mathrm{Tr}(\boldsymbol{U}_{jk}\boldsymbol{J}_j\boldsymbol{U}_{jk}^{\mathrm{T}})\ddot{q}_k+\sum_{j=i}^{n}\sum_{k=1}^{j}\sum_{m=1}^{j}\mathrm{Tr}(\boldsymbol{U}_{jkm}\boldsymbol{J}_j\boldsymbol{U}_{ji}^{\mathrm{T}})\dot{q}_k\dot{q}_m-\sum_{j=i}^{n}m_j\boldsymbol{g}\boldsymbol{U}_{ji}{}^j\bar{\boldsymbol{r}}_j\quad(i=1,2,3)$$

上式可以写成如下矩阵形式：

$$\boldsymbol{\tau}=\boldsymbol{M}(q_i)\ddot{q}_i+\boldsymbol{C}(q_i,\dot{q}_i)+\boldsymbol{g}(q_i)+\boldsymbol{f}(\dot{q}_i)\quad(i=1,2,3)$$

式中，$\boldsymbol{\tau}(t)$为 3×1 力矩向量，施加在关节 $i=1,2,3$ 上，有：

$$\boldsymbol{\tau}(t)=(\tau_1(t),\tau_2(t),\tau_3(t))^{\mathrm{T}}$$

$\boldsymbol{q}(t)$为 3×1 含机械臂关节变量的广义坐标向量，有：

$$\boldsymbol{q}(t)=(q_1(t),q_2(t),q_3(t))^{\mathrm{T}}$$

$\dot{\boldsymbol{q}}(t)$为 3×1 含机械臂关节速度的广义速度向量，有：

$$\dot{\boldsymbol{q}}(t)=(\dot{q}_1(t),\dot{q}_2(t),\dot{q}_3(t))^{\mathrm{T}}$$

$\ddot{\boldsymbol{q}}(t)$为 3×1 含机械臂关节加速度的广义加速度向量，有：

$$\ddot{\boldsymbol{q}}(t)=(\ddot{q}_1(t),\ddot{q}_2(t),\ddot{q}_3(t))^{\mathrm{T}}$$

$\boldsymbol{M}(q_i)$为 3×3 与加速度相关的惯性对称矩阵，每个元素可表示为：

$$\boldsymbol{M}_{ik}=\sum_{j=\max(i,k)}^{n}\mathrm{Tr}(\boldsymbol{U}_{jk}\boldsymbol{J}_j\boldsymbol{U}_{ji}^{\mathrm{T}})\quad(i,k=1,2,3)$$

$\boldsymbol{C}(q_i,\dot{q}_i)$为 3×1 的离心力向量和科氏力项，每个元素可表示为：

$$C_i(q_i,\dot{q}_i)=\sum_{k=1}^{n}\sum_{m=1}^{n}h_{ikm}\dot{q}_k\dot{q}_m\quad(i=1,2,3)$$

式中，$h_{ikm}=\sum_{j=\max(i,k,m)}^{n}\mathrm{Tr}(\boldsymbol{U}_{jkm}\boldsymbol{J}_j\boldsymbol{U}_{ji}^{\mathrm{T}})(i,k,m=1,2,3)$。

$\boldsymbol{g}(q_i)$为 3×1 重力载荷向量，每个元素可表示为：

$$g_i=\sum_{j=i}^{n}(-m_j\boldsymbol{g}\boldsymbol{U}_{ji}{}^j\bar{\boldsymbol{r}}_j)\quad(i=1,2,3)$$

式中，${}^j\bar{\boldsymbol{r}}_j$ 为杆 j 质量中心在第 j 个关节坐标系内的向量，${}^j\bar{\boldsymbol{r}}_j=(\bar{x}_j,\bar{y}_j,\bar{z}_j,1)^{\mathrm{T}}$；

$\boldsymbol{g}$ 为重力加速度向量，$\boldsymbol{g}=(g_x,g_y,g_z,0)$；

$\boldsymbol{J}_j$ 为第 j 个杆的伪(pseudo)惯性矩阵；

$\boldsymbol{U}_{ji}=\dfrac{\partial{}^0\boldsymbol{A}_i}{\partial q_j}$为 4×4 矩阵；

$\boldsymbol{U}_{jkm}=\dfrac{\partial^{2\,0}\boldsymbol{A}_j}{\partial q_k \partial q_m}$为 4×4 矩阵。

$\boldsymbol{q}(t)=(\theta_1,\theta_2,\theta_3)^{\mathrm{T}}$。

上述分散矩阵和向量的元素的具体表达式如下：

$$\boldsymbol{M}(q)=\begin{bmatrix} M_{11} & M_{12} & M_{13} \\ M_{21} & M_{22} & M_{23} \\ M_{31} & M_{32} & M_{33} \end{bmatrix}$$

其中

$$M_{11}=\mathrm{Tr}(\boldsymbol{U}_{11}\boldsymbol{J}_1\boldsymbol{U}_{11}^{\mathrm{T}})+\mathrm{Tr}(\boldsymbol{U}_{21}\boldsymbol{J}_2\boldsymbol{U}_{21}^{\mathrm{T}})+\mathrm{Tr}(\boldsymbol{U}_{31}\boldsymbol{J}_3\boldsymbol{U}_{31}^{\mathrm{T}})$$

$$M_{12}=M_{21}=\mathrm{Tr}(\boldsymbol{U}_{22}\boldsymbol{J}_2\boldsymbol{U}_{21}^{\mathrm{T}})+\mathrm{Tr}(\boldsymbol{U}_{32}\boldsymbol{J}_3\boldsymbol{U}_{31}^{\mathrm{T}})$$

$$M_{13}=M_{31}=\mathrm{Tr}(\boldsymbol{U}_{33}\boldsymbol{J}_3\boldsymbol{U}_{31}^{\mathrm{T}})$$

$$M_{22}=\mathrm{Tr}(\boldsymbol{U}_{22}\boldsymbol{J}_2\boldsymbol{U}_{22}^{\mathrm{T}})$$

$$M_{23}=M_{32}=\mathrm{Tr}(\boldsymbol{U}_{33}\boldsymbol{J}_3\boldsymbol{U}_{32}^{\mathrm{T}})$$

$$M_{33}=\mathrm{Tr}(\boldsymbol{U}_{33}\boldsymbol{J}_3\boldsymbol{U}_{33}^{\mathrm{T}})$$

$$\boldsymbol{C}(q_i,\dot{q}_i)=(C_1,C_2,C_3)^{\mathrm{T}}$$

$$C_1=\sum_{k=1}^{3}\sum_{m=1}^{3}h_{1km}\dot{\theta}_k\dot{\theta}_m=h_{111}\dot{\theta}_1^2+h_{112}\dot{\theta}_1\dot{\theta}_2+h_{113}\dot{\theta}_1\dot{\theta}_3+h_{121}\dot{\theta}_2\dot{\theta}_1+h_{122}\dot{\theta}_2^2+h_{123}\dot{\theta}_2\dot{\theta}_3+h_{131}\dot{\theta}_3\dot{\theta}_1+h_{132}\dot{\theta}_3\dot{\theta}_2+h_{133}\dot{\theta}_3^2$$

$$C_2=\sum_{k=1}^{3}\sum_{m=1}^{3}h_{2km}\dot{\theta}_k\dot{\theta}_m=h_{211}\dot{\theta}_1^2+h_{212}\dot{\theta}_1\dot{\theta}_2+h_{213}\dot{\theta}_1\dot{\theta}_3+h_{221}\dot{\theta}_2\dot{\theta}_1+h_{222}\dot{\theta}_2^2+h_{223}\dot{\theta}_2\dot{\theta}_3+h_{231}\dot{\theta}_3\dot{\theta}_1+h_{232}\dot{\theta}_3\dot{\theta}_2+h_{233}\dot{\theta}_3^2$$

$$C_3=\sum_{k=1}^{3}\sum_{m=1}^{3}h_{3km}\dot{\theta}_k\dot{\theta}_m=h_{311}\dot{\theta}_1^2+h_{312}\dot{\theta}_1\dot{\theta}_2+h_{313}\dot{\theta}_1\dot{\theta}_3+h_{321}\dot{\theta}_2\dot{\theta}_1+h_{322}\dot{\theta}_2^2+h_{323}\dot{\theta}_2\dot{\theta}_3+h_{331}\dot{\theta}_3\dot{\theta}_1+h_{332}\dot{\theta}_3\dot{\theta}_2+h_{333}\dot{\theta}_3^2$$

$\boldsymbol{g}(q_i,\dot{q}_i)=(g_1,g_2,g_3)^{\mathrm{T}}$；

$g_1=-(m_1\boldsymbol{g}\boldsymbol{U}_{11}{}^{1}\bar{\boldsymbol{r}}_1+m_2\boldsymbol{g}\boldsymbol{U}_{21}{}^{2}\bar{\boldsymbol{r}}_2+m_3\boldsymbol{g}\boldsymbol{U}_{31}{}^{3}\bar{\boldsymbol{r}}_3)$；

$g_2=-(m_2\boldsymbol{g}\boldsymbol{U}_{22}{}^{2}\bar{\boldsymbol{r}}_2+m_3\boldsymbol{g}\boldsymbol{U}_{32}{}^{3}\bar{\boldsymbol{r}}_3)$；

$g_3=-(m_3\boldsymbol{g}\boldsymbol{U}_{33}{}^{3}\bar{\boldsymbol{r}}_3)$。

$$U_{11}=\frac{\partial^0\boldsymbol{A}_1}{\partial\theta_1}=\boldsymbol{Q}_1{}^0\boldsymbol{A}_1=\begin{bmatrix}0&-1&0&0\\1&0&0&0\\0&0&0&0\\0&0&0&0\end{bmatrix}\begin{bmatrix}C_1&0&S_1&0\\S_1&0&-C_1&0\\0&0&0&d_1\\0&0&0&1\end{bmatrix}=\begin{bmatrix}-S_1&0&C_1&0\\C_1&0&S_1&0\\0&0&0&0\\0&0&0&0\end{bmatrix}$$

$$U_{21}=\frac{\partial^0\boldsymbol{A}_2}{\partial\theta_1}=\boldsymbol{Q}_1{}^0\boldsymbol{A}_2=\begin{bmatrix}0&-1&0&0\\1&0&0&0\\0&0&0&0\\0&0&0&0\end{bmatrix}\begin{bmatrix}C_1C_2&S_1&C_1S_2&d_2S_1\\S_1C_2&-C_1&S_1S_2&-d_2C_1\\S_2&0&-C_2&d_1\\0&0&0&1\end{bmatrix}$$

$$=\begin{bmatrix}-S_1C_2&C_1&-S_1S_2&d_2C_1\\C_1C_2&S_1&C_1S_2&d_2S_1\\0&0&0&0\\0&0&0&0\end{bmatrix}$$

$$U_{31}=\frac{\partial^0 \boldsymbol{A}_3}{\partial \theta_1}=\boldsymbol{Q}_1{}^0\boldsymbol{A}_3=\begin{bmatrix}0 & -1 & 0 & 0\\1 & 0 & 0 & 0\\0 & 0 & 0 & 0\\0 & 0 & 0 & 0\end{bmatrix}\begin{bmatrix}C_1C_2C_3-S_1S_3 & -C_1C_2S_3+C_3S_1 & C_1S_2 & d_3C_1S_2+d_2S_1\\S_1S_3C_2-C_1S_3 & -S_1S_3C_2-C_1C_2 & S_1S_2 & d_3S_1S_2-d_2C_1\\S_2S_3 & -S_2C_3 & -C_2 & -d_3C_2+d_1\\0 & 0 & 0 & 1\end{bmatrix}$$

$$=\begin{bmatrix}-S_1S_3C_2+C_1S_3 & S_1S_3C_2+C_1C_2 & -S_1S_2 & -d_3S_1S_2+d_2C_1\\C_1C_2C_3-S_1S_3 & -C_1C_2S_3+C_3S_1 & C_1S_2 & d_3C_1S_2+d_2S_1\\0 & 0 & 0 & 0\\0 & 0 & 0 & 0\end{bmatrix}$$

$$U_{22}=\frac{\partial^0 \boldsymbol{A}_2}{\partial \theta_2}={}^0\boldsymbol{A}_1\boldsymbol{Q}_2{}^1\boldsymbol{A}_2=\begin{bmatrix}C_1 & 0 & S_1 & 0\\S_1 & 0 & -C_1 & 0\\0 & 1 & 0 & d_1\\0 & 0 & 0 & 1\end{bmatrix}\begin{bmatrix}0 & -1 & 0 & 0\\1 & 0 & 0 & 0\\0 & 0 & 0 & 0\\0 & 0 & 0 & 0\end{bmatrix}\begin{bmatrix}C_2 & 0 & S_2 & 0\\S_2 & 0 & -C_2 & 0\\0 & 1 & 0 & d_2\\0 & 0 & 0 & 1\end{bmatrix}$$

$$=\begin{bmatrix}-C_1S_2 & 0 & C_1C_2 & 0\\-S_1S_2 & 0 & S_1C_2 & 0\\C_2 & 0 & S_2 & 0\\0 & 0 & 0 & 0\end{bmatrix}$$

$$U_{23}=\frac{\partial^0 \boldsymbol{A}_2}{\partial \theta_3}=\begin{bmatrix}0 & 0 & 0 & 0\\0 & 0 & 0 & 0\\0 & 0 & 0 & 0\\0 & 0 & 0 & 0\end{bmatrix}$$

$$U_{33}=\frac{\partial^0 \boldsymbol{A}_3}{\partial \theta_3}={}^0\boldsymbol{A}_2\boldsymbol{Q}_3{}^2\boldsymbol{A}_3=\begin{bmatrix}C_1C_2 & S_1 & C_1S_2 & d_2S_1\\S_1C_2 & -C_1 & S_1S_2 & -d_2C_1\\S_2 & 0 & -C_2 & d_1\\0 & 0 & 0 & 1\end{bmatrix}\begin{bmatrix}0 & -1 & 0 & 0\\1 & 0 & 0 & 0\\0 & 0 & 0 & 0\\0 & 0 & 0 & 0\end{bmatrix}\begin{bmatrix}C_3 & -S_3 & 0 & 0\\S_3 & C_3 & 0 & 0\\0 & 0 & 1 & d_3\\0 & 0 & 0 & 1\end{bmatrix}$$

$$=\begin{bmatrix}S_1C_3-C_1C_2S_3 & -S_1S_3-C_1C_2C_3 & 0 & 0\\-C_1C_3-C_2S_1S_3 & -C_1S_3-S_1C_2C_3 & 0 & 0\\-S_2S_3 & -S_2C_3 & 0 & 0\\0 & 0 & 0 & 0\end{bmatrix}$$

3.5 算　　例

3.5.1 算例 1

图 3.11 所示为三杆平面机械臂，设已知杆长分别为 l_1、l_2 和 l_3，关节变量分别为 θ_1、θ_2 和 θ_3，求末端执行器的位姿矩阵。

(1) 建立机械臂各杆的坐标系

按 D-H 法建立坐标系：$O_0X_0Y_0Z_0$，$O_1X_1Y_1Z_1$，$O_2X_2Y_2Z_2$，$O_EX_EY_EZ_E$，见图 3.11，Z_1 及

Z_E 均指向外。

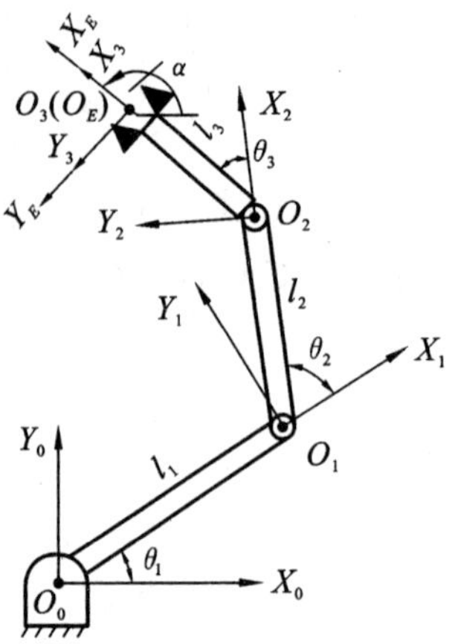

图 3.11 算例 1 图

(2) 确定各连杆 D-H 参数和关节变量(表 3.3)

表 3.3 各连杆 D-H 参数和关节变量

关节 i	α_i	a_i	d_i	θ_i	关节变量
1	0	l_1	0	θ_1	θ_1
2	0	l_2	0	θ_2	θ_2
3	0	l_3	0	θ_3	θ_3

(3) 求出两杆间的位姿矩阵$\boldsymbol{A}_i$ 及${}^3\boldsymbol{T}_E$

根据表 3.3 参数得：

$$\boldsymbol{A}_1=\begin{bmatrix}\cos\theta_1 & -\sin\theta_1 & 0 & l_1\cos\theta_1\\ \sin\theta_1 & \cos\theta_1 & 0 & l_1\sin\theta_1\\ 0 & 0 & 1 & 0\\ 0 & 0 & 0 & 1\end{bmatrix},\boldsymbol{A}_2=\begin{bmatrix}\cos\theta_2 & -\sin\theta_2 & 0 & l_2\cos\theta_2\\ \sin\theta_2 & \cos\theta_2 & 0 & l_2\sin\theta_2\\ 0 & 0 & 1 & 0\\ 0 & 0 & 0 & 1\end{bmatrix},$$

$$\boldsymbol{A}_3=\begin{bmatrix}\cos\theta_3 & -\sin\theta_3 & 0 & l_3\cos\theta_3\\ \sin\theta_3 & \cos\theta_3 & 0 & l_3\sin\theta_3\\ 0 & 0 & 1 & 0\\ 0 & 0 & 0 & 1\end{bmatrix},{}^3\boldsymbol{T}_E=\boldsymbol{I}_{4\times4}$$

(4) 求末端执行器的位姿矩阵

$$\begin{aligned}{}^0\boldsymbol{T}_E&=\boldsymbol{A}_1\boldsymbol{A}_2\boldsymbol{A}_3{}^3\boldsymbol{T}_E\\ &=\begin{bmatrix}\cos(\theta_1+\theta_2+\theta_3) & -\sin(\theta_1+\theta_2+\theta_3) & 0 & l_3\cos(\theta_1+\theta_2+\theta_3)+l_2\cos(\theta_1+\theta_2)+l_1\cos\theta_1\\ \sin(\theta_1+\theta_2+\theta_3) & \cos(\theta_1+\theta_2+\theta_3) & 0 & l_3\sin(\theta_1+\theta_2+\theta_3)+l_2\sin(\theta_1+\theta_2)+l_1\sin\theta_1\\ 0 & 0 & 1 & 0\\ 0 & 0 & 0 & 1\end{bmatrix}\end{aligned}$$

3.5.2　算例 2

对于图 3.12 所示的二杆平面机械臂，求其末端执行器的雅可比矩阵。

基础坐标系：$\{X_B, Y_B\}$；

杆 1 的附着坐标系：$\{X_1, Y_1\}$；

杆 2 的附着坐标系：$\{X_2, Y_2\}$；

末端执行器的附着坐标系：$\{X_E, Y_E\}$。

末端执行器坐标系相对于杆 2 附着坐标系的齐次坐标变换矩阵为 ${}^2\boldsymbol{T}_E$。

杆 2 附着坐标系相对于杆 1 附着坐标系的齐次坐标变换矩阵为 ${}^1\boldsymbol{T}_2$。

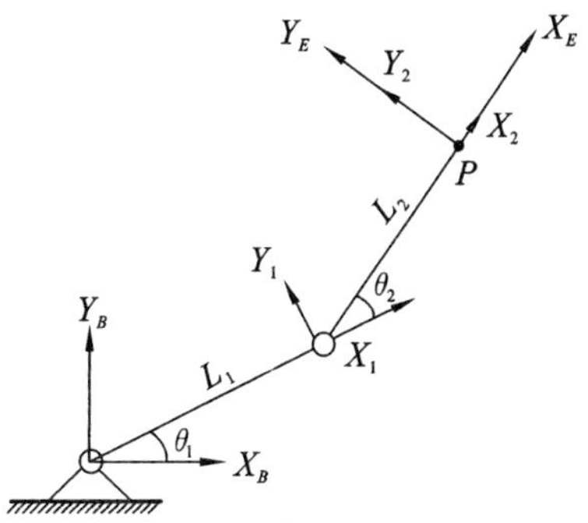

图 3.12　算例 2 图

杆 1 附着坐标系相对于基座坐标系的齐次坐标变换矩阵为 ${}^B\boldsymbol{T}_1$，即有：

$${}^2\boldsymbol{T}_E=\begin{bmatrix} n_x & o_x & a_x & p_x \\ n_y & o_y & a_y & p_y \\ n_z & o_z & a_z & p_z \\ 0 & 0 & 0 & 1 \end{bmatrix}=\begin{bmatrix} 1 & 0 & 0 & L_2 \\ 0 & 1 & 0 & 0 \\ 0 & 0 & 0 & 0 \\ 0 & 0 & 0 & 1 \end{bmatrix}$$

$${}^1\boldsymbol{T}_2=\begin{bmatrix} \cos\theta_2 & -\sin\theta_2 & 0 & L_1 \\ \sin\theta_2 & \cos\theta_2 & 0 & 0 \\ 0 & 0 & 0 & 0 \\ 0 & 0 & 0 & 1 \end{bmatrix}$$

$${}^B\boldsymbol{T}_1=\begin{bmatrix} \cos\theta_1 & -\sin\theta_1 & 0 & 0 \\ \sin\theta_1 & \cos\theta_1 & 0 & 0 \\ 0 & 0 & 0 & 0 \\ 0 & 0 & 0 & 1 \end{bmatrix}$$

$${}^B\boldsymbol{T}_E={}^B\boldsymbol{T}_1{}^1\boldsymbol{T}_2{}^2\boldsymbol{T}_E=\begin{bmatrix} \cos(\theta_1+\theta_2) & -\sin(\theta_1+\theta_2) & 0 & L_1\cos\theta_1+L_2\cos(\theta_1+\theta_2) \\ \sin(\theta_1+\theta_2) & \cos(\theta_1+\theta_2) & 0 & L_1\sin\theta_1+L_2\sin(\theta_1+\theta_2) \\ 0 & 0 & 1 & 0 \\ 0 & 0 & 0 & 1 \end{bmatrix}$$

因此，末端执行器的运动方程的显式表达为：

$$\boldsymbol{r}=\begin{cases} L_1\cos\theta_1+L_2\cos(\theta_1+\theta_2) \\ L_1\sin\theta_1+L_2\sin(\theta_1+\theta_2) \end{cases}$$

求得雅可比矩阵为：

$$\boldsymbol{J}=\begin{bmatrix} -L_1\sin\theta_1-L_2\sin(\theta_1+\theta_2) & -L_2\sin(\theta_1+\theta_2) \\ L_1\cos\theta_1+L_2\cos(\theta_1+\theta_2) & L_2\cos(\theta_1+\theta_2) \end{bmatrix}$$

3.5.3　算例 3

图 3.5 所示的三自由度机械臂的末端执行器将按照下式所示的正弦曲线运动，有：

$$x=-0.2+0.005t$$

$$y=0.48+0.02\cos t$$

请给出该机械臂的驱动力矩方案。

该平面三自由度连杆机械臂的关节角按照下式所示的极小最小二乘解运动，有：

$$\dot{\boldsymbol{q}}=\boldsymbol{J}^{+}\dot{\boldsymbol{p}}$$

$$\ddot{\boldsymbol{q}}=\boldsymbol{J}^{+}(\ddot{\boldsymbol{p}}-\dot{\boldsymbol{J}}\dot{\boldsymbol{q}})$$

定义其初始位置为 $\boldsymbol{p}=(-0.2,0.48,0)^{\mathrm{T}}$，根据给定的正弦曲线运动目标轨迹，可获得其目标加速度与目标速度。根据上节的有关动力学方程，可以获得其驱动力矩的具体值。计算结果如图 3.13 所示。

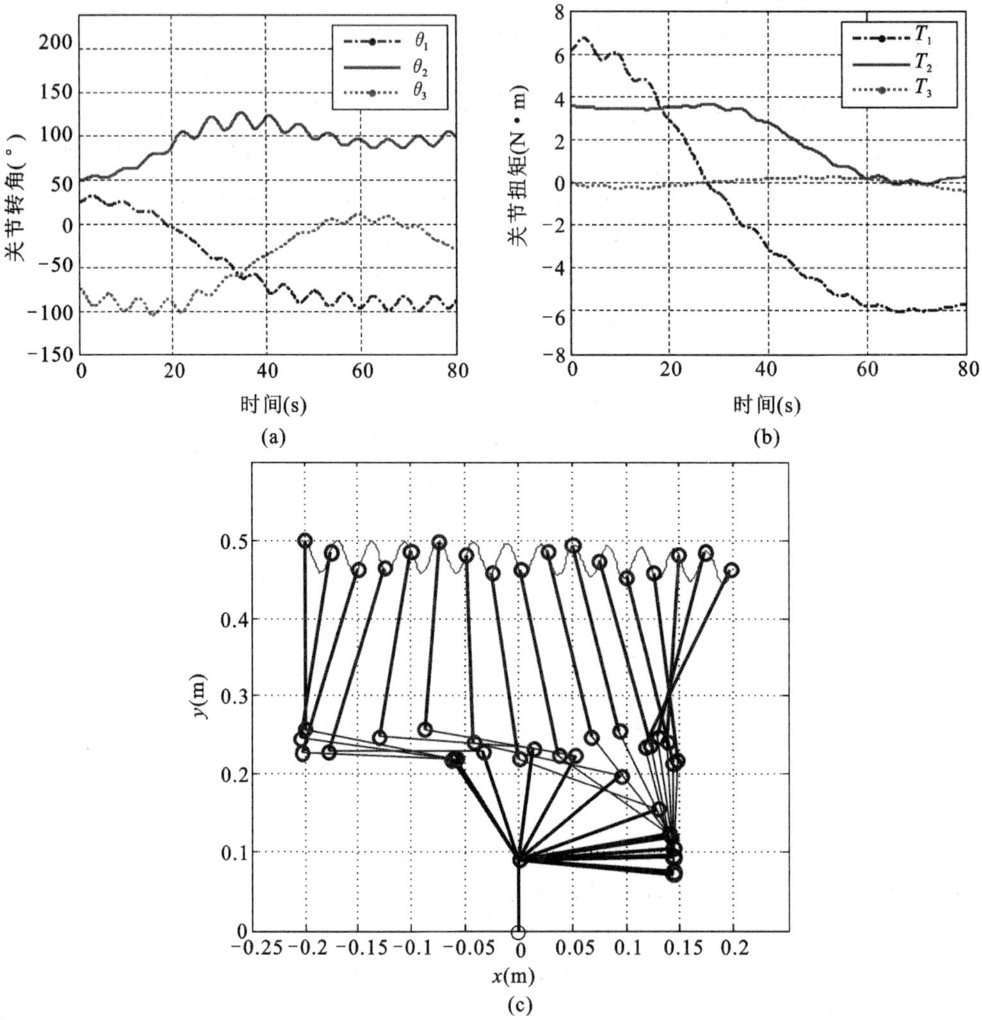

图 3.13 三自由度机械臂运动计算结果

(a)关节转角；(b)关节扭矩轨迹；(c)末端执行器运动轨迹

可见，根据规划出的驱动力矩计算获得的结果在前 40 s 近似满足要求，但在后 40 s 却与实际期望有一定的误差。

这是由于机械臂系统是一个强耦合的复杂系统，单靠轨迹规划获得的结果往往会差强人意，实际环境中往往会遇到各种不可控的因素，会加大这种期望误差。为了满足对机械臂运动高精度控制的要求，实际工作中往往采用各种闭环控制方法加以控制。对于本例，可以采用如下简单的闭环同步控制方案，即：

$$\dot{\boldsymbol{q}}=\boldsymbol{J}^{+}\dot{\boldsymbol{p}}$$

$$\ddot{\boldsymbol{q}}=\boldsymbol{J}^{+}(\ddot{\boldsymbol{p}}-\dot{\boldsymbol{J}}\dot{\boldsymbol{q}})\boldsymbol{J}^{+}(\ddot{\boldsymbol{p}}_{m}-\dot{\boldsymbol{J}}\dot{\boldsymbol{q}}_{s}+\boldsymbol{k}_{v}\boldsymbol{e}_{2}+\boldsymbol{k}_{p}\boldsymbol{e}_{1})$$

其中，$\boldsymbol{k}_v$，$\boldsymbol{k}_p$为负定的矩阵；$\boldsymbol{e}_1$，$\boldsymbol{e}_2$分别为末端轨迹的位移误差与速度误差。计算结果如图 3.14 所示。通过加入闭环修正控制项，运动精度可以得到有效提高。

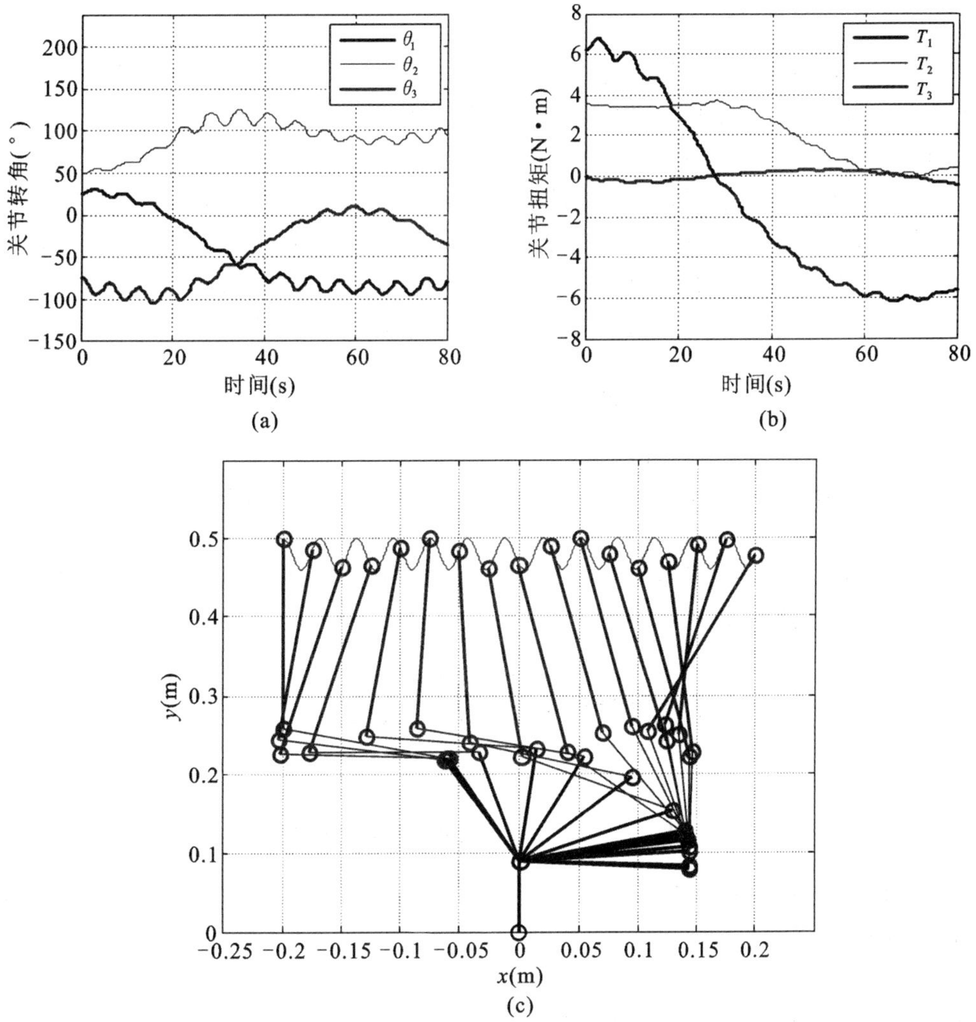

图 3.14 带有控制策略的三自由度机械臂运动计算结果

(a)关节转角；(b)关节扭矩轨迹；(c)末端执行器运动轨迹

4 离散系统振动和连续体振动理论

本章针对机械系统的离散体振动，介绍表征振动的基本方程、振幅、频率、相位、位移、阻尼等基本概念。给出单自由度振动系统的分析方法。对于多自由度振动系统，给出模态分析和响应分析的主要理论、方法和典型结果。

对于质量连续分布和有弹性的机械结构或系统来说，其质点需要无限多个坐标。连续体的振动要用时间和空间坐标的函数来描述，其运动方程是偏微分方程。连续体的振动分析较为复杂，只有一些简单的连续体结构振动可以用解析方法加以分析，大多数情况下只能用近似法加以分析。本章以连续梁的弯曲振动为例对连续体振动的基本理论加以介绍。

4.1 离散系统振动的基本概念

可被视为振动系统的一个零部件、一台机器等机械系统，在初始条件变化或存在外部激励作用时，会产生振动。

振动系统包括三个主要参数，即质量、刚度、阻尼。质量是感受惯性（包括转动惯量）的元件，刚度是感受弹性的元件，阻尼是耗能元件。

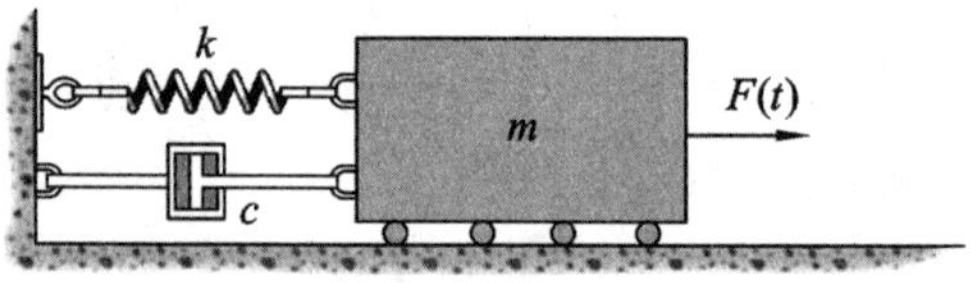

图 4.1 单自由度振动系统力学原理图

利用机械动力学原理，如采用牛顿方法或拉格朗日方法建立图 4.1 所示的单自由度系统的振动方程为：

$$m\ddot{x}+c\dot{x}+kx=F(t) \tag{4.1}$$

因此，振动系统常用常微分方程表达。

① 对于无阻尼自由振动的情况，上述方程改写为如下二阶齐次常微分方程，有：

$$m\ddot{x}+kx=0 \tag{4.2}$$

其解的形式为：

$$x=A_1\sin(\omega_n t)+A_2\cos(\omega_n t) \tag{4.3}$$

其中 A_1，A_2 为常数，由初始条件决定。

上式可写成如下形式，即：

$$x=A\sin(\omega_n t+\varphi_0) \tag{4.4}$$

式中　A——振幅，表示质量偏离平衡位置的最大位移，有：

$$A=\sqrt{A_1^2+A_2^2} \tag{4.5}$$

φ_0——初相位角，有：

$$\varphi_0=\arctan\frac{A_1}{A_2} \tag{4.6}$$

ω_n——固有频率，有：

$$\omega_n=\sqrt{\frac{k}{m}} \tag{4.7}$$

② 对于有黏性阻尼的情况，c 为阻尼系数，单自由度系统自由振动方程为：

$$m\ddot{x}+c\dot{x}+kx=0 \tag{4.8}$$

上式可以改写成如下表达方式，有：

$$\ddot{x}+2\zeta\omega_n\dot{x}+\omega_n^2x=0 \tag{4.9}$$

式中，ζ 为阻尼比，有：

$$\zeta=\frac{c}{2m\omega_n} \tag{4.10}$$

令 $x=e^{-nt}$，上述单自由度振动系统的解的形式为：

$$x=Ae^{-nt}\sin(\omega_r t+\varphi) \tag{4.11}$$

式中　n——衰减系数，有：

$$n=\zeta\omega_n \tag{4.12}$$

ω_r——有阻尼减幅振动的圆频率，有：

$$\omega_r=\sqrt{\omega_n^2-n^2}=\omega_n\sqrt{1-\zeta^2} \tag{4.13}$$

可以看出，当 $\zeta=0$ 时，A 为常量；当 $0<\zeta<1$ 时，A 趋于 0；当 $\zeta<0$ 时，A 趋于无穷。小阻尼单自由度系统的振动衰减曲线如图 4.2 所示。

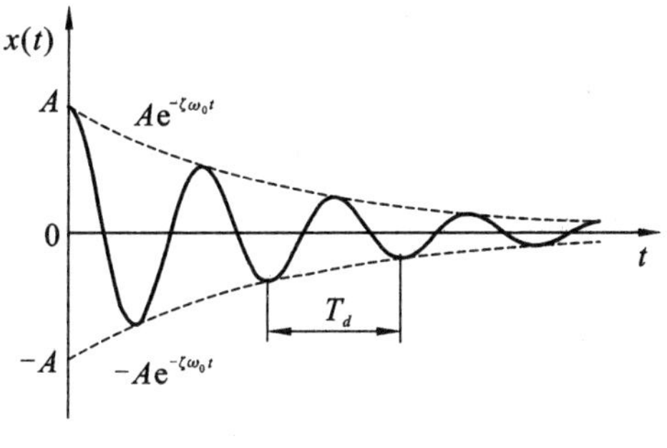

图 4.2　小阻尼单自由度系统的振动衰减曲线($\zeta<1$)

设在 $t=0$ 时，$x=x_0$，$\dot{x}=\dot{x}_0$，可以推出：

$$A=\sqrt{x_0^2+\left(\frac{\dot{x}_0+\zeta\omega_n x_0}{\omega_r}\right)^2} \tag{4.14}$$

$$\tan\varphi=\frac{\omega_r x_0}{\dot{x}_0+\zeta\omega_n x_0} \tag{4.15}$$

例如，对于小阻尼情况($\zeta<1$)，当 $m=1$ kg，$c=0.2$ N/(m · s^{-1})，$k=1$ N/m，$x_0=0$ m，$\dot{x}_0=5$ m/s时，绘制自由振动衰减曲线，如图 4.3 所示。

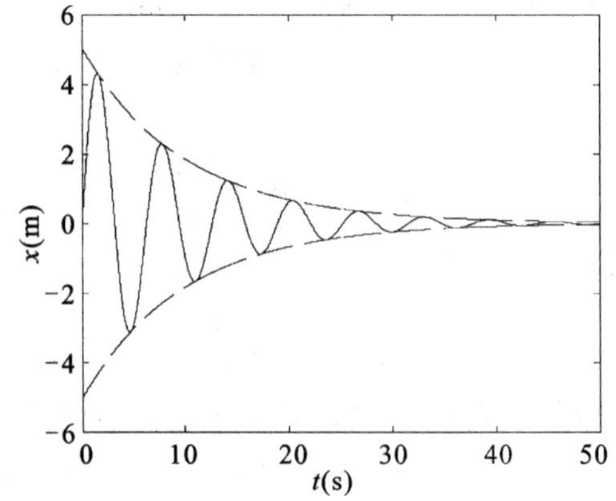

图 4.3 单自由度有阻尼系统自由振动衰减曲线算例结果

4.2 单自由度振动系统的强迫响应

作用在振动系统上的激励力可以分为简谐激励、非简谐周期性激励、随时间任意变化的非周期性激励三类。对于简谐激励作用下单自由度振动系统的振动响应，其求解方法如下。

对于具有正弦激励的单自由度振动方程式(4.1)，可以重新写成：

$$\ddot{x}+2\omega_n\zeta\dot{x}+\omega_n^2x=\frac{F_0}{m}\sin(\Omega t) \tag{4.16}$$

式中 F_0——激振力幅值；

Ω——外激励频率。

其解的形式为：

$$x=x_1+x_2 \tag{4.17}$$

其中，x_1 为有阻尼自由振动的齐次方程解，即：

$$x_1=A_1\cos\omega_rt+A_2\sin\omega_rt=A_0\sin(\omega_rt+\varphi) \tag{4.18}$$

x_2 为简谐激励下的强迫振动解，即：

$$x_2(t)=A\sin(\Omega t-\theta) \tag{4.19}$$

式中 A——幅频响应函数，有：

$$A=\frac{F_0/k}{\sqrt{(1-z^2)^2+4\zeta^2z^2}} \tag{4.20}$$

θ——相位差角，有：

$$\theta=\arctan\frac{2z\zeta}{1-z^2} \tag{4.21}$$

z——频率比，有：

$$z=\frac{\Omega}{\omega_n} \tag{4.22}$$

以频率比 z 为横坐标、振幅 A 为纵坐标的单自由度振动系统的幅频特性曲线如图 4.4 所示，以 θ 为纵坐标的相频特性曲线如图 4.5 所示。

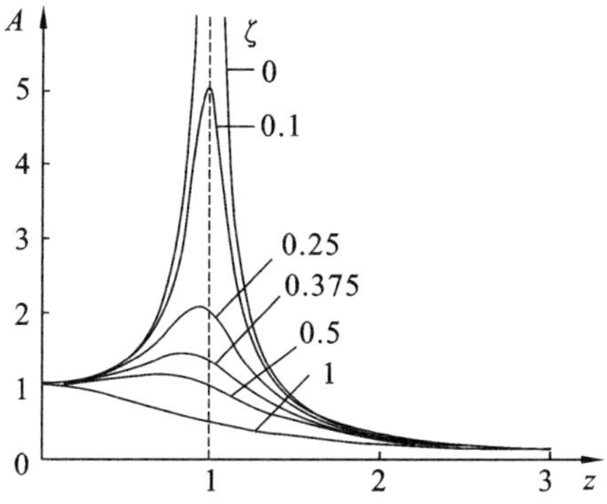

图 4.4 幅频特性曲线

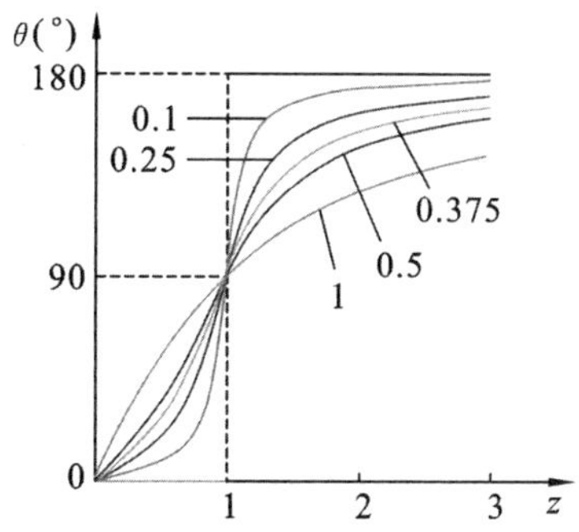

图 4.5 相频特性曲线

例如，对于同样的振动系统，已知单自由度振动系统方程式为：

$$m\ddot{x}+c\dot{x}+kx=F(t)=F_0\sin(\Omega t+\alpha)$$

其解的形式为：

$$x=x_1+x_2=\mathbf{A}_0\sin(\omega_n t+\varphi)+A\sin(\Omega t+\alpha-\theta)$$

利用此式，可以绘制相应的振动响应时域曲线。参数具体取值为 $m=1$ kg，$c=0.1$ N/(m·s^{-1})，$k=50$ N/m，$F_0=5$ N，$\Omega=\pi/10$ rad/s，$\alpha=0°$，$x_0=0$ m，$\dot{x}_0=1$ m/s。根据本节公式得到的幅频、相频特性曲线见图 4.6、图 4.7，直接进行数值积分所得到的振动响应时域曲线如图 4.8 所示。

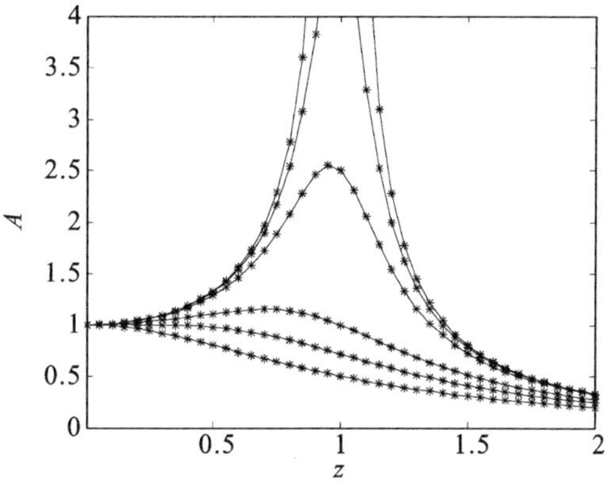

图 4.6 算例结果-幅频特性曲线

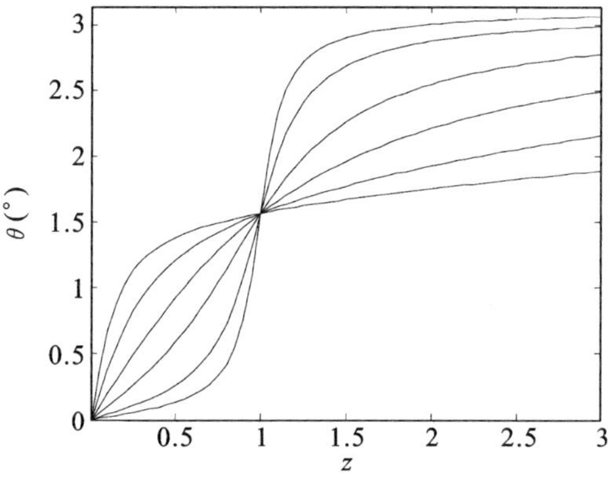

图 4.7 算例结果-相频特性曲线

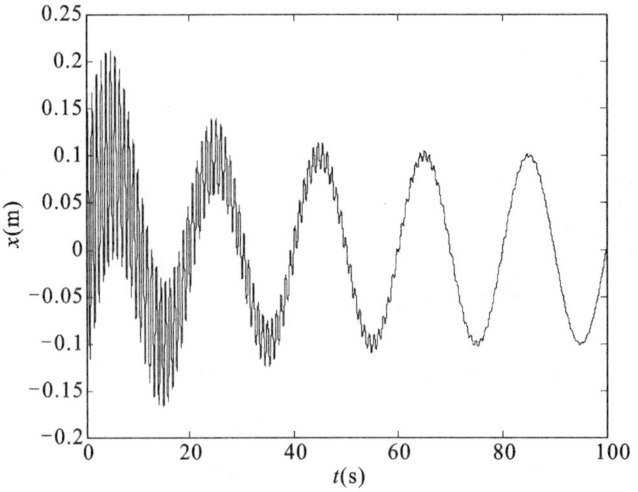

图 4.8 算例结果-振动响应时域曲线

4.3 多自由度系统的振动分析

4.3.1 多自由度振动系统的动力学方程

以图 4.9 所示的三自由度质量-弹簧振动系统为例加以说明。三个质量块对应的振动坐标 x_1,x_2,x_3 的原点分别取在质量块 m_1,m_2,m_3 的静平衡位置。设某一瞬时，m_1,m_2,m_3 分别有位移 x_1,x_2,x_3 和加速度 $\ddot{x}_1,\ddot{x}_2,\ddot{x}_3$。

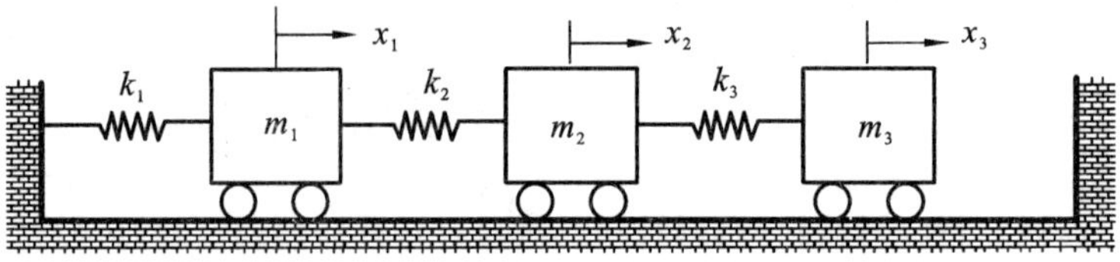

图 4.9 三自由度质量-弹簧振动系统力学模型

质量块分别受到激振力的作用、不计阻尼，其动力学方程为：

$$\begin{cases} -m_1\ddot{x}_1-k_1(x_1-0)+k_2(x_2-x_1)+f_1=0 \\ -m_2\ddot{x}_2-k_2(x_2-x_1)+k_3(x_3-x_2)+f_2=0 \\ -m_3\ddot{x}_3-k_3(x_3-x_2)+f_3=0 \end{cases} \tag{4.23}$$

可以写成矩阵形式，有：

$$\begin{bmatrix} m_1 & 0 & 0 \\ 0 & m_2 & 0 \\ 0 & 0 & m_3 \end{bmatrix}\begin{bmatrix} \ddot{x}_1 \\ \ddot{x}_2 \\ \ddot{x}_3 \end{bmatrix}+\begin{bmatrix} k_1+k_2 & -k_2 & 0 \\ -k_2 & k_2+k_3 & -k_3 \\ 0 & -k_3 & k_3 \end{bmatrix}\begin{bmatrix} x_1 \\ x_2 \\ x_3 \end{bmatrix}=\begin{bmatrix} f_1 \\ f_2 \\ f_3 \end{bmatrix} \tag{4.24}$$

进一步简记为：

$$\boldsymbol{M}\ddot{\boldsymbol{X}}+\boldsymbol{K}\boldsymbol{X}=\boldsymbol{F} \tag{4.25}$$

式中，$\boldsymbol{M}$ 为质量矩阵；$\ddot{\boldsymbol{X}}$ 为加速度向量；$\boldsymbol{K}$ 为刚度矩阵；$\boldsymbol{X}$ 为位移向量；$\boldsymbol{F}$ 为激励力向量。

考虑有阻尼（如具有线性比例阻尼）的情况，n 自由度振动系统的动力学方程可以写成如下形式，有：

$$\boldsymbol{M}\ddot{\boldsymbol{X}}+\boldsymbol{C}\dot{\boldsymbol{X}}+\boldsymbol{K}\boldsymbol{X}=\boldsymbol{F} \tag{4.26}$$

式中　$\boldsymbol{C}$——$\boldsymbol{C}=\alpha\boldsymbol{M}+\beta\boldsymbol{K}$；　(4.27)

α,β——瑞利阻尼系数。

4.3.2　多自由度振动系统的模态分析

上述振动系统所对应的无阻尼自由振动方程为：

$$\boldsymbol{M}\ddot{\boldsymbol{X}}+\boldsymbol{K}\boldsymbol{X}=\boldsymbol{0} \tag{4.28}$$

记其主振动响应函数为：

$$\boldsymbol{X}=\boldsymbol{A}\sin(\omega t+\varphi) \tag{4.29}$$

其特征值方程为：

$$[\boldsymbol{K}-\lambda\boldsymbol{M}]\boldsymbol{A}=\boldsymbol{0} \tag{4.30}$$

式中　λ——$\lambda=\omega^2$，ω 为特征值，对应着系统的固有频率；

$\boldsymbol{A}$——特征向量，对应着系统的模态振型。

例如，以图 4.10 所示的二自由度振动系统为例，求解其固有频率和振型。

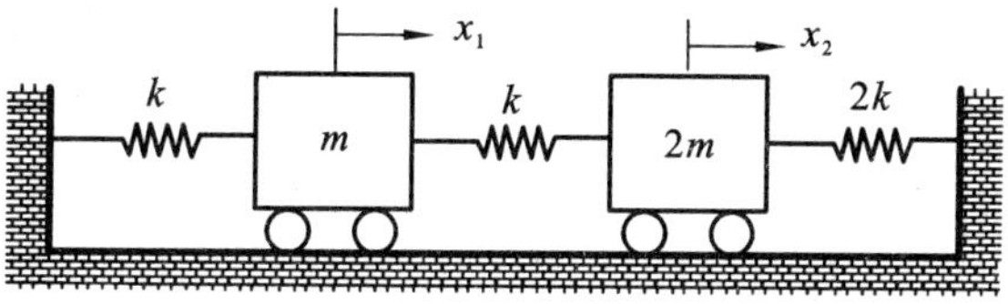

图 4.10　二自由度振动系统力学模型

图 4.10 所对应的二自由度系统的动力学方程为：

$$\begin{bmatrix} m & 0 \\ 0 & 2m \end{bmatrix}\begin{bmatrix} \ddot{x}_1 \\ \ddot{x}_2 \end{bmatrix}+\begin{bmatrix} 2k & -k \\ -k & 3k \end{bmatrix}\begin{bmatrix} x_1 \\ x_2 \end{bmatrix}=\begin{bmatrix} 0 \\ 0 \end{bmatrix}$$

主振动具有如下形式，即：

$$\begin{bmatrix} x_1 \\ x_2 \end{bmatrix}=\begin{bmatrix} A_1 \\ A_2 \end{bmatrix}\sin(\omega t+\varphi)$$

或者直接采用

$$[\boldsymbol{K}-\lambda\boldsymbol{M}]\boldsymbol{A}=\boldsymbol{0}$$

可得

$$\begin{bmatrix} 2k-m\omega^2 & -k \\ -k & 3k-2m\omega^2 \end{bmatrix}\begin{bmatrix} A_1 \\ A_2 \end{bmatrix}=\begin{bmatrix} 0 \\ 0 \end{bmatrix}$$

令 $\alpha=\dfrac{m}{k}\omega^2$，得：

$$\begin{bmatrix} 2-\alpha & -1 \\ -1 & 3-2\alpha \end{bmatrix}\begin{bmatrix} A_1 \\ A_2 \end{bmatrix}=\begin{bmatrix} 0 \\ 0 \end{bmatrix}$$

其特征方程为：

$$\begin{vmatrix} 2-\alpha & -1 \\ -1 & 3-2\alpha \end{vmatrix}=2\alpha^2-7\alpha+5=0$$

得到

$$\begin{cases} \alpha_1=1, \alpha_2=2.5 \\ \omega_1=\sqrt{\dfrac{k}{m}}, \omega_2=1.581\sqrt{\dfrac{k}{m}} \end{cases}$$

求主振型过程如下：

当 $\alpha_1=1$ 时，有：

$$\begin{cases} A_1-A_2=0 \\ -A_1+A_2=0 \end{cases}$$

令 $A_2=1$，则 $A_1=1$，第一阶主振型为 $A^1=\begin{bmatrix} 1 \\ 1 \end{bmatrix}$；

当 $\alpha_2=2.5$ 时，令 $A_2=1$，则 $A_1=-2$，第二阶主振型为 $A^1=\begin{bmatrix} -2 \\ 1 \end{bmatrix}$。

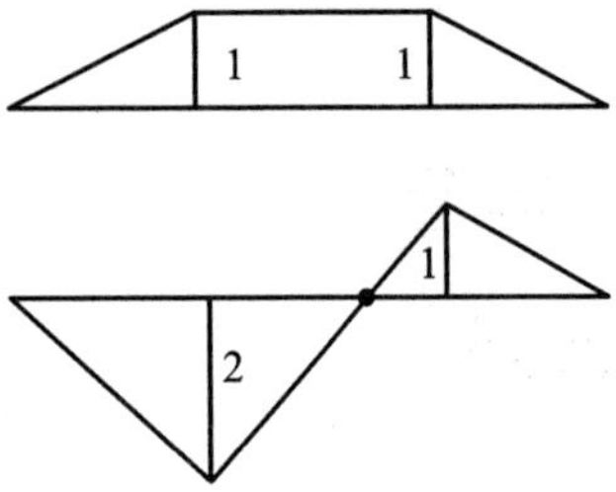

图 4.11 二自由度振动系统的振型

画出对应的振型图如图 4.11 所示，其中以横坐标表示静平衡位置，以纵坐标表示主振型中各元素的值。对于第一阶主振型，两个质量在静平衡位置的同侧，做同向运动。对于第二阶主振型，两个质量在平衡位置的两侧，做反向运动。

4.3.3 多自由度系统的自由振动响应分析

对于具有 n 个自由度的自由振动方程

$$\boldsymbol{M}\ddot{\boldsymbol{X}}+\boldsymbol{C}\dot{\boldsymbol{X}}+\boldsymbol{K}\boldsymbol{X}=\boldsymbol{F} \tag{4.31}$$

其解的形式为：

$$\boldsymbol{X}(t)=\boldsymbol{X}^{(1)}(t)+\boldsymbol{X}^{(2)}(t)+\cdots+\boldsymbol{X}^{(n)}(t) \tag{4.32}$$

其中

$$\begin{cases} \boldsymbol{X}^{(1)}(t)=\boldsymbol{u}^{(1)}C_1\sin(\omega_1 t+\varphi_1) \\ \boldsymbol{X}^{(2)}(t)=\boldsymbol{u}^{(2)}C_2\sin(\omega_2 t+\varphi_2) \\ \qquad\vdots \\ \boldsymbol{X}^{(n)}(t)=\boldsymbol{u}^{(n)}C_n\sin(\omega_n t+\varphi_n) \end{cases} \tag{4.33}$$

ω_n 为系统的第 n 阶固有频率，$\boldsymbol{u}^{(n)}$ 为对应的第 n 阶振型，C_n 和 φ_n 由初始值 $\boldsymbol{X}_0$ 和 $\dot{\boldsymbol{X}}_0$ 决定。

例如，以二自由度系统为例加以说明，其解的形式为：

$$\boldsymbol{X}(t)=\boldsymbol{X}^{(1)}(t)+\boldsymbol{X}^{(2)}(t)$$

其中

$$\boldsymbol{X}^{(1)}(t)=\boldsymbol{u}^{(1)}C_1\sin(\omega_1 t+\varphi_1)=A_1\begin{bmatrix}1\\r_1\end{bmatrix}\sin(\omega_1 t+\varphi_1)$$

$$\boldsymbol{X}^{(2)}(t)=\boldsymbol{u}^{(2)}C_2\sin(\omega_2 t+\varphi_2)=A_2\begin{bmatrix}1\\r_2\end{bmatrix}\sin(\omega_2 t+\varphi_2)$$

可求得

$$C_1=\frac{1}{r_1-r_2}\sqrt{(r_2x_{10}-x_{20})^2+\frac{(r_2\dot{x}_{10}-\dot{x}_{20})^2}{\omega_1^2}}$$

$$C_2=\frac{1}{r_1-r_2}\sqrt{(r_1x_{10}-x_{20})^2+\frac{(r_1\dot{x}_{10}-\dot{x}_{20})^2}{\omega_2^2}}$$

$$\varphi_1=\arctan\frac{\omega_1(r_2x_{10}-x_{20})}{r_2\dot{x}_{10}-\dot{x}_{20}}$$

$$\varphi_2=\arctan\frac{\omega_2(r_1x_{10}-x_{20})}{r_1\dot{x}_{10}-\dot{x}_{20}}$$

设二自由度振动系统的具体参数以及自由振动的初始条件如下，各参数单位为标准单位，即单位[kg，m，N，s]：

$$\begin{bmatrix}1&0\\0&1\end{bmatrix}\begin{bmatrix}\ddot{x}_1\\\ddot{x}_2\end{bmatrix}+\begin{bmatrix}2&-1\\-1&2\end{bmatrix}\begin{bmatrix}x_1\\x_2\end{bmatrix}=\begin{bmatrix}0\\0\end{bmatrix}$$

① $x_{10}=x_{20}=\dot{x}_{10}=1,\dot{x}_{20}=0$；

② $x_{10}=1,x_{20}=\dot{x}_{10}=\dot{x}_{20}=0$。

得到的自由振动响应曲线如图 4.12 所示。

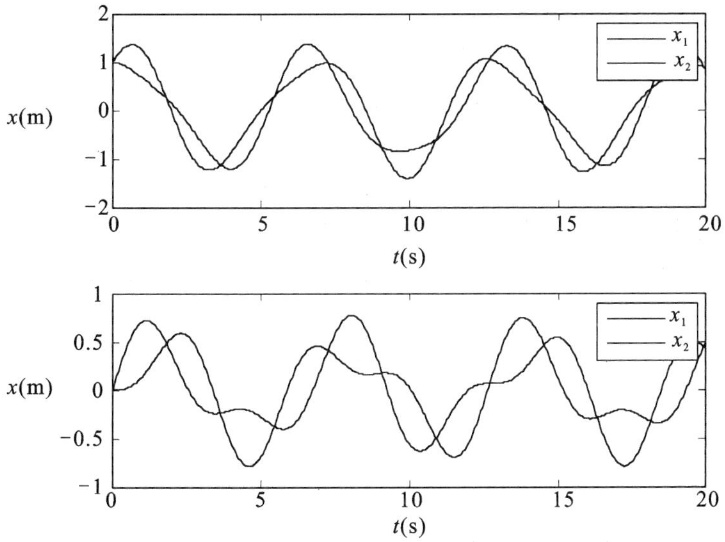

图 4.12　二自由度系统的自由振动响应曲线算例结果

4.3.4 多自由度振动系统的强迫响应

对于受简谐激励的多自由度振动系统，有：

$$\boldsymbol{M}\ddot{\boldsymbol{X}}+\boldsymbol{C}\dot{\boldsymbol{X}}+\boldsymbol{K}\boldsymbol{X}=\boldsymbol{F}_0\sin(\Omega t) \tag{4.34}$$

其强迫响应可以按模态解表示的方法求解。

上式对应的系统特征方程为：

$$(\boldsymbol{K}-\omega_{n_i}^2\boldsymbol{M})\boldsymbol{\varphi}_i=0 \tag{4.35}$$

式中 ω_{n_i}——第 i 阶固有频率；

$\boldsymbol{\varphi}_i$——第 i 阶振型向量。

在这里，可以根据系统特征方程分数矩阵行列式为 0 的非平凡解条件确定该振动系统的固有频率 ω_{n_i}，即：

$$|(\boldsymbol{K}-\omega_{n_i}^2\boldsymbol{M})|=0$$

在确定了 ω_{n_i} 的具体值后，将 ω_{n_i} 代入式(4.35)，并令振型向量值取单位振动量值的情况下得到 ω_{n_i} 对应的振型函数。

对于外激励频率 Ω 与某一阶固有频率 ω_{n_i} 接近，振动系统呈单频主振动的强迫振动响应的情况，可以利用多自由度振动系统 $\boldsymbol{M}$、$\boldsymbol{K}$ 以及与振型向量的正交性进行模态解耦，并设该系统具有线性比例阻尼。

设该振动系统的单频主振动响应具有如下形式：

$$\Omega=\omega_{n_i}+\Delta \tag{4.36}$$

式中 Δ——小量。

$$\boldsymbol{X}(t)=\boldsymbol{\varphi}_i\boldsymbol{u}\sin(\Omega t+\theta) \tag{4.37}$$

式(4.34)再左乘一项 $\boldsymbol{\varphi}_i^{\mathrm{T}}$，则式(4.34)可写成：

$$\boldsymbol{\varphi}_i^{\mathrm{T}}\boldsymbol{M}\boldsymbol{\varphi}_i\ddot{\boldsymbol{u}}+\boldsymbol{\varphi}_i^{\mathrm{T}}\boldsymbol{C}\boldsymbol{\varphi}_i\dot{\boldsymbol{u}}+\boldsymbol{\varphi}_i^{\mathrm{T}}\boldsymbol{K}\boldsymbol{\varphi}\boldsymbol{u}=\boldsymbol{\varphi}_i^{\mathrm{T}}\boldsymbol{F}_0\sin(\Omega t)$$

上式的系数矩阵均为对角矩阵，记为：

$$m_i\ddot{u}+c_i\dot{u}+k_iu=F_i\sin(\Omega t) \tag{4.38}$$

式中，$m_i=\boldsymbol{\varphi}_i^{\mathrm{T}}\boldsymbol{M}\boldsymbol{\varphi}_i$；$c_i=\boldsymbol{\varphi}_i^{\mathrm{T}}\boldsymbol{C}\boldsymbol{\varphi}_i$；$k_i=\boldsymbol{\varphi}_i^{\mathrm{T}}\boldsymbol{K}\boldsymbol{\varphi}_i$；$F_i=\boldsymbol{\varphi}_i^{\mathrm{T}}\boldsymbol{F}_0$。

在这种情况下，可按单自由度强迫响应的方法求解出强迫响应，即：

$$u(t)=u_0\sin(\Omega t+\theta) \tag{4.39}$$

式中的 u_0 和 θ 可按前节单自由度振动响应的幅值和相位差角公式确定。

获得模态解耦后的振动响应后，可以再利用模态向量转换到物理坐标系中，即利用式(4.37)加以实现。

例如，求下列二自由度振动系统的幅频特性曲线以及振动响应。各参数单位取标准单位，即[kg,N,m,s]。

$$\begin{bmatrix}1 & 0\\0 & 1\end{bmatrix}\begin{bmatrix}\ddot{x}_1\\\ddot{x}_2\end{bmatrix}+\begin{bmatrix}2 & -1\\-1 & 2\end{bmatrix}\begin{bmatrix}x_1\\x_2\end{bmatrix}=\begin{bmatrix}10\\0\end{bmatrix}\cos\Omega t$$

得到的强迫振动响应曲线如图 4.13 所示。

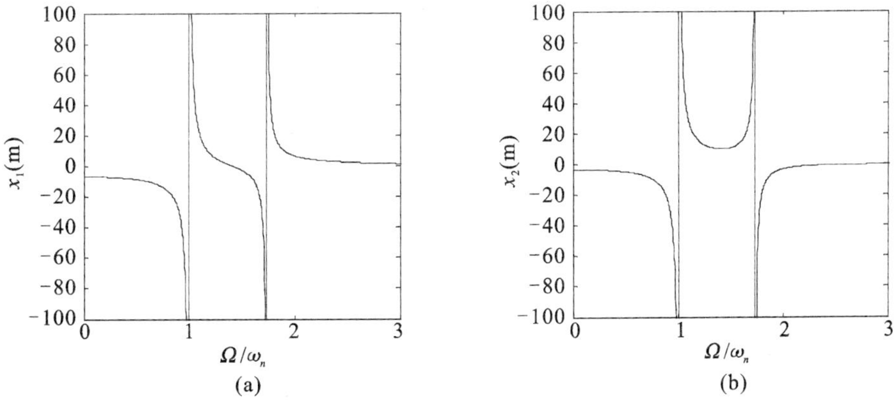

图 4.13　二自由度强迫振动响应曲线

再如，求以下四自由度系统的固有频率、模态振型及强迫振动响应，各参数单位取标准单位，即[kg，N，m，s]。

$$\begin{bmatrix}1&0&0&0\\0&1&0&0\\0&0&1&0\\0&0&0&1\end{bmatrix}\begin{bmatrix}\ddot{x}_1\\\ddot{x}_2\\\ddot{x}_3\\\ddot{x}_4\end{bmatrix}+\begin{bmatrix}2&-1&0&0\\-1&2&-1&0\\0&-1&2&-1\\0&0&-1&2\end{bmatrix}\begin{bmatrix}x_1\\x_2\\x_3\\x_4\end{bmatrix}=\begin{bmatrix}0\\0\\0\\0\end{bmatrix}$$

① 固有频率和振型。

计算得到的固有频率值如下：

$$\boldsymbol{\omega}=\begin{bmatrix}0.6180\\1.1756\\1.6180\\1.9021\end{bmatrix}(\text{rad/s})$$

绘制的振型图如图 4.14 所示。其中横轴表示自由度，纵轴表示振幅相对值。

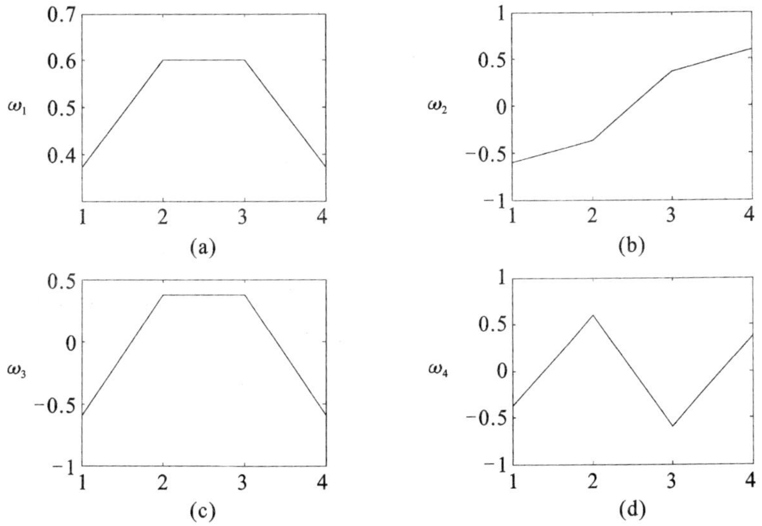

图 4.14　算例结果-四自由度振动系统的振型

② 求得单周期谐波激励下的振动响应，绘制的振动响应曲线如图 4.15 所示。

$$\begin{bmatrix}1&0&0&0\\0&1&0&0\\0&0&1&0\\0&0&0&1\end{bmatrix}\begin{bmatrix}\ddot{x}_1\\\ddot{x}_2\\\ddot{x}_3\\\ddot{x}_4\end{bmatrix}+\begin{bmatrix}2&-1&0&0\\-1&2&-1&0\\0&-1&2&-1\\0&0&-1&2\end{bmatrix}\begin{bmatrix}x_1\\x_2\\x_3\\x_4\end{bmatrix}=\begin{bmatrix}0\\10\\0\\0\end{bmatrix}\cos\omega t$$

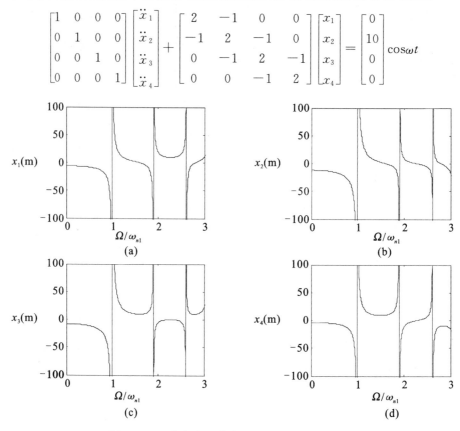

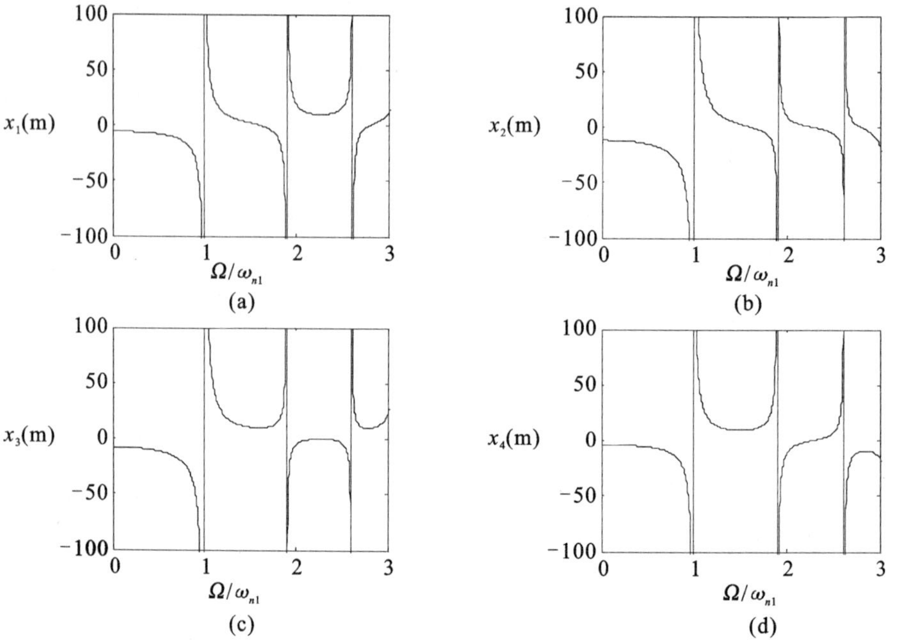

图 4.15 四自由度系统的强迫振动响应算例结果

4.4 连续体振动的基本方程

本节以连续梁为对象，介绍连续体振动的基本理论。

4.4.1 梁弯曲振动的基本概念

研究连续梁的横向弯曲振动时，一般基于如下两类假设：

① 欧拉-伯努利梁（Euler-Bernoull Beam）：假设变形前垂直于梁中心线的截面在变形后仍垂直于梁的中心线，外载荷作用在该平面内，梁在该平面内做小幅横向振动。这时梁的主要变形是弯曲变形，在低频振动时可以忽略剪切变形以及截面绕中性轴转动惯量的影响。

② 铁摩辛柯梁（Timoshenko Beam）：由于 Euler-Bernoull 梁中并没有考虑梁的剪切变形，而在实际工程中会存在梁的剪切变形，变形后截面与中心线存在一个夹角，截面的转角变为：

$$\theta=\frac{\partial y}{\partial x}-\gamma \tag{4.40}$$

图 4.16 所示的悬臂梁受到均匀载荷 $f(x,t)$ 的作用。

如图 4.17 所示，假设距中性层的距离为 h 的层为 $b—b$。根据平面假设，单元体 $\mathrm{d}x$ 变形后层面 $b—b$ 为 $b'—b'$，其距离为：

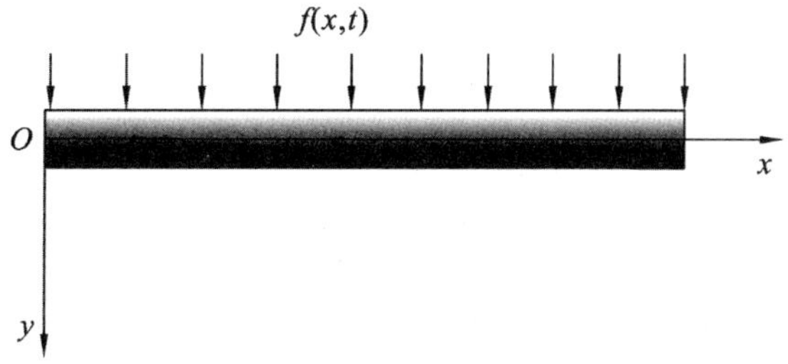

图 4.16　悬臂梁力学模型

$$\widehat{b'b'}=(R+h)\mathrm{d}\theta \tag{4.41}$$

其中，$\mathrm{d}\theta$ 为变形的角度。

应变的表达式为：

$$\varepsilon=\frac{(R+h)\mathrm{d}\theta-R\mathrm{d}\theta}{R\mathrm{d}\theta}=\frac{h}{R} \tag{4.42}$$

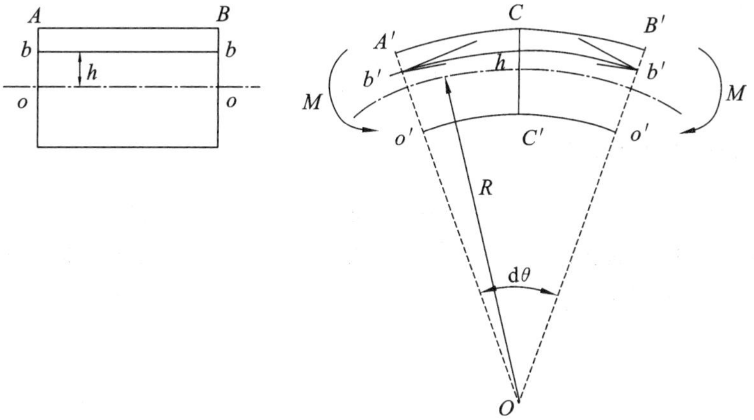

图 4.17　梁断面的变形几何关系

对于图 4.18 所示的力矩关系，梁断面上的弯矩 M 的表达式为：

$$M=h\int_A\rho\mathrm{d}A=h\int_A E\varepsilon\mathrm{d}A=\frac{E}{R}\int_A h^2\mathrm{d}A=\frac{EI}{R} \tag{4.43}$$

式中　ρ——单位体积梁的质量；

E——弹性模量；

I——截面对中性轴的惯性矩；

A——横截面面积。

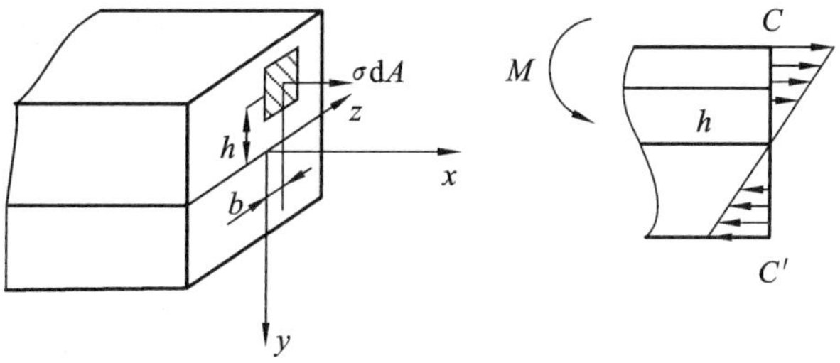

图 4.18　梁断面的力矩关系

设 A 点的转角为 φ_A，有：

$$\varphi_A=\frac{\partial y}{\partial x} \tag{4.44}$$

对于 B 点，假定转角对位置坐标呈线性变化，有：

$$\varphi_B=\varphi_A+\frac{\partial \varphi_A}{\partial x}\mathrm{d}x=\frac{\partial y}{\partial x}+\frac{\partial^2 y}{\partial x^2}\mathrm{d}x \tag{4.45}$$

因此，梁弯曲的角度 $\mathrm{d}\theta$ 可表示为：

$$\mathrm{d}\theta=\varphi_B-\varphi_A=\frac{\partial^2 y}{\partial x^2}\mathrm{d}x \tag{4.46}$$

根据小变形假设，有如下关系，即：

$$R\mathrm{d}\theta=\mathrm{d}x \tag{4.47}$$

得到

$$\frac{1}{R}=\frac{\partial^2 y}{\partial x^2} \tag{4.48}$$

因此，得到弯矩的表达式为：

$$M=EI\frac{\partial^2 y}{\partial x^2} \tag{4.49}$$

4.4.2 梁弯曲的平衡方程

采用牛顿定律进行梁弯曲的力平衡分析。取长度为 L 的梁中的微元体，其长度为 $\mathrm{d}x$。假定受到与位置坐标 x 相关的载荷 $p(x)$ 的作用，考虑到变截面梁，假定截面面积为 $A(x)$。梁的密度表示为位置坐标 x 的函数 $\rho(x)$。微元体受力情况如图 4.19(b)所示，其中 M 为弯矩，V 为剪力。

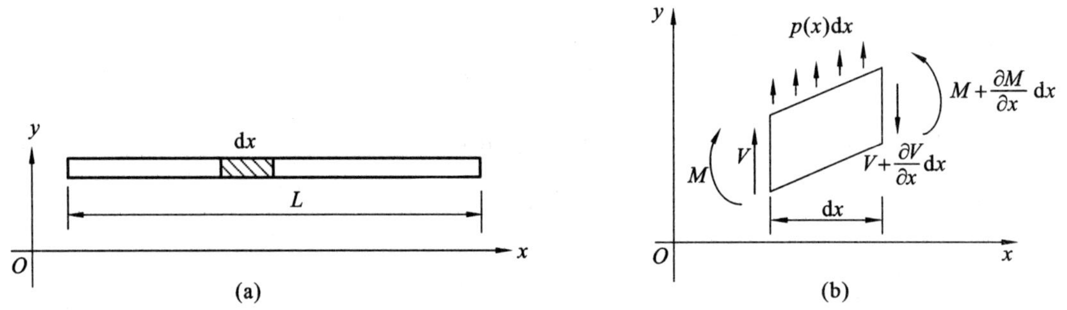

图 4.19 梁弯曲的微元体受力分析

(a)梁微元体；(b)梁微元体的受力

设弯矩 M 与剪力 V 在位置坐标系下随 x 呈线性变化，因此微元体右端的弯矩和剪力分别为：

$$M_{\mathrm{right}}=M+\frac{\partial M}{\partial x}\mathrm{d}x \tag{4.50}$$

$$V_{\mathrm{right}}=V+\frac{\partial V}{\partial x}\mathrm{d}x \tag{4.51}$$

假设梁在 y 方向的位移（挠度）为时间 t 与位置坐标 x 的函数，可以写成 $y(x,t)$ 的表达形式，在 y 方向合力为零，即满足 $\sum F_y = 0$，有：

$$Q-\left(Q+\frac{\partial Q}{\partial x}\mathrm{d}x\right)+p(x)\mathrm{d}x=\rho(x)A(x)\mathrm{d}x\,\frac{\partial^2 y}{\partial t^2} \tag{4.52}$$

式中，$p(x)\mathrm{d}x$ 为作用在单元体上的载荷；等号右端为惯性力项。

式(4.52)约去 $\mathrm{d}x$，化简为：

$$\rho(x)A(x)\frac{\partial^2 y}{\partial t^2}+\frac{\partial Q}{\partial x}=p(x) \tag{4.53}$$

考虑到欧拉-伯努利梁假设，忽略剪切力的影响，假设单元体左端固定，有弯矩平衡关系为：

$$\left(M+\frac{\partial M}{\partial x}\mathrm{d}x\right)-M-\left(Q+\frac{\partial Q}{\partial x}\mathrm{d}x\right)\mathrm{d}x+p(x)\mathrm{d}x\,\frac{\mathrm{d}x}{2}=0 \tag{4.54}$$

整理上式，有：

$$\frac{\partial M}{\partial x}\mathrm{d}x-Q\mathrm{d}x-\frac{\partial Q}{\partial x}(\mathrm{d}x)^2+p(x)\frac{(\mathrm{d}x)^2}{2}=0 \tag{4.55}$$

略去 $(\mathrm{d}x)^2$ 高阶项，有：

$$\frac{\partial M}{\partial x}=Q \tag{4.56}$$

将上式代入式(4.53)，有：

$$\rho(x)A(x)\frac{\partial^2 y}{\partial t^2}+\frac{\partial^2 M}{\partial x^2}=p(x) \tag{4.57}$$

弯矩 M 与挠度 y 的关系为：

$$M=EI(x)\frac{\partial^2 y(x,t)}{\partial x^2} \tag{4.58}$$

式中　E——杨氏模量；

$I(x)$——梁截面对 x 轴的惯性矩，对于矩形截面梁，表达式为 $I(x)=\frac{bh^3}{12}$。

将弯矩表达式式(4.58)代入式(4.57)，有：

$$\rho(x)A(x)\frac{\partial^2 y}{\partial t^2}+\frac{\partial^2}{\partial x^2}\left[EI(x)\frac{\partial^2 y(x,t)}{\partial x^2}\right]=p(x) \tag{4.59}$$

上式即为连续梁横向弯曲振动的微分方程。若梁受到的外力同时随时间 t 与位置坐标 x 变化，方程右侧的力可以写成 $p(x,t)$ 的形式。

4.5　连续梁振动的固有特性分析

连续梁弯曲振动方程式(4.59)的总阶次为 6，其中包含对空间坐标 y 的 4 阶导数和对时间 t 的 2 阶导数，求解需要 6 个条件。需要提供边界条件才能求解。在这里，提供四个边界条件和两个初始条件以确定方程式(4.59)的解。

对于连续梁的固有频率问题和自由振动问题，方程式(4.59)右端的力 $p(x)=0$。对其求解采用一系列正交基函数序列进行求解，即所谓的伽辽金(Garlerkin)法，求解微分方程采用变量分离法。基于这种方法，将式(4.59)的解写成如下形式，有：

$$y(x,t)=Y(x)q(t) \tag{4.60}$$

其中，$Y(x)$表示与位置坐标 x 有关的函数；$q(t)$表示与时间 t 相关的函数。

将式(4.60)代入式(4.59)并令 $p(x)=0$，有：

$$\rho(x)A(x)Y(x)\ddot{q}(t)+EI(x)q(t)\frac{\mathrm{d}^4Y(x)}{\mathrm{d}x^4}=0 \tag{4.61}$$

上式可以写成如下形式，即：

$$\frac{\ddot{q}(t)}{q(t)}=-\frac{EI(x)}{\rho(x)A(x)}\frac{\frac{\mathrm{d}^4Y(x)}{\mathrm{d}x^4}}{Y(x)} \tag{4.62}$$

上式中，方程左侧与时间 t 有关，方程右侧与位置坐标 x 有关。若要求方程成立，方程两端等于同一常数，令常数为 $-\omega^2$。则有：

$$\begin{cases}\dfrac{\ddot{q}(t)}{q(t)}=-\omega^2\\[2ex]-\dfrac{EI(x)}{\rho(x)A(x)}\dfrac{\frac{\mathrm{d}^4Y(x)}{\mathrm{d}x^4}}{Y(x)}=-\omega^2\end{cases}$$

进一步写成如下形式

$$\ddot{q}(t)+\omega^2q(t)=0 \tag{4.63}$$

$$EI(x)\frac{\mathrm{d}^4Y(x)}{\mathrm{d}x^4}-\omega^2\rho(x)A(x)Y(x)=0 \tag{4.64}$$

式(4.63)的解应为三角函数组合形式，即：

$$q(t)=A_1\sin\omega t+A_2\sin\omega t \tag{4.65}$$

对于式(4.64)，假定梁是各向同性材料，密度为常数，梁截面面积不发生变化，即 $\rho(x)=\rho$，$A(x)=A$，可以写成如下形式，即：

$$\frac{\mathrm{d}^4Y(x)}{\mathrm{d}x^4}-\beta^4Y(x)=0 \tag{4.66}$$

其中，$\beta^2=\sqrt{\dfrac{\omega^2\rho A}{EI}}$。

方程式(4.66)的解可以表达为：

$$Y(x)=\mathrm{e}^{sx} \tag{4.67}$$

代入方程式(4.66)得到特征方程为：

$$s^4-\beta^4=0 \tag{4.68}$$

求解上式得到4个特征根为：

$$s_{1,2}=\pm\beta,s_{3,4}=\pm\mathrm{i}\beta \tag{4.69}$$

因此，方程式(4.66)的解的表达式为：

$$Y(x)=C_1\mathrm{e}^{\beta x}+C_2\mathrm{e}^{-\beta x}+C_3\mathrm{e}^{\mathrm{i}\beta x}+C_4\mathrm{e}^{-\mathrm{i}\beta x} \tag{4.70}$$

将欧拉公式

$$\begin{cases}\mathrm{e}^{\pm\beta x}=\cosh\beta x\pm\sinh\beta x\\ \mathrm{e}^{\pm\mathrm{i}\beta x}=\cos\beta x\pm\mathrm{i}\sin\beta x\end{cases}$$

代入方程式(4.70)得到梁模型的振型函数为：

$$Y(x)=A\cosh\beta x+B\sinh\beta x+C\cos\beta x+D\sin\beta x \tag{4.71}$$

式中，A，B，C，D 表示常数，可以根据几何边界条件确定。

因此，梁振动方程的解的形式为：

$$y(x,t)=(A\cosh\beta x+B\sinh\beta x+C\cos\beta x+D\sin\beta x)(A_1\sin\omega t+A_2\sin\omega t) \tag{4.72}$$

4.6　不同边界条件下连续梁的弯曲振动

连续梁常见的支撑方式有:两端固支、两端自由、两端简支、固支自由、固支简支等,这些支撑方式可以归纳为几种主要的几何边界条件,即固定边界条件、自由边界条件、简支边界条件等。这些边界条件的力学方程如下所述。

① 固定端(图 4.20),位移和转角为零($x=0$ 或 $x=L$),有:

$$y(x,t)=0,\frac{\partial y(x,t)}{\partial x}=0 \tag{4.73}$$

② 自由端(图 4.21),弯矩和剪力等于零($x=0$ 或 $x=L$),有:

$$EI(x)\frac{\partial^2 y(x,t)}{\partial x^2}=0,\frac{\partial}{\partial x}\left[EI(x)\frac{\partial^2 y(x,t)}{\partial x^2}\right]=0 \tag{4.74}$$

③ 简支端(图 4.22),位移和弯矩为零($x=0$ 或 $x=L$),有:

$$EI(x)\frac{\partial^2 y(x,t)}{\partial x^2}=0,y(x,t)=0 \tag{4.75}$$

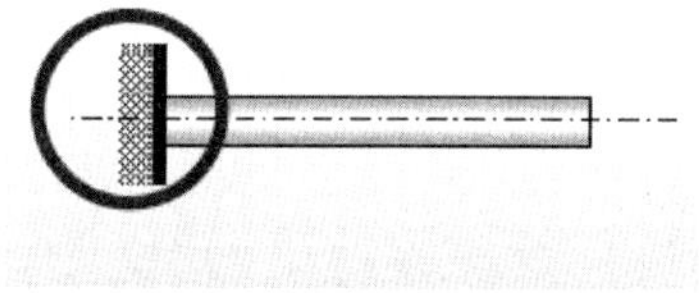

图 4.20　固定端

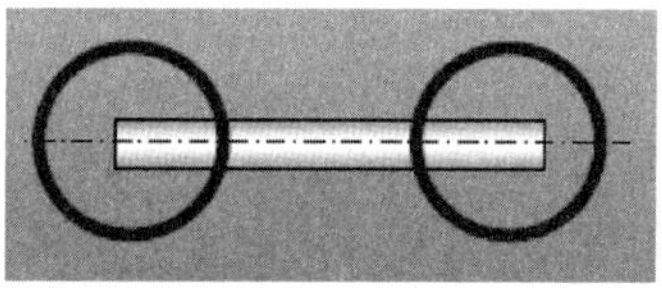

图 4.21　自由端

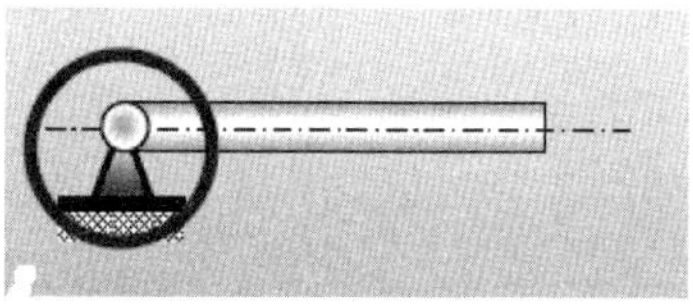

图 4.22　简支端

下面以悬臂梁为例求解连续梁的弯曲振动。悬臂梁的边界条件是一端固定、一端自由。悬臂梁固定端的位移和转角都为零,而自由端的弯矩和剪力为零。其边界条件表达式为:

悬臂端

$$y(x,t)=0,\frac{\partial y(x,t)}{\partial x}=0 \tag{4.76}$$

自由端

$$EI(x)\frac{\partial^2 y(x,t)}{\partial x^2}=0,EI(x)\frac{\partial^3 y(x,t)}{\partial x^3}=0 \tag{4.77}$$

其中梁弯曲的惯性矩为 $I(x)=I$。

将边界条件代入梁模型的振型函数表达式(4.71),可得:

$$Y\big|_{x=0}=A+C$$

$$\Rightarrow A=-C$$

$$\left(\frac{\mathrm{d}Y}{\mathrm{d}x}\right)_{x=0}=\beta\left[A\sinh\beta x+B\cosh\beta x-C\sin\beta x+D\cos\beta x\right]_{x=0}=0$$

$$\Rightarrow\beta(B+D)=0$$

$$\Rightarrow B=-D$$

$$\left(\frac{\mathrm{d}^2 y}{\mathrm{d}x^2}\right)_{x=L}=\beta^2\left[A\cosh\beta L+B\sinh\beta L-C\cos\beta L-D\sin\beta L\right]=0$$

$$\Rightarrow C[\cosh\beta L+\cos\beta L]+D[\sinh\beta L+\sin\beta L]=0$$

$$\left(\frac{d^3y}{dx^3}\right)_{x=L}=\beta^3[A\sinh\beta L+B\cosh\beta L+C\sin\beta L-D\cos\beta L]=0$$

$$\Rightarrow C[\cosh\beta L-\sin\beta L]+D[\cosh\beta L-\cos\beta L]=0$$

根据这几个式子可以得到：

$$\begin{bmatrix}\cosh\beta L+\cos\beta L & \sinh\beta L+\sin\beta L\\ \cosh\beta L-\sin\beta L & \cosh\beta L-\cos\beta L\end{bmatrix}\begin{bmatrix}C\\D\end{bmatrix}=\begin{bmatrix}0\\0\end{bmatrix} \tag{4.78}$$

上式有解的条件是系数行列式为零，得：

$$\cosh\beta L\cos\beta L=1 \tag{4.79}$$

上式即为悬臂梁的频率方程。通过求解该方程可以得到悬臂梁的固有频率。

根据式(4.79)求解悬臂梁弯曲振动的固有频率时可以采用作图法。如图 4.23 所示，图中所示的曲线交叉点即为梁的固有频率值，其数值见表 4.1。

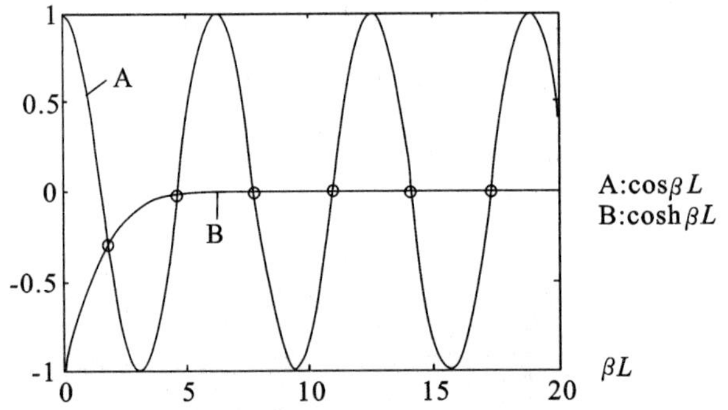

图 4.23 悬臂梁弯曲振动的固有频率求解的作图法

表 4.1 作图法得到的悬臂梁前 5 阶特征值

$\beta_1 L$	$\beta_2 L$	$\beta_3 L$	$\beta_4 L$	$\beta_5 L$	$\beta_6 L$
1.999	4.729	7.855	10.996	14.137	17.501

采用数值计算梁弯曲的固有频率时，令 $F(\beta L)=\cosh\beta L\cos\beta L-1$，悬臂梁的阶次为自然数，即 $\beta_i=N$，梁的长度 L 已知。方程 $F(\beta_i L)=0$ 的根应为离散点。令 $L=1$，则位置坐标的取值范围为 $x\in[0,1]$，求解得到的各阶固有频率结果与表 4.1 所示结果相同。

悬臂梁振型函数的求解方法如下：

根据 $\beta^2=\sqrt{\dfrac{\omega^2\rho A}{EI}}$，得到：

$$\omega_r=\beta_r^2\sqrt{\frac{EI}{\rho A}}\quad (r=1,2,3,\cdots)$$

通过求解得到的特征根，可以得到系数 C 与 D 的比值 ξ_r：

$$\xi_r=\left(\frac{C}{D}\right)_r=-\frac{\cosh\beta_r L-\cos\beta_r L}{\cosh\beta_r L-\sin\beta_r L}=-\frac{\sinh\beta_r L+\sin\beta_r L}{\cosh\beta_r L+\cos\beta_r L}$$

因此，悬臂梁的第 r 阶振动的固有频率 ω_r 对应的振型函数为：

$$Y_r(x)=\sinh\beta_r x-\sin\beta_r x+\xi_r(\cosh\beta_r x-\cos\beta_r x)$$

绘制出的各阶固有频率对应的振型如图 4.24 所示。

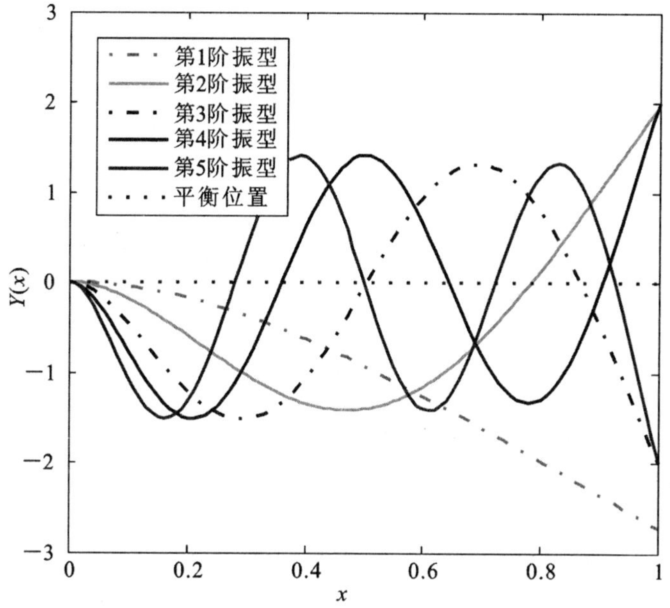

图 4.24 悬臂梁的前 5 阶振型示意图

5　刚柔耦合多体系统动力学

在现代机械装备中，复杂机械系统的很多构件采用轻质柔性材料，它们运行速度快，运动精度要求高。在这种情况下，机械结构和系统的动力学性质越来越复杂，将构件看作刚体的多刚体系统动力学已无法加以描述。为此，对刚柔耦合系统动力学以及多柔体系统动力学的研究十分重要。目前应用较多的刚柔耦合多体系统主要包括带有可展开、可伸展或可转动的大型柔性附件的航天器、机器人、机械臂，以及工程机械、高速精密机构等。

刚柔耦合多体系统动力学问题与多刚体系统动力学有较明显差别，表现为大位移刚性运动和小变形运动之间的强烈耦合。必须同时考虑部件大范围运动和构件本身的变形，这类动力学系统称为柔性多体系统或刚柔耦合多体系统。多柔体系统可以理解为各部件之间在控制条件下相对运动的系统，由于结构柔性与控制系统的耦合问题突出，目前还存在着许多难题。

本章以柔性机械臂为研究对象，考虑含有柔性单元(如柔性关节、柔性连杆等)，它在运行过程中会产生扭曲、弹性、剪切等变形，以建立的合理实用的动力学模型作为设计高性能控制器对柔性机械臂进行控制的基础。首先介绍柔性机械臂的动力学建模的主要原理与方法，进而介绍刚柔耦合和柔性多体系统动力学的一般原理、拉格朗日方法，建立了动力学模型，给出了积分-微分方程算法，并进行了数值仿真分析。

5.1　刚柔耦合系统动力学建模原理

由中心刚体和可变形的机械臂组成的中心刚体-柔性机械臂是最常见的刚柔耦合系统。柔性机械臂在随系统做大范围运动的同时，自身将产生小变形弹性振动，这两种运动相互耦合、相互影响。对于多杆柔性机械臂，除了存在单个机械臂自身的大范围运动和柔性变形相互耦合的特性之外，各个机械臂在运动时也存在耦合效应。

目前广泛使用的刚柔耦合多体系统动力学建模方法是混合坐标法。传统的混合坐标法直接套用结构动力学中的线性变形场，没有考虑大范围刚体运动和弹性变形运动之间的相互耦合。这种方法的依据是刚柔耦合系统的一种零次近似意义上的耦合动力学。运用传统的混合坐标法所得到的结果在某些情况下不够准确。凯恩对做旋转运动的悬臂梁建立了比较精确的动力学模型，在节点的纵向变形中考虑了横向变形的耦合项，结果表明，在做高速旋转时悬臂梁的横向振动是稳定的，而且刚度项随着角速度增大，凯恩首次提出了“动力刚化”的概念。

在柔性多体系统的动力学分析中，坐标系设置主要包括以下几种：①惯性坐标系 e^r 是不动的。②动坐标系 e^b 建立在柔性体上，可以相对惯性坐标系进行有限移动和转动。动坐标系在惯性坐标系中的坐标称为参考坐标。③弹性动坐标系或浮动坐标系，由于柔性体是变形体，共用的动坐标系不能反映柔性体的惯性位置，因而动坐标系不能采用连体坐标系，而应采用随柔性体变形而变化的“弹性动坐标系”，称为“浮动坐标系”。浮动坐标系主要有局部附着框架、中心惯性主轴框架、刚性模态框架等。

柔性体任一点运动是动坐标系的刚性运动与弹性变形的合成。柔性体上任一点的位置、速度、加速度定义如下：

对于任一点 p，其位置向量是：

$$\boldsymbol{r}=\boldsymbol{r}_0+\boldsymbol{A}(\boldsymbol{s}_p+\boldsymbol{u}_p) \tag{5.1}$$

式中 $\boldsymbol{r}$——p 点在惯性坐标系中的位置向量；

$\boldsymbol{r}_0$——浮动坐标系原点在惯性坐标系中的位置向量；

$\boldsymbol{A}$——方向余弦矩阵；

$\boldsymbol{s}_p$——柔性体未变形时 p 点在浮动坐标系中的位置向量；

$\boldsymbol{u}_p$——相对变形量。

相对变形量$\boldsymbol{u}_p$可用不同的方法离散化，如采用模态坐标描述：

$$\boldsymbol{u}_p=\boldsymbol{\Phi}_p\boldsymbol{q}_f \tag{5.2}$$

式中 $\boldsymbol{\Phi}_p$——满足里茨基向量要求的假设变形模态矩阵；

$\boldsymbol{q}_f$——变形的广义坐标。

对式(5.1)求导可以得到 p 点的速度和加速度：

$$\dot{\boldsymbol{r}}=\dot{\boldsymbol{r}}_0+\dot{\boldsymbol{A}}(\boldsymbol{s}_p+\boldsymbol{u}_p)+\boldsymbol{A}\boldsymbol{\Phi}_p\dot{\boldsymbol{q}}_f \tag{5.3}$$

$$\ddot{\boldsymbol{r}}=\ddot{\boldsymbol{r}}_0+\ddot{\boldsymbol{A}}(\boldsymbol{s}_p+u_p)+2\dot{\boldsymbol{A}}\boldsymbol{\Phi}_p\dot{\boldsymbol{q}}_f+\boldsymbol{A}\boldsymbol{\Phi}_p\ddot{\boldsymbol{q}}_f \tag{5.4}$$

5.1.1 分析对象

以带有末端质量的中心刚体-柔性机械臂为分析对象，介绍刚柔耦合多体系统动力学的建模方法，即通过惯性坐标系和浮动坐标系来描述柔性机械臂任意一点的位置和变形，采用假设模态法和拉格朗日方法，建立大范围运动的中心刚体-柔性机械臂的一次近似耦合动力学模型。在此基础上，可以进行刚柔耦合多体系统的运动学和动力学分析。

如图 5.1 所示，中心刚体围绕其中心 O 做旋转运动，柔性机械臂一端固定在中心刚体上，另一端附带末端质量，并随着中心刚体做旋转运动。

对于柔性机械臂，采用弹性梁假设。梁内各点的运动只与梁轴向和垂直于轴向的方向上的坐标有关，采用欧拉-伯努利梁假设。

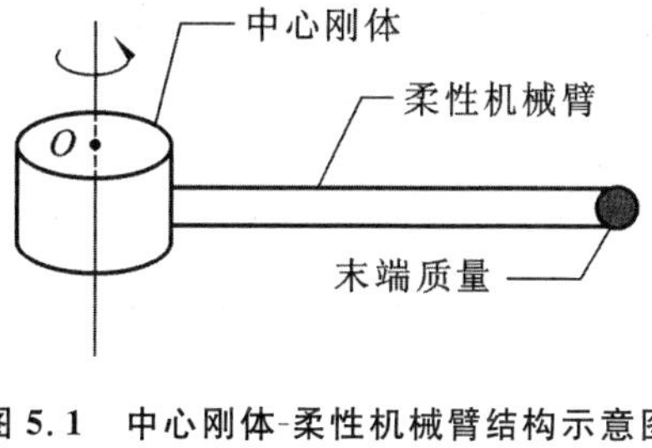

图 5.1 中心刚体-柔性机械臂结构示意图

5.1.2 建模方法

传统的混合坐标模型即零次近似耦合模型，是对柔性机械臂的弹性变形采用了结构动力学的小变形假设，即认为臂上任意点的横向变形和纵向变形是相互解耦的模型。零次近似耦合模型忽略横向振动与纵向振动之间的耦合变形量，不考虑结构大范围运动对动力学性质的影响，然而这实际上忽略了柔性体与大范围运动有关的动力刚度项，只适合于大范围运动为低速的情况。一次近似耦合模型也是采用混合坐标方法建模，但考虑了柔性机械臂变形位移的二阶耦合项，使动力刚化为非惯性系下的结构动力学问题，具有大范围旋转运动与小幅度柔性振动耦合引起的附加刚度。

建立由刚体和柔性体组成的柔性多体系统的动力学方程，通常需要对刚体子系统建立离散坐标以描述其位姿运动，对柔性体子系统建立分布式或模态坐标以描述其柔性变形，从而对柔性多体系统建立混合坐标系。混合坐标法的特点是将描述大范围运动的变量和描述柔性变形运动的变量列入同一动力学方程进行求解，并且二者是相互耦合的。采用混合坐标法对柔性体子系统建模时，可以将柔性体处理为弹性连续体。当柔性体子系统可以被抽象为柔性梁、柔性板等力学结构时，结合假设模态法可以得到整个系统的动力学模型。

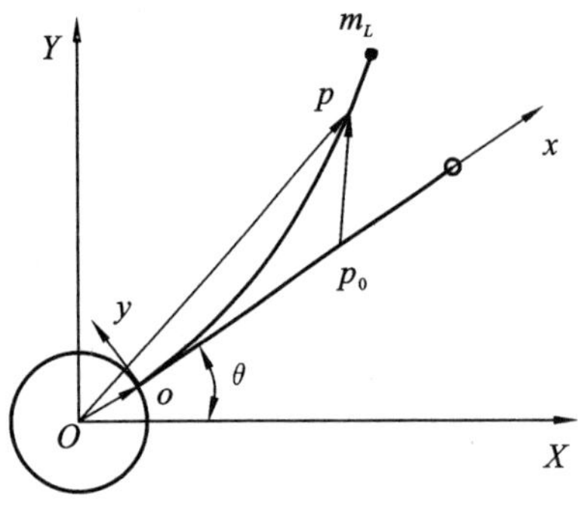

图 5.2 中心刚体-柔性机械臂结构简图

如图 5.2 所示，对中心刚体的运动建立惯性坐标系 XOY，对柔性机械臂的变形建立浮动坐标系 xoy，则柔性机械臂上任意一点 p 的运动可以分解为浮动坐标系 xoy 牵连的大范围运动和相对于浮动坐标系的柔性变形运动。根据混合坐标法，柔性机械臂上任意一点 p 关于惯性坐标系 XOY 的坐标矢量 $\boldsymbol{r}_p$ 可表达为：

$$\boldsymbol{r}_p=\boldsymbol{r}_{Oo}+\boldsymbol{\psi}(\boldsymbol{r}_{op_0}+\boldsymbol{r}_{p_0p}) \tag{5.5}$$

式中，$\boldsymbol{r}_{Oo}$ 为浮动坐标系相对于惯性坐标系 XOY 原点位置矢量，其坐标矩阵为 $(L_1\cos\theta, L_2\sin\theta)^{\mathrm{T}}$；$\boldsymbol{r}_{op_0}$ 为未变形时 p 点在浮动坐标系 xoy 中的位置矢量，其坐标矩阵为 $(x,0)^{\mathrm{T}}$；$\boldsymbol{r}_{p_0p}$ 为柔性变形矢量，其坐标为 (u_x,u_y)；$\boldsymbol{\psi}$ 为浮动坐标系相对于固定坐标系的变换矩阵，有：

$$\boldsymbol{\psi}=\begin{bmatrix}\cos\theta & -\sin\theta\\ \sin\theta & \cos\theta\end{bmatrix} \tag{5.6}$$

如果未发生变形，$\boldsymbol{r}_{p_0p}=0$，则可以根据上式得到刚性机械臂的动力学模型。

5.1.3 变形描述与模态叠加

柔性机械臂旋转运动时，考虑其横向变形和纵向变形，机械臂上任意一点 p 的变形如图 5.3 所示，其中，p_0 为柔性机械臂 p 点未变形时的位置。忽略二阶耦合项的影响时，变形后的位置为 p'。$\omega_1(x,t)$ 为纵向伸长量，$\omega_2(x,t)$ 为横向伸长量。$\omega_{c_1}(x,t)$ 是由横向变形量 $\omega_2(x,t)$ 引起的纵向缩短量，$\omega_{c_2}(x,t)$ 是由纵向变形量 $\omega_1(x,t)$ 引起的横向伸长量，其值为：

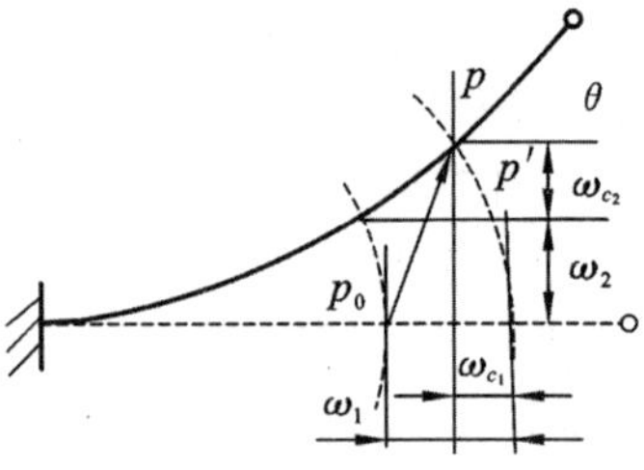

图 5.3 柔性机械臂变形描述

$$\omega_{c_1}(x,t)=\frac{1}{2}\int_0^x\left(\frac{\partial\omega_2}{\partial\xi}\right)^2\mathrm{d}\xi \tag{5.7}$$

$$\omega_{c_2}(x,t)=\int_0^x\frac{\partial\omega_1}{\partial\xi}\frac{\partial\omega_2}{\partial\xi}\mathrm{d}\xi \tag{5.8}$$

式中，ξ 为坐标系 xoy 的积分变量。则柔性机械臂的变形 $\boldsymbol{r}_{p_0p}$ 的矩阵形式可表示为：

$$\boldsymbol{r}_{p_0p}=\begin{bmatrix}u_x\\ u_y\end{bmatrix}=\begin{bmatrix}\omega_1(x,t)-\omega_{c_1}(x,t)\\ \omega_2(x,t)+\omega_{c_2}(x,t)\end{bmatrix} \tag{5.9}$$

对于细长机械臂，横向变形量 ω_2 远大于纵向变形量 ω_1，因而可以近似认为 $u_y=\omega_2$，即 $\omega_{c_2}(x,t)=0$。则 $\boldsymbol{r}_{p_0p}$ 的表达式可简化为：

$$\boldsymbol{r}_{p_0p}=\begin{bmatrix}u_x\\u_y\end{bmatrix}=\begin{bmatrix}\omega_1(x,t)-\dfrac{1}{2}\displaystyle\int_0^x\left(\dfrac{\partial\omega_2}{\partial\xi}\right)^2\mathrm{d}\xi\\\omega_2(x,t)\end{bmatrix} \tag{5.10}$$

所研究的柔性机械臂做平面运动，其振动可以分解为沿着 x 方向的纵向振动和沿着 y 方向的横向振动。以下将对这两部分振动分别进行分析，最终得到对弹性大变形运动的描述。

对柔性机械臂的纵向位移 $\omega_1(x,t)$ 和横向位移 $\omega_2(x,t)$ 均采用假设模态法进行离散。纵向位移 $\omega_1(x,t)$ 和横向位移 $\omega_2(x,t)$ 可表示为：

$$\omega_1(x,t)=\boldsymbol{w}_1(x)\boldsymbol{q}_1(t) \tag{5.11}$$

$$\omega_2(x,t)=\boldsymbol{w}_2(x)\boldsymbol{q}_2(t) \tag{5.12}$$

式中，$\boldsymbol{w}_1(x)$ 和 $\boldsymbol{w}_2(x)$ 为 $1\times N$ 维柔性机械臂纵向和横向振动模态振型，$\boldsymbol{q}_1(t)$ 和 $\boldsymbol{q}_2(t)$ 为 $N\times1$ 维柔性机械臂纵向和横向振动模态坐标。虽然弹性体的模态有无穷多个，模态坐标也有无穷多个，但只需要取模态的前 N 阶就可以获得足够的精度。

根据欧拉-伯努利梁连续体振动理论，柔性机械臂纵向振动微分方程为：

$$\rho A\frac{\mathrm{d}^2\omega_1(x,t)}{\mathrm{d}t^2}+EA\frac{\partial^2\omega_1(x,t)}{\partial x^2}=0 \tag{5.13}$$

式中 E——弹性模量；

ρ——密度；

A——横截面面积。

将式(5.11)代入式(5.13)，整理得：

$$\frac{\partial^2\boldsymbol{w}_1(x)}{\partial x^2}+\boldsymbol{\beta}_1^2\boldsymbol{w}_1(x)=0 \tag{5.14}$$

$$\frac{\mathrm{d}^2\boldsymbol{q}_1(t)}{\mathrm{d}t^2}+\boldsymbol{c}_1^2\boldsymbol{q}_1(t)=0 \tag{5.15}$$

其中，$\boldsymbol{c}_1$ 为常数矩阵，记 $\boldsymbol{\beta}_1^2=(\rho/E)\boldsymbol{c}_1^2$。求解方程式(5.14)和方程式(5.15)，其解分别为：

$$\boldsymbol{w}_1(x)=b_1\sin(\boldsymbol{\beta}_1x)+b_2\cos(\boldsymbol{\beta}_1x) \tag{5.16}$$

$$\boldsymbol{q}_1(t)=b_3\sin(\boldsymbol{c}_1t)+b_4\cos(\boldsymbol{c}_1t) \tag{5.17}$$

其中，b_1,b_2,b_3,b_4 为常数。

当左端固支、右端自由时，边界条件为：

$$\left.\begin{aligned}\omega_1(0,t)=0\\\omega_1(L,t)=0\end{aligned}\right\} \tag{5.18}$$

其中，L 为机械臂长度。

将边界条件式(5.18)代入式(5.16)和式(5.17)，得到梁的纵向振动振型函数和频率方程的表达式，即：

$$\omega_{1i}=\sin\left[\frac{(2i-1)}{2L}x\right] \tag{5.19}$$

$$c_{1i}=\frac{(2i-1)\pi x}{2L} \tag{5.20}$$

其中，$i=1,2,\cdots,n$。

当左端固支、右端自由端附加集中质量 m_L 时，左端纵向位移为 0，右端附加质量产生惯性力$-m_L \dfrac{\partial^2 \omega_1}{\partial t^2}$，此力由机械臂的内力 $N=EA\dfrac{\partial \omega_1}{\partial x}$来平衡，边界条件为：

$$\begin{cases} \omega_1(0,t)=0 \\ EA\dfrac{\partial \omega_1(L,t)}{\partial x}=-m_L\dfrac{\partial^2 \omega_1(L,t)}{\partial t^2} \end{cases} \tag{5.21}$$

将上述边界条件式(5.21)代入式(5.16)和式(5.17)中，得到带有末端附加集中质量的柔性机械臂的纵向振动振型函数和固有频率方程的表达式，即：

$$\omega_{1i}=\sin\beta_{1i}x \tag{5.22}$$

$$c_{1i}=\sqrt{(E/\rho)}\beta_{1i} \tag{5.23}$$

其中，$i=1,2,\cdots,n$，β_{1i}是如下方程的第 i 个正根，有：

$$1-\frac{m_L\beta_{1i}}{\rho A}\tan(\beta_{1i}L)=0 \tag{5.24}$$

根据欧拉-伯努利连续梁理论，柔性机械臂弯曲横向振动微分方程为：

$$\rho A\frac{\mathrm{d}^2\omega_2(x,t)}{\mathrm{d}t^2}+EI\frac{\partial^4\omega_2(x,t)}{\partial x^4}=0 \tag{5.25}$$

其中，I 为横截面对中性轴的惯性矩。将式(5.12)代入式(5.25)，经整理后得：

$$\rho A\boldsymbol{w}_2(x)\frac{\mathrm{d}^2\boldsymbol{q}_2(t)}{\mathrm{d}t^2}+EI\frac{\partial^4\boldsymbol{w}_2(x)}{\partial x^4}\boldsymbol{q}_2(t)=0 \tag{5.26}$$

可以将式(5.26)表示为两个独立的常微分方程，有：

$$\frac{\partial^4\boldsymbol{w}_2(x)}{\partial x^4}-\boldsymbol{\beta}_2^4\boldsymbol{w}_2(x)=0 \tag{5.27}$$

$$\frac{\mathrm{d}^2\boldsymbol{q}_2(t)}{\mathrm{d}t^2}+\boldsymbol{c}_2^2\boldsymbol{q}_2(t)=0 \tag{5.28}$$

其中，$\boldsymbol{c}_2$ 为常数，记$\boldsymbol{\beta}_2^4=(\rho A/EI)\boldsymbol{c}_2^2$。方程式(5.27)和方程式(5.28)的解分别为：

$$\boldsymbol{w}_2(x)=a_1\sin(\boldsymbol{\beta}_2x)+a_2\cos(\boldsymbol{\beta}_2x)+a_3\sinh(\boldsymbol{\beta}_2x)+a_4\cosh(\boldsymbol{\beta}_2x) \tag{5.29}$$

$$\boldsymbol{q}_2(t)=a_5\cos(\boldsymbol{c}_2t)+a_6\sin(\boldsymbol{c}_2t) \tag{5.30}$$

其中，a_1,a_2,a_3,a_4,a_5,a_6 为常数。

当左端固支、右端自由时，挠度、转角、弯矩和剪切力均为 0，边界条件为：

$$\begin{cases} \omega_2(0,t)=\dfrac{\partial\omega_2(L,t)}{\partial x}=0 \\ EI\dfrac{\partial^2\omega_2(L,t)}{\partial x^2}=EI\dfrac{\partial^3\omega_2(L,t)}{\partial x^3}=0 \end{cases} \tag{5.31}$$

将边界条件式(5.31)代入式(5.29)和式(5.30)，得到柔性机械臂的横向振动振型函数和固有频率方程的表达式，即：

$$w_{2i}(x)=\cosh(\beta_{2i}x)-\cos(\beta_{2i}x)-\frac{\cosh(\beta_{2i}L)+\cos(\beta_{2i}L)}{\sinh(\beta_{2i}L)+\sin(\beta_{2i}L)}[\sinh(\beta_{2i}x)-\sin(\beta_{2i}x)] \tag{5.32}$$

$$c_{2i}=\beta_{2i}^2\sqrt{\frac{EI}{\rho A}} \tag{5.33}$$

其中，$i=1,2,\cdots,n$，β_{2i}是下面方程的第 i 个正根：

$$1+\cosh(\beta_{2i}L)\cos(\beta_{2i}L)=0 \tag{5.34}$$

左端固支的挠度和转角为零；右端自由且带有集中质量 m_L 时，弯矩为零，剪切力为 $m_L\dfrac{\partial^2\omega_2(L,t)}{\partial t^2}$，相应的边界条件为：

$$\begin{cases}\omega_2(0,t)=0\\ \dfrac{\partial\omega_2(0,t)}{\partial x}=0\\ EI\dfrac{\partial^2\omega_2(L,t)}{\partial x^2}=0\\ EI\dfrac{\partial^3\omega_2(L,t)}{\partial x^3}=m_L\dfrac{\partial^2\omega_2(L,t)}{\partial t^2}\end{cases}\tag{5.35}$$

将边界条件式(5.35)代入式(5.29)和式(5.30)，得到带有末端集中质量的悬臂梁的横向振动振型函数和固有频率的表达式，和式(5.32)及式(5.33)相同，其中 $\beta_{2i}(i=1,2,\cdots,n)$ 是下面方程的第 i 个正根，即：

$$1+\cosh(\beta_{2i}L)\cos(\beta_{2i}L)-\frac{m_L}{m_r}\beta_{2i}L[\sin(\beta_{2i}L)\cosh(\beta_{2i}L)-\cos(\beta_{2i}L)\sinh(\beta_{2i}L)]=0\tag{5.36}$$

5.2 中心刚体-柔性机械臂系统的动力学模型

本节用拉格朗日方法建立带有末端质量的中心刚体-柔性机械臂系统的动力学模型。对于机械系统的拉格朗日方程，有：

$$\frac{\mathrm{d}}{\mathrm{d}t}\frac{\partial T}{\partial\dot{q}_j}-\frac{\partial T}{\partial q_j}+\frac{\partial U}{\partial q_j}=Q_j(t)\quad(j=1,2,3,\cdots)$$

取中心刚体的转角 θ、柔性机械臂的纵向模态坐标 $\boldsymbol{q}_1$ 和横向模态坐标 $\boldsymbol{q}_2$ 为机械臂系统的广义坐标。

图 5.2 所示的机械臂，中心刚体的动能为：

$$T_1=\frac{1}{2}J_h\dot{\theta}^2\tag{5.37}$$

其中，J_h 为中心刚体的转动惯量。

利用前面的公式，可以推导得到柔性机械臂上任意一点 p 的位置坐标为：

$$\boldsymbol{r}_p=\begin{bmatrix}r\cos\theta\\ r\sin\theta\end{bmatrix}+\begin{bmatrix}\cos\theta & -\sin\theta\\ \sin\theta & \cos\theta\end{bmatrix}\begin{bmatrix}x+\boldsymbol{w}_1\boldsymbol{q}_1-\boldsymbol{q}_2^2\dfrac{1}{2}\displaystyle\int_0^x\left(\frac{\partial\boldsymbol{w}_2}{\partial\xi}\right)^2\mathrm{d}\xi\\ \boldsymbol{w}_2\boldsymbol{q}_2\end{bmatrix}\tag{5.38}$$

其中，r 为中心刚体的半径。对 $\boldsymbol{r}_p$ 求导，得：

$$\dot{\boldsymbol{r}}_p=\begin{bmatrix}-\sin\theta\dot{\theta}(r+x+\boldsymbol{w}_1\boldsymbol{q}_1+\boldsymbol{w}_{c1}\boldsymbol{q}_2^2)+\cos\theta(\boldsymbol{w}_1\dot{\boldsymbol{q}}_1+\displaystyle\sum_{i=1}^n 2w_{c1i}q_{2i}\dot{q}_{2i}-\dot{\theta}\boldsymbol{w}_2\boldsymbol{q}_2)-\sin\theta\boldsymbol{w}_2\dot{\boldsymbol{q}}_2\\ \cos\theta\dot{\theta}(r+x+\boldsymbol{w}_1\boldsymbol{q}_1+\boldsymbol{w}_{c1}\boldsymbol{q}_2^2)+\sin\theta(\boldsymbol{w}_1\dot{\boldsymbol{q}}_1+\displaystyle\sum_{i=1}^n 2w_{c1i}q_{2i}\dot{q}_{2i}-\dot{\theta}\boldsymbol{w}_2\dot{\boldsymbol{q}}_2)+\cos\theta\boldsymbol{w}_2\dot{\boldsymbol{q}}_2\end{bmatrix}\tag{5.39}$$

柔性机械臂的动能为：

$$T_2=\frac{1}{2}\int_0^{L_2}m_2\dot{\boldsymbol{r}}_p^{\mathrm{T}}\dot{\boldsymbol{r}}_p\mathrm{d}x\tag{5.40}$$

其中，$m_2=\rho A$。

机械臂末端质量的动能为：

$$T_3=\frac{m_L\dot{\boldsymbol{r}}_L^{\mathrm{T}}\dot{\boldsymbol{r}}_L\dot{\theta}^2}{2} \tag{5.41}$$

其中，$\boldsymbol{r}_L$ 为末端质量的坐标矢量。

中心刚体-柔性机械臂系统的总动能为：

$$T=T_1+T_2+T_3 \tag{5.42}$$

做平面旋转运动时的柔性机械臂横向和纵向弹性变形产生的弹性势能为：

$$U=\frac{1}{2}EA\int_0^L\left[\frac{\partial\omega_1(x,t)}{\partial x}\right]^2\mathrm{d}x+\frac{1}{2}EI\int_0^L\left[\frac{\partial^2\omega_2(x,t)}{\partial x^2}\right]^2\mathrm{d}x \tag{5.43}$$

进行整理，得到中心刚体-柔性机械臂系统的拉格朗日方程为：

$$\begin{cases}\dfrac{\mathrm{d}}{\mathrm{d}t}\left(\dfrac{\partial T}{\partial\dot{\theta}}\right)-\dfrac{\partial T}{\partial\theta}+\dfrac{\partial U}{\partial\theta}=\tau\\ \dfrac{\mathrm{d}}{\mathrm{d}t}\left(\dfrac{\partial T}{\partial\dot{\boldsymbol{q}}_i}\right)-\dfrac{\partial T}{\partial\boldsymbol{q}_i}+\dfrac{\partial U}{\partial\boldsymbol{q}_i}=0\end{cases} \tag{5.44}$$

其中，$i=1,2$。

将上述所求得的中心刚体-柔性机械臂系统的动能和势能代入上式，最后得到中心刚体-柔性机械臂系统的动力学方程如下：

$$\begin{bmatrix}m_\theta & \boldsymbol{m}_{\theta q_1} & \boldsymbol{m}_{\theta q_2}\\ \boldsymbol{m}_{q_1\theta} & \boldsymbol{m}_{q_1} & \boldsymbol{m}_{q_2q_1}\\ \boldsymbol{m}_{q_2\theta} & \boldsymbol{m}_{q_1q_2} & \boldsymbol{m}_{q_2}\end{bmatrix}\begin{bmatrix}\ddot{\theta}\\ \ddot{\boldsymbol{q}}_1\\ \ddot{\boldsymbol{q}}_2\end{bmatrix}+2\dot{\theta}\begin{bmatrix}0 & 0 & 0\\ 0 & 0 & \boldsymbol{G}_{q_1q_2}\\ 0 & \boldsymbol{G}_{q_2q_1} & 0\end{bmatrix}\begin{bmatrix}\dot{\theta}\\ \dot{\boldsymbol{q}}_1\\ \dot{\boldsymbol{q}}_2\end{bmatrix}+\begin{bmatrix}0 & 0 & 0\\ 0 & \boldsymbol{k}_{q_1} & 0\\ 0 & 0 & \boldsymbol{k}_{q_2}\end{bmatrix}\begin{bmatrix}\theta\\ \boldsymbol{q}_1\\ \boldsymbol{q}_2\end{bmatrix}+\begin{bmatrix}\boldsymbol{h}_1\\ \boldsymbol{h}_2\\ \boldsymbol{h}_3\end{bmatrix}=\begin{bmatrix}\tau_1\\ 0\\ 0\end{bmatrix} \tag{5.45}$$

其中，m_θ 为柔性机械臂系统的转动惯量，$\boldsymbol{m}_{q_iq_j}(i=1,2;j=1,2)$是 $N\times N$ 维广义质量矩阵，$\boldsymbol{m}_{\theta q_i}=\boldsymbol{m}_{q_i\theta}\in R^{1\times N}(i=1,2)$表示机械臂大范围旋转运动与柔性变形之间的非线性耦合。$\boldsymbol{G}_{q_1q_2}$和$\boldsymbol{G}_{q_2q_1}$反映了陀螺效应，均为 $N\times N$ 维矩阵，$\boldsymbol{k}_{q_1}$、$\boldsymbol{k}_{q_2}$为 $N\times N$ 维刚度矩阵，τ_1 为中心刚体的转矩，是相对于 θ 的广义力，$\boldsymbol{h}_i(i=1,2,3)$为机械臂动力学方程非线性项。各参数的详细表达式如下：

$$\boldsymbol{m}_{q_1}=m_L{\boldsymbol{w}_{1L}}^2+m_2\boldsymbol{i}_{w12}$$

$$\boldsymbol{m}_{\theta q_1}=\boldsymbol{m}_{q_1\theta}=-(m_L\boldsymbol{w}_{1L}\boldsymbol{w}_{2L}+m_2\boldsymbol{i}_{w1w2})\boldsymbol{q}_2$$

$$\begin{aligned}m_\theta=\;&m_L(L^2+{\boldsymbol{w}_{2L}}^2\boldsymbol{q}_2^2-2\boldsymbol{w}_{1L}\boldsymbol{q}_1\boldsymbol{w}_{c1L}\boldsymbol{q}_2^2+2L\boldsymbol{w}_{1L}\boldsymbol{q}_1-2L\boldsymbol{w}_{c1L}\boldsymbol{q}_2^2+2r\boldsymbol{w}_{1L}\boldsymbol{q}_1-2r\boldsymbol{w}_{c1L}\boldsymbol{q}_2^2\\&+{\boldsymbol{w}_{1L}}^2\boldsymbol{q}_1^2+{\boldsymbol{w}_{c1L}}^2\boldsymbol{q}_2^4+2rL+r^2)+m_2\Big(\frac{1}{3}L^3+r^2L-2\boldsymbol{i}_{wc1x}\boldsymbol{q}_2^2+2\boldsymbol{i}_{w1x}\boldsymbol{q}_1+\boldsymbol{i}_{wc12}\boldsymbol{q}_2^4\\&-2r\boldsymbol{i}_{wc1}\boldsymbol{q}_2^2-2\boldsymbol{i}_{w1wc1}\boldsymbol{q}_1\boldsymbol{q}_2^2+2r\boldsymbol{i}_{w1}\boldsymbol{q}_1+\boldsymbol{i}_{w22}\boldsymbol{q}_2^2+rL^2+\boldsymbol{i}_{w12}\boldsymbol{q}_1^2\Big)+J_h\end{aligned}$$

$$\begin{aligned}\boldsymbol{m}_{\theta q_2}=\boldsymbol{m}_{q_2\theta}=\;&m_L\boldsymbol{w}_{c1L}\boldsymbol{q}_2^2\boldsymbol{w}_{2L}+m_L\boldsymbol{w}_{2L}r+m_L\boldsymbol{w}_{2L}L+m_L\boldsymbol{w}_{2L}\boldsymbol{w}_{1L}\boldsymbol{q}_1+m_2\boldsymbol{i}_{w2wc1}\boldsymbol{q}_2^2+m_2r\boldsymbol{i}_{w2}\\&+m_2\boldsymbol{i}_{w2x}+m_2\boldsymbol{i}_{w1w2}\boldsymbol{q}_1\end{aligned}$$

$$\boldsymbol{m}_{q_2q_1}=\boldsymbol{m}_{q_1q_2}=-2\boldsymbol{q}_2(m_L\boldsymbol{w}_{1L}\boldsymbol{w}_{c1L}+m_2\boldsymbol{i}_{w1wc1})$$

$$\boldsymbol{m}_{q_2}=4m_L{\boldsymbol{w}_{c1L}}^2\boldsymbol{q}_2^2+m_L{\boldsymbol{w}_{2L}}^2+4m_2\boldsymbol{i}_{wc12}\boldsymbol{q}_2^2+m_2\boldsymbol{i}_{w22}$$

$$\boldsymbol{G}_{q_1q_2}=-m_2\boldsymbol{i}_{w1w2}-m_L\boldsymbol{w}_{1L}\boldsymbol{w}_{2L}$$

$$\boldsymbol{G}_{q_2q_1}=m_L\boldsymbol{w}_{1L}\boldsymbol{w}_{2L}+m_2\boldsymbol{i}_{w1w2}$$

$$\boldsymbol{k}_{q_1}=-m_L\dot{\theta}^2{\boldsymbol{w}_{1L}}^2+EA\boldsymbol{i}_{dw12}-m_2\dot{\theta}^2\boldsymbol{i}_{w12}$$

$$\boldsymbol{k}_{q_2}=EI\boldsymbol{i}_{ddw22}-m_2\dot{\theta}^2\boldsymbol{i}_{w22}-m_L\dot{\theta}^2\boldsymbol{w}_{2L}{}^2+2m_2\dot{\theta}^2\boldsymbol{i}_{wc1x}+2m_2r\dot{\theta}^2\boldsymbol{i}_{wc1}+2m_2\dot{\theta}^2\boldsymbol{i}_{w1wc1}\boldsymbol{q}_1$$
$$+2m_Lr\dot{\theta}^2\boldsymbol{w}_{c1L}+2m_L\dot{\theta}^2L\boldsymbol{w}_{c1L}+2m_L\dot{\theta}^2\boldsymbol{w}_{1L}\boldsymbol{q}_1\boldsymbol{w}_{c1L}$$

$$\boldsymbol{h}_1=2m_2\dot{\theta}\boldsymbol{i}_{w1x}\dot{\boldsymbol{q}}_1+2m_2\boldsymbol{i}_{w2wc1}\boldsymbol{q}_2\dot{\boldsymbol{q}}_2^2-2m_2\dot{\theta}\boldsymbol{i}_{w1wc1}\dot{\boldsymbol{q}}_1\boldsymbol{q}_2^2-4m_2\dot{\theta}\boldsymbol{i}_{wc1x}\boldsymbol{q}_2\dot{\boldsymbol{q}}_2+2m_2\dot{\theta}\boldsymbol{i}_{w22}\boldsymbol{q}_2\dot{\boldsymbol{q}}_2$$
$$+4m_2\dot{\theta}\boldsymbol{i}_{wc12}\boldsymbol{q}_2^3\dot{\boldsymbol{q}}_2+2m_2L\dot{\theta}_1\boldsymbol{i}_{w1}\dot{\boldsymbol{q}}_1+2m_2\dot{\theta}\boldsymbol{i}_{w12}\boldsymbol{q}_1\dot{\boldsymbol{q}}_1-4m_2r\dot{\theta}\boldsymbol{i}_{wc1}\boldsymbol{q}_2\dot{\boldsymbol{q}}_2-4m_2\dot{\theta}\boldsymbol{i}_{w1wc1}\boldsymbol{q}_1\boldsymbol{q}_2\dot{\boldsymbol{q}}_2$$
$$-4m_LL\dot{\theta}\boldsymbol{w}_{c1L}\boldsymbol{q}_2\dot{\boldsymbol{q}}_2-4m_Lr\dot{\theta}\boldsymbol{w}_{c1L}\boldsymbol{q}_2\dot{\boldsymbol{q}}_2+2m_L\dot{\theta}\boldsymbol{w}_{1L}{}^2\dot{\boldsymbol{q}}_1\boldsymbol{q}_1-2m_L\dot{\theta}\boldsymbol{w}_{1L}\boldsymbol{w}_{c1L}\dot{\boldsymbol{q}}_1\boldsymbol{q}_2^2$$
$$+2m_Lr\dot{\theta}\boldsymbol{w}_{1L}\dot{\boldsymbol{q}}_1+2m_LL\dot{\theta}\boldsymbol{w}_{1L}\dot{\boldsymbol{q}}_1+2m_L\boldsymbol{w}_{c1L}\boldsymbol{w}_{2L}\dot{\boldsymbol{q}}_2^2\boldsymbol{q}_2-4m_L\dot{\theta}\boldsymbol{w}_{c1L}\boldsymbol{w}_{1L}\boldsymbol{q}_1\boldsymbol{q}_2\dot{\boldsymbol{q}}_2$$
$$+4m_L\dot{\theta}\boldsymbol{w}_{c1L}{}^2\boldsymbol{q}_2^3\dot{\boldsymbol{q}}_2+2m_L\dot{\theta}\boldsymbol{w}_{2L}{}^2\dot{\boldsymbol{q}}_2\boldsymbol{q}_2$$

$$\boldsymbol{h}_2=-2m_2\boldsymbol{i}_{w1wc1}\dot{\boldsymbol{q}}_2^2-2m_L\boldsymbol{w}_{1L}\boldsymbol{w}_{c1L}\dot{\boldsymbol{q}}_2^2-m_L\dot{\theta}^2\boldsymbol{w}_{1L}r-m_LL\dot{\theta}^2\boldsymbol{w}_{1L}+m_L\dot{\theta}^2\boldsymbol{w}_{1L}\boldsymbol{w}_{c1L}\boldsymbol{q}_2^2$$
$$-m_2\dot{\theta}^2\boldsymbol{i}_{w1x}-m_2\dot{\theta}^2r\boldsymbol{i}_{w1}$$

$$\boldsymbol{h}_3=4m_2\boldsymbol{i}_{wc12}\boldsymbol{q}_2\dot{\boldsymbol{q}}_2^2-2m_2\dot{\theta}^2\boldsymbol{i}_{wc12}\boldsymbol{q}_2^3+4m_L\boldsymbol{w}_{c1L}{}^2\dot{\boldsymbol{q}}_2^2\boldsymbol{q}_{22}-2m_L\dot{\theta}^2\boldsymbol{w}_{c1L}{}^2\boldsymbol{q}_2^3$$

其中 $\boldsymbol{w}_{2L}=\boldsymbol{w}_2(L)$；$\boldsymbol{w}_{c1L}=\int_0^L[\boldsymbol{w}'_2(x)]^2\mathrm{d}x$

$$\boldsymbol{i}_{w12}=\int_0^L[\boldsymbol{w}_1(x)]^2\mathrm{d}x;\ \boldsymbol{i}_{w1wc1}=\int_0^L\boldsymbol{w}_1\boldsymbol{w}_{c1}\mathrm{d}x$$
$$\boldsymbol{i}_{w22}=\int_0^L[\boldsymbol{w}_2(x)]^2\mathrm{d}x;\ \boldsymbol{i}_{wc12}=\int_0^L\boldsymbol{w}_{c1}(x)^2\mathrm{d}x$$
$$\boldsymbol{i}_{w1w2}=\int_0^L\boldsymbol{w}_1(x)\boldsymbol{w}_2(x)\mathrm{d}x;\ \boldsymbol{i}_{w2}=\int_0^L\boldsymbol{w}_2(x)\mathrm{d}x$$
$$\boldsymbol{i}_{w2x}=\int_0^Lx\boldsymbol{w}_2(x)\mathrm{d}x;\ \boldsymbol{i}_{w2wc1}=\int_0^L\boldsymbol{w}_2(x)\boldsymbol{w}_{c1}(x)\mathrm{d}x$$
$$\boldsymbol{i}_{w1x}=\int_0^Lx\boldsymbol{w}_1(x)\mathrm{d}x;\ \boldsymbol{i}_{wc1}=\int_0^L\boldsymbol{w}_{c1}(x)\mathrm{d}x$$
$$\boldsymbol{i}_{wc1x}=\int_0^Lx\boldsymbol{w}_{c1}(x)\mathrm{d}x;\ \boldsymbol{i}_{w1}=\int_0^L\boldsymbol{w}_1(x)\mathrm{d}x$$
$$\boldsymbol{i}_{dw12}=\int_0^L[\boldsymbol{w}'_1(x)]^2\mathrm{d}x;\ \boldsymbol{i}_{ddw22}=\int_0^L[\boldsymbol{w}''_2(x)]^2\mathrm{d}x$$

可以将中心刚体-柔性机械臂的动力学方程式(5.45)简记为：

$$\boldsymbol{M}\ddot{\boldsymbol{X}}+2\dot{\theta}\boldsymbol{G}\dot{\boldsymbol{X}}+\boldsymbol{K}\boldsymbol{X}+\boldsymbol{H}=\boldsymbol{\tau}\tag{5.46}$$

其中，$\boldsymbol{X}=[\theta,\boldsymbol{q}_1,\boldsymbol{q}_2]$，为柔性机械臂系统广义坐标。

对于系统大范围运动已知的情况，为非惯性系下的动力学问题，此时角位移、角速度、角加速度均为已知，不用求解。且此时不存在控制输入的影响，可将方程式(5.45)中第一行删去，得到系统大范围已知的动力学方程为：

$$\begin{bmatrix}\boldsymbol{m}_{q_1\theta} & \boldsymbol{m}_{q_1} & \boldsymbol{m}_{q_2q_1}\\ \boldsymbol{m}_{q_2\theta} & \boldsymbol{m}_{q_1q_2} & \boldsymbol{m}_{q_2}\end{bmatrix}\begin{bmatrix}\ddot{\theta}\\ \ddot{\boldsymbol{q}}_1\\ \ddot{\boldsymbol{q}}_2\end{bmatrix}+2\dot{\theta}\begin{bmatrix}0 & 0 & \boldsymbol{G}_{q_2q_1}\\ 0 & \boldsymbol{G}_{q_1q_2} & 0\end{bmatrix}\begin{bmatrix}\dot{\theta}\\ \dot{\boldsymbol{q}}_1\\ \dot{\boldsymbol{q}}_2\end{bmatrix}+\begin{bmatrix}0 & \boldsymbol{k}_{q_1} & 0\\ 0 & 0 & \boldsymbol{k}_{q_2}\end{bmatrix}\begin{bmatrix}\theta\\ \boldsymbol{q}_1\\ \boldsymbol{q}_2\end{bmatrix}+\begin{bmatrix}\boldsymbol{h}_2\\ \boldsymbol{h}_3\end{bmatrix}=\begin{bmatrix}0\\ 0\end{bmatrix}\tag{5.47}$$

整理得

$$\begin{bmatrix}\boldsymbol{m}_{q_1} & \boldsymbol{m}_{q_2q_1}\\ \boldsymbol{m}_{q_1q_2} & \boldsymbol{m}_{q_2}\end{bmatrix}\begin{bmatrix}\ddot{\boldsymbol{q}}_1\\ \ddot{\boldsymbol{q}}_2\end{bmatrix}+2\dot{\theta}\begin{bmatrix}0 & \boldsymbol{G}_{q_2q_1}\\ \boldsymbol{G}_{q_1q_2} & 0\end{bmatrix}\begin{bmatrix}\dot{\boldsymbol{q}}_1\\ \dot{\boldsymbol{q}}_2\end{bmatrix}+\begin{bmatrix}\boldsymbol{k}_{q_1} & 0\\ 0 & \boldsymbol{k}_{q_2}\end{bmatrix}\begin{bmatrix}\boldsymbol{q}_1\\ \boldsymbol{q}_2\end{bmatrix}=\begin{bmatrix}-\boldsymbol{h}_2\\ -\boldsymbol{h}_3\end{bmatrix}-\begin{bmatrix}\boldsymbol{m}_{q_1\theta}\ddot{\theta}\\ \boldsymbol{m}_{q_2\theta}\ddot{\theta}\end{bmatrix}\tag{5.48}$$

5.3 两杆刚柔耦合机械臂动力学模型

对于由一个刚性机械臂和一个柔性机械臂组成的典型的刚柔耦合系统，本节建立其动力学方程，在此基础上进一步分析其动力学响应。

由刚性机械臂和柔性机械臂组成的两杆刚柔耦合机械臂系统如图 5.4 所示，刚性机械臂围绕其中心 O 在水平面内做旋转运动，转矩为 τ_1，转角为 θ_1。柔性机械臂围绕关节 O_1 做水平旋转运动，转矩为 τ_2，转角为 θ_2。刚性机械臂的弹性模量为 E_1，质量为 m_1，长度为 L_1，横截面对中性轴的惯性矩为 I_1。柔性机械臂的弹性模量为 E_2，横截面对中性轴的惯性矩为 I_2，密度为 ρ_2，长度为 L_2，横截面为矩形，其高度为 h_2，宽度为 b_2。忽略重力和空气阻力等因素影响。

按照混合坐标法对两杆刚柔耦合机械臂系统建立浮动坐标系，如图 5.5 所示，对刚性机械臂建立惯性坐标系 XOY，对柔性机械臂建立浮动坐标系 xoy。柔性体上任意一点 p 的运动可以分解为浮动坐标系 xoy 牵连的大范围运动和相对于浮动坐标系的柔性变形运动的叠加。

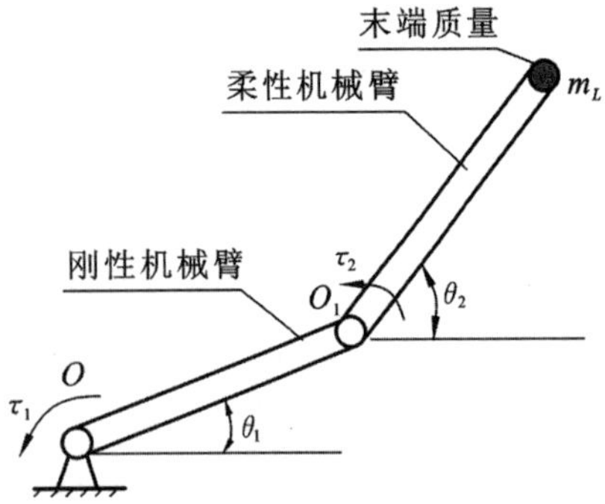

图 5.4 两杆刚柔耦合机械臂结构示意图

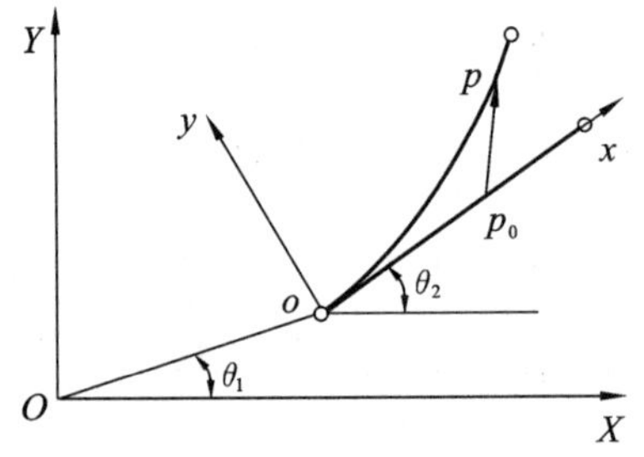

图 5.5 两杆刚柔耦合机械臂系统的坐标定义和运动示意图

刚性机械臂的动能为：

$$T_1=\frac{1}{2}I_1\dot{\theta}_1^2+\frac{1}{2}m_1\left(\frac{L_1}{2}\dot{\theta}_1\right)^2 \tag{5.49}$$

柔性机械臂上任意一点 p 的位置坐标为：

$$\boldsymbol{r}_p=\begin{bmatrix}L_1\cos\theta_1\\L_1\sin\theta_1\end{bmatrix}+\begin{bmatrix}\cos\theta_2 & -\sin\theta_2\\ \sin\theta_2 & \cos\theta_2\end{bmatrix}\begin{bmatrix}x+\boldsymbol{w}_1\boldsymbol{q}_1-\boldsymbol{q}_2^2\dfrac{1}{2}\displaystyle\int_0^x\left(\frac{\partial \boldsymbol{w}_2}{\partial \xi}\right)^2\mathrm{d}\xi\\ \boldsymbol{w}_2\boldsymbol{q}_2\end{bmatrix} \tag{5.50}$$

对上式求导得：

$$\dot{\boldsymbol{r}}_p=\begin{bmatrix}-L_1\sin\theta_1\dot{\theta}_1-\sin\theta_2\dot{\theta}_2(x+\boldsymbol{w}_1\boldsymbol{q}_1+\boldsymbol{w}_{c1}\boldsymbol{q}_2^2)\\ +\cos\theta_2(\boldsymbol{w}_1\dot{\boldsymbol{q}}_1+\displaystyle\sum_{i=1}^n 2w_{c1i}\boldsymbol{q}_{2i}\dot{\boldsymbol{q}}_{2i})-\cos\theta_2\dot{\theta}_2\boldsymbol{w}_2\boldsymbol{q}_2-\sin\theta_2\boldsymbol{w}_2\dot{\boldsymbol{q}}_2\\ L_1\cos\theta_1\dot{\theta}_1+\cos\theta_2\dot{\theta}_2(x+\boldsymbol{w}_1\boldsymbol{q}_1+\boldsymbol{w}_{c1}\boldsymbol{q}_2^2)\\ +\sin\theta_2(\boldsymbol{w}_1\dot{\boldsymbol{q}}_1+\displaystyle\sum_{i=1}^n 2w_{c1i}\boldsymbol{q}_{2i}\dot{\boldsymbol{q}}_{2i})-\sin\theta_2\dot{\theta}_2\boldsymbol{w}_2\boldsymbol{q}_2-\cos\theta_2\boldsymbol{w}_2\dot{\boldsymbol{q}}_2\end{bmatrix} \tag{5.51}$$

柔性机械臂的动能为：

$$T_2=\frac{1}{2}\int_0^{L_2}m_2\dot{\boldsymbol{r}}_p^{\mathrm{T}}\dot{\boldsymbol{r}}_p\mathrm{d}x \tag{5.52}$$

其中，$m_2=\rho_2 bh$。

机械臂末端质量 m_L 的动能为：

$$T_3=\frac{m_L\dot{\boldsymbol{r}}_{PL}^{\mathrm{T}}\dot{\boldsymbol{r}}_{PL}}{2} \tag{5.53}$$

其中，$\boldsymbol{r}_{PL}$ 为末端质量的坐标矢量。

两杆刚柔耦合机械臂系统的总动能为：

$$T=T_1+T_2+T_3 \tag{5.54}$$

做平面旋转运动的柔性机械臂的横向和纵向弹性变形产生的势能为：

$$U=\frac{1}{2}E_2A_2\int_0^L\left[\frac{\partial\omega_1(x,t)}{\partial x}\right]^2\mathrm{d}x+\frac{1}{2}E_2I_2\int_0^L\left[\frac{\partial^2\omega_2(x,t)}{\partial x^2}\right]^2\mathrm{d}x \tag{5.55}$$

将上述所求得的两杆刚柔耦合机械臂系统的动能和势能代入拉格朗日方程，推导得到两杆刚柔耦合机械臂的动力学方程如下：

$$\begin{bmatrix} m_{\theta_1} & m_{\theta_1\theta_2} & \boldsymbol{m}_{\theta_1 q_1} & \boldsymbol{m}_{\theta_1 q_2}\\ m_{\theta_2\theta_1} & \boldsymbol{m}_{\theta_2} & \boldsymbol{m}_{\theta_2 q_1} & \boldsymbol{m}_{\theta_2 q_2}\\ \boldsymbol{m}_{q_1\theta_1} & \boldsymbol{m}_{q_1\theta_2} & \boldsymbol{m}_{q_1} & \boldsymbol{m}_{q_2 q_1}\\ \boldsymbol{m}_{q_2\theta_1} & \boldsymbol{m}_{q_2\theta_2} & \boldsymbol{m}_{q_1 q_2} & \boldsymbol{m}_{q_2}\end{bmatrix}\begin{bmatrix}\ddot{\theta}_1\\ \ddot{\theta}_2\\ \ddot{\boldsymbol{q}}_1\\ \ddot{\boldsymbol{q}}_2\end{bmatrix}+2\dot{\theta}_2\begin{bmatrix}0&0&0&0\\0&0&0&0\\0&0&0&\boldsymbol{G}_{q_1q_2}\\0&0&\boldsymbol{G}_{q_2q_1}&0\end{bmatrix}\begin{bmatrix}\dot{\theta}_1\\ \dot{\theta}_2\\ \dot{\boldsymbol{q}}_1\\ \dot{\boldsymbol{q}}_2\end{bmatrix}+$$
$$\begin{bmatrix}0&0&0&0\\0&0&0&0\\0&0&\boldsymbol{k}_{q_1}&0\\0&0&0&\boldsymbol{k}_{q_2}\end{bmatrix}\begin{bmatrix}\theta_1\\ \theta_2\\ \boldsymbol{q}_1\\ \boldsymbol{q}_2\end{bmatrix}+\begin{bmatrix}h_1\\ h_2\\ \boldsymbol{h}_3\\ \boldsymbol{h}_4\end{bmatrix}=\begin{bmatrix}\tau_1-\tau_2\\ \tau_2\\ 0\\ 0\end{bmatrix} \tag{5.56}$$

其中，m_{θ_1} 和 m_{θ_2} 分别为刚性和柔性机械臂系统的转动惯量，$\boldsymbol{m}_{q_iq_j}=\boldsymbol{m}_{q_jq_i}(i=1,2;j=1,2)$是$N\times N$ 维广义质量矩阵（换态截断的阶数为 N），$\boldsymbol{m}_{\theta_iq_j}=\boldsymbol{m}_{q_i\theta_j}\in R^{1\times N}(i=1,2;j=1,2)$表示机械臂大范围旋转运动与柔性变形之间的非线性耦合。$\boldsymbol{G}_{q_1q_2}$ 和 $\boldsymbol{G}_{q_2q_1}$ 反映陀螺效应，均为 $N\times N$ 维矩阵。$\boldsymbol{k}_{q_1}$，$\boldsymbol{k}_{q_2}$ 为 $N\times N$ 维刚度矩阵。$\tau_1-\tau_2$，τ_2 是相对于 θ_1 和 θ_2 的广义力。h_1，h_2，$\boldsymbol{h}_3$，$\boldsymbol{h}_4$ 为机械臂动力学方程非线性项。各参数的详细表达式如下：

$$m_{\theta_1}=m_LL_1^2+\frac{1}{3}m_1L_1^2+m_2L_1^2L_2$$

$$\boldsymbol{m}_{\theta_1q_1}=\boldsymbol{m}_{q_1\theta_1}=m_L\boldsymbol{w}_{1L}L_1\sin(\theta_2-\theta_1)+m_2L_1\boldsymbol{i}_{w1}\sin(\theta_2-\theta_1)$$

$$\begin{aligned}\boldsymbol{m}_{\theta_2}={}&m_L\boldsymbol{w}_{2L}{}^2\boldsymbol{q}_2^2+m_L\boldsymbol{w}_{1L}{}^2\boldsymbol{q}_1^2-2m_LL_2\boldsymbol{w}_{c1L}\boldsymbol{q}_2^2+2m_LL_2\boldsymbol{w}_{1L}\boldsymbol{q}_1-2m_L\boldsymbol{w}_{1L}\boldsymbol{q}_1\boldsymbol{w}_{c1L}\boldsymbol{q}_2^2+m_L\boldsymbol{w}_{c1L}{}^2\boldsymbol{q}_2^4\\&+m_LL_2^2-2m_2\boldsymbol{i}_{wc1x}\boldsymbol{q}_2^2+2m_2\boldsymbol{i}_{w1x}\boldsymbol{q}_1-2m_2\boldsymbol{i}_{w1wc1}\boldsymbol{q}_1\boldsymbol{q}_2^2+\frac{1}{3}m_2L_2^3+m_2\boldsymbol{i}_{w22}\boldsymbol{q}_2^2\\&+m_2\boldsymbol{i}_{w12}\boldsymbol{q}_1^2+m_2\boldsymbol{i}_{wc12}\boldsymbol{q}_2^4\end{aligned}$$

$$\begin{aligned}m_{\theta_1\theta_2}=m_{\theta_2\theta_1}={}&m_LL_1L_2\cos(\theta_2-\theta_1)+m_LL_1\boldsymbol{w}_{1L}\boldsymbol{q}_1\cos(\theta_2-\theta_1)-m_LL_1\boldsymbol{w}_{c1L}\boldsymbol{q}_2^2\cos(\theta_2-\theta_1)\\&-m_LL_1\boldsymbol{w}_{2L}\boldsymbol{q}_2\sin(\theta_2-\theta_1)-m_2L_1\boldsymbol{i}_{w2}\boldsymbol{q}_2\sin(\theta_2-\theta_1)+\frac{1}{2}m_2L_1L_2^2\cos(\theta_2-\theta_1)\\&-m_2L_1\boldsymbol{i}_{wc1}\boldsymbol{q}_2^2\cos(\theta_2-\theta_1)+m_2L_1\boldsymbol{i}_{w1}\boldsymbol{q}_1\cos(\theta_2-\theta_1)\end{aligned}$$

$$\begin{aligned}\boldsymbol{m}_{\theta_1q_2}=\boldsymbol{m}_{q_2\theta_1}={}&-2m_LL_1\boldsymbol{w}_{c1L}\boldsymbol{q}_2\sin(\theta_2-\theta_1)+m_LL_1\boldsymbol{w}_{2L}\cos(\theta_2-\theta_1)\\&-2m_2L_1\boldsymbol{i}_{wc1}\boldsymbol{q}_2\sin(\theta_2-\theta_1)+m_2L_1\boldsymbol{i}_{w2}\cos(\theta_2-\theta_1)\end{aligned}$$

$$\boldsymbol{m}_{\theta_2q_1}=\boldsymbol{m}_{q_1\theta_2}=-m_L\boldsymbol{w}_{1L}\boldsymbol{w}_{2L}\boldsymbol{q}_2-m_2\boldsymbol{i}_{w1w2}\boldsymbol{q}_2$$

$$\boldsymbol{m}_{\theta_2q_2}=\boldsymbol{m}_{q_2\theta_2}=m_L\boldsymbol{w}_{c1L}\boldsymbol{q}_2^2\boldsymbol{w}_{2L}+m_L\boldsymbol{w}_{2L}L_2+m_L\boldsymbol{w}_{2L}\boldsymbol{w}_{1L}\boldsymbol{q}_1+m_2\boldsymbol{i}_{w2x}+m_2\boldsymbol{i}_{w1w2}\boldsymbol{q}_1+m_2\boldsymbol{i}_{w2wc1}\boldsymbol{q}_2^2$$

$$\boldsymbol{m}_{q_1}=\frac{1}{2}m_L[2\sin(\theta_2)^2\boldsymbol{w}_{1L}{}^2+2\cos(\theta_2)^2\boldsymbol{w}_{1L}{}^2]+\frac{1}{2}m_2[2\cos(\theta_2)^2\boldsymbol{i}_{w12}+2\sin(\theta_2)^2\boldsymbol{i}_{w12}]$$

$$\boldsymbol{m}_{q_2q_1}=\boldsymbol{m}_{q_1q_2}=-2m_L\boldsymbol{w}_{1L}\boldsymbol{w}_{c1L}\boldsymbol{q}_2-2m_2\boldsymbol{i}_{w1uc1}\boldsymbol{q}_2$$

$$\boldsymbol{m}_{q_2}=4m_L\boldsymbol{w}_{c1L}{}^2\boldsymbol{q}_2^2+m_L\boldsymbol{w}_{2L}{}^2+m_2\boldsymbol{i}_{w22}+4m_2\boldsymbol{i}_{uc12}\boldsymbol{q}_2^2$$

$$\boldsymbol{G}_{q_1q_2}=-m_L\boldsymbol{w}_{1L}\boldsymbol{w}_{2L}-m_2\boldsymbol{i}_{w1w2};\boldsymbol{G}_{q_2q_1}=m_L\boldsymbol{w}_L\boldsymbol{w}_{1L}\boldsymbol{w}_{2L}+m_2\boldsymbol{i}_{w1w2}$$

$$\boldsymbol{k}_{q_1}=E_2A_2\boldsymbol{i}_{dw12}-m_2\dot{\theta}_2^2\boldsymbol{i}_{w12}-m_L\dot{\theta}_2^2\boldsymbol{w}_{1L}{}^2$$

$$\begin{aligned}\boldsymbol{k}_{q_2}=&E_2I_2\boldsymbol{i}_{ddw12}-m_L\dot{\theta}_2^2\boldsymbol{w}_{2L}{}^2-m_2\dot{\theta}_2^2\boldsymbol{i}_{w22}+2m_L\dot{\theta}_2^2\boldsymbol{w}_{1L}\boldsymbol{w}_{c1L}+2m_L\dot{\theta}_2^2L_2\boldsymbol{w}_{c1L}+2m_2\dot{\theta}_2^2\boldsymbol{i}_{w1uc1}\\&+2m_LL_1\dot{\theta}_1^2\boldsymbol{w}_{c1L}\cos(\theta_1-\theta_2)+2m_2\dot{\theta}_2^2\boldsymbol{i}_{uc1x}+2m_2L_1\dot{\theta}_1^2\boldsymbol{i}_{uc1}\cos(\theta_1-\theta_2)\end{aligned}$$

$$\begin{aligned}h_1=&2L_1[m_L\boldsymbol{w}_{c1L}\dot{\boldsymbol{q}}_2^2\sin(\theta_1-\theta_2)+m_L\dot{\theta}_2\boldsymbol{w}_{1L}\dot{\boldsymbol{q}}_1\cos(\theta_1-\theta_2)+m_L\dot{\theta}_2\boldsymbol{w}_{2L}\dot{\boldsymbol{q}}_2\sin(\theta_1-\theta_2)\\&-2m_L\dot{\theta}_2\boldsymbol{w}_{c1L}\boldsymbol{q}_2\theta_2\cos(\theta_1-\theta_2)+m_2\dot{\theta}_2\boldsymbol{i}_{w1}\dot{\boldsymbol{q}}_1\cos(\theta_1-\theta_2)+m_2\dot{\theta}_2\boldsymbol{i}_{w2}\dot{\boldsymbol{q}}_2\sin(\theta_1-\theta_2)\\&-2m_2\dot{\theta}_2\boldsymbol{i}_{uc1}\boldsymbol{q}_2\dot{\boldsymbol{q}}_2\cos(\theta_1-\theta_2)+m_2\boldsymbol{i}_{uc1}\dot{\boldsymbol{q}}_2^2\sin(\theta_1-\theta_2)-m_LL_1\boldsymbol{w}_{2L}\dot{\boldsymbol{q}}_2\cos(\theta_1-\theta_2)\\&-m_LL_1\boldsymbol{w}_{c1L}\boldsymbol{q}_2^2\sin(\theta_1-\theta_2)-m_2L_1\boldsymbol{i}_{w2}\boldsymbol{q}_2\cos(\theta_1-\theta_2)+\frac{1}{2}m_2L_1L_2^2\sin(\theta_1-\theta_2)\\&+m_2L_1\boldsymbol{i}_{w1}\boldsymbol{q}_1\sin(\theta_1-\theta_2)+m_LL_1\boldsymbol{w}_{1L}\boldsymbol{q}_1\sin(\theta_1-\theta_2)+m_LL_1L_2\sin(\theta_1-\theta_2)\\&-m_2L_1\dot{\theta}_2^2\boldsymbol{i}_{uc1}\boldsymbol{q}_2^2\sin(\theta_1-\theta_2)]\end{aligned}$$

$$\begin{aligned}h_2=&2(m_2\boldsymbol{i}_{w2uc1}+m_L\boldsymbol{w}_{c1L}w_{2L})\boldsymbol{q}_2\dot{\theta}_2^2+[m_LL_1\boldsymbol{w}_{c1L}\boldsymbol{q}_2^2\sin(\theta_1-\theta_2)-m_LL_1\boldsymbol{w}_{1L}\boldsymbol{q}_1\sin(\theta_1-\theta_2)\\&+m_LL_1\boldsymbol{w}_{2L}\boldsymbol{q}_2\cos(\theta_1-\theta_2)-m_LL_1L_2\sin(\theta_1-\theta_2)-m_2L_1\boldsymbol{i}_{w1}\boldsymbol{q}_1\sin(\theta_1-\theta_2)\\&+m_2L_1\boldsymbol{i}_{uc1}\boldsymbol{q}_2^2\sin(\theta_1-\theta_2)+m_2L_1\boldsymbol{i}_{w2}\boldsymbol{q}_2\cos(\theta_1-\theta_2)-\frac{1}{2}m_2L_1L_2^2\sin(\theta_1-\theta_2)]\dot{\theta}_1^2\\&+(2m_2\boldsymbol{i}_{w1x}\dot{\boldsymbol{q}}_1+2m_2\boldsymbol{i}_{w22}\boldsymbol{q}_2\dot{\boldsymbol{q}}_2-4m_LL_2\boldsymbol{w}_{c1L}\boldsymbol{q}_2\dot{\boldsymbol{q}}_2-4m_L\boldsymbol{w}_{c1L}\boldsymbol{w}_{1L}\boldsymbol{q}_1\boldsymbol{q}_2\dot{\boldsymbol{q}}_2+2m_2\boldsymbol{i}_{w12}\boldsymbol{q}_1\dot{\boldsymbol{q}}_1\\&+2m_LL_2\boldsymbol{w}_{1L}\dot{\boldsymbol{q}}_1+2m_L\boldsymbol{w}_{1L}{}^2\dot{\boldsymbol{q}}_1\boldsymbol{q}_1+4m_2\boldsymbol{i}_{uc12}\boldsymbol{q}_2^3\dot{\boldsymbol{q}}_2-4m_2\boldsymbol{i}_{uc1x}\boldsymbol{q}_2\dot{\boldsymbol{q}}_2+4m_L\boldsymbol{w}_{c1L}{}^2\boldsymbol{q}_2^3\dot{\boldsymbol{q}}_2\\&+2m_L\boldsymbol{w}_{2L}^2\dot{\boldsymbol{q}}_2\boldsymbol{q}_2-4m_2\boldsymbol{i}_{w1uc1}\boldsymbol{q}_1\boldsymbol{q}_2\dot{\boldsymbol{q}}_2-2m_2\boldsymbol{i}_{w1uc1}\dot{\boldsymbol{q}}_1\boldsymbol{q}_2^2-2m_L\boldsymbol{w}_{c1L}\boldsymbol{w}_{1L}\boldsymbol{q}_2^2\dot{\boldsymbol{q}}_1)\dot{\theta}_2\end{aligned}$$

$$\begin{aligned}\boldsymbol{h}_3=&[-L_1m_L\dot{\theta}_1^2\cos(\theta_1-\theta_2)+m_L\boldsymbol{w}_{c1L}q_2^2\dot{\theta}_2^2-2m_L\boldsymbol{w}_{2L}\dot{\theta}_2\dot{q}_2-m_LL_2\dot{\theta}_2^2]\boldsymbol{w}_{1L}+m_2\dot{\theta}_2^2\boldsymbol{i}_{w1uc1}\boldsymbol{q}_2^2\\&-m_2L_1\boldsymbol{i}_{w1}\dot{\theta}_1^2\cos(\theta_1-\theta_2)-m_2\dot{\theta}_2^2\boldsymbol{i}_{w1x}-2m_2\dot{\theta}_2\boldsymbol{i}_{w1w2}\dot{q}_2\end{aligned}$$

$$\begin{aligned}\boldsymbol{h}_4=&-m_2L_1\dot{\theta}_1^2\boldsymbol{i}_{w2}\sin(\theta_1-\theta_2)-m_LL_1\dot{\theta}_1^2\boldsymbol{w}_{2L}\sin(\theta_1-\theta_2)+(4m_L\boldsymbol{w}_{c1L}{}^2\boldsymbol{q}_2+4m_2\boldsymbol{i}_{uc12}\boldsymbol{q}_2)\dot{\boldsymbol{q}}_2^2\\&-2m_L\dot{\theta}_2^2\boldsymbol{w}_{c1L}{}^2\boldsymbol{q}_2^3-2m_2\dot{\theta}_2^2\boldsymbol{i}_{uc12}\boldsymbol{q}_2^3\end{aligned}$$

相应地，系统大范围运动已知的动力学方程可以改写为：

$$\begin{bmatrix}\boldsymbol{m}_{q_1}&\boldsymbol{m}_{q_2q_1}\\\boldsymbol{m}_{q_1q_2}&\boldsymbol{m}_{q_2}\end{bmatrix}\begin{bmatrix}\ddot{\boldsymbol{q}}_1\\\ddot{\boldsymbol{q}}_2\end{bmatrix}+2\dot{\theta}_2\begin{bmatrix}0&\boldsymbol{G}_{q_2q_1}\\\boldsymbol{G}_{q_1q_2}&0\end{bmatrix}\begin{bmatrix}\dot{\boldsymbol{q}}_1\\\dot{\boldsymbol{q}}_2\end{bmatrix}+\begin{bmatrix}\boldsymbol{k}_{q_1}&0\\0&\boldsymbol{k}_{q_2}\end{bmatrix}\begin{bmatrix}\boldsymbol{q}_1\\\boldsymbol{q}_2\end{bmatrix}=\begin{bmatrix}-\boldsymbol{h}_3\\-\boldsymbol{h}_4\end{bmatrix}-\begin{bmatrix}\boldsymbol{m}_{q_1\theta_1}&\boldsymbol{m}_{q_1\theta_2}\\\boldsymbol{m}_{q_2\theta_1}&\boldsymbol{m}_{q_2\theta_2}\end{bmatrix}\begin{bmatrix}\ddot{\theta}_1\\\ddot{\theta}_2\end{bmatrix}\tag{5.57}$$

5.4　中心刚体-柔性机械臂动力学特性分析实例

对于中心刚体-柔性机械臂动力学方程，取其前二阶模态进行动力学仿真，在如下驱动力矩下工作，即在时间小于 9 s 内，机械臂关节力矩是幅值为 0.04 N·m，周期为 10 s 的正弦函数，10 s 后力矩变为 0 N·m。关节力矩的具体表达式为：

$$\tau=\begin{cases}0.04\sin(\frac{\pi}{5}t) & t<10\\0 & t\geqslant 10\end{cases}\tag{5.58}$$

中心刚体和柔性机械臂均采用铝合金材料，系统的材料和结构参数详见表5.1。柔性机械臂初始角位移为0 rad，初始角速度为0 rad/s，末端纵向和横向初始变形量为0 m。

表5.1 建模参数

参数	取值	参数	取值
中心刚体半径 r	0.05 m	臂杆材料弹性模量 E	6.9×10^{10} Pa
中心刚体转动惯量 J_h	5×10^{-5} kg/m^2	臂杆材料密度 ρ	7850 kg/m^3
末端集中质量 m_L	0.02 kg	臂杆长度 L	2 m
臂杆横截面宽度 w	0.01 m	臂杆横截面高度 h	0.005 m

在以上输入条件下，分别对柔性机械臂和刚性机械臂动力学模型进行计算。

图5.6(a)、图5.6(b)分别为柔性机械臂末端在运动过程中 x、y 方向轨迹的振动曲线，从图中可以看出柔性机械臂在运动过程中，末端将产生一定幅度的振动，横向振动幅度小于纵向振动幅度，在机械臂减速后，末端仍然存在小幅振动。

图5.7(a)、图5.7(b)分别为柔性机械臂和刚性机械臂耦合时的末端 x 和 y 方向轨迹的曲线。从图中可以看出刚柔耦合机械臂在相同驱动力矩条件下，从开始转动到停止转动，末端运动轨迹并不相同，x 方向最大偏差为0.116 m，y 方向最大偏差为0.274 m，因此，对于柔性较明显的机械臂的动力学计算，必须考虑其机械臂柔性变形和大范围运动相互耦合的影响。

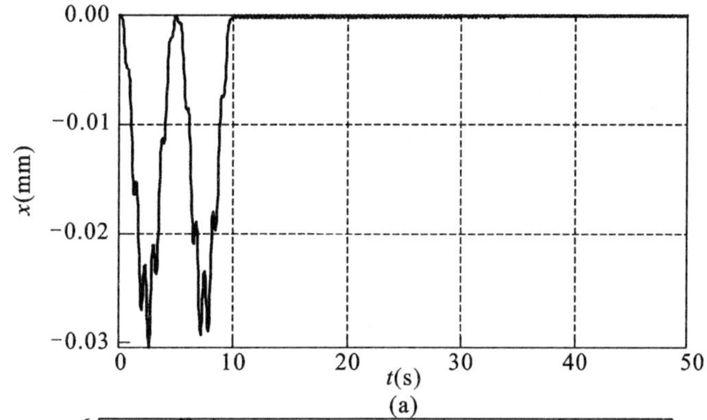

(a)

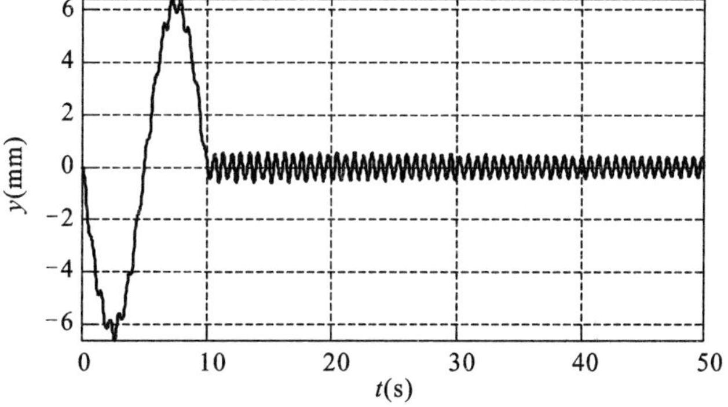

(b)

图5.6 柔性机械臂末端运动轨迹仿真曲线

(a) x 方向；(b) y 方向

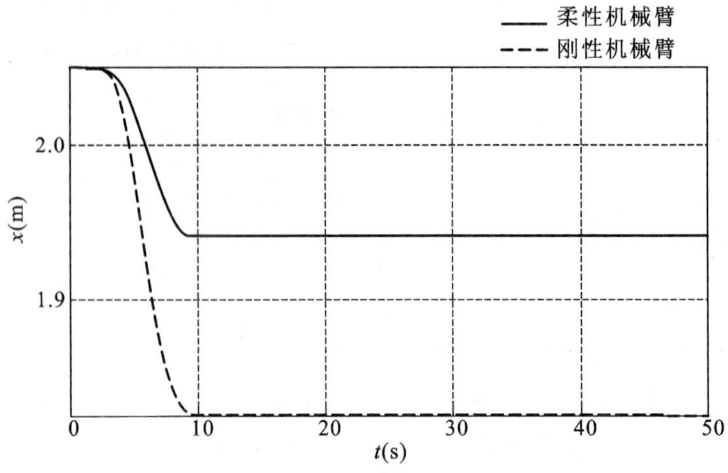

(a)

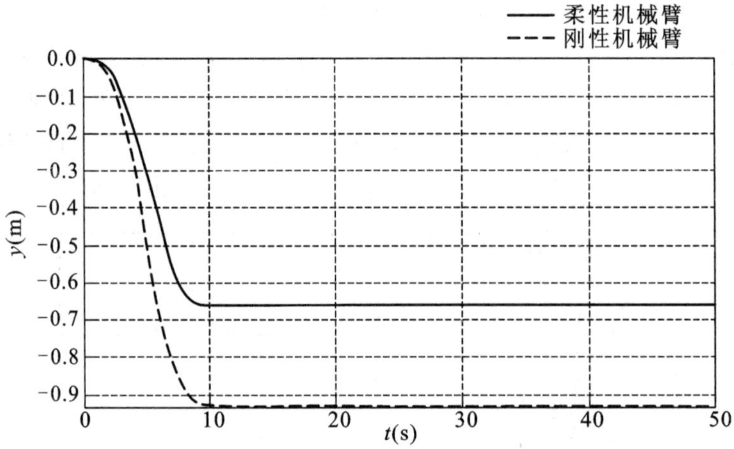

(b)

图 5.7 刚柔耦合机械臂末端运动轨迹仿真曲线

(a)x 方向；(b)y 方向

5.5 两杆刚柔耦合机械臂动力学特性分析实例

两杆机械臂的臂杆与上例中单杆柔性机械臂的材料和结构参数相同，其中，刚性臂杆的驱动力矩为 $\tau_1=0$，柔性臂杆的力矩的变化规律如下：

$$\tau_2=\begin{cases}0.04\sin\left(\dfrac{\pi}{5}t\right) & t<10\\ 0 & t\geqslant 10\end{cases} \tag{5.59}$$

在以上输入条件下，分别对两杆柔性机械臂和两杆刚性机械臂动力学模型进行仿真计算。

图 5.8(a)、图 5.8(b)分别为两杆柔体条件下的机械臂末端在运动过程中 x、y 方向的振动曲线，从图中可以看出柔性机械臂在运动过程中，末端的振动趋势与单杆机械臂相同驱动下趋势较一致，但在两杆机械臂的工况下，机械臂末端振动幅值更大。

图 5.9(a)、图 5.9(b)分别为机械臂末端 x 和 y 方向轨迹的曲线(两杆柔性机械臂和两杆刚性机械臂相对照)。从图中可以看出机械臂在相同驱动力矩条件下,仿真初始阶段机械臂末端为相同出发点,随着时间的推移,两杆柔性机械臂响应明显慢于两杆刚性机械臂,最后导致两种状态下的机械臂运动轨迹逐渐分散,说明柔性机械臂在旋转运动过程中,还存在弹性变形,它不仅与自身大范围运动相互耦合,还与刚性臂杆运动相互耦合,因此,两杆的刚柔耦合机械臂系统动力学特性更加复杂多变。

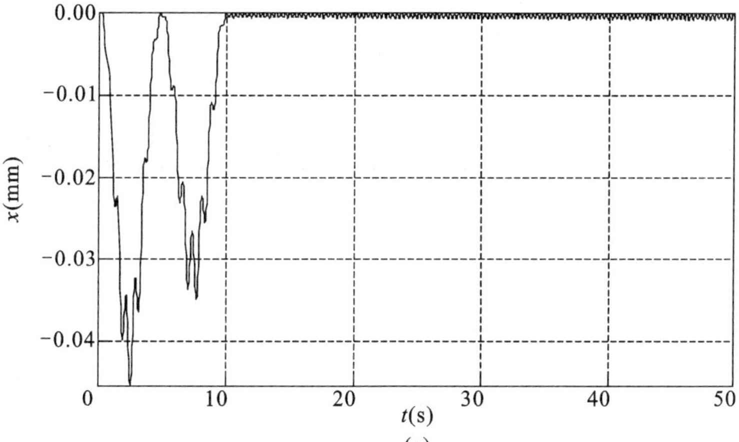

(a)

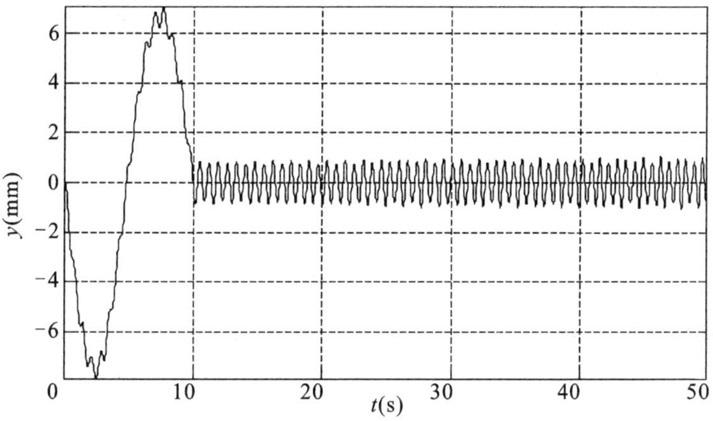

(b)

图 5.8　两杆柔体条件下的机械臂末端运动曲线

(a) x 方向;(b) y 方向

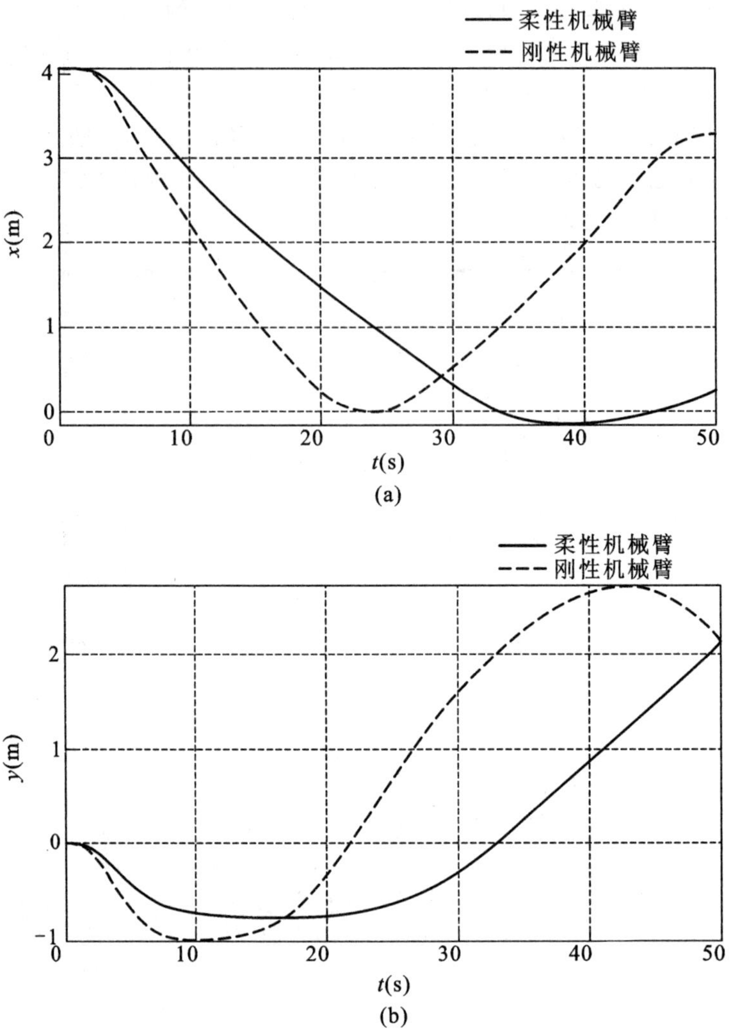

图 5.9　两杆柔性机械臂和两杆刚性机械臂末端运动轨迹仿真曲线对照

(a)x 方向；(b)y 方向

6 板壳结构动力学

机械工程中的板壳结构一般是指薄板类结构和薄壳类结构。薄板类结构是一类平直或扁平无曲度的结构，其厚度相比其他的尺寸小得多。在几何图形描述上，板的周围可以由直线或者曲线组成。在静力学方面，板的支撑方式有自由、简支、固支、悬臂或固定边界条件等，以及弹性支承和弹性约束。薄板承受的载荷一般作用在板的表面。在本章中介绍了 Kirchhoff(克希霍夫)薄板理论，建立了薄板动力学方程，给出了四边简支和悬臂支撑的薄板的固有特性分析方法。

壳体通常指两个曲面所限定的物体，曲面之间的距离比物体的其他尺寸相对较小，这两个曲面称之为壳面，距两壳面等距的曲面称为中面，两个曲面间的垂直距离为壳体的厚度。一般把壳体分成薄壳和厚壳，当壳体的厚度远小于壳体中面的最小曲率半径时称为薄壳，反之则称为厚壳。本章针对薄壁圆柱壳结构，介绍 Love(拉夫)壳体理论，给出建立薄壁壳的动力学基本方程的过程以及在不同边界条件下薄壁壳的固有特性的求解方法。

6.1 Kirchhoff 薄板理论

对于厚度远小于平面上径向尺寸的薄板，可采用反映薄板力学特性的简化假定 Kirchhoff 假设将三维问题简化为二维问题处理，Kirchhoff 薄板理论类似梁的 Euler-Bernouli(欧拉-伯努利)理论，其内容是：

(a) 认为变形前垂直于中面的法线在变形后仍为直线，并且垂直于中面。

(b) 忽略沿中面垂直方向的法向应力。

(c) 只计入质量的移动惯性力，忽略其转动惯性力矩。

(d) 无沿中面内任意方向的变形。

根据以上 Kirchhoff 薄板假设，所有的应力分量与薄板的挠度 w 有关，挠度 w 是板的坐标函数，必须满足应力确定的偏微分方程。通过联立偏微分方程和边界条件可以确定薄板的挠曲函数 w。

根据假设(a)，变形前垂直于中面的法线在变形过程中始终垂直于当时的中面(相当于略去应变分量 γ_{xz} 和 γ_{yz})；由假设(b)可知，应力分量 σ_z 与 σ_x、σ_y 相比可以忽略。因此薄板的变形状态可以由中面各点的位移完全确定，如图 6.1 所示。

假设(d)认为中面内不产生拉压、剪切，从而也没有中面内的变形，即认为中面内薄膜力远小于横向载荷产生的弯曲应力，这只有在板的挠度 w 远小于板的厚度 h 时才成立，采用假设(d)的平板理论一般被称为小挠度理论。目前工程上一般认为 $\frac{w}{h}\leqslant\frac{1}{5}$ 就可按小横向位移问题处理，即薄板小挠度理论具有工程实用性。

综上所述，采用 Kirchhoff 薄板理论，薄板的各位移分量、应变分量、应力分量及内力分量均可以由中面挠曲函数 $w(x,y,t)$ 确定。图 6.2 所示为一等厚度矩形薄板，长为 a，宽为 b，厚为 h。以板变形前的中面为 xOy 平面，建立空间固定的直角坐标系 $Oxyz$。

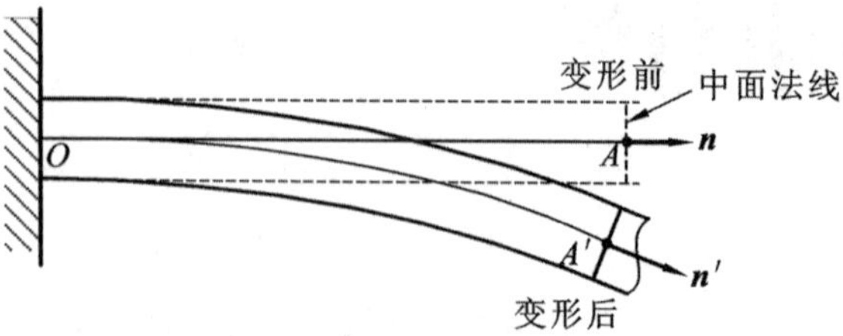

图 6.1　薄板 Kirchhoff 假设的中面法线变化示意图

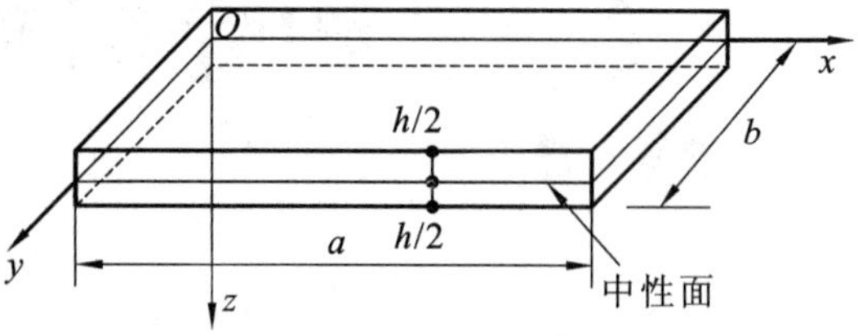

图 6.2　薄板弯曲的几何模型

6.2　薄板动力学方程建立

已知一般的三维结构力学问题，应变分量 $(\varepsilon_x,\varepsilon_y,\varepsilon_z,\gamma_{xy},\gamma_{yz},\gamma_{zx})^T$ 与位移分量 $(u,v,w)^T$ 应满足以下 6 个几何关系，有：

$$\left.\begin{aligned}&\varepsilon_x=\frac{\partial u}{\partial x}\quad \varepsilon_y=\frac{\partial v}{\partial y}\quad \varepsilon_z=\frac{\partial w}{\partial z}\\&\gamma_{yz}=\frac{\partial w}{\partial y}+\frac{\partial v}{\partial z}\quad \gamma_{zx}=\frac{\partial u}{\partial z}+\frac{\partial w}{\partial x}\\&\gamma_{xy}=\frac{\partial v}{\partial x}+\frac{\partial u}{\partial y}\end{aligned}\right\}\tag{6.1}$$

对于薄板，忽略 τ_{zx} 与 τ_{zy} 所引起的变形，有 $\gamma_{zx}=\gamma_{zy}=0$，因此几何方程式(6.1)可写成如下形式，即：

$$\gamma_{zx}=\frac{\partial u}{\partial z}+\frac{\partial w}{\partial x}=0,\quad \gamma_{zy}=\frac{\partial v}{\partial z}+\frac{\partial w}{\partial y}=0\tag{6.2}$$

假定薄板内的平面位移沿厚度方向为线性分布，有：

$$u(x,y,z,t)=u_0(x,y,t)-z\frac{\partial w}{\partial x}\tag{6.3}$$

$$v(x,y,z,t)=v_0(x,y,t)-z\frac{\partial w}{\partial y}\tag{6.4}$$

式中，u_0、v_0 为中面位移，根据 Kirchhoff 假设(c)应为零。因此薄板内的平面位移为：

$$u(x,y,z,t)=-z\frac{\partial w(x,y,t)}{\partial x}\tag{6.5}$$

$$v(x,y,z,t)=-z\frac{\partial w(x,y,t)}{\partial x}\tag{6.6}$$

将式(6.5)与式(6.6)代入弹性力学的几何方程，得薄板内应变分量为：

$$\varepsilon_x=\frac{\partial u}{\partial x}=-z\frac{\partial^2 w}{\partial x^2}\tag{6.7}$$

$$\varepsilon_y=\frac{\partial v}{\partial y}=-z\frac{\partial^2 w}{\partial y^2}\tag{6.8}$$

$$\gamma_{xy}=\frac{\partial u}{\partial y}+\frac{\partial v}{\partial x}=-2z\frac{\partial^2 w}{\partial x\partial y}\tag{6.9}$$

由弹性力学物理方程，且由假设(b)知 $\sigma_z=0$，有：

$$\varepsilon_x=\frac{1}{E}(\sigma_x-\nu\sigma_y),\quad \varepsilon_y=\frac{1}{E}(\sigma_y-\nu\sigma_x),\quad \gamma_{xy}=\frac{\tau_{xy}}{G} \tag{6.10}$$

式中，ν 为泊松比，E 为弹性模量，G 为剪切模量。

将式(6.10)代入应变表达式(6.7)至式(6.9)，则有：

$$\sigma_x=\frac{E}{1-\nu^2}(\varepsilon_x+\nu\varepsilon_y)=-\frac{E}{1-\nu^2}z(\frac{\partial^2 w}{\partial x^2}+\nu\frac{\partial^2 w}{\partial y^2}) \tag{6.11}$$

$$\sigma_y=\frac{E}{1-\nu^2}(\varepsilon_y+\nu\varepsilon_x)=-\frac{E}{1-\nu^2}z(\frac{\partial^2 w}{\partial y^2}+\nu\frac{\partial^2 w}{\partial x^2}) \tag{6.12}$$

$$\tau_{xy}=G\nu_{xy}=-2Gz\frac{\partial^2 w}{\partial x\partial y} \tag{6.13}$$

正应力 σ_x、σ_y 产生的弯矩为：

$$M_x=\int_{-h/2}^{h/2}\sigma_x z\,\mathrm{d}z=-D(\frac{\partial^2 w}{\partial x^2}+\nu\frac{\partial^2 w}{\partial y^2}) \tag{6.14}$$

$$M_y=\int_{-h/2}^{h/2}\sigma_y z\,\mathrm{d}z=-D(\frac{\partial^2 w}{\partial y^2}+\nu\frac{\partial^2 w}{\partial x^2}) \tag{6.15}$$

式中，$D=\dfrac{Eh^3}{12(1-\nu^2)}$为板的弯曲刚度。

水平剪应力 τ_{xy} 产生的扭矩为：

$$M_{xy}=M_{yx}=\int_{-h/2}^{h/2}\tau_{xy}z\,\mathrm{d}z=-D(1-\nu)\frac{\partial^2 w}{\partial x\partial y} \tag{6.16}$$

垂直剪应力 τ_{xz}、τ_{yz} 产生的剪力为：

$$Q_x=\int_{-h/2}^{h/2}\tau_{xz}\,\mathrm{d}z,\quad Q_y=\int_{-h/2}^{h/2}\tau_{yz}\,\mathrm{d}z \tag{6.17}$$

对薄板任一截面，考虑微元体的力平衡关系，且根据 Kirchhoff 薄板理论的假设(c)忽略转动惯性力矩，得到：

$$\frac{\partial M_x}{\partial x}+\frac{\partial M_{yx}}{\partial y}-Q_x=0 \tag{6.18}$$

$$\frac{\partial M_{xy}}{\partial x}+\frac{\partial M_y}{\partial y}-Q_y=0 \tag{6.19}$$

$$\frac{\partial Q_x}{\partial x}+\frac{\partial Q_y}{\partial y}-\rho h\frac{\partial^2 w}{\partial t^2}=0 \tag{6.20}$$

式中，ρ 为板的密度，h 为板的厚度。

将式(6.14)～式(6.16)代入式(6.18)和式(6.19)中，得剪力表达式，有：

$$Q_x=-D\frac{\partial}{\partial x}(\frac{\partial^2 w}{\partial x^2}+\frac{\partial^2 w}{\partial y^2}) \tag{6.21}$$

$$Q_y=-D\frac{\partial}{\partial y}(\frac{\partial^2 w}{\partial x^2}+\frac{\partial^2 w}{\partial y^2}) \tag{6.22}$$

将式(6.21)和式(6.22)代入式(6.20)，整理可得到薄板横向自由振动的微分方程为：

$$\frac{\partial^4 w}{\partial x^4}+2\frac{\partial^4 w}{\partial x^2\partial y^2}+\frac{\partial^4 w}{\partial y^4}+\frac{\rho h}{D}\frac{\partial^2 w}{\partial t^2}=0 \tag{6.23}$$

6.3 四边简支边界条件下薄板的固有特性

根据薄板动力学系统固有特性具有与时间无关的特点来确定振型。薄板的振动微分方程式(6.23)的解可以表示成下列形式，即：

$$w(x,y,t)=W(x,y)\sin(\omega t+\varphi) \tag{6.24}$$

式中，$W(x,y)$为振型函数，用于描述满足边界条件时薄板弯曲的基本形状；ω 为薄板的固有频率；φ 为相位差角，由初始条件确定。

将式(6.24)代入式(6.23)中，可得：

$$\frac{\partial^4 W}{\partial x^4}+2\frac{\partial^4 W}{\partial x^2\partial y^2}+\frac{\partial^4 W}{\partial y^4}-\alpha^4 W=0 \tag{6.25}$$

式中

$$\alpha^4=\omega^2\frac{\rho h}{D} \tag{6.26}$$

将边界条件代入求解可求出 α，进而可得薄板的固有频率 ω。

图 6.2 所示的薄板，对于四边简支边界条件，四个简支边的振型边界条件为：

$x=0,x=a$ 边

$$W=\frac{\partial^2 W}{\partial x^2}=0$$

$y=0,y=b$ 边

$$W=\frac{\partial^2 W}{\partial y^2}=0 \tag{6.27}$$

满足方程式(6.25)及边界条件式(6.27)的振型解可直接用双三角函数来表示，即：

$$W(x,y)=A\sin\frac{m\pi x}{a}\sin\frac{n\pi y}{b} \tag{6.28}$$

其中，A 为常数。

将式(6.28)代入方程式(6.25)，得：

$$A\left[\pi^4\left(\frac{m^2}{a^2}+\frac{n^2}{b^2}\right)-\alpha^4\right]\sin\frac{m\pi x}{a}\sin\frac{n\pi y}{b}=0 \tag{6.29}$$

上式对于薄板上任一点都成立并有振型非零解($A\neq0$)的条件为：

$$\pi^4\left(\frac{m^2}{a^2}+\frac{n^2}{b^2}\right)-\alpha^4=0 \tag{6.30}$$

再考虑式(6.26)，可得四边简支矩形薄板的第(m,n)阶固有频率公式，即：

$$f_{mn}=\frac{\omega_{mn}}{2\pi}=\frac{\pi}{2}\left(\frac{m^2}{a^2}+\frac{n^2}{b^2}\right)\sqrt{\frac{D}{\rho h}} \tag{6.31}$$

或写成

$$\omega_{mn}=\frac{\lambda_{mn}^2}{a^2}\sqrt{\frac{D}{\rho h}} \tag{6.32a}$$

$$\lambda_{mn}=(\alpha a)_{mn}=\sqrt{\pi^2\left(m^2+n^2\frac{a^2}{b^2}\right)} \tag{6.32b}$$

上式中的频率系数$(\alpha a)_{mn}$只与阶次(m,n)及长宽比 a/b 有关，与薄板的材料参数无关，具体数字可查表 6.1。

表 6.1 四边简支矩形板的频率系数以及(m,n)值

阶次	a/b				
	0.4	2/3	1.0	1.5	2.5
1	3.383 (1,1)	3.776 (1,1)	4.443 (1,1)	5.654 (1,1)	8.459 (1,1)
2	4.023 (1,2)	5.236 (1,2)	7.025 (2,1)	7.854 (2,1)	10.06 (2,1)
3	4.907 (1,3)	6.623 (2,1)	7.025 (1,2)	9.935 (1,2)	12.27 (3,1)
4	5.928 (1,4)	7.025 (1,8)	8.886 (2,2)	10.54 (3,1)	14.82 (4,1)
5	6.408 (2,1)	7.551 (2,2)	9.935 (3,1)	11.32 (2,2)	16.02 (1,2)
6	6.767 (2,2)	8.886 (2,3)	9.935 (1,3)	13.33 (3,2)	16.92 (2,2)
7	7.025 (1,5)	8.947 (1,4)	11.33 (3,2)	13.42 (4,1)	17.56 (5,1)
8	7.327 (2,3)	9.655 (3,1)	11.33 (2,3)	14.48 (1,3)	18.92 (3,2)
9	8.168 (1,6)	10.31 (3,2)	12.95 (4,1)	15.47 (2,3)	20.42 (6,1)

与此频率对应的四边简支矩形板的第(m,n)阶振型为：

$$W_{mn}(x,y)=\sin\frac{m\pi x}{a}\sin\frac{m\pi y}{b} \tag{6.33}$$

由正弦函数特性可知，式(6.33)中的m、n分别代表振型沿x、y方向的半波数。根据式(6.31)，$m=n=1$时频率最低，即为板的基频，这时相应的板的振型为在x、y方向各形成一个半波。当$m=2,n=1$时相应的板的振型为x方向两个半波，y方向一个半波。这时，由式(6.33)知，在$x=a/2$直线处振动为零，形成一条节线。依次类推，当$m=m_0,n=n_0$时形成振型在x方向有m_0个半波，m_0-1个节线；在y方向有n_0个半波，n_0-1个节线，这些节线均平行于板的边界，典型的薄板振型如图6.3所示。对于非基频情况，频率大小排列次序不但与m、n值大小有关，还与a、b的比值有关，具体要由式(6.31)的计算结果确定。

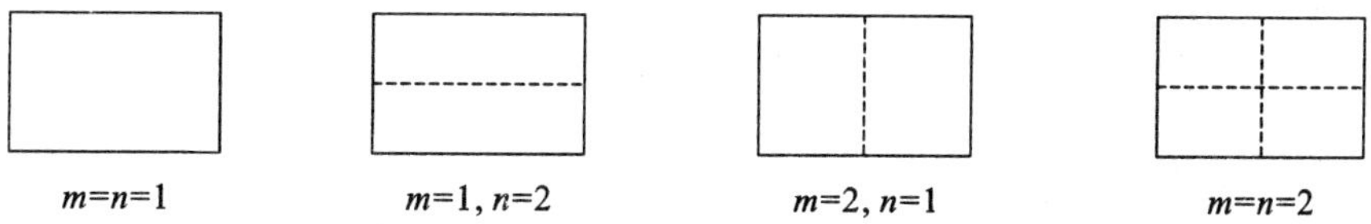

图 6.3 四边简支矩形板的振型示意图

6.4 悬臂边界条件下薄板的固有特性

悬臂薄板的边界条件为一边固支和其余三边自由，具体为：

(a) 固定边，在 $x=0$ 处

平板边界完全固定，其边缘上各点横向位移为零，且横向位移在截面位置坐标 $x=0$ 处的横向位移及其对 x 的一阶导数为零，即：

$$w|_{x=0}=0,\quad \frac{\partial w}{\partial x}|_{x=0}=0 \tag{6.34}$$

(b) 自由边，在 $x=a$、$y=0$、$y=b$ 处

若平板边界完全不受力，应该有边缘上各点弯矩、扭矩、剪力均为零，即：

$$\left[\frac{\partial^2 w}{\partial y^2}+\mu\frac{\partial^2 w}{\partial x^2}\right]_{y=y_0}=0,\quad \left[\frac{\partial^3 w}{\partial y^3}+(2-\mu)\frac{\partial^3 w}{\partial x^2\partial y}\right]_{y=y_0}=0 \tag{6.35}$$

基本方程式(6.23)为四阶偏微分方程，对于某条确定的边只能满足两个边界条件。将扭矩和剪力合并，即：

$$\begin{aligned}&\left[\frac{\partial^2 w}{\partial x^2}+\mu\frac{\partial^2 w}{\partial y^2}\right]_{x=a}=0,\qquad \left[\frac{\partial^3 w}{\partial x^3}+(2-\mu)\frac{\partial^3 w}{\partial x\partial y^2}\right]_{x=a}=0\\&\left[\frac{\partial^2 w}{\partial y^2}+\mu\frac{\partial^2 w}{\partial x^2}\right]_{y=0,y=b}=0,\qquad \left[\frac{\partial^3 w}{\partial y^3}+(2-\mu)\frac{\partial^3 w}{\partial x^2\partial y}\right]_{y=0,y=b}=0\end{aligned} \tag{6.36}$$

在薄板动力学中，只有四边简支的矩形薄板才能得到自由振动的精确解，因此，对于悬臂薄板情况，其固有频率和振型的分析，都需要采用近似计算方法。工程上常用双向梁函数组合级数逼近方法进行求解，即瑞利-里茨法，以能量变分原理为依据，将泛函极值问题转化为多元函数极值问题来求解。这里采用一种将单向解析函数代入变分方程使变分方程降为另一方向的常微分方程的方法进行悬臂薄板的固有特性分析。首先介绍单向板理论，单向板的固有振动解是其他矩形板动力学与振动分析的基础。

(1) 单向板理论

矩形板的一种特殊和简单情况是单向板。单向板中横向振动函数只与空间的一维坐标变量(这里为 y 方向)有关。

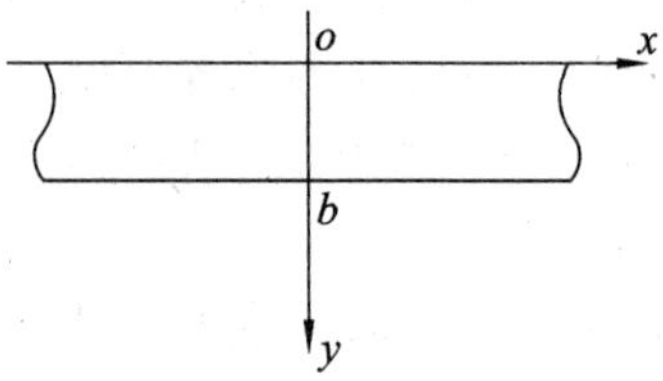

图 6.4 单向板示意图

图 6.4 所示的单向板，长边平行于 x 轴，垂直于 y 轴，宽为 b。对于单向板，一切力学量对 x 的导数为零，则基本方程式(6.23)在固有振动情况下简化为：

$$\frac{\partial^4 w(y,t)}{\partial y^4}+\frac{\rho h}{D}\frac{\partial^2 w(y,t)}{\partial t^2}=0 \tag{6.37}$$

设方程式(6.37)的解为：

$$w(y,t)=W(y)\sin(\omega t+\varphi) \tag{6.38}$$

将式(6.38)代入式(6.37)中得振型方程为：

$$\frac{\mathrm{d}^4 W}{\mathrm{d}y^4}-\alpha^4 W=0 \tag{6.39}$$

同样地，这里也有

$$\alpha^4=\omega^2\frac{\rho h}{D} \tag{6.40}$$

根据齐次常微分方程理论，方程式(6.39)的通解为：

$$W(y)=C_1\sinh\alpha y+C_2\cosh\alpha y+C_3\sin\alpha y+C_4\cos\alpha y \tag{6.41}$$

式(6.41)中四个常可通过边界条件确定。

(2) 悬臂板自由振动求解

对于一边固定三边自由的悬臂矩形薄板，将式(6.38)代入边界条件式(6.34)和式(6.35)中，有：

固支边界条件

$$W\big|_{x=0}=0,\qquad \frac{\partial W}{\partial x}\bigg|_{x=0}=0 \tag{6.42}$$

自由边界条件

$$\left[\frac{\partial^2 W}{\partial x^2}+\mu\frac{\partial^2 W}{\partial y^2}\right]_{x=a}=0,\qquad \left[\frac{\partial^3 W}{\partial x^3}+(2-\mu)\frac{\partial^3 W}{\partial x\partial y^2}\right]_{x=a}=0 \tag{6.43}$$

$$\left[\frac{\partial^2 W}{\partial y^2}+\mu\frac{\partial^2 W}{\partial x^2}\right]_{y=0,y=b}=0,\qquad \left[\frac{\partial^3 W}{\partial y^3}+(2-\mu)\frac{\partial^3 W}{\partial x^2\partial y}\right]_{y=0,y=b}=0 \tag{6.44}$$

设振型函数为乘积型函数，即设为 y 方向满足位移边界的已知解析函数 $Y_n(y)$ 和 x 方向未知函数 $u(x)$ 的乘积，即：

$$W(x,y)=u(x)Y_n(y) \tag{6.45}$$

式中，n 为单向板振型的阶次。

沿 y 轴方向为自由边界条件，$Y_n(y)$ 可取自由-自由边界的单向板的第 n 阶振型函数，而未知函数 $u(x)$ 通过满足变分方程加以确定。

自由-自由单向板的第 n 阶固有振型为：

$$\begin{cases}Y_1=1\\ Y_2=\sqrt{3}\left(1-\dfrac{2y}{b}\right)\\ Y_n=(\cosh a_n y+\cos a_n y)-a_n(\sinh a_n y+\sin a_n y)\qquad (n>2)\end{cases} \tag{6.46}$$

式中，a_n 为振型系数；$\alpha_n=\dfrac{(\alpha b)_n}{b}$，$(\alpha b)_n$ 为频率系数，具体见表 6.2。

表 6.2 自由-自由边界单向板的频率系数和振型系数

阶次	$n=1$	$n=2$	$n=3$	$n\geqslant 4$
频率系数 $(\alpha b)_n$	0	0	4.730	$\dfrac{2n-3}{2}\pi$
振型系数 a_n	—	—	0.9825	$\dfrac{\cosh(\alpha b)_n-\cos(\alpha b)_n}{\sinh(\alpha b)_n-\sin(\alpha b)_n}$

注：自由-自由边界单向板的第一、二阶频率系数为零，分别对应平移及转动的刚体运动。

根据哈密顿(Hamilton)原理，系统可能的运动应使能量泛函 J 达到极小值，即 J 的变分为零。则悬臂等厚矩形薄板的振型变分方程为：

$$\begin{cases}\delta J=0\\ J=\displaystyle\int_0^b\int_0^a\left\{\left(\frac{\partial^2 W}{\partial x^2}+\frac{\partial^2 W}{\partial y^2}\right)^2-2(1-\mu)\left[\frac{\partial^2 W}{\partial x^2}\frac{\partial^2 W}{\partial y^2}-\left(\frac{\partial^2 W}{\partial x\partial y}\right)^2\right]-\alpha^4W^2\right\}\mathrm{d}x\mathrm{d}y\end{cases} \tag{6.47}$$

将式(6.45)代入式(6.47)，经变分运算，可得 $u(x)$ 应满足的常微分方程为：

$$I_{1n}\frac{\mathrm{d}^4u}{\mathrm{d}x^4}-2[I_{2n}-\mu(I_{2n}+I_{3n})]\frac{\mathrm{d}^2u}{\mathrm{d}x^2}-(\alpha^4-I_{4n})u=0 \tag{6.48}$$

考虑自由边界条件，在 $x=a$ 处，有：

$$\begin{cases} I_{1n}\dfrac{\mathrm{d}^2 u}{\mathrm{d}x^2}+\mu I_{3n}u=0 \\ I_{1n}\dfrac{\mathrm{d}^3 u}{\mathrm{d}x^3}-2\left[I_{2n}-\mu\left(I_{2n}+\dfrac{1}{2}I_{3n}\right)\right]\dfrac{\mathrm{d}u}{\mathrm{d}x}=0 \end{cases} \tag{6.49}$$

或者位移约束边界条件在 $x=0$ 处，有：

$$u=0;\frac{\mathrm{d}u}{\mathrm{d}x}=0 \tag{6.50}$$

式中

$$\begin{cases} I_{1n}=\displaystyle\int_0^b Y_n^2\mathrm{d}y, & I_{2n}=\displaystyle\int_0^b\left(\frac{\mathrm{d}Y_n}{\mathrm{d}y}\right)^2\mathrm{d}y \\ I_{3n}=\displaystyle\int_0^b\left(Y_n\frac{\mathrm{d}^2Y_n}{\mathrm{d}y^2}\right)\mathrm{d}y, & I_{4n}=\displaystyle\int_0^b\left(\frac{\mathrm{d}^2Y_n}{\mathrm{d}y^2}\right)^2\mathrm{d}y \end{cases} \tag{6.51}$$

则常微分方程式(6.48)满足边界条件式(6.49)和式(6.50)的一般解为：

$$u(x)=A\left(\cosh\frac{\alpha_0 x}{b}-\cos\frac{\beta_0 x}{b}\right)+B\left(\frac{1}{\alpha_0}\sinh\frac{\alpha_0 x}{b}-\frac{1}{\beta_0}\sin\frac{\beta_0 x}{b}\right) \tag{6.52}$$

式中

$$\alpha_0=\sqrt{\{(\alpha b)^4-J_{4n}+[J_{2n}-\mu(J_{2n}+J_{3n})]^2\}^{\frac{1}{2}}+[J_{2n}-\mu(J_{2n}+J_{3n})]} \tag{6.53}$$

$$\beta_0=\sqrt{\{(\alpha b)^4-J_{4n}+[J_{2n}-\mu(J_{2n}+J_{3n})]^2\}^{\frac{1}{2}}-[J_{2n}-\mu(J_{2n}+J_{3n})]} \tag{6.54}$$

将式(6.52)代入边界条件式(6.49)和式(6.50)，可得关于系数 A、B 的二阶线性方程组。由于系数 A、B 不同时为零，而方程组有非零解的条件为行列式为零，可得频率方程为：

$$\begin{aligned}(\alpha b)^4 &-J_{4n}-2\mu J_{3n}\left[J_{2n}-\mu(J_{2n}+\frac{1}{2}J_{3n})\right] \\ &+\{(\alpha b)^4-J_{4n}+(1-\mu)^2J_{2n}^2+[J_{2n}-\mu(J_{2n}+J_{3n})^2]\}\cosh\frac{\alpha_0 a}{b}\cos\frac{\beta_0 a}{b} \\ &+\left\{[J_{2n}-\mu(J_{2n}+J_{3n})]\sqrt{(\alpha b)^4-J_{4n}}-\mu^2J_{3n}^2\frac{J_{2n}-\mu(J_{2n}+J_{3n})}{\sqrt{(\alpha b)^4-J_{4n}}}\right\}\sinh\frac{\alpha_0 a}{b}\sin\frac{\beta_0 a}{b}=0\end{aligned} \tag{6.55}$$

式中

$$J_{2n}=\frac{b^2I_{2n}}{I_{1n}},\quad J_{3n}=\frac{b^3I_{3n}}{I_{1n}},\quad J_{4n}=\frac{b^4I_{4n}}{I_{1n}} \tag{6.56}$$

将式(6.53)、式(6.54)及式(6.40)代入式(6.55)，对应每个 n 值，即可求得一系列频率值 ω_{mn}，按升序排列依次对应于 $m=1,2,3,\cdots$。

由于式(6.45)以分离变量形式表示振型，所以与固有频率 ω_{mn} 相应的第(m,n)阶振型 W_{mn} 将会有 x 方向 m 个半波、y 方向 n 个半波，以及节线与边界平行的特点。

6.5 薄板动力学分析算例

进行悬臂薄板的固有特性分析，板长 108 mm，宽 110 mm，厚度 1 mm，材料参数为密度 $\rho=7860\ \mathrm{kg/m^3}$，弹性模量 $E=212$ GPa，泊松比 $\nu=0.288$。

(1) 求解 α

(* 需要输入的参数有板长,板宽,泊松比,n 的取值*)

$$a=\frac{108}{1000};$$

$$b=\frac{110}{1000};$$

v=0.288;

n=1;

$$\alpha bn=\text{Which}[n=3,4.73,\quad n\geqslant 4,(2n-3)\pi/2];$$

$$\alpha n=\frac{\alpha bn}{b};$$

$$\alpha n=\text{Which}\left[n=3,0.9825,\quad n\geqslant 4,\frac{\cosh[\alpha bn]-\cos[\alpha bn]}{\sinh[\alpha bn]-\sin[\alpha bn]}\right];$$

$$Yn=\text{Which}\left[n=1,1,\quad n=2,\sqrt{3}\left(1-2\frac{Y}{b}\right),\quad n\geqslant 3,(\cosh[(\alpha n)Y]-\cos[(\alpha n)Y])-an(\sinh[(\alpha n)Y]-\sin[(\alpha n)Y])\right];$$

$$I1n=\int_0^b Yn^2\,dy;$$

$$I2n=\int_0^b D[Yn,y]^2\,dy;$$

$$I3n=\int_0^b \{YnD[Yn,(y,2)]\}\,dy;$$

$$I4n=\int_0^b D[Yn,(y,2)]^2\,dy;$$

$$J2n=\frac{b^2 I2n}{I1n};$$

$$J3n=\frac{b^3 I3n}{I1n};$$

$$J4n=\frac{b^4 I4n}{I1n};$$

$$\alpha 0=\sqrt{\left(\left((\alpha b)^4-J4n+\left(J2n-v(J2n+J3n)\right)^2\right)^{1/2}+\left(J2n-v(J2n+J3n)\right)\right)};$$

$$\beta 0=\sqrt{\left(\left((\alpha b)^4-J4n+\left(J2n-v(J2n+J3n)\right)^2\right)^{1/2}-\left(J2n-v(J2n+J3n)\right)\right)};$$

$$EXS=(\alpha b)^4-J4n-2vJ3n\left[J2n-v(J2n+0.5J3n)\right]+\left((\alpha b)^4-J4n+(1-v)^2J2n^2+\left(J2n-v(J2n+J3n)^2\right)\right)\cosh\left[\frac{\alpha 0a}{b}\right]\cos\left[\frac{\beta 0a}{b}\right]+$$

$$\left(\left(J2n-v(J2n+J3n)\right)\sqrt{(\alpha b)^4-J4n}-v^2J3n^2\frac{J2n-v(J2n+J3n)}{\sqrt{(\alpha b)^4-J4n}}\right)\sinh\left[\frac{\alpha 0a}{b}\right]\sin\left[\frac{\beta 0a}{b}\right];$$

```
Plot[EXS,{α,50,80}]
```

(2)求解固有频率

```
EE=212×10^9;h=1×10^-3;v=0.288;ρ=7860;
(* 请在这里输入α值* )
(*1 *)(*m=1,n=1  α=17.3621  *)
(*2 *)(*m=1,n=2  α=28.8396  *)
(*3 *)(*m=1,n=3  α=42.5454  *)
(*4 *)(*m=2,n=1  α=43.4638  *)
(*5 *)(*m=2,n=3  α=45.1159  *)
(*6 *)(*m=2,n=2  α=52.1531  *)
(*7 *)(*m=3,n=3  α=57.6924  *)
(*8 *)(*m=3,n=1  α=72.7292  *)
(*9 *)(*m=3,n=2  α=78.1611  *)
(*10*)(*m=4,n=3  α=80.2131  *)
(*11*)(*m=4,n=1  α=101.811  *)
(*12*)(*m=4,n=2  α=105.68   *)
α= 105.68;
```

$$DD=\frac{EEh^3}{12(1-v^2)};$$

$$\omega=\alpha^2\sqrt{\frac{DD}{\rho h}};$$

$$f=\frac{\omega}{2\pi}$$

6.6　薄壳动力学基本原理

6.6.1　基本假设

薄壳理论假定壳体的材料是均匀的、连续的、各向同性的，并且应力与应变服从 Hooke(胡克)定律。薄壳理论认为壳体中的各点的位移较其厚度小得多，这样就可使关于薄壳动力学问题的方程式成为线性的。薄壳动力学理论采用如下 Kirchhoff-Love(克希霍夫-拉夫)假设：

(a) 变形前垂直于中面的法线在变形后仍然是直线，与变形后的中面保持垂直，且长度不变，也称直法线假设；

(b) 垂直于中面方向的应力与其他应力相比较可忽略不计；

(c) 相对壳体微元的移动惯性力，可忽略其转动惯性力矩；

(d) 法向挠度沿中曲面法线上各点是不变的。

前两条假设就是板壳理论的假设，第一个假设忽略了壳体的横向剪切变形和横向挤压变形；第二个假设忽略了壳体的横向挤压应力。这样，把薄壳看成由许多平行于中面的薄层组成，它们互不挤压，单独地变形而又保持直法线特性，于是薄壳的变形问题就可以转化为研究中面变形问题，三维问题就被简化为二维问题。假设(c)中，移动惯性力正比于板厚，而转动惯性力矩正比于截面惯性矩，即厚度的三次方，因此对于薄壁结构，可忽略转动惯性力矩。

现有的薄壳动力学与振动理论中，较为常用的有 Love 壳体理论，Flügge 壳体理论，Donnell 壳体理论，这三个经典理论的差别主要是曲率表达式、非中面应变表达式和内力表达式有所不同。

6.6.2 动力学方程建立

以图 6.5 所示的薄壁圆柱壳为例加以说明。在图中，L、R、H 分别为圆柱壳的长度、中面半径和壁厚。E、ν 和 ρ 分别为材料的弹性模量、泊松比和密度。

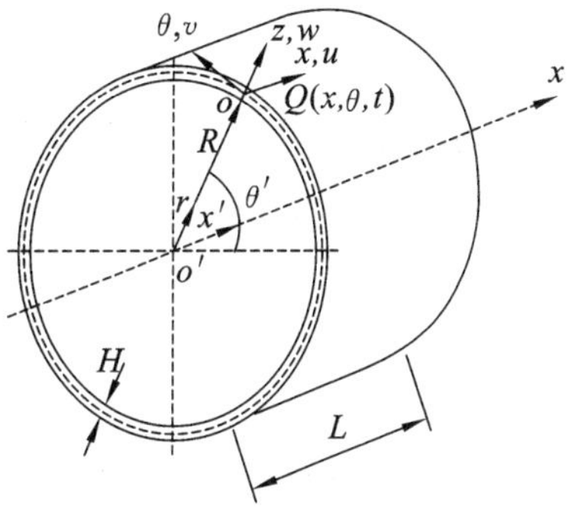

图 6.5 薄壁圆柱壳的力学模型

建立薄壁圆柱壳的柱坐标系 $o'x'\theta'r$，其坐标原点 o' 为薄壁圆柱壳其中一个端面的圆心点；x' 轴与薄壁圆柱壳的中心线重合；θ' 为薄壁圆柱壳端面上偏离初始位置的偏转角；r 为薄壁圆柱壳端面上的径向长度坐标，即端面上距离坐标原点的距离。建立薄壁圆柱壳圆壁中面坐标系 $ox\theta z$，该坐标系相当于将坐标系 $o'x'\theta'r$ 向 r 方向平移 R 距离，其中 R 为薄壁圆柱壳的中面半径，坐标原点 o 为薄壁圆柱壳其中一个端面上的中面点。x 轴与 x' 轴平行且方向一致；θ 轴与 θ' 轴重合且方向一致；z 轴与 r 轴重合，即表示到坐标原点 o' 的距离。

设 $u(x,\theta,t)$、$v(x,\theta,t)$ 和 $w(x,\theta,t)$ 分别为薄壁圆柱壳中面上任意一点在纵向 x、切向 θ 和径向 z 三个方向上的位移。

在圆柱壳体上取出一微元，如图 6.6 所示，沿 x，θ 方向的弧长为 $\mathrm{d}x$ 和 $R\mathrm{d}\theta$，在这些弧边上作用有五个内力分量和三个内力矩分量，分别为 N_x、N_θ、$N_{x\theta}$、Q_x、Q_θ 和 M_x、M_θ、$M_{x\theta}$，图中所示的均为各分量的正方向。将所有内力乘以所在边的弧长，所有外载荷及惯性力项乘以微元面积，并投影到 x、θ、z 三个方向，略去高阶小量，即可建立薄壳微元的动态平衡方程。

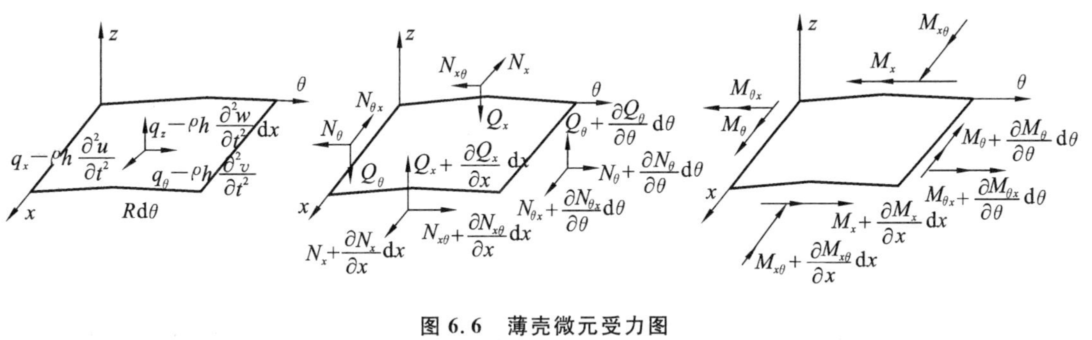

图 6.6 薄壳微元受力图

对于薄壳的小挠度变形的线性振动，基于 Love 壳体理论，建立薄壁圆柱壳的动力学基本方程，其过程如下。

(1) 薄壁圆柱壳的几何方程

薄壁圆柱壳的中面应变 $\varepsilon_x^{(0)}$、$\varepsilon_\theta^{(0)}$ 和剪应变 $\gamma_{x\theta}^{(0)}$ 表达式为：

$$\varepsilon_x^{(0)}=\frac{\partial u}{\partial x},\ \varepsilon_\theta^{(0)}=\frac{\partial v}{R\partial\theta}+\frac{w}{R},\ \gamma_{x\theta}^{(0)}=\frac{\partial v}{\partial x}+\frac{\partial u}{R\partial\theta} \tag{6.57}$$

薄壁圆柱壳变形时中面法线绕 x 轴和 θ 轴的转角 θ_x、θ_θ 为：

$$\theta_x=-\frac{\partial w}{\partial x}\quad \theta_\theta=\frac{v}{R}-\frac{\partial w}{R\partial\theta} \tag{6.58}$$

薄壁圆柱壳上任意一点的应变依赖于中面的应变和曲率变化及扭率变化，应变与位移的关系式为：

$$\varepsilon_x=\varepsilon_x^{(0)}+z\kappa_x\quad \varepsilon_\theta=\varepsilon_\theta^{(0)}+z\kappa_\theta\quad \gamma_{x\theta}=\gamma_{x\theta}^{(0)}+z\chi_{x\theta} \tag{6.59}$$

其中，z 表示任意一点到中面的距离。

中面曲率变化 κ_x，κ_θ 和扭率变化 $\chi_{x\theta}$ 分别定义为：

$$\kappa_x=-\frac{\partial^2 w}{\partial x^2},\kappa_\theta=\frac{1}{R^2}\left[\frac{\partial v}{\partial\theta}-\frac{\partial^2 w}{\partial\theta^2}\right],\chi_{x\theta}=\frac{1}{R}\left(\frac{\partial v}{\partial\theta}-2\frac{\partial^2 w}{\partial x\partial\theta}\right) \tag{6.60}$$

(2) 薄壁圆柱壳的物理方程

假设薄壁圆柱壳材料是均匀、连续、各向同性的，依据 Hooke 定律，薄壁圆柱壳的应力-应变关系可写为：

$$\sigma_x=\frac{E}{1-\mu^2}(\varepsilon_x+\mu\varepsilon_\theta),\sigma_\theta=\frac{E}{1-\mu^2}(\varepsilon_\theta+\mu\varepsilon_x),\sigma_{x\theta}=\frac{E}{2(1+\mu)}\gamma_{x\theta} \tag{6.61}$$

其中，σ_x 为 x 方向应力，σ_θ 为 θ 方向应力，$\sigma_{x\theta}$ 为 x-θ 平面内剪应力。

(3) 薄壁圆柱壳的内力与内力矩

弹性体因受力发生变形，而在内部产生应变和应力。基于应变与应力，薄壁圆柱壳的各个内力分量和内力矩的具体表达式为：

$$\begin{cases} N_x=\int_{-H/2}^{H/2}\sigma_x\mathrm{d}z \\ N_\theta=\int_{-H/2}^{H/2}\sigma_\theta\mathrm{d}z \\ N_{x\theta}=\int_{-H/2}^{H/2}\sigma_{x\theta}\mathrm{d}z \\ M_x=\int_{-H/2}^{H/2}\sigma_x z\,\mathrm{d}z \\ M_\theta=\int_{-H/2}^{H/2}\sigma_\theta z\,\mathrm{d}z \\ M_{x\theta}=\int_{-H/2}^{H/2}\sigma_{x\theta} z\,\mathrm{d}z \end{cases} \tag{6.62}$$

其中，N_x 和 N_θ 为中面上单位长度的薄膜力；$N_{x\theta}$ 为中面上单位长度的薄膜剪切力；M_x 和 M_θ 为中面上单位长度的弯矩；$M_{x\theta}$ 为中面上单位长度的扭矩。

将式(6.57)～式(6.61)代入式(6.62)，即可求得内力与中面应变和中面曲率变化、扭率变化的关系，即：

$$\begin{cases} N_x = K(\varepsilon_x^{(0)} + \mu\varepsilon_\theta^{(0)}) \\ N_\theta = K(\varepsilon_\theta^{(0)} + \mu\varepsilon_x^{(0)}) \\ N_{x\theta} = K\dfrac{1-\mu}{2}\gamma_{x\theta}^{(0)} \\ M_x = D(\kappa_x + \mu\kappa_\theta) \\ M_\theta = D(\kappa_\theta + \mu\kappa_x) \\ M_{x\theta} = D\dfrac{1-\mu}{2}\chi_{x\theta} \end{cases} \tag{6.63}$$

其中，K 为薄膜刚度，$K=\dfrac{EH}{1-\mu^2}$；D 为弯曲刚度，$D=\dfrac{EH^3}{12(1-\mu^2)}$。

(4) 薄壁圆柱壳振动微分方程

应用前面的微元受力平衡原理，或者采用 Hamilton 原理，可以得到薄壁圆柱壳的振动微分方程为：

$$\rho H\frac{\partial^2 u}{\partial t^2}=\frac{\partial N_x}{\partial x}+\frac{1}{R}\frac{\partial N_{x\theta}}{\partial\theta}+q_x(x,\theta,t) \tag{6.64a}$$

$$\rho H\frac{\partial^2 v}{\partial t^2}=\frac{1}{R}\frac{\partial N_\theta}{\partial\theta}+\frac{\partial N_{x\theta}}{\partial x}+\frac{1}{R^2}\frac{\partial M_\theta}{\partial\theta}+\frac{1}{R}\frac{\partial M_{x\theta}}{\partial x}+q_\theta(x,\theta,t) \tag{6.64b}$$

$$\rho H\frac{\partial^2 w}{\partial t^2}=\frac{\partial^2 M_x}{\partial x^2}+\frac{1}{R^2}\frac{\partial^2 M_\theta}{\partial\theta^2}+\frac{2}{R}\frac{\partial^2 M_{x\theta}}{\partial x\partial\theta}-\frac{1}{R}N_\theta+q_z(x,\theta,t) \tag{6.64c}$$

其中，$\rho H\dfrac{\partial^2 u}{\partial t^2}$、$\rho H\dfrac{\partial^2 v}{\partial t^2}$、$\rho H\dfrac{\partial^2 w}{\partial t^2}$为惯性力项，$q_x$、$q_\theta$、$q_z$ 为作用在圆柱壳上点 x、θ、z 方向的外力。

上式给出了由内力和内力矩表示的旋转薄壁圆柱壳的振动微分方程，分别为旋转薄壁圆柱壳的纵向振动、切向振动和径向振动微分方程。

进一步整理可得

$$\boldsymbol{LU}-\rho H\ddot{\boldsymbol{U}}=-\boldsymbol{Q} \tag{6.65}$$

其中，"·"表示对时间求导。$\boldsymbol{L}$、$\boldsymbol{U}$、$\boldsymbol{Q}$ 分别为：

$$\boldsymbol{L}=\begin{bmatrix} L_{11} & L_{12} & L_{13} \\ L_{21} & L_{22} & L_{23} \\ L_{31} & L_{32} & L_{33} \end{bmatrix},\quad \boldsymbol{U}=\begin{bmatrix} u(x,\theta,t) \\ v(x,\theta,t) \\ w(x,\theta,t) \end{bmatrix},\quad \boldsymbol{Q}=\begin{bmatrix} q_x(x^*,\theta^*,t) \\ q_\theta(x^*,\theta^*,t) \\ q_z(x^*,\theta^*,t) \end{bmatrix} \tag{6.66}$$

式中，L_{ij} 为微分算子，其表达式为：

$$L_{11}=K\frac{\partial^2}{\partial x^2}+K\frac{1-\mu}{2R^2}\frac{\partial^2}{\partial\theta^2},L_{12}=K\frac{1+\mu}{2R}\frac{\partial^2}{\partial x\partial\theta},L_{13}=K\frac{\mu}{R}\frac{\partial}{\partial x}$$

$$L_{21}=K\frac{1+\mu}{2R}\frac{\partial^2}{\partial x\partial\theta},L_{22}=K\frac{1-\mu}{2}\frac{\partial^2}{\partial x^2}+D\frac{1-\mu}{2R^2}\frac{\partial^2}{\partial x^2}+K\frac{1}{R^2}\frac{\partial^2}{\partial\theta^2}+D\frac{1}{R^4}\frac{\partial^2}{\partial\theta^2}$$

$$L_{23}=K\frac{1}{R^2}\frac{\partial}{\partial\theta}-D\frac{1}{R^4}\frac{\partial^3}{\partial\theta^3}-D\frac{1}{R^2}\frac{\partial^3}{\partial x^2\partial\theta},\ L_{31}=-K\frac{\mu}{R}\frac{\partial}{\partial x}$$

$$L_{32}=-K\frac{1}{R^2}\frac{\partial}{\partial\theta}+D\frac{1}{R^4}\frac{\partial^3}{\partial\theta^3}+D\frac{1}{R^2}\frac{\partial^3}{\partial x^2\partial\theta}$$

$$L_{33}=-K\frac{1}{R^2}-D\frac{\partial^4}{\partial x^4}-D\frac{1}{R^4}\frac{\partial^4}{\partial\theta^4}-D\frac{2}{R^2}\frac{\partial^4}{\partial x^2\partial\theta^2}$$

(5) 圆柱壳的边界条件

式(6.64)所示的薄壳振动基本微分方程，是关于中面位移 u,v,w 的高阶微分方程，求解时需要给定相应的边界条件。

考虑简支-简支、固支-固支、自由-自由、固支-自由四种不同的边界条件，这四种边界条件下的力和位移的约束情况如表 6.3 所示。

表 6.3 不同约束条件下的边界条件

约束位置	简支-简支(S-S)	固支-固支(C-C)
$x=0$	$v=w=N_x=M_x=0$	$u=v=w=\theta_x=0$
$x=L$	$v=w=N_x=M_x=0$	$u=v=w=\theta_x=0$
约束位置	自由-自由(F-F)	固支-自由(C-F)
$x=0$	$M_x=N_x=V_x=S_x=0$	$u=v=w=\theta_x=0$
$x=L$	$M_x=N_x=V_x=S_x=0$	$M_x=N_x=V_x=S_x=0$

在表 6.3 中，除了位移 u、v、w 和剪力、剪力矩之外，引入了等效 Kirchhoff 面内切力 V_x 和横向剪力 S_x，其表达式如下：

$$\begin{cases} V_x = Q_x + \dfrac{1}{R}\dfrac{\partial M_{x\theta}}{\partial \theta} \\ S_x = N_{x\theta} + \dfrac{1}{R}M_{x\theta} \end{cases} \tag{6.67}$$

6.7 薄壁圆柱壳的固有特性

基于上述薄壁圆柱壳线性振动方程，本节给出在不同边界条件下薄壁圆柱壳固有特性的分析方法。

首先针对两端简支边界条件的薄壁圆柱壳，给出固有特性的精确解析分析结果。对于固支、自由等其他边界条件的情况，由于很难给出精确的、符合边界条件的振型函数，不能直接得到固有频率的精确解析表达式。考虑到薄壁圆柱壳的轴向振型接近于相应边界条件的梁的振型函数，因此可用轴向梁函数和轴向三角函数的组合来逼近薄壁圆柱壳的振型函数，即采用梁振型函数法近似解决非简支边界条件下的薄壁圆柱壳的固有特性解析分析问题。

(1) 两端简支边界条件

简支边界条件就是使壳体端部边界各点的法向与切向移动受约束，转动与轴向移动自由。

设薄壳体某一曲面上一点的轴向、切向、法向位移分别为 u、v 和 w，则按照弹性薄壳振动的一般理论，对任意的轴向半波数 m、周向波数 n，薄壁圆柱壳的振动位移写成如下形式：

$$u(x,\theta,t) = \sum_{m=0}^{\infty}\sum_{n=0}^{\infty} U_{mn}(x,\theta)\sin\omega_{mn}t \tag{6.68a}$$

$$v(x,\theta,t) = \sum_{m=0}^{\infty}\sum_{n=0}^{\infty} V_{mn}(x,\theta)\sin\omega_{mn}t \tag{6.68b}$$

$$w(x,\theta,t) = \sum_{m=0}^{\infty}\sum_{n=0}^{\infty} W_{mn}(x,\theta)\sin\omega_{mn}t \tag{6.68c}$$

其中，$U(x,\theta)$、$V(x,\theta)$、$W(x,\theta)$ 为振型函数，它们是 x、θ 的函数；ω_{mn} 为固有频率。

对于两端简支边界条件下的薄壁圆柱壳，振动位移可设成如下形式：

$$\begin{cases} u(x,\theta,t)=\sum_{m=0}^{\infty}\sum_{n=0}^{\infty}A_{mn}\cos\dfrac{m\pi x}{L}\cos n\theta\sin\omega_{mn}t \\ v(x,\theta,t)=\sum_{m=0}^{\infty}\sum_{n=0}^{\infty}B_{mn}\sin\dfrac{m\pi x}{L}\sin n\theta\sin\omega_{mn}t \\ w(x,\theta,t)=\sum_{m=0}^{\infty}\sum_{n=0}^{\infty}C_{mn}\sin\dfrac{m\pi x}{L}\cos n\theta\sin\omega_{mn}t \end{cases} \tag{6.69}$$

式中，A_{mn}、B_{mn}、C_{mn}为待定系数，分别表示三个方向的振幅。

将式(6.69)代入式(6.64)，化简得：

$$\begin{cases} (\lambda^2-S_{11})A_{mn}+S_{12}B_{mn}+S_{13}C_{mn}=0 \\ S_{21}A_{mn}+(\lambda^2-S_{22})B_{mn}+S_{23}C_{mn}=0 \\ S_{31}A_{mn}+S_{32}B_{mn}+(\lambda^2-S_{33})C_{mn}=0 \end{cases} \tag{6.70}$$

其中，$S_{11}=\left(m\pi\dfrac{R}{L}\right)^2+\dfrac{1-\mu}{2}n^2$，$S_{12}=S_{21}=\dfrac{1+\mu}{2}\left(m\pi\dfrac{R}{L}\right)n$，$S_{13}=S_{31}=\left(m\pi\dfrac{R}{L}\right)\mu$，$S_{22}=\dfrac{1-\mu}{2}\left(m\pi\dfrac{R}{L}\right)^2+n^2$，$S_{32}=S_{23}=-n$，$S_{33}=1+\dfrac{H^2}{12R^2}\left[\left(m\pi\dfrac{R}{L}\right)^2+n^2\right]^2$，$\lambda^2=\dfrac{\rho R^2\omega^2(1-\mu^2)}{E}$。

要使A_{mn}、B_{mn}、C_{mn}有非零解，则方程式(6.70)的系数矩阵的行列式为零，即：

$$\begin{vmatrix} \lambda^2-S_{11} & S_{12} & S_{13} \\ S_{21} & \lambda^2-S_{22} & S_{23} \\ S_{31} & S_{32} & \lambda^2-S_{33} \end{vmatrix}=0 \tag{6.71}$$

将上式展开，可求得λ，继续求解可得ω。对应于一组确定的m、n，将有三个固有频率。对应于每个频率，可以求得一组振型。

(2) 其他边界条件

对于不同边界条件，如两端固支、一端固支一端自由、一端固支一端简支等边界条件的情况，采用轴向梁函数和轴向三角函数组合的方法来近似描述薄壁圆柱壳的轴向振型函数。

设不同边界条件下的薄壁圆柱壳的振动位移可设成如下以梁函数组合为振型函数的形式，即：

$$\begin{cases} u(x,\theta,t)=\sum_{n=1}^{\infty}U\dfrac{\mathrm{d}\varphi(x)}{\mathrm{d}(x/L)}\cos(n\theta)\cos(\omega t) \\ v(x,\theta,t)=\sum_{n=1}^{\infty}V\varphi(x)\sin(n\theta)\cos(\omega t) \\ w(x,\theta,t)=\sum_{n=1}^{\infty}W\varphi(x)\cos(n\theta)\cos(\omega t) \end{cases} \tag{6.72}$$

其中，$\varphi(x)$为与轴向两端边界条件相应的梁振型函数，其表达式为：

$$\varphi(x)=a_1\cosh\left(\frac{\lambda_m x}{L}\right)+a_2\cos\left(\frac{\lambda_m x}{L}\right)-\sigma_m\left[a_3\sinh\left(\frac{\lambda_m x}{L}\right)+a_4\sin\left(\frac{\lambda_m x}{L}\right)\right] \tag{6.73}$$

三种不同边界条件下的振型函数的具体表达式如下：

① 两端固支：

$$\begin{cases} \cosh\lambda_m\cos\lambda_m=1 \quad \sigma_m=\dfrac{\sinh\lambda_m+\sin\lambda_m}{\cosh\lambda_m-\cos\lambda_m} \\ a_1=a_3=1 \qquad a_2=a_4=-1 \end{cases} \tag{6.74}$$

② 一端固支一端自由：

$$\begin{cases}\cosh\lambda_m\cos\lambda_m=-1 & \sigma_m=\dfrac{\sinh\lambda_m-\sin\lambda_m}{\cosh\lambda_m+\cos\lambda_m}\\ a_1=a_3=1 & a_2=a_4=-1\end{cases}\tag{6.75}$$

③ 一端固支一端简支：

$$\begin{cases}\tan\lambda_m=\tanh\lambda_m & \sigma_m=\dfrac{\cosh\lambda_m+\cos\lambda_m}{\sinh\lambda_m+\sin\lambda_m}\\ a_1=a_3=1 & a_2=a_4=-1\end{cases}\tag{6.76}$$

把振型函数式(6.73)代入式(6.64)，进行 Galerkin 离散后可得：

$$\int_0^L\int_0^{2\pi}(L_{ij}u+L_{ij}v+L_{ij}w)\Phi_s(x,\theta)r\mathrm{d}\theta\mathrm{d}x=0\quad(i,j=1,2,3;s=u,v,w)\tag{6.77}$$

其中

$$\begin{cases}\Phi_u(x,\theta)=\dfrac{\mathrm{d}\varphi(x)}{\mathrm{d}(x/L)}\cos(n\theta)\\ \Phi_v(x,\theta)=\varphi(x)\sin(n\theta)\\ \Phi_w(x,\theta)=\varphi(x)\cos(n\theta)\end{cases}\tag{6.78}$$

对式(6.77)进行积分整理，可得薄壁圆柱壳的固有频率方程为：

$$\begin{bmatrix}\omega_s^2+c_{11} & c_{12} & c_{13}\\ c_{21} & \omega_s^2+c_{22} & c_{23}\\ c_{31} & c_{32} & \omega_s^2+c_{33}\end{bmatrix}\begin{bmatrix}U\\V\\W\end{bmatrix}=0\tag{6.79}$$

式中，方程系数 $c_{ij}(i=1,2,3;\ j=1,2,3)$ 具体表达式如下：

$$c_{11}=\omega^2+\frac{K}{\rho H}\left[T_1-\frac{n^2(1-\mu)}{2R^2}\right],c_{12}=K\frac{n(1+\mu)}{2\rho HRL},c_{13}=K\frac{\mu}{\rho HRL}$$

$$c_{21}=-K\frac{n(1+\mu)L}{2\rho HR}T_2,c_{22}=\omega^2+\frac{KR^2+D}{\rho HR^2}\left[\frac{1-\mu}{2}T_2-\frac{n^2}{R^2}\right]$$

$$c_{23}=c_{32}=\frac{Dn}{\rho HR^2}\left(T_2-\frac{n^2}{R^2}\right)-\frac{Kn}{\rho HR^2},c_{31}=-K\frac{\mu L}{\rho HR}T_2$$

$$c_{33}=\omega^2+D\frac{n^2}{\rho HR^2}\left(2T_2-\frac{n^2}{R^2}\right)-\frac{Kn}{\rho HR^2}-\frac{D}{\rho H}T_3$$

其中，$T_1=\dfrac{\int_0^L\varphi'(x)\varphi'''(x)\mathrm{d}x}{\int_0^L\varphi'(x)\varphi'(x)\mathrm{d}x}$，$T_2=\dfrac{\int_0^L\varphi(x)\varphi''(x)\mathrm{d}x}{\int_0^L\varphi(x)\varphi(x)\mathrm{d}x}$，$T_3=\dfrac{\int_0^L\varphi(x)\varphi'''(x)\mathrm{d}x}{\int_0^L\varphi(x)\varphi(x)\mathrm{d}x}$。

由方程式(6.79)有非平凡解的条件可得到薄壁圆柱壳系统的固有频率方程如下：

$$\omega_s^6+\omega_s^4\beta_1+\omega_s^2\beta_2+\beta_3=0\tag{6.80}$$

其中，β_i 为方程系数。

6.8 薄壁圆柱壳动力学分析算例

计算中径为 143 mm，长度为 95 mm，壁厚为 2 mm 的薄壁圆柱壳在不同边界下的固有频率。材料参数为密度 $\rho=7850\ \mathrm{kg/m^3}$，弹性模量 $E=212$ GPa，泊松比 $\nu=0.3$。

(1) 两端简支薄壁圆柱壳的固有特性

根据上述基于 Love 壳体理论的薄壁圆柱壳线性振动的固有特性计算方法，计算在两端简支边界条件下薄壁圆柱壳的固有频率(轴向半波数 $m=1$)，计算结果分别如表 6.4 和图 6.7 所示。将该解析计算结果与有限元计算结果进行对比，具有一致性。

表 6.4 两端简支薄壁圆柱壳的固有频率 单位:Hz

周向波数 n	解析解	有限元解	周向波数 n	解析解	有限元解
1	5697.2	5562.4	10	3377.3	3170.1
2	4899.7	4903.9	11	3779.4	3630.8
3	4136.3	4134.7	12	4263.4	4169.7
4	3545.1	3443.9	13	4819.3	4776.2
5	3136.3	2919.8	14	5439.9	5444.5
6	2896.7	2597.3	15	6120.3	6171.5
7	2814.4	2484.1	16	6857.4	6955.7
8	2877.5	2564.6	17	7648.9	7796.3
9	3071.1	2805.3	18	8493.2	8693.2

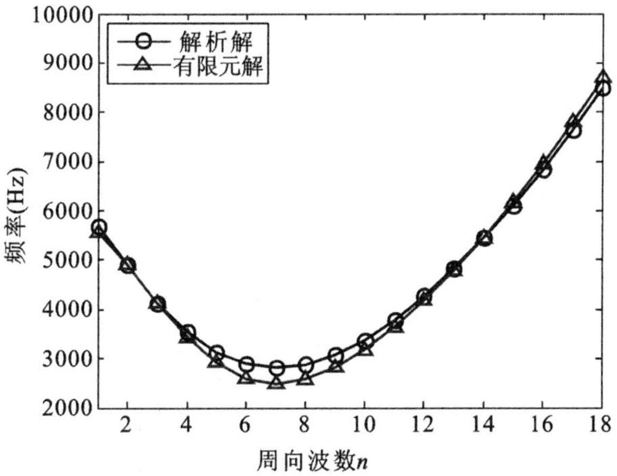

图 6.7 两端简支薄壁圆柱壳固有频率比较

从表 6.4 和图 6.7 中可以看出，当周向波数 n 增大时，利用 Love 壳体理论得出的两端简支薄壁圆柱壳的固有频率解析解先减小后增大；计算得到的有限元解，在与解析解具有相同周向波数的各对应阶次，其固有频率变化趋势与解析解相同。且在 3500 ～8000 Hz 范围内，解析解和有限元解的值吻合度较好，3500 Hz 以下的低阶固有频率相差稍大。

(2) 其他不同边界条件下薄壁圆柱壳固有特性的计算

分别针对两端固支、一端固支一端自由、一端固支一端简支等边界条件，对薄壁圆柱壳进行计算分析，所得结果(包括用于对比的有限元计算结果)分别如表 6.5～表 6.7 所示，对应的绘制曲线如图 6.8～图 6.10 所示。

表 6.5　两端固支薄壁圆柱壳的固有频率　　单位：Hz

周向波数 n	解析解	有限元解	周向波数 n	解析解	有限元解
1	5881.1	5677.7	10	3726.3	3464.0
2	5209.4	5046.9	11	4100.5	3897.6
3	4522.2	4316.6	12	4559.5	4411.0
4	3966.6	3672.3	13	5093.7	4995.0
5	3571.6	3196.7	14	5696.0	5643.8
6	3332.5	2914.7	15	6361.1	6353.9
7	3239.4	2823.1	16	7085.3	7123.4
8	3282.2	2902.5	17	7865.9	7951.2
9	3449.0	3125.2	18	8701.2	8836.9

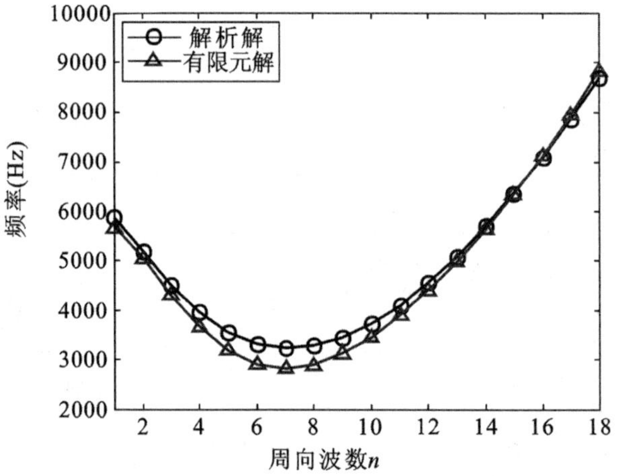

图 6.8　两端固支薄壁圆柱壳固有频率比较

表 6.6　一端固支一端自由薄壁圆柱壳的固有频率　　单位：Hz

周向波数 n	解析解	有限元解	周向波数 n	解析解	有限元解
1	4935.9	4453.1	10	2552.4	2610.6
2	3636.1	3095.4	11	3010.5	3120.2
3	2700.8	2230.0	12	3536.6	3687.3
4	2168.8	1700.6	13	4123.7	4309.7
5	1858.1	1425.2	14	4767.4	4986.7
6	1717.5	1374.3	15	5465.0	5718.0
7	1733.7	1513.0	16	6215.0	6503.8
8	1893.3	1790.0	17	7016.2	7344.5
9	2174.1	2163.6	18	7868.0	8240.4

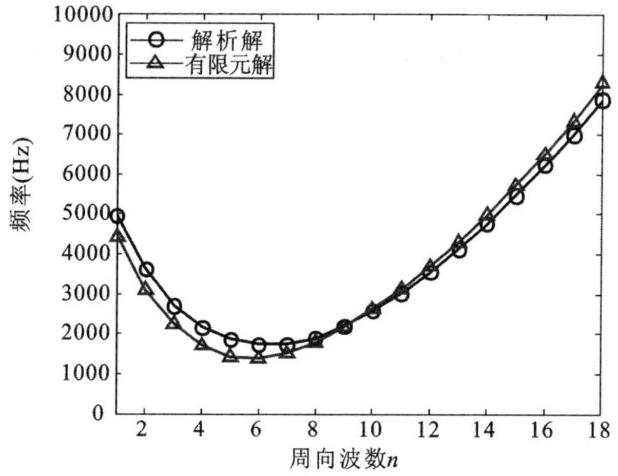

图 6.9　一端固支一端自由薄壁圆柱壳固有频率比较

表 6.7　一端固支一端简支薄壁圆柱壳的固有频率　单位：Hz

周向波数 n	解析解	有限元解	周向波数 n	解析解	有限元解
1	5790.8	5608.6	10	3560.9	3303.8
2	5077.8	4967.8	11	3948.5	3751.4
3	4360.7	4219.1	12	4420.2	4278.5
4	3786.7	3551.2	13	4965.8	4874.8
5	3380.6	3050.4	14	5578.0	5534.4
6	3136.2	2746.9	15	6251.7	6254.1
7	3043.8	2643.0	16	6983.2	7031.9
8	3093.0	2721.5	17	7770.1	7867.0
9	3270.5	2952.2	18	8610.7	8759.0

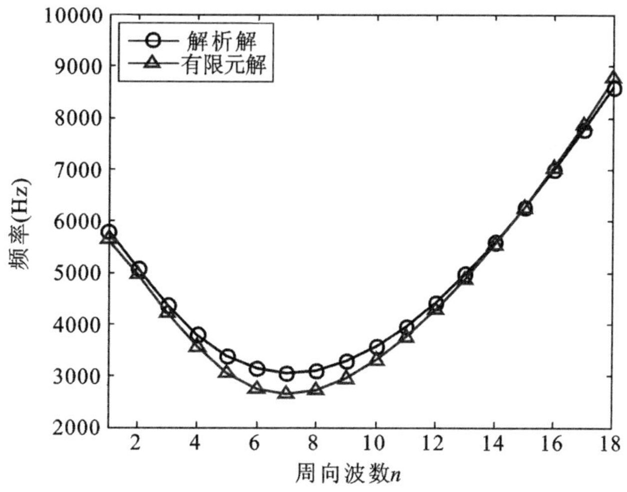

图 6.10　一端固支一端简支薄壁圆柱壳固有频率比较

通过比较可以看出，薄壁圆柱壳在两端简支和一端固支一端简支的情况下，解析法与有限元法的吻合度较高，而一端固支一端自由的解析法结果与有限元法结果在周向波数小于 7 的时候相差稍大。

7 转子系统动力学

旋转机械中的转轴以及安装在其上的叶片、轮盘或叶轮等旋转类部件被统称为转子系统。转子系统及其支承结构的动力学特性对机器性能有较大影响，转子系统动力学或转子动力学研究具有重要的理论和工程意义，是机械系统动力学的一个分支。转子动力学的研究内容主要包括转子弯曲振动的形式、临界转速的特性、不平衡响应和稳定性，此外还涉及转子动平衡、瞬态响应，以及转子系统的扭转振动分析等。

旋转机械的工作转速低于最低临界转速时，在很多情况下，其转子系统为刚性的，转子系统振动主要受到旋转圆盘偏心质量的影响，即圆盘的质心不在回转轴线上。转子系统在经过临界转速时会发生剧烈的振动，超过临界转速的柔性转子系统具有不同于刚性转子系统的运动特性和动力学特性。在转子动力学中，刚性和柔性转子系统的临界转速与不平衡响应分析是最基本的研究内容。

7.1 转子系统涡动运动的基本特性

本节以刚性支承下的 Jeffcott 转子系统为对象，对转子系统的涡动特性、固有特性、临界转速与不平衡响应运动特征进行介绍。

Jeffcott 转子系统是一个刚体圆盘安装在两个支承中间的转轴上，把轴视为具有一定弯曲刚度和无限大扭转刚度的无质量弹性轴。利用刚性支承的 Jeffcott 转子系统，可以揭示转子系统在不平衡质量的离心力作用下的涡动运动，并对临界转速进行定义，对转子系统的共振特性进行分析，以明确表征转子系统的典型运动和动力学特征。

7.1.1 基本力学原理

具有刚性支承、结构对称、各向同性特点的 Jeffcott 转子系统如图 7.1 所示，相应的简化力学原理如图 7.2 所示。设 $Axyz$ 为固定坐标系，Az 轴为两个刚性支点所确定的回转定轴。在两支点的中间位置安装质量为 m 的刚性圆盘，并设无质量弹性轴的弯曲刚度为 EI。忽略圆盘重力的影响，且转轴没有静弯曲变形。

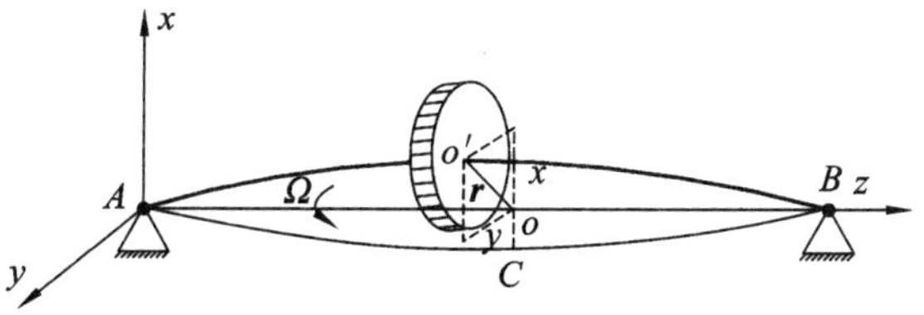

图 7.1 Jeffcott 转子系统结构示意图

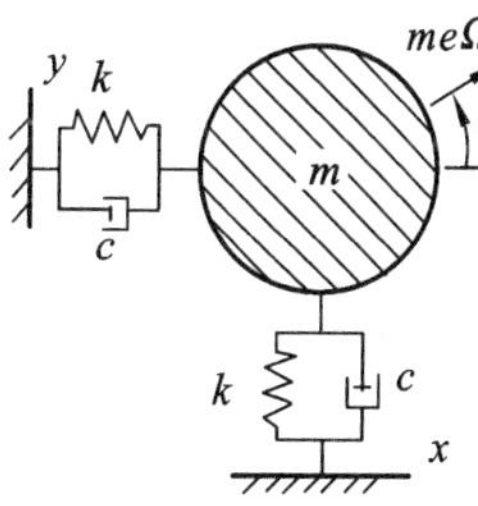

图 7.2 Jeffcott 转子系统的简化力学原理

设转轴的旋转角速度为Ω，该运动为转子的自转运动。在旋转过程中，如果转轴的刚度相对于支承刚度较小，则转轴可以产生弹性弯曲变形，该变形形式与转轴动特性有关。

在转子的运动过程中，转轴的弯曲变形可以利用圆盘中心o'的位置变化来表征，并以固定坐标系$Axyz$作为参考系，o'的坐标用x、y表示。在这里，设圆盘在旋转过程中不发生摆动而保持平稳（圆盘平面的法线方向保持不变），圆盘中心o'偏离对应的回转轴z上对应的回转中心o的矢量$\boldsymbol{r}$即为圆盘中心o'的动态位置，$\boldsymbol{r}=\overline{oo'}$，即$\boldsymbol{r}$是从不动的回转轴线$AB$上的$o$点出发的矢量位移。

根据图7.2所示的转子系统力学原理，假设圆盘处于自由状态，受到外扰动后，圆盘运动的惯性力与转轴变形的弹性恢复力相平衡，在固定坐标系Axy内圆盘的运动微分方程为：

$$m\ddot{x}+kx=0,m\ddot{y}+ky=0 \tag{7.1}$$

式中，m为圆盘的质量，k为转轴的刚度系数。对于图7.1所示的圆盘处于转轴中心位置的对称转轴情况，$k=\frac{48EI}{l^3}$，l为转轴长度，EI为转轴弯曲刚度。

7.1.2 转子系统的自由振动特性

令该对称转子系统的固有频率为：

$$\omega_n=\sqrt{\frac{k}{m}} \tag{7.2}$$

为简化标记，记$z=x+\mathrm{i}y$，将上式改写为变量z表达的形式为：

$$\ddot{z}+\omega_n^2 z=0 \tag{7.3}$$

$$z=B_1\mathrm{e}^{\mathrm{i}\omega_n t}+B_2\mathrm{e}^{-\mathrm{i}\omega_n t} \tag{7.4}$$

式中，B_1、B_2为待定常数，可由初始横向干扰条件确定。

由上式可知，圆盘中心o'的运动是在两个互相垂直的方向上做频率为ω_n的简谐运动，由于初始条件不同，o'的运动轨迹可以为一个圆或一个椭圆。圆盘中心的这种运动是一种涡动运动，固有频率ω_n对应着的角速度称为涡动角速度。

转子涡动运动也称为转子的进动。在上式表示的转子系统圆盘运动解中，第一项是半径为$|B_1|$的逆时针方向的运动，与转动角速度Ω同向，称为正进动；第二项是半径为$|B_2|$的顺时针即与Ω反方向的运动，称为反进动。圆盘中心o'的运动轨迹就是这两种进动的合成。

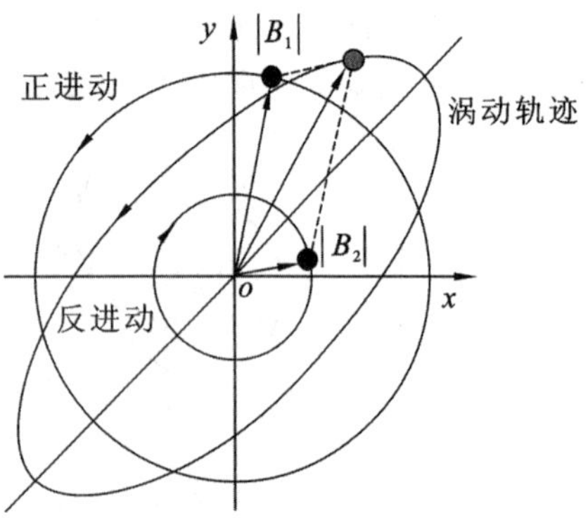

图 7.3 圆盘中心的进动及其合成

圆盘中心的涡动运动可能出现如下几种不同的情况：(1) $B_1\neq0$，$B_2=0$，涡动为正进动，轨迹为圆，其半径为$|B_1|$；(2) $B_1=0$，$B_2\neq0$，涡动为反进动，轨迹为圆，其半径为$|B_2|$；(3) $B_1=B_2$，涡动为直线，o'做直线简谐运动；(4) $B_1\neq B_2$，轨迹为椭圆，$|B_1|>|B_2|$时o'做正进动，$|B_1|<|B_2|$时o'做反进动，如图7.3所示。

当考虑转子系统的阻尼因素时，转子的涡动是衰减的，圆盘轴心轨迹将绕回转中心o逐渐缩小直至消失。

7.1.3 不平衡激励下的转子系统振动响应

假设转子受到圆盘偏心质量所导致的离心力作用,该离心力与转轴变形的弹性恢复力、圆盘运动的惯性力相平衡。在固定坐标系 Axy 内圆盘的运动微分方程如下:

$$\begin{cases} m\ddot{x}+kx=me\Omega^2\cos(\Omega t) \\ m\ddot{y}+ky=me\Omega^2\sin(\Omega t) \end{cases} \tag{7.5}$$

式中,e 为圆盘的不平衡量。圆盘的质量偏心 me 还可以看成是在原无偏心的均质圆盘外沿半径 R' 处附加一个小的偏心质量造成的,设小偏心质量为 m',到 o' 的距离为 R',有 $me=m'R'$。

上式可化为

$$\begin{cases} \ddot{x}+\omega_n^2 x=e\Omega^2\cos(\Omega t) \\ \ddot{y}+\omega_n^2 y=e\Omega^2\sin(\Omega t) \end{cases} \tag{7.6}$$

记 $z=x+\mathrm{i}y$,将上式改写为变量 z 表达的方式,有:

$$\ddot{z}+\omega_n^2 z=e\Omega^2\exp(\mathrm{i}\Omega t) \tag{7.7}$$

其特解为:

$$z=A\exp(\mathrm{i}\Omega t),\text{即 } z=\frac{e(\Omega/\omega_n)^2}{1-(\Omega/\omega_n)^2}\exp(\mathrm{i}\Omega t) \tag{7.8}$$

对应的振幅幅值为:

$$|A|=\left|\frac{e\Omega^2}{\omega_n^2-\Omega^2}\right|=\left|\frac{e(\Omega/\omega_n)^2}{1-(\Omega/\omega_n)^2}\right| \tag{7.9}$$

由此得到转子系统的不平衡响应为:

$$\begin{cases} x=\dfrac{e(\Omega/\omega_n)^2}{1-(\Omega/\omega_n)^2}\cos(\Omega t) \\ y=\dfrac{e(\Omega/\omega_n)^2}{1-(\Omega/\omega_n)^2}\sin(\Omega t) \end{cases} \tag{7.10}$$

由上式可知,在圆盘的不平衡量作用下,圆盘中心 o' 做回转频率为 Ω 的简谐运动,也是一种进动或涡动。这种圆盘偏离原平衡位置、转轴绕回转线(即支承连线)的公转运动也称为“弓形回转”。

对比原不平衡激励表达式 $F_x=me\Omega^2\cos(\Omega t)$,$F_y=me\Omega^2\sin(\Omega t)$的相位关系可知,当 $\Omega<\omega_n$ 时,圆盘中心 o' 的运动 x、y 与 F_x、F_y 同相位;当 $\Omega>\omega_n$ 时为反相位,即相位差为180°。这两种情况可以用图 7.4 加以说明。在正常运转情况下,o、o' 和圆盘质心 c 三个点始终在同一直线上,该直线绕 o 点以角速度 Ω 转动,即 o' 和 c 做同步进动,两者的轨迹是半径不相等的同心圆。当 $\Omega<\omega_n$ 时,$A>0$,o' 点和 c 点在 o 点的同一侧,如图 7.4(a)所示;当 $\Omega>\omega_n$ 时,$A<0$ 但 $|A|>e$,c 在 o 和 o' 之间,如图 7.4(b)所示,称为“质心反转”。而当 $\Omega\gg\omega_n$ 时,则有 $A\approx-e$,或 $\overline{oo'}\approx-\overline{o'c}$,则圆盘质心 c 近似地落在回转中心点 o 上,这种情况下的转子系统振动相对很小,称为“自动对心”。

同步正向涡动如图 7.5(a)所示。同步正向涡动时,转子的轴向纤维不受交变力。在一些特殊情况下转子系统出现反向涡动,如图 7.5(b)所示。处于反向涡动的转子系统,转轴的轴向纤维承受交变应力,很容易发生疲劳失效。

由振幅公式(7.9)还可以看出,当 $\Omega=\omega_n$ 时,振幅会趋向于无穷大,$A\to\infty$,这是典型的共振情况。实际上由于阻尼的存在,振幅 $|A|$ 不可能是无穷大而是为较大值,转轴的振动会非常

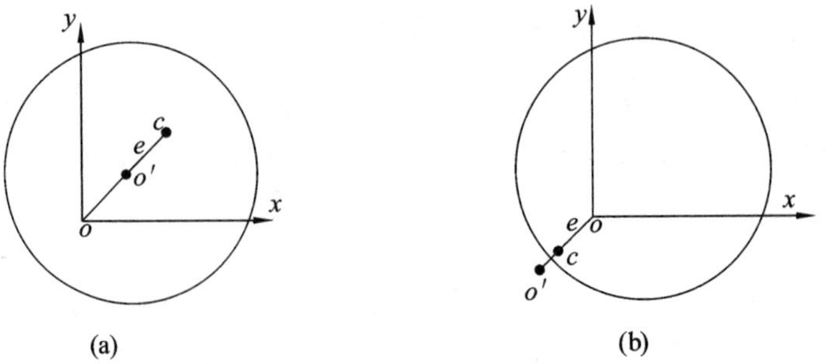

图 7.4　无阻尼情况下固定中心、回转中心和质心之间的关系

(a)$\Omega<\omega_n$；(b)$\Omega>\omega_n$

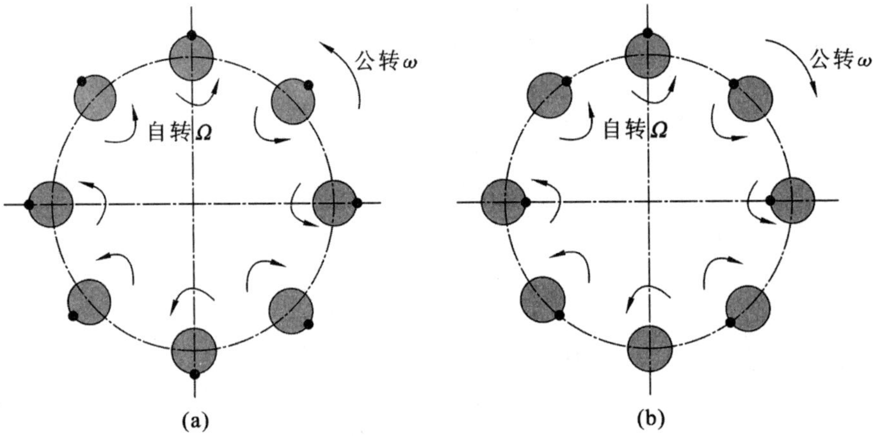

图 7.5　转子系统正向和反向涡动

(a)正向涡动；(b)反向涡动

剧烈。这时，转子系统的固有频率 ω_n 所对应的转轴转速称为转子系统的“临界转速”，即 $n_c=\dfrac{30\omega_n}{\pi}$(单位为 r/min)。

一般地，如果 Jeffcott 转子系统的工作转速小于临界转速，则称为刚性转子系统，反之称为柔性转子系统。

7.1.4　含黏性阻尼转子系统的不平衡振动响应

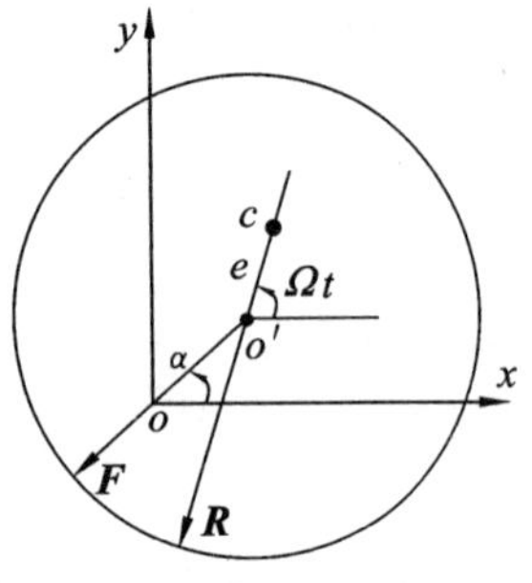

图 7.6　圆盘偏心的几何关系

对于考虑转子系统存在黏性阻尼的情况，设圆盘在瞬时 t 的运动状态如图 7.6 所示，其质心 c 和圆盘中心 o' 的几何关系如下式所示：

$$\begin{cases}x_c=x+e\cos(\Omega t)\\ y_c=y+e\sin(\Omega t)\end{cases}\tag{7.11}$$

对上式求导得到质心 c 的加速度在坐标轴上的投影为：

$$\begin{cases}\ddot{x}_c=\ddot{x}-e\Omega^2\cos(\Omega t)\\ \ddot{y}_c=\ddot{y}-e\Omega^2\sin(\Omega t)\end{cases}\tag{7.12}$$

其中，$e=o'c$ 为圆盘的偏心距。

圆盘惯性力与转轴弹性力和黏性阻尼力相平衡,即:

$$\begin{cases} m\ddot{x}_c = -kx - c\dot{x} \\ m\ddot{y}_c = -ky - c\dot{y} \end{cases} \tag{7.13}$$

上两个式子合并后整理得到含阻尼、受不平衡激励的圆盘中心 o' 的运动微分方程,即:

$$\begin{cases} \ddot{x} + 2\zeta\omega_n + \omega_n^2 x = e\Omega^2\cos(\Omega t) \\ \ddot{y} + 2\zeta\omega_n + \omega_n^2 y = e\Omega^2\sin(\Omega t) \end{cases} \tag{7.14}$$

式中,$\zeta = \dfrac{c}{2\sqrt{km}} = \dfrac{c}{2m\omega_n}$为阻尼比,$c$ 为黏性阻尼系数。

令 $z = x + \mathrm{i}y$,上式变为:

$$\ddot{z} + 2\zeta\omega_n\dot{z} + \omega_n^2 z = e\Omega^2\exp(\mathrm{i}\Omega t) \tag{7.15}$$

设其特解为:

$$z = |A|\exp[\mathrm{i}(\Omega t - \theta)] \tag{7.16}$$

代入式(7.15)后可得:

$$(\omega_n^2 - \Omega^2 + 2\zeta\omega_n\Omega\mathrm{i})|A| = e\Omega^2\exp(\mathrm{i}\theta)$$

因为 $\exp(\mathrm{i}\theta) = \cos\theta + \mathrm{i}\sin\theta$,故有:

$$(\omega^2 - \Omega^2)|A| = e\Omega^2\cos\theta$$

$$2n\Omega|A| = e\Omega^2\sin\theta$$

由此解出 $|A|$ 和 θ 如下:

$$|A| = \frac{e(\Omega/\omega_n)^2}{\sqrt{[1-(\Omega/\omega_n)^2]^2 + (2\zeta\Omega/\omega_n)^2}} \tag{7.17}$$

$$\tan\theta = \frac{2\zeta\Omega/\omega_n}{1-(\Omega/\omega_n)^2} \tag{7.18}$$

根据式(7.17)、式(7.18)可画出在不同阻尼比 ζ 值时,振幅 $|A|$ 和相位差 θ 随转动角速度对固有频率的比值 Ω/ω_n 改变的曲线,即转子系统的幅频响应曲线与相频响应曲线,如图 7.7 所示。

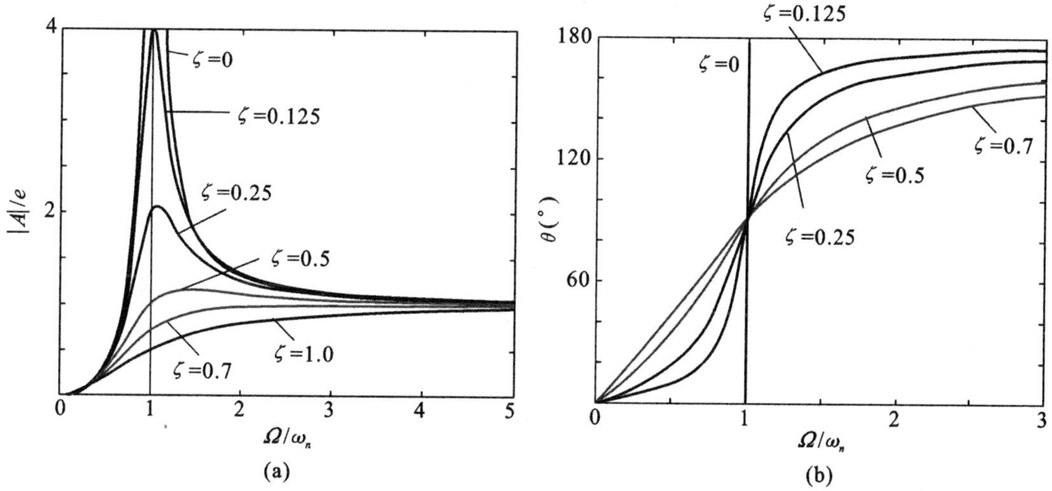

图 7.7 转子系统不平衡响应的幅频和相频曲线

(a)幅频响应曲线;(b)相频响应曲线

对于有阻尼转子系统，相位差角 θ 不为 0°的情况，o、o' 和 c 三点并不在一条直线上，而总是成一个三角形 $\triangle oo'c$。因为动挠度 r 绕 o 点的角速度和偏心 e 绕 o' 的角速度都等于 Ω，使得 $\triangle oo'c$ 的形状在转动过程中保持不变。而当 $\Omega \ll \omega_n$ 时，$\theta \to 0°$，这三点近似在一直线上，并且 o' 点位于 o 和 c 之间，即所谓圆盘的“重边飞出”。当 $\Omega \gg \omega_n$ 时，$\theta \to \pi$，这三点又近似在一直线上，但 c 点位于 o 和 o' 之间，即所谓的圆盘的“轻边飞出”，此时仍然有“自动对心”。这几种情况如图 7.8 所示。

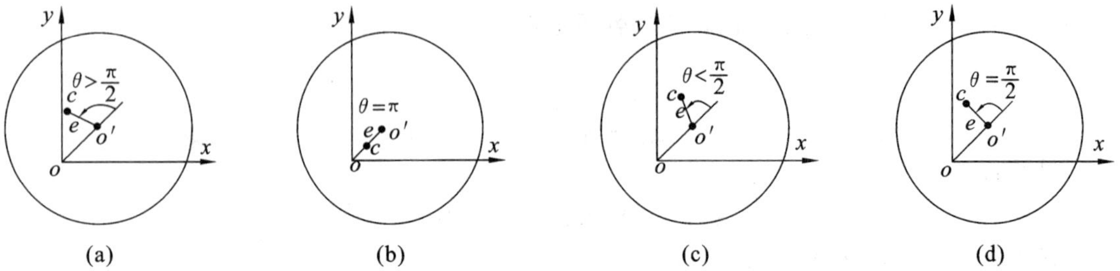

图 7.8　不同转速情况下转子系统圆盘中心、回转中心和圆盘质心的变化

(a) $\frac{\Omega}{\omega_n}>1$；(b) $\frac{\Omega}{\omega_n}\gg 1$；(c) $\frac{\Omega}{\omega_n}<1$；(d) $\frac{\Omega}{\omega_n}=1$

7.1.5　涡动分析算例

设图 7.1 所示的转子系统弹性轴跨距长 $l=0.57\text{m}$，直径 $d=0.015\ \text{m}$，固定在转轴中间位置的圆盘厚 $d=0.02\ \text{m}$，直径 $D=0.16\ \text{m}$，转轴、转盘的材料密度 $\rho=7800\ \text{kg/m}^3$，弹性模量 $E=2.058\times10^{11}\ \text{Pa}$。若不计系统阻尼，试求转子系统的临界转速 n_c。当偏心距 $e=0.001\ \text{m}$，转速为 $0.6\omega_{cr}$ 和 $0.8\omega_{cr}$ 时，确定圆盘的动挠度 r 以及支反力幅值 F。

计算转轴的质量

$$m_s=\frac{\pi d^2}{4}\cdot l\cdot\rho=\frac{\pi\times0.015^2}{4}\times0.57\times7800=0.7857\ \text{kg}$$

圆盘的质量

$$m_D=\frac{\pi D^2}{4}\cdot d\cdot\rho=\frac{\pi\times0.16^2}{4}\times0.02\times7800=3.137\ \text{kg}$$

转轴的刚度

$$k=\frac{48EI}{l^3}=\frac{48\times2.058\times10^{11}}{0.57^3}\times\frac{1}{64}\pi\times0.015^4=132555.26\ \text{N/m}$$

得到忽略弹性轴质量时的临界转速为：

$$n_c=\frac{30}{\pi}\sqrt{\frac{k}{m_D}}=\frac{30}{\pi}\sqrt{\frac{132555.26}{3.137}}=1962.97\ \text{r/min}$$

计及弹性轴质量时的临界转速为(由振动理论，等直梁在做一阶弯曲振动时，梁在跨中的等效质量为原有质量的 17/35)：

$$\omega_{cr}=\frac{30}{\pi}\sqrt{\frac{k}{m_D+\frac{17}{35}\times m_s}}=\frac{30}{\pi}\sqrt{\frac{132555.26}{3.137+\frac{17}{35}\times0.7857}}=1853.46\ \text{r/min}$$

① 当转速为 $0.6n_c$ 时，圆盘的动挠度 r 以及支反力幅值 F 分别为：

$$r=\frac{e}{\left(\frac{\omega_{cr}}{\omega}\right)^2-1}=\frac{0.001}{\left(\frac{1}{0.6}\right)^2-1}=0.0005625\ \text{m}$$

$$F=kr=132555.26\times0.0005625=74.562\ \text{N}$$

转子支反力与转子重力之比为：

$$\frac{F}{(m_D+m_s)g}=\frac{74.562}{(3.137+0.7857)\times9.8}=1.940$$

② 当转速为 $0.8n_c$ 时，圆盘的动挠度 r 以及支反力幅值 F 分别为：

$$r=\frac{e}{\left(\frac{\omega_{cr}}{\omega}\right)^2-1}=\frac{0.001}{\left(\frac{1}{0.8}\right)^2-1}=0.001778\ \text{m}$$

$$F=kr=132555.26\times0.001778=235.68\ \text{N}$$

转子支反力与转子重力之比为：

$$\frac{F}{(m_D+m_s)g}=\frac{235.68}{(3.137+0.7857)\times9.8}=6.131$$

可见，支承受到的作用力随着转速接近临界转速而迅速增大。

7.2 转子系统的陀螺效应

7.2.1 陀螺力矩的表征

当圆盘不是安装在两个支承的正中间而偏于一边时，转轴涡动变形后圆盘盘面的法向轴线与两支点 A 和 B 的连线出现夹角 φ，如图 7.9 所示。在这种情况下，圆盘的陀螺效应对转子系统的运动会造成明显影响。

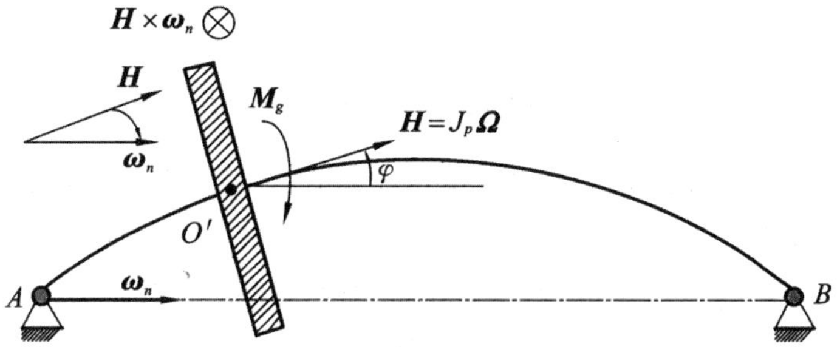

图 7.9 圆盘偏置时的动量矩以及进动示意图

设圆盘的自转角速度为 $\boldsymbol{\Omega}$，极转动惯量为 J_p，则圆盘对质心 O' 的动量矩为：

$$\boldsymbol{H}=J_p\boldsymbol{\Omega} \tag{7.19}$$

即绕定轴转动的圆盘对其转轴的动量矩等于圆盘对转轴的极转动惯量与转动角速度的乘积，圆盘动量矩与轴线 AB 的夹角也是 φ，方向同自转方向。

转子自由振动的固有频率为 ω_n,则圆盘中心 O' 与轴线 AB 所构成的平面绕 AB 轴的进动角速度也为 ω_n。在进动过程中,圆盘动量矩 $\boldsymbol{H}$ 将不断改变方向,因此有圆盘的惯性力矩为:

$$\boldsymbol{M}_g=-(\boldsymbol{\omega}_n\times\boldsymbol{H})=\boldsymbol{H}\times\boldsymbol{\omega}_n=J_p\boldsymbol{\Omega}\times\boldsymbol{\omega}_n \tag{7.20}$$

该惯性力矩的方向与平面 $O'AB$ 垂直,大小为:

$$M_g=J_p\Omega\omega_n\sin\varphi\approx J_p\Omega\omega_n\varphi \tag{7.21}$$

圆盘的这一惯性力矩又称为陀螺力矩或回转力矩,它是圆盘作用于转轴的保守力矩。

圆盘陀螺力矩对转子系统有较大影响。在正进动的情况下,它使转轴的变形减小,因而提高了转轴的弹性刚度,即提高了转子的临界转速。在反进动的情况下,这一力矩使转轴的变形增大,从而降低了转轴的弹性刚度,即降低了转子的临界转速。另外,圆盘位置、转动方向、转轴弯曲振动换态对转子陀螺效应都有直接的影响。在多盘转子系统中,影响规律更为复杂。

7.2.2 考虑陀螺效应的转子系统动力学特性

针对图 7.10 所示的圆盘存在偏置的转子系统,其转轴两端为刚性支承。转轴长为 l,转盘距左支点 A 处的距离为 a。转盘的质量、极转动惯量、直径转动惯量分别为 m、J_p、J_d,且 $J_p=\frac{1}{2}mR^2$,$J_d=\frac{1}{2}J_p$,R 为转盘半径。E、I 分别为转轴的弹性模量和截面惯性矩。以圆盘中心 o' 的坐标 x、y 和转角 θ_x、θ_y 表示转子系统的运动。

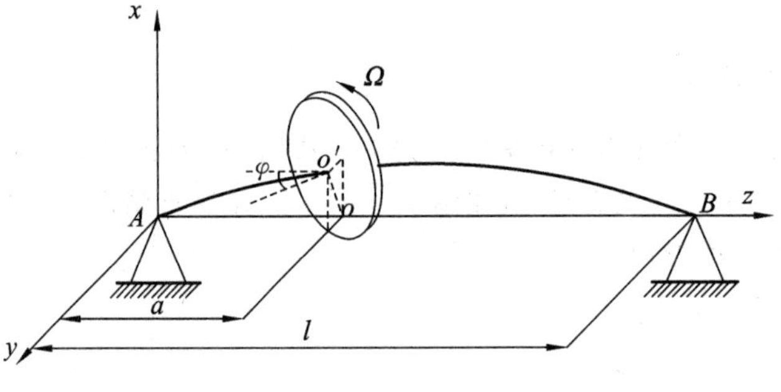

图 7.10 圆盘偏置转子系统力学模型

当转子系统以角速度 $\boldsymbol{\Omega}$ 转动时,圆盘对其中心 o' 的动量矩为 $\boldsymbol{H}=J_p\boldsymbol{\Omega}$,它与两支点连线 AB 的夹角是 φ。圆盘中心 o' 与轴线 AB 所构成的平面绕 AB 轴有涡动角速度 $\boldsymbol{\omega}$。由于涡动的存在,转盘的动量矩 $\boldsymbol{H}$ 将不断地改变方向,因此,存在陀螺力矩有:

$$\boldsymbol{M}=-(\boldsymbol{\omega}\times\boldsymbol{H})=\boldsymbol{H}\times\boldsymbol{\omega}=J_p\boldsymbol{\Omega}\times\boldsymbol{\omega} \tag{7.22}$$

其方向与平面 $o'AB$ 垂直,大小为:

$$M=J_p\Omega\omega\sin\varphi\approx J_p\Omega\omega\varphi \tag{7.23}$$

在不计外力的情况下,得到转子系统的运动微分方程为:

$$\left.\begin{aligned}\boldsymbol{M}\ddot{\boldsymbol{u}}_1+\Omega\boldsymbol{J}\dot{\boldsymbol{u}}_2+\boldsymbol{K}\boldsymbol{u}_1=0\\ \boldsymbol{M}\ddot{\boldsymbol{u}}_2-\Omega\boldsymbol{J}\dot{\boldsymbol{u}}_1+\boldsymbol{K}\boldsymbol{u}_2=0\end{aligned}\right\} \tag{7.24}$$

式中,$\boldsymbol{u}_1=[x,\theta_y]^{\mathrm{T}}$,$\boldsymbol{u}_2=[y,-\theta_x]^{\mathrm{T}}$ 为广义坐标向量;质量矩阵为:

$$\boldsymbol{M}=\begin{bmatrix} m & 0 \\ 0 & J_d \end{bmatrix} \tag{7.25}$$

陀螺效应矩阵为：

$$\boldsymbol{J}=\begin{bmatrix} 0 & 0 \\ 0 & J_p \end{bmatrix} \tag{7.26}$$

刚度矩阵 $\boldsymbol{K}$ 通过柔度系数法求得。通过计算单位力、单位力矩引起的转轴线位移和角位移得到的柔度系数矩阵为：

$$\boldsymbol{B}=\frac{1}{3EIl}\begin{bmatrix} a^2(l-a)^2 & a(l-a)(l-2a) \\ a(l-a)(l-2a) & l^2-3al+3a^2 \end{bmatrix} \tag{7.27}$$

对其求逆矩阵即可得到相应的刚度矩阵 $\boldsymbol{K}$：

$$\boldsymbol{K}=\boldsymbol{B}^{-1} \tag{7.28}$$

对应的频率方程为：

$$|-\boldsymbol{M}\omega^2+\boldsymbol{J}\Omega\omega+\boldsymbol{K}|=0 \tag{7.29}$$

当 $\omega=\Omega$ 时，轴线弯曲平面的进动为同步正向涡动；当 $\omega=-\Omega$ 时，则为同步反向涡动。例如，对于转子系统的正向涡动时的临界转速，也就是将 $\Omega=\omega$ 代入上式，可得：

$$|-(\boldsymbol{M}-\boldsymbol{J})\omega^2+\boldsymbol{K}|=0 \tag{7.30}$$

对于反向涡动即反进动情况，则是将 $\Omega=-\omega$ 代入式(7.29)，则有：

$$|-(\boldsymbol{M}+\boldsymbol{J})\omega^2+\boldsymbol{K}|=0 \tag{7.31}$$

而在不计陀螺力矩时，即 $\boldsymbol{J}=0$，转子系统的同步正向涡动的临界转速就是其静止时横向弯曲固有频率。

7.2.3 陀螺效应影响分析算例

设图 7.10 所示的圆盘质量为 20 kg，圆盘半径 0.12 m，转轴直径 0.01 m，转轴长度 0.75 m，转轴弹性模量 2.06×10^{11} N/m^2。选取转盘距左支点 A 处的距离 a 分别为转轴长度的 1/2、1/3、1/5、1/7，分别作出这四种偏置情况下的转子系统的临界转速的变化图，即坎贝尔图。根据式(7.30)、式(7.31)得到的一阶和二阶临界转速变化曲线如图 7.11 所示，其中标记 1F、2F、1B、2B 的曲线分别为考虑陀螺效应的一阶和二阶正向和反向涡动情况，标记 NGE 的虚线即为不考虑陀螺效应的情况。

在图 7.11 中，给出了直线 $\omega=\Omega$，它与各临界转速曲线相交，所得到的交点对应的转速是不考虑陀螺效应时的临界转速以及考虑陀螺效应时的同步正向、反向涡动临界转速。可以看出，在所讨论的转速范围 0～150 Hz(即 0～9000 r/min)内，该转子系统在 $a=l/2$ 时，有一阶正进动、反进动和二阶反进动三个临界转速，而 $a=l/3$、$l/5$、$l/7$ 时，分别只有一阶正、反进动临界转速。

另外，转盘偏置的位置不同，由此引起的陀螺效应对转子系统一阶临界转速的影响也不同。当转子圆盘位于转轴中央($a=l/2$)时，陀螺效应对于转子系统一阶临界转速没有影响。转子圆盘的偏置程度越大，陀螺效应越明显，由此引起的一阶临界转速的偏差也就越大。

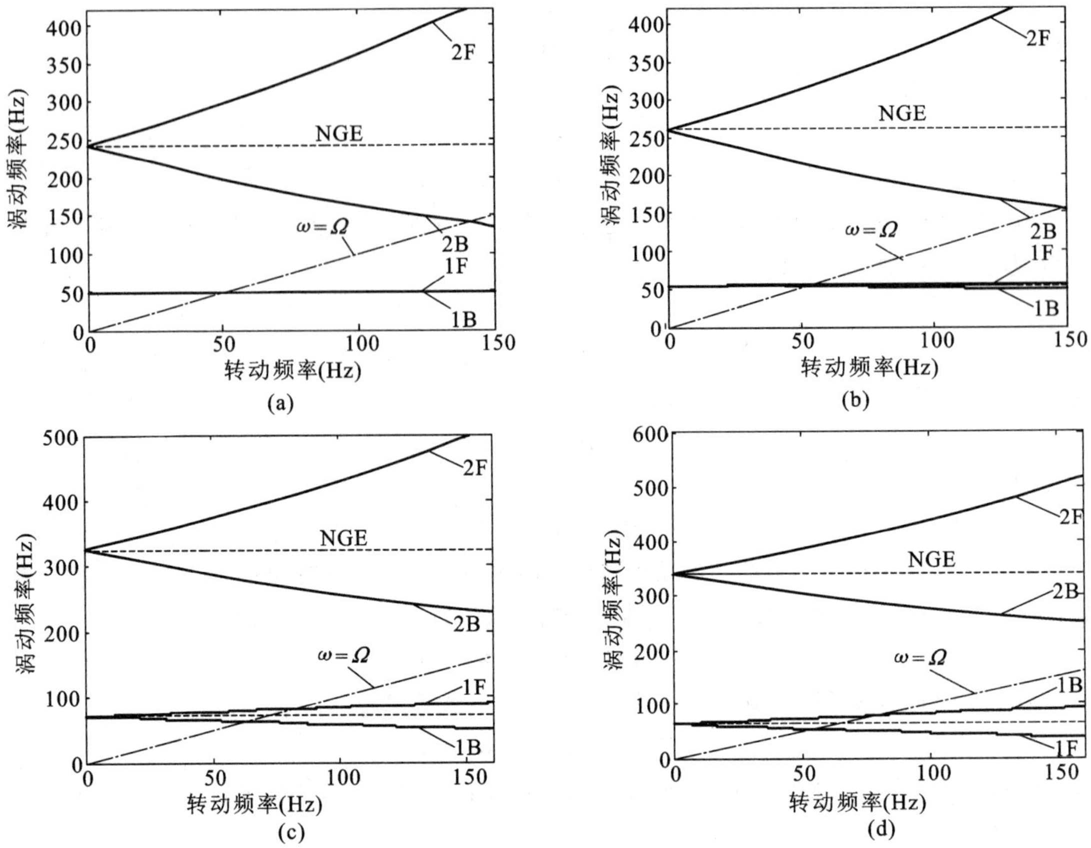

图 7.11 转盘位置不同时的转子系统坎贝尔图

(a)$a=l/2$;(b)$a=l/3$;(c)$a=l/5$;(d)$a=l/7$

7.3 转子系统动力学方程的建立方法

本节分别以刚性支承(简称刚支)弹性转子系统、弹性支承(简称弹支)刚性转子系统、弹性支承弹性转子系统为对象,分析转盘、转子、支承的动能和弹性应变能,采用拉格朗日能量法推导转子系统的四自由度动力学方程。

7.3.1 刚支弹性转子系统的动力学方程

对于图 7.10 所示的转子系统,这是一个刚支弹性转子系统。将支承视为刚性,无弹性变形;转盘视为刚性转盘;转轴视为无质量弹性轴。该转子系统的动能包括转盘的动能(平动动能和转动动能),势能为转轴的弹性势能,具体如下。

(1) 刚性转盘动能

刚性圆盘在固定坐标系 $oxyz$ 的空间位置如图 7.12 所示,其运动状态用其几何中心 c 的坐标(x,y,z)和相应的旋转角(α,β,φ)即欧拉角来表示,$cx_3y_3z_3$ 为圆盘固结的惯性主轴坐标系。刚性圆盘运动可分成以下三个坐标旋转步骤完成,即圆盘在与固定坐标系 $oxyz$ 完全平行的坐标系$cx'y'z'$中(该坐标系仅原点与原固定坐标系不同),先绕$z'(z_1)$轴旋转α角后到达$cx_1y_1z_1$(进动角),再绕$y_1(y_2)$轴旋转β角后到达$cx_2y_2z_2$(方位角或挠曲角),最后绕$x_2(x_3)$轴旋转φ角后到达转盘的惯性主轴坐标系$cx_3y_3z_3$(自转角)。

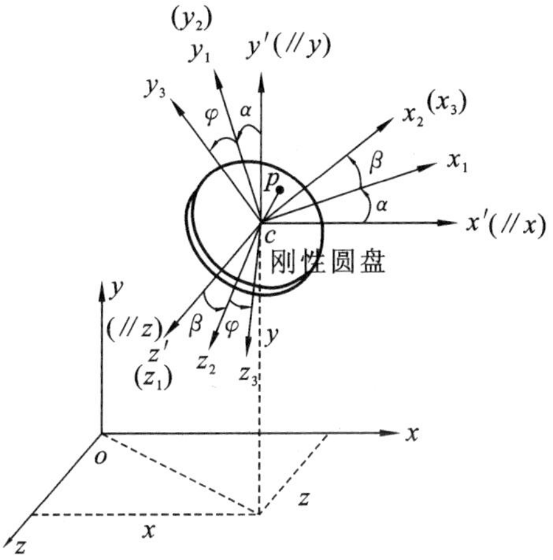

图 7.12 刚性圆盘的空间位置与坐标系定义

按照此约定,各坐标系的方向矢量与固定坐标系($oxyz$)的单位矢量$\boldsymbol{i},\boldsymbol{j},\boldsymbol{k}$之间的关系为:

$$\begin{cases}\begin{bmatrix}\boldsymbol{i}\\\boldsymbol{j}\\\boldsymbol{k}\end{bmatrix}=\begin{bmatrix}\cos\alpha & -\sin\alpha & 0\\\sin\alpha & \cos\alpha & 0\\0 & 0 & 1\end{bmatrix}\begin{bmatrix}\boldsymbol{i}_1\\\boldsymbol{j}_1\\\boldsymbol{k}_1\end{bmatrix}=\boldsymbol{R}_1\begin{bmatrix}\boldsymbol{i}_1\\\boldsymbol{j}_1\\\boldsymbol{k}_1\end{bmatrix}\\\begin{bmatrix}\boldsymbol{i}_1\\\boldsymbol{j}_1\\\boldsymbol{k}_1\end{bmatrix}=\begin{bmatrix}\cos\beta & 0 & \sin\beta\\0 & 1 & 0\\-\sin\beta & 0 & \cos\beta\end{bmatrix}\begin{bmatrix}\boldsymbol{i}_2\\\boldsymbol{j}_2\\\boldsymbol{k}_2\end{bmatrix}=\boldsymbol{R}_2\begin{bmatrix}\boldsymbol{i}_2\\\boldsymbol{j}_2\\\boldsymbol{k}_2\end{bmatrix}\\\begin{bmatrix}\boldsymbol{i}_2\\\boldsymbol{j}_2\\\boldsymbol{k}_2\end{bmatrix}=\begin{bmatrix}1 & 0 & 0\\0 & \cos\varphi & -\sin\varphi\\0 & \sin\varphi & \cos\varphi\end{bmatrix}\begin{bmatrix}\boldsymbol{i}_3\\\boldsymbol{j}_3\\\boldsymbol{k}_3\end{bmatrix}=\boldsymbol{R}_3\begin{bmatrix}\boldsymbol{i}_3\\\boldsymbol{j}_3\\\boldsymbol{k}_3\end{bmatrix}\end{cases}\tag{7.32}$$

假设圆盘存在质量偏心,圆盘质心p相对于转动中心c的距离为e,在圆盘固结坐标系$cx_3y_3z_3$坐标系内,两点的相对位置如图7.13所示。

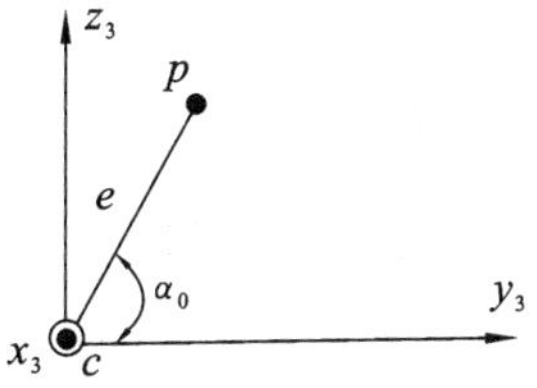

图 7.13 圆盘质心 p 与转动中心 c 的相对位置

则圆盘质心p在固定坐标系$oxyz$内的位置为:

$$\begin{bmatrix}x\\y\\z\end{bmatrix}_p=\begin{bmatrix}x\\y\\z\end{bmatrix}_c+\boldsymbol{R}_1^{\mathrm{T}}\boldsymbol{R}_2^{\mathrm{T}}\boldsymbol{R}_3^{\mathrm{T}}\begin{bmatrix}0\\e\cos\alpha_0\\e\sin\alpha_0\end{bmatrix}\tag{7.33}$$

根据转子系统运动的特点，绕 $z'(z_1)$ 轴的旋转角 α 和绕 $y_1(y_2)$ 轴的旋转角 β 都很小，即 $\cos\alpha\approx1$，$\sin\alpha\approx\alpha$，$\cos\beta\approx1$，$\sin\beta\approx\beta$。在进一步忽略高阶小量的情况下，推导得到圆盘质心 p 的位置如下：

$$\begin{bmatrix}x\\y\\z\end{bmatrix}_p=\begin{bmatrix}x\\y\\z\end{bmatrix}_c+\begin{bmatrix}e[\beta\sin(\varphi+\alpha_0)-\alpha\cos(\varphi+\alpha_0)]\\e\cos(\varphi+\alpha_0)\\e\sin(\varphi+\alpha_0)\end{bmatrix}\tag{7.34}$$

式中，$\varphi=\Omega t$，即转轴的转动角度由旋转角速度确定。

根据上式，求得圆盘质心 p 的平动速度为：

$$\boldsymbol{v}_p=\begin{bmatrix}\dot{x}\\\dot{y}\\\dot{z}\end{bmatrix}_p=\begin{bmatrix}\dot{x}\\\dot{y}\\\dot{z}\end{bmatrix}_c+\begin{bmatrix}e[(\dot{\beta}+\alpha\Omega)\sin(\varphi+\alpha_0)+(\beta\Omega-\dot{\alpha})\cos(\varphi+\alpha_0)]\\-e\Omega\sin(\varphi+\alpha_0)\\e\Omega\cos(\varphi+\alpha_0)\end{bmatrix}\tag{7.35}$$

再者，根据圆盘绕各自坐标系转动的角度变化，可以定义角速度矢量为：

$$\boldsymbol{\Omega}=[0\quad 0\quad \dot{\alpha}]\begin{bmatrix}\boldsymbol{i}\\\boldsymbol{j}\\\boldsymbol{k}\end{bmatrix}_1+[0\quad \dot{\beta}\quad 0]\begin{bmatrix}\boldsymbol{i}\\\boldsymbol{j}\\\boldsymbol{k}\end{bmatrix}_2+[\Omega\quad 0\quad 0]\begin{bmatrix}\boldsymbol{i}\\\boldsymbol{j}\\\boldsymbol{k}\end{bmatrix}_3\tag{7.36}$$

同样，根据转子系统的小角度情况，可以推得圆盘几何中心 c 的角速度在圆盘主轴坐标系 $cx_3y_3z_3$ 上的投影为：

$$\boldsymbol{\Omega}=\begin{bmatrix}\Omega+\dot{\alpha}\beta\\-\dot{\alpha}\sin\varphi+\dot{\beta}\cos\varphi\\\dot{\alpha}\cos\varphi+\dot{\beta}\sin\varphi\end{bmatrix}\tag{7.37}$$

对于在空间运动的刚体，其动能的计算与运动坐标系的选择无关，可以在圆盘主轴坐标系 $cx_3y_3z_3$ 中列写圆盘的动能表达式如下：

$$T=T_t+T_r=\frac{1}{2}\boldsymbol{v}_p^{\mathrm{T}}m\boldsymbol{v}_p+\frac{1}{2}\boldsymbol{v}_R^{\mathrm{T}}\boldsymbol{J}\boldsymbol{v}_R\tag{7.38}$$

其中，$\boldsymbol{J}=\begin{bmatrix}J_x&0&0\\0&J_y&0\\0&0&J_z\end{bmatrix}$。若转盘相对于回转轴 cx_3 为轴对称结构，则两个直径惯性矩相等，即直径惯性矩为 $J_y=J_z=J_d$，极惯性矩为 $J_x=J_p$。当转盘截面为圆形时，有 $J_x=J_p=\frac{1}{8}mD^2$ 为极转动惯量，$J_y=J_z=J_d=\frac{J_p}{2}$ 为直径转动惯量，其中 m、D 分别为转盘的质量和直径。

假设圆盘质心 p 相对于圆盘转动中心 c 的偏移距离 e 很小，并忽略高阶小量和轴向-弯曲的耦合振动，则圆盘的平动动能为：

$$T_t=\frac{1}{2}m\{\dot{x}^2+\dot{y}^2+\dot{z}^2+e^2\Omega^2+2e\Omega[-\dot{y}\sin(\varphi+\alpha_0)+\dot{z}\cos(\varphi+\alpha_0)]\}\tag{7.39}$$

圆盘的转动动能为：

$$\begin{aligned}T_r=\frac{1}{2}[&J_x(\Omega^2+2\Omega\dot{\alpha}\beta)+J_y(\dot{\alpha}^2\sin^2\varphi+\dot{\beta}^2\cos^2\varphi-\dot{\alpha}\dot{\beta}\sin2\varphi)\\&+J_z(\dot{\alpha}^2\cos^2\varphi+\dot{\beta}^2\sin^2\varphi+\dot{\alpha}\dot{\beta}\sin2\varphi)]\end{aligned}\tag{7.40}$$

利用极惯性矩标记，最终得到刚性圆盘的总动能为：

$$T=\frac{1}{2}m\{\dot{x}^2+\dot{y}^2+\dot{z}^2+e^2\Omega^2+2e\Omega[-\dot{y}\sin(\varphi+\alpha_0)+\dot{z}\cos(\varphi+\alpha_0)]\}$$
$$+\frac{1}{2}[J_p(\Omega^2+2\Omega\dot{\alpha}\beta)+J_d(\dot{\alpha}^2+\dot{\beta}^2)] \tag{7.41}$$

(2) 无质量弹性轴的势能

① 柔度系数法

为了求得转轴的弹性势能，首先分析弹性轴在圆盘转动中心 c 点的受力和位移关系，推导出转轴柔度系数。

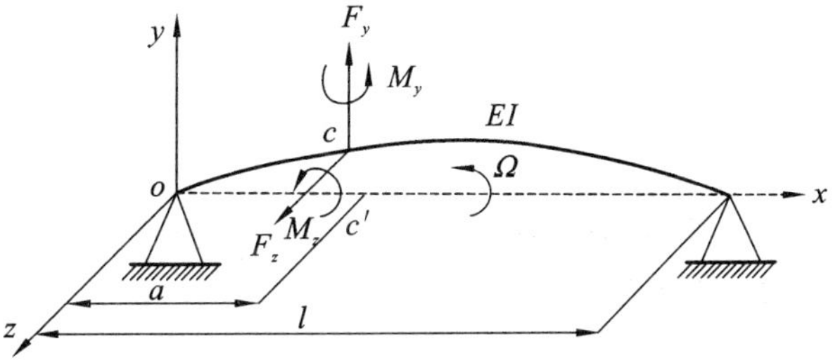

图 7.14 转轴受力分析示意图

设转轴在 c 点受到 y、z 方向上的力 F_y、F_z 及绕着 y、z 方向 M_y、M_z 力矩的作用(图 7.14)，位移与力之间的关系为：

$$\begin{bmatrix} y \\ z \\ \theta_y \\ \theta_z \end{bmatrix}=\begin{bmatrix} \delta_{11} & 0 & 0 & \delta_{14} \\ 0 & \delta_{22} & \delta_{23} & 0 \\ 0 & \delta_{32} & \delta_{33} & 0 \\ \delta_{41} & 0 & 0 & \delta_{44} \end{bmatrix}\begin{bmatrix} F_y \\ F_z \\ M_y \\ M_z \end{bmatrix} \tag{7.42}$$

式中的系数矩阵 $\boldsymbol{B}$ 即为柔度系数矩阵，即式中转轴的柔度系数矩阵记为：

$$\boldsymbol{B}=\begin{bmatrix} \delta_{11} & 0 & 0 & \delta_{14} \\ 0 & \delta_{22} & \delta_{23} & 0 \\ 0 & \delta_{32} & \delta_{33} & 0 \\ \delta_{41} & 0 & 0 & \delta_{44} \end{bmatrix} \tag{7.43}$$

式中，$\delta_{ij}(i=1\sim4, j=1\sim4)$为柔度系数，且有 $\theta_z=\alpha, \theta_y=\beta$。

在 oxy 平面内，当转轴在 c 点受广义力 $\boldsymbol{F}=(F_y,0,0,0)^{\mathrm{T}}$ 作用时，由欧拉梁变形理论可知 c 点在该平面内的线位移和角位移分别为：

$$\begin{cases} y=F_y\dfrac{1}{3EIl}a^2(l-a)^2=F_y\delta_{11} \\ \theta_z=F_y\dfrac{1}{3EIl}a(l-a)(l-2a)=F_y\delta_{41} \end{cases} \tag{7.44}$$

当转轴在 c 点受广义力 $\boldsymbol{F}=(0,0,0,M_z)^{\mathrm{T}}$ 时，该点的线位移和角位移分别为：

$$\begin{cases} y=M_z\dfrac{1}{3EIl}a(l-a)(l-2a)=M_y\delta_{14} \\ \theta_z=M_z\dfrac{1}{3EIl}(l^2-3al+3a^2)=M_y\delta_{44} \end{cases} \tag{7.45}$$

同理，可以分析 oxz 平面内的转轴柔度系数与受力的关系。最后，通过计算单位力、力矩引起的线位移和角位移可得到转子系统的所有柔度系数 δ_{ij}。其中，$\delta_{11}=\delta_{22}=\dfrac{a^2b^2}{3EIl}$，$\delta_{33}=\delta_{44}=\dfrac{a^3+b^3}{3EIl^2}$，$\delta_{14}=\delta_{23}=\delta_{32}=$

$\delta_{41}=\dfrac{ab(b-a)}{3EIl}$。通过对柔度系数矩阵求逆，即$\boldsymbol{K}=\boldsymbol{B}^{-1}$，可以得到相应的刚度矩阵$\boldsymbol{K}$。式(7.42)也可记为：

$$\begin{bmatrix}F_y\\F_z\\M_y\\M_z\end{bmatrix}=\begin{bmatrix}k_{11}&0&0&k_{14}\\0&k_{22}&k_{23}&0\\0&k_{32}&k_{33}&0\\k_{41}&0&0&k_{44}\end{bmatrix}\begin{bmatrix}y\\z\\\theta_y\\\theta_z\end{bmatrix}\tag{7.46}$$

式中，刚度矩阵为：

$$\boldsymbol{K}=\begin{bmatrix}k_{11}&0&0&k_{14}\\0&k_{22}&k_{23}&0\\0&k_{32}&k_{33}&0\\k_{41}&0&0&k_{44}\end{bmatrix}\tag{7.47}$$

式中，k_{ij}为刚度系数。对于对称转轴，刚度矩阵也为对称阵，即$k_{ij}=k_{ji}(i\neq j)$。

于是转轴的弹性势能可表示为：

$$\begin{aligned}U_s&=\frac{1}{2}\begin{bmatrix}y\\z\\\theta_y\\\theta_z\end{bmatrix}^{\mathrm{T}}\begin{bmatrix}k_{11}&0&0&k_{14}\\0&k_{22}&k_{23}&0\\0&k_{32}&k_{33}&0\\k_{41}&0&0&k_{44}\end{bmatrix}\begin{bmatrix}y\\z\\\theta_y\\\theta_z\end{bmatrix}\\&=\frac{1}{2}(k_{11}y^2+k_{22}z^2+k_{33}\theta_y^2+k_{44}\theta_z^2+2k_{14}y\theta_z+2k_{23}z\theta_y)\end{aligned}\tag{7.48}$$

② 能量法

转轴在两坐标平面内的受力情况如图7.15所示。在oxy平面内，当转轴上c点作用有F_y、M_z时，则两端点的支反力分别为：

$$\begin{cases}F_{a1}=\dfrac{F_yb-M_z}{l}\\F_{a2}=\dfrac{F_ya+M_z}{l}\end{cases}\tag{7.49}$$

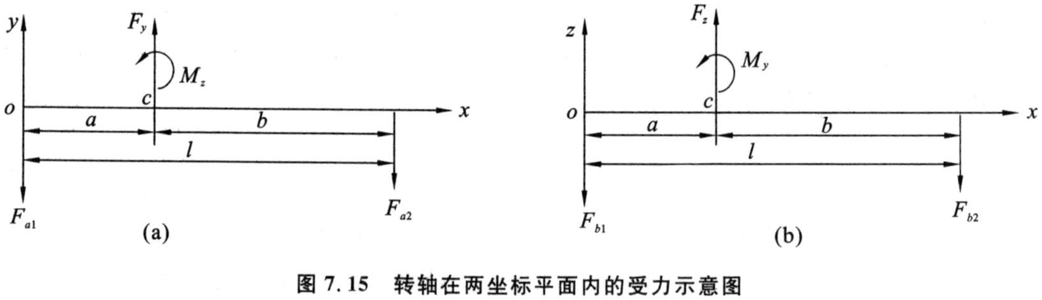

图7.15　转轴在两坐标平面内的受力示意图

(a)xoy平面；(b)xoz平面

相应的转轴弯矩分布为：

$$M_z(x)=\begin{cases}\dfrac{F_yb-M_z}{l}x\quad(0\leqslant x\leqslant a)\\\dfrac{F_ya+M_z}{l}(l-x)\quad(a<x\leqslant l)\end{cases}\tag{7.50}$$

类似地，在 xoz 平面内[图 7.15(b)]，有：

$$\begin{cases} F_{b1}=\dfrac{F_z b-M_y}{l} \\ F_{b2}=\dfrac{F_z a+M_y}{l} \end{cases} \tag{7.51}$$

相应的转轴弯矩分布为：

$$M_y(x)=\begin{cases} \dfrac{F_z b-M_y}{l}x & (0\leqslant x\leqslant a) \\ \dfrac{F_z a+M_y}{l}(l-x) & (a<x\leqslant l) \end{cases} \tag{7.52}$$

整个转轴的弹性应变能为：

$$\begin{aligned} U_s &= \frac{1}{2}\int_0^l \frac{M_y(x)}{EI}\mathrm{d}x+\frac{1}{2}\int_0^l \frac{M_z(x)}{EI}\mathrm{d}x \\ &= \frac{1}{2}\begin{bmatrix} F_y \\ F_z \\ M_y \\ M_z \end{bmatrix}^{\mathrm{T}} \begin{bmatrix} \delta_{11} & 0 & 0 & \delta_{14} \\ 0 & \delta_{22} & \delta_{23} & 0 \\ 0 & \delta_{32} & \delta_{33} & 0 \\ \delta_{41} & 0 & 0 & \delta_{44} \end{bmatrix} \begin{bmatrix} F_y \\ F_z \\ M_y \\ M_z \end{bmatrix} \end{aligned} \tag{7.53}$$

(3) 刚支弹性轴转子系统的运动微分方程

由刚支弹性轴转子系统的基本假设和上述能量分析[式(7.41)、式(7.48)]，可以获得该转子系统的总动能和势能分别为：

$$\begin{cases} T=T_d=\dfrac{1}{2}m(\dot{y}^2+\dot{z}^2)+\dfrac{1}{2}[J_p(\Omega^2+2\Omega\dot{\theta}_z\theta_y)+J_d(\dot{\theta}_y^2\dot{\theta}_z^2)] \\ U=U_s=\dfrac{1}{2}(k_{11}y^2+k_{22}z^2+k_{33}\theta_y^2+k_{44}\theta_z^2+2k_{14}y\theta_z+2k_{23}z\theta_y) \end{cases} \tag{7.54}$$

将上述动能和势能公式代入拉格朗日方程，整理得到刚支弹性轴转子系统的运动微分方程为：

$$\begin{cases} m\ddot{y}+k_{11}y+k_{14}\theta_z=0 \\ m\ddot{z}+k_{22}z+k_{23}\theta_y=0 \\ J_d\ddot{\theta}_y+J_p\Omega\dot{\theta}_z+k_{33}\theta_y+k_{23}z=0 \\ J_d\ddot{\theta}_z+J_p\Omega\dot{\theta}_y+k_{44}\theta_z+k_{14}y=0 \end{cases} \tag{7.55}$$

7.3.2 弹性支承刚性转轴的转子系统动力学方程

区别于上述刚性支承、弹性转轴的转子系统，图 7.16 所示的是具有弹性支承刚性转轴的转子系统，其圆盘视为刚体，支承为弹性支承，转轴为无质量的刚性轴。下面利用能量法建立该转子系统的运动微分方程。

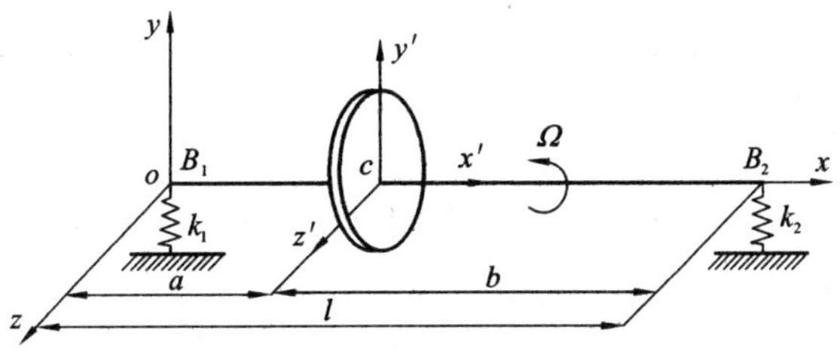

图 7.16 弹性支承刚性转轴的转子系统示意图

首先确定刚性圆盘的动能和弹性支承的弹性势能。

(1) 刚性圆盘的动能

刚性圆盘共有 6 个自由度：三个方向的平动 x、y、z，绕着三个方向的转动 θ_x、θ_y、θ_z，绕着 x 方向的转动角速度为 $\dot{\theta}_x=\Omega$。其动能可用式(7.41)表示，即：

$$T=T_d=\frac{1}{2}m(\dot{y}^2+\dot{z}^2)+\frac{1}{2}[J_p(\Omega^2+2\Omega\dot{\theta}_z\theta_y)+J_d(\dot{\theta}_y^2+\dot{\theta}_z^2)] \tag{7.56}$$

(2) 弹性支承的弹性势能

依据刚性转轴假设，可推导两弹性支承 B_1、B_2 处的位移分别为：

$$\begin{cases}y_{b1}=y-a\theta_z\\ z_{b1}=z-a\theta_y\end{cases},\begin{cases}y_{b2}=y+b\theta_z\\ z_{b2}=z+b\theta_y\end{cases} \tag{7.57}$$

则两弹性支承的弹性势能为：

$$\begin{aligned}U_b&=\frac{1}{2}k_1(y_{b1}^2+z_{b1}^2)+\frac{1}{2}k_2(y_{b2}^2+z_{b2}^2)\\ &=\frac{1}{2}[(k_1+k_2)y^2+(k_1+k_2)z^2+(a^2k_1^2+b^2k_2^2)\theta_y^2+(a^2k_1^2+b^2k_2^2)\theta_z^2+2(-ak_1+bk_2)y\theta_z\\ &\quad+2(-ak_1+bk_2)z\theta_y]\end{aligned} \tag{7.58}$$

转子系统总的动能即为式(7.56)，总的弹性势能即为式(7.58)。

将总动能 $T=T_d$ 和总势能 $U=U_b$ 代入拉格朗日方程，最后得到具有弹性支承刚性转轴的转子系统的运动微分方程如下：

$$\begin{cases}m\ddot{y}+(k_1+k_2)y+(-ak_1+bk_2)\theta_z=0\\ m\ddot{z}+(k_1+k_2)z+(-ak_1+bk_2)\theta_y=0\\ J_d\ddot{\theta}_y-J_p\Omega\dot{\theta}_z+(a^2k_1^2+b^2k_2^2)\theta_y+(-ak_1+bk_2)z=0\\ J_d\ddot{\theta}_z+J_p\Omega\dot{\theta}_y+(a^2k_1^2+b^2k_2^2)\theta_z+(-ak_1+bk_2)y=0\end{cases} \tag{7.59}$$

7.3.3　具有弹性支承和弹性转轴的转子系统动力学方程

区别于上两节的情况，图 7.17 所示的转子系统具有弹性支承和弹性转轴。其转盘视为刚体，支承为弹性，转轴也具有弹性且视为无质量的弹性轴。刚性圆盘的动能即为系统的动能，系统的弹性势能包括弹性支承的弹性势能和转轴的弹性势能两部分。

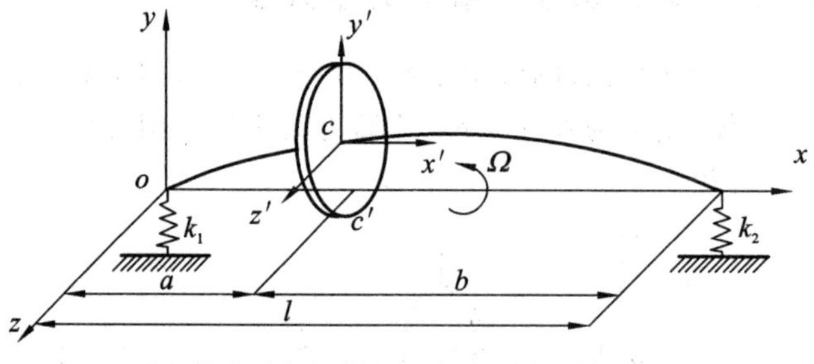

图 7.17　具有弹性支承和弹性转轴的转子系统示意图

① 刚性圆盘的动能可用式(7.56)表示。

② 两个弹性支承 B_1、B_2 的弹性势能 U_b 可用式(7.58)表示。

③ 弹性转轴的势能 U_s 可用式(7.48)表示。

因此，该弹性支承和弹性转轴的转子系统的总动能、总势能分别为：

$$\begin{cases} T=T_d=\frac{1}{2}m(\dot{y}^2+\dot{z}^2)+\frac{1}{2}[J_p(\Omega^2+2\Omega\dot{\theta}_z\theta_y)+J_d(\dot{\theta}_y^2+\dot{\theta}_z^2)] \\ U=U_b+U_s=\frac{1}{2}[(k_1+k_2)y^2+(k_1+k_2)z^2+(a^2k_1^2+b^2k_2^2)\theta_y^2+(a^2k_1^2+b^2k_2^2)\theta_z^2 \\ \qquad +2(-ak_1+bk_2)y\theta_z+2(-ak_1+bk_2)z\theta_y]+\frac{1}{2}(k_{11}y^2+k_{22}z^2 \\ \qquad +k_{33}\theta_y^2+k_{44}\theta_z^2+2k_{14}y\theta_z+2k_{23}z\theta_y) \end{cases} \tag{7.60}$$

将上述总动能和总势能代入拉格朗日方程推导得到该转子系统的运动微分方程如下：

$$\begin{cases} m\ddot{y}+(k_1+k_2)y+(-ak_1+bk_2)\theta_z+k_{11}y+k_{14}\theta_z=0 \\ m\ddot{z}+(k_1+k_2)z+(-ak_1+bk_2)\theta_y+k_{22}z+k_{23}\theta_y=0 \\ J_d\ddot{\theta}_y-J_p\Omega\dot{\theta}_z+(a^2k_1^2+b^2k_2^2)\theta_y+(-ak_1+bk_2)z+k_{33}\theta_y+k_{23}z=0 \\ J_d\ddot{\theta}_z+J_p\Omega\dot{\theta}_y+(a^2k_1^2+b^2k_2^2)\theta_z+(-ak_1+bk_2)y+k_{44}\theta_z+k_{14}y=0 \end{cases} \tag{7.61}$$

7.3.4　不同弹支刚度转子系统固有特性对比

根据本节的四自由度转子动力学方程式(7.61)，进行不同支承刚度情况下的转子系统固有频率的计算对比。针对图 7.17 所示的两支点转子系统，其主要结构参数为：转盘到左支点的距离 $a=240$ mm，转盘到右支点的距离 $b=240$ mm。两支点的刚度为 $k_1=k_2=2.16\times10^8$ N/m。

(1) 工况 1——弹性支承情况

当支承刚度远小于转轴的刚度，选取同方向支承刚度与转轴刚度之比为 1×10^{-2}(2 倍数量级)的情况，得到转子系统的前两阶固有频率及相应的振型图分别如表 7.1 和图 7.18 所示。

表 7.1　工况 1 转子系统前两阶固有频率

阶数 i	1	2
固有频率(Hz)	66.832	117.38
解析结果(Hz)	66.810	270.332
振型描述	图 7.18(a)	图 7.18(b)

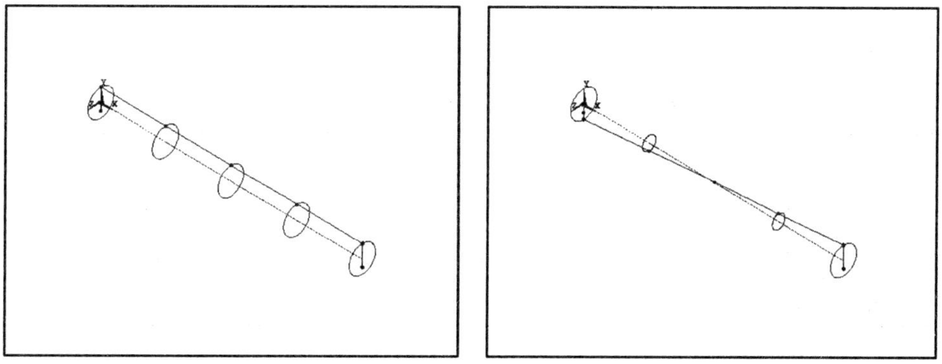

(a)　(b)

图 7.18　工况 1 转子系统前两阶振型图

(a)一阶轴心轨迹；(b)二阶轴心轨迹

(2) 工况 2——支承刚度与转轴刚度相当的情况

针对支承刚度与转轴刚度相当的情况，即选取同方向支承刚度与转轴刚度之比为 1 的情况，根据式(7.61)计算得到转子系统的前两阶固有频率及相应的振型图分别如表 7.2 和图 7.19所示。

表 7.2 工况 2 转子系统前两阶固有频率

阶数 i	1	2
固有频率(Hz)	490.00	887.21
解析结果(Hz)	483.728	1957.297
振型描述	图 7.19(a)	图 7.19(b)

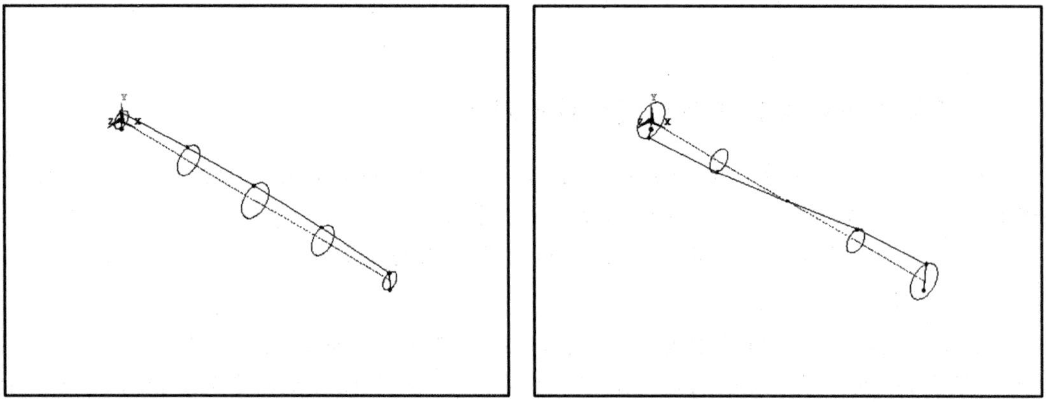

(a) (b)

图 7.19 工况 2 转子系统前两阶振型图

(a)一阶轴心轨迹；(b)二阶轴心轨迹

(3) 工况 3——刚性支承的情况

针对支承刚度远大于转轴刚度的情况，选取同方向支承刚度与转轴刚度之比为 1×10^2(2倍数量级)的情况，根据式(7.61)计算得到转子系统的前两阶固有频率及相应的振型图分别如表7.3和图 7.20 所示。

表 7.3 工况 3 转子系统前两阶固有频率

阶数 i	1	2
固有频率(Hz)	705.27	1291.5
解析结果(Hz)	694.038	2807.270
振型描述	图 7.20(a)	图 7.20(b)

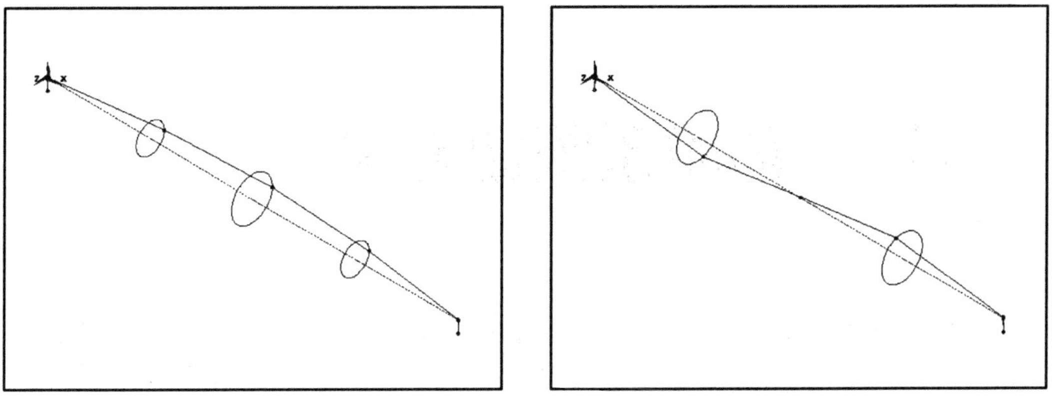

图 7.20 工况 3 转子系统前两阶振型图

(a)一阶轴心轨迹;(b) 二阶轴心轨迹

8 齿轮系统动力学

齿轮系统是机器最主要的动力和运动传递装置，其动力学行为和工作性能对整个机器有重要影响。齿轮系统动力学近百年来一直受到人们的广泛关注，尤其是近 20 年来，相关力学的理论与实验技术的发展，促进了对齿轮系统动力学的深入研究，迄今已经形成了较为完整的齿轮系统动力学的理论体系。

齿轮系统主要包含齿轮副、传动轴，有时还要考虑支承结构、驱动和负载等。齿轮系统动力学的关键在于对啮合刚度和啮合激励因素的处理。齿轮系统动力学与振动分析一般基于扭转模型或者弯扭耦合的动力学模型，主要获得齿轮系统的啮合特征、系统固有特性和不平衡响应等。

8.1 齿轮系统动力学建模基本原理

一个完整的齿轮系统通常包括齿轮副以及转子系统，如图 8.1 所示。

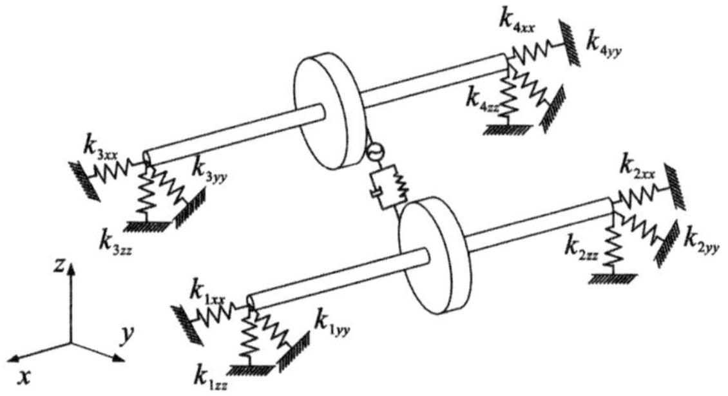

图 8.1 齿轮系统模型

齿轮系统动力学与振动分析的目标是：固有特性、动态响应、动力稳定性与系统参数对动态特性的影响，分析的目的是为齿轮系统的动态优化提供依据。

① 固有特性：主要包括研究齿轮传动系统的固有频率和振型。如利用有限元计算齿轮轮体结构和箱体结构的固有频率和振型；利用灵敏度分析和动态优化设计方法研究系统结构参数、几何参数与固有频率和振型的关系，进行结构动力修改。

② 动态响应：在动态激励作用下齿轮系统的动态响应是齿轮系统动力学研究的重要内容，主要包括齿轮动态啮合力，轮齿激励在系统中的传递，传动系统中各零件的动态响应以及箱体结构的动态响应。

③ 动力稳定性：齿轮系统是一种参数激励系统，与一般振动系统的区别在于它具有动力稳定的问题，应确定影响稳定性的因素和稳定区、非稳定区，为齿轮系统的设计提供指导。

④ 系统参数对动态特性的影响:在研究齿轮系统的动态特性时,重要的任务是研究它的结构和几何参数等对动态性能的影响,特别是以齿轮系统动力学模型为基础,通过进行参数灵敏度分析,定量了解各类参数的灵敏度,为齿轮和转子结构的设计或设计修改提供支持,或在此基础上进行齿轮系统的动态优化设计。

8.2　齿轮啮合刚度及齿轮啮合动力学模型

齿轮啮合刚度是指整个啮合区内所有参与啮合的齿对的综合效应,主要与齿轮的单齿变形、齿对综合变形及重合度有关。在齿轮啮合传动过程中,啮合点不断变化,轮齿的变形与所受的载荷都是时变的。由于啮合重合度一般都大于 1,这样在啮合过程中出现单齿啮合区和双齿啮合区周期性的交替,进而啮合刚度具有周期性跳跃现象。

齿轮的扭转振动模型是在齿轮动力学模型和转子动力学模型基础上考虑轮齿的刚度(常刚度或时变刚度)而建立起来的。在建立齿轮系统振动方程时,如果用常刚度代替真实的时变刚度,则齿轮系统振动方程不能反映出全局时间响应特性,只能反映出此齿轮系统在某个时间节点上即某个固定刚度值的动力学性能。

本节介绍直齿轮及斜齿轮时变啮合刚度计算方法,通过算例绘制出直齿轮和斜齿轮啮合刚度曲线,分析齿轮重合度对时变刚度的影响。在考虑时变啮合刚度、齿侧间隙、静传动误差等因素基础上建立包含 12 个自由度的斜齿轮啮合动力学模型,给出其动力学方程。

8.2.1　直齿轮时变啮合刚度

直齿轮的刚度计算方法有很多,其中石川公式应用较广泛。石川公式将轮齿简化为由一个梯形与矩形组成的悬臂梁,如图 8.2 所示。

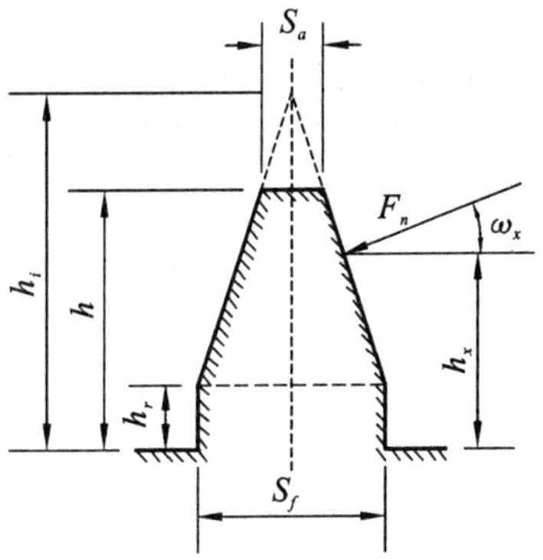

图 8.2　石川法近似齿形

在啮合过程中,单齿的载荷作用点处沿啮合线方向的变形量可以表示为:

$$\delta=\delta_{Br}+\delta_{Bt}+\delta_s+\delta_G \tag{8.1}$$

式中　δ——啮合线方向的变形量(mm);

δ_{Br}——矩形部分的弯曲变形量(mm);

δ_{Bt}——梯形部分的弯曲变形量(mm);

δ_s——由剪切引起的变形量(mm);

δ_G——齿根基体弹性倾斜引起的变形量(mm)。

其中

$$\delta_{Br}=\frac{12F_n\cos^2\omega_x}{EbS_f^3}\left(h_x^2h_r-h_xh_r^2+\frac{h_r^3}{3}\right)$$

$$\delta_{Bt}=\frac{6F_n\cos^2\omega_x}{EbS_f^3}(h_i-h_r)^3\left[\frac{h_i-h_x}{h_i-h_r}\left(4-\frac{h_i-h_x}{h_i-h_r}\right)-2\ln\frac{h_i-h_x}{h_i-h_r}-3\right]$$

$$\delta_s=\frac{2(1+\nu)F_n\cos^2\omega_x}{EbS_f}\left[h_r+(h_i-h_r)\ln\frac{h_i-h_r}{h_i-h_x}\right]$$

$$\delta_G=\frac{24F_n\cos^2\omega_x}{\pi EbS_f^2}h_x^2$$

式中 F_n——载荷(mm)；

S_f——齿根厚(mm)；

h_r——矩形高(mm)；

S_a——齿顶圆齿厚(mm)；

h——齿高(mm)；

h_i——辅助尺寸(mm)；

ω_x——载荷角(mm)；

h_x——载荷作用高度(mm)。

其中，一对轮齿在接触过程中不但有上述变形，还有因为接触力而产生的弹性变形，故一对轮齿总的变形量可以表示为：

$$\delta_{12}=\delta_1+\delta_2+\delta_{pv} \tag{8.2}$$

式中，δ_{pv}为两个齿的齿面接触变形量，具体为：

$$\delta_{pv}=\frac{4(1-\nu^2)F_n}{\pi Eb} \tag{8.3}$$

式中 ν——泊松比；

b——齿宽(mm)。

因此，一对轮齿的刚度可表示为：

$$k=\frac{F_n}{\delta_{12}} \tag{8.4}$$

利用石川公式计算齿轮啮合刚度时，可以采用齿根圆直径和压力角的具体数值。齿根圆直径为齿顶圆与啮合线的交点到齿轮中心的距离，图 8.3 所示为一对直齿圆柱齿轮外啮合的几何关系示意图。

图中，r_v 为有效齿根圆半径，r_b 为基圆半径，r_f 为齿根圆半径，r_a 为齿顶圆半径。标准安装时的压力角 $\alpha=\alpha'$，中心距 $a=a'$，非标准安装时有：

$$a\cos\alpha=a'\cos\alpha' \tag{8.5}$$

从而可求得

$$r_{v1}=\frac{r_{b1}}{\cos\alpha_{v1}} \tag{8.6}$$

$$r_{v2}=\frac{r_{b2}}{\cos\alpha_{v2}} \tag{8.7}$$

$$\alpha_{v1}=\arctan\left[\tan\alpha'-\frac{r_{b2}}{r_{b1}}(\tan\alpha_{a2}-\tan\alpha')\right] \tag{8.8}$$

$$\alpha_{v2}=\arctan\left[\tan\alpha'-\frac{r_{b1}}{r_{b2}}(\tan\alpha_{a1}-\tan\alpha')\right] \tag{8.9}$$

式中，采用载荷作用点到齿轮中心距离计算时，如图 8.4 所示，设渐开线齿廓上任意载荷作用点为 K，则 r_K 为载荷作用点到齿轮中心的距离，BK 为渐开线的发生线，θ_K 为渐开线的展角，α_K 为 K 点的压力角。

由图 8.4 可得，载荷作用点 K 到齿轮中心的距离为：

$$r_K=\frac{r_b}{\cos\alpha_K} \tag{8.10}$$

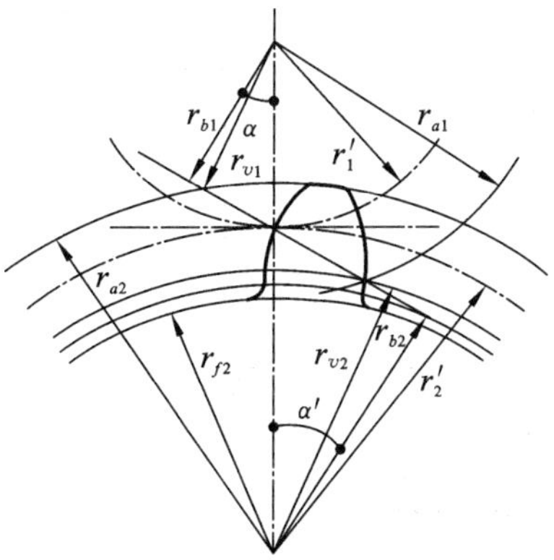

图 8.3　齿轮啮合示意图

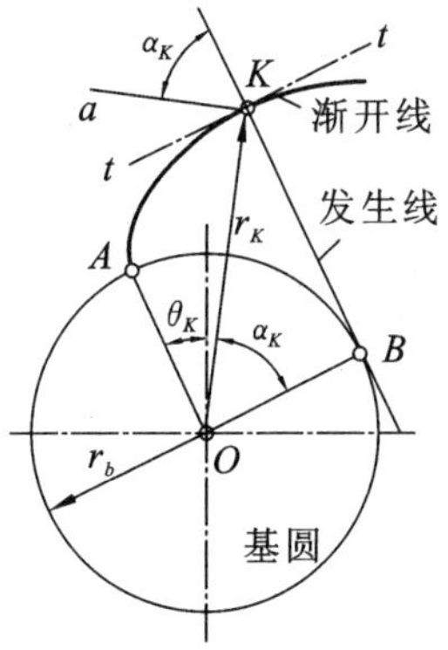

图 8.4　载荷作用点到齿轮中心距离

当齿轮的转速为 n(单位为 r/min)时，主动轮和从动轮的展角 θ_K、α_K 都呈周期性变化，即：

$$\theta_K(t)=\theta_K(t+T),T=\frac{60}{nZ} \tag{8.11}$$

式中，Z 为齿数。且其中渐开线函数为：

$$\theta_K=\tan\alpha_K-\alpha_K \tag{8.12}$$

联立方程式(8.10)～式(8.12)可求载荷作用点到齿轮中心的距离。

8.2.2　直齿轮啮合刚度变化曲线

以下通过一个算例来说明直齿轮啮合的刚度变化曲线。设齿轮的模数为 $m=5.5$，齿数 $Z_1=Z_2=39$，齿宽 $b=152$ mm，主动轮转速 $n=1000$ r/min。调整齿轮的变位系数，分别绘制重合度为 $\varepsilon=1$，$\varepsilon=1.5$，$\varepsilon=1.8182$ 时的啮合刚度曲线，如图 8.5～图 8.7 所示。

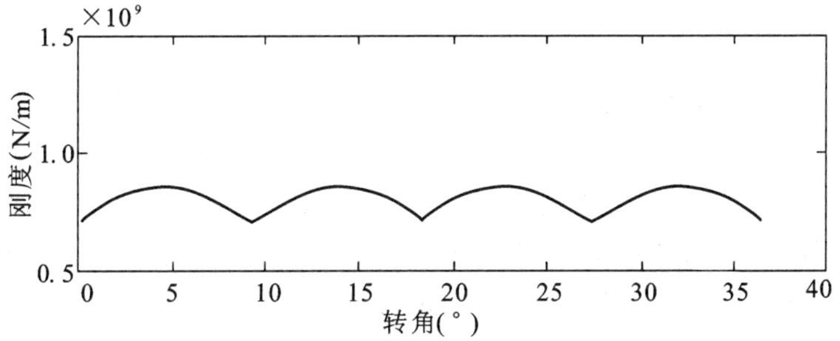

图 8.5　$\varepsilon=1$ 时啮合刚度

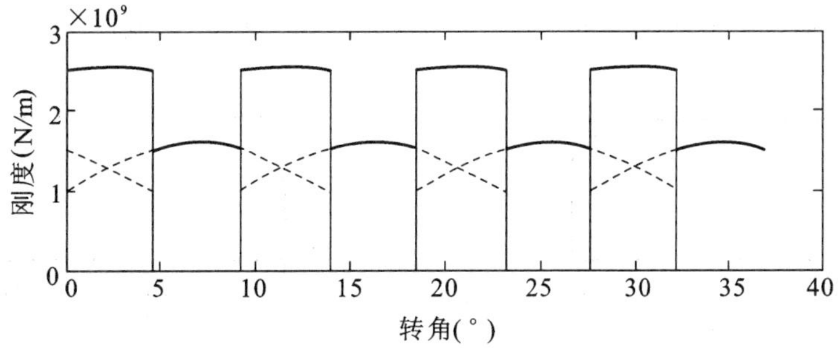

图 8.6　$\varepsilon=1.5$ 时啮合刚度

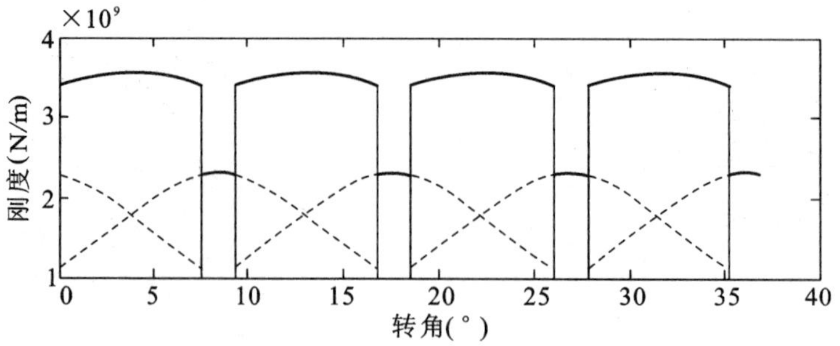

图 8.7　ε=1.8182 时啮合刚度

从图 8.5～图 8.7 可以看出，当重合度大于 1 时，在双齿啮合区同时有两对轮齿参与啮合，刚度为两对轮齿的刚度叠加，因此刚度曲线具有明显的跳跃现象，重合度越大即双齿啮合区越长，平均刚度也就越大。只有当重合度为整数时不会有跳跃现象，例如 ε=1 时。一般地，为了保证传动的连续性，重合度都大于 1。

8.2.3　斜齿轮时变啮合刚度

斜齿轮综合啮合刚度可按下式计算，有：

$$k=\frac{F_n}{\omega} \tag{8.13}$$

式中　ω——一对轮齿的综合变形量；

F_n——齿对间的啮合力。

下面加以具体说明。

(1) 斜齿圆柱齿轮接触线长度与载荷

齿面接触线为两齿轮齿廓曲面瞬时的接触线。当一对斜齿轮啮合传动时，两轮的齿面接触线是一条斜线，该接触线的长度开始由短变长再逐渐由长变短，在主动轮的轮齿表面，接触线由齿根逐渐走向齿顶，在从动轮的轮齿表面上，接触线由齿顶逐渐走向齿根，每个轮齿所承受的载荷也是逐渐加大再逐渐卸除的，因此轮齿所受的载荷与接触线变化是密切相关的。为简化计算轮齿接触载荷，可用接触线长度的变化来代替接触载荷的变化，以下对接触线的变化过程进行简要分析。

当一对轮齿在啮合过程中，每条接触线都在移动，其长度一般是变化的，如图 8.8 所示，其中 ε_α、ε_β 分别为端面重合度和纵向重合度，p_{bt} 为端面基圆齿距，β_b 为基圆螺旋角，b 为齿宽。

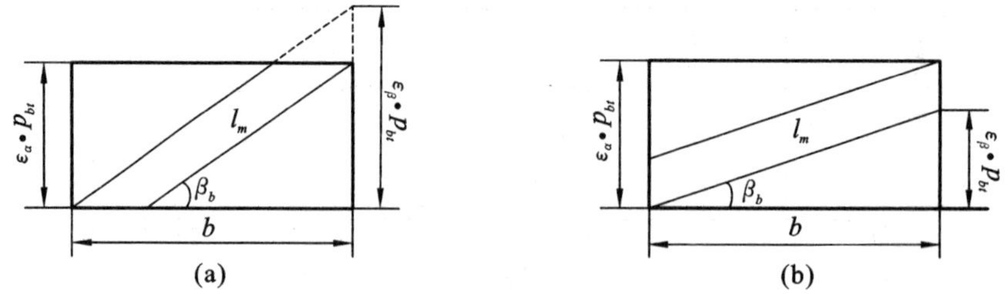

图 8.8　齿面接触线

当某一轮齿从开始进入啮合状态到完全退出的过程中，在啮合平面上接触线沿轴向所经过的范围为 $0\leqslant x\cdot p_{bt}\leqslant(\varepsilon_\alpha+\varepsilon_\beta)\cdot p_{bt}$，其中系数 x 从 0 到 $\varepsilon_\alpha+\varepsilon_\beta$ 逐渐变大。设啮合平面上某一时刻的啮合接触线长度为 $l(x)$，其变化如图 8.9 所示。

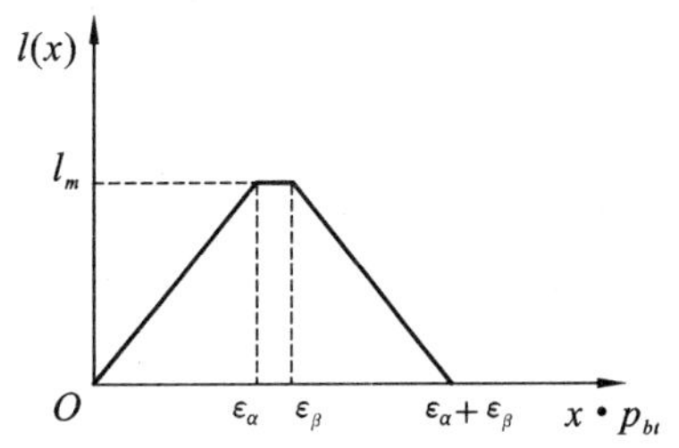

图 8.9 接触线长度

当 $\varepsilon_\alpha<\varepsilon_\beta$ 时，$l_m=\dfrac{\varepsilon_\alpha\cdot p_{bt}}{\sin\beta_b}$，有：

$$l(x)=\begin{cases}\dfrac{l_m}{\varepsilon_\alpha}\cdot x & 0\leqslant x\leqslant\varepsilon_\alpha\\ l_m & \varepsilon_\alpha<x<\varepsilon_\beta\\ l_m(\dfrac{\varepsilon_\beta}{\varepsilon_\alpha}+1)-\dfrac{l_m}{\varepsilon_\alpha}\cdot x & \varepsilon_\beta\leqslant x\leqslant\varepsilon_\alpha+\varepsilon_\beta\end{cases}\tag{8.14}$$

当 $\varepsilon_\beta\leqslant\varepsilon_\alpha$ 时，$l_m=\dfrac{b}{\cos\beta_b}$，有：

$$l(x)=\begin{cases}\dfrac{l_m}{\varepsilon_\beta}\cdot x & 0\leqslant x\leqslant\varepsilon_\beta\\ l_m & \varepsilon_\beta<x<\varepsilon_\alpha\\ l_m(\dfrac{\varepsilon_\alpha}{\varepsilon_\beta}+1)-\dfrac{l_m}{\varepsilon_\beta}\cdot x & \varepsilon_\alpha\leqslant x\leqslant\varepsilon_\alpha+\varepsilon_\beta\end{cases}\tag{8.15}$$

设接触线上的载荷分布为 $p(x)$，则轮齿所承受的载荷为：

$$F_n=\int p(x)\mathrm{d}x\tag{8.16}$$

为方便计算轮齿接触线上的载荷分布，可以认为载荷在接触线上是均匀分布的，即 $p(x)=P$。这样可用接触线的时变长度来代替轮齿上的时变载荷分布，因此由上式可得：

$$F_n=P\cdot l(x)\tag{8.17}$$

(2) 斜齿轮齿对变形量

对于斜齿轮单齿的啮合刚度，不同接触线上的刚度不同。要计算某一接触线上的刚度，还需求出该接触线上的变形量大小。接触线的变形包括弯曲变形和接触变形。

① 对于弯曲变形 ω_d，可由以下方法求得。如图 8.10 所示，P 点集中载荷在 D 点引起的变形为：

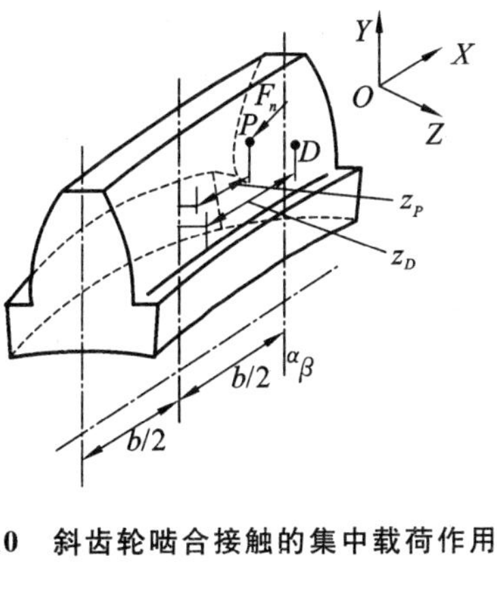

图 8.10 斜齿轮啮合接触的集中载荷作用模型

$$\omega_d=\frac{1515.37F_n}{Em_n}f_1f_2f_3Z^{-1.0622}\left(\frac{\alpha_n}{20}\right)^{-0.3879}\left(1+\frac{\beta_b}{10}\right)^{0.08219}(1+\chi_P)^{-0.2165}\cdot\left(\frac{h_a}{m_n}\right)^{0.5563}\left(\frac{h_f}{m_n}\right)^{0.6971}\left(\frac{r_{fil}}{m_n}\right)^{0.00043}\left(\frac{b}{m_n}\right)^{-0.6040} \tag{8.18}$$

式中 F_n——垂直作用于齿面的集中载荷；

f_1——载荷作用点的位置系数；

f_2——径向 P 点和 D 点的相对位置系数；

f_3——轴向 P 点和 D 点的相对位置系数；

m_n——齿轮模数；

E——弹性模量；

Z——齿轮齿数；

α_n——法向压力角；

β_b——基圆螺旋角；

χ_P——齿顶修型系数；

h_a——齿顶高；

h_f——齿根高；

r_{fil}——齿根圆角半径；

b——齿宽。

在式(8.18)中，位置系数 f_1 可由以下公式求得，有：

$$f_1=a_1+b_1\Delta r_p+c_1\Delta r_p^2 \tag{8.19}$$

式中，$\Delta r_p=\dfrac{r_p-r_f}{r_a-r_f}$，$r_p$ 为载荷作用点的半径，r_f 为齿根圆半径，r_a 为齿顶圆半径。其他系数具体为：

若 $\Delta r_p\leqslant 0.64$，有 $a_1=0.14347$，$b_1=4.7076\times10^{-3}$，$c_1=0.69666$；

若 $\Delta r_p>0.64$，有 $a_1=0.76255$，$b_1=-1.87776$，$c_1=2.16609$。

式(8.18)中的径向相对系数 f_2 可由以下公式求得，有：

$$f_2=a_2+b_2\Delta r_D+c_2\Delta r_D^2 \tag{8.20}$$

式中，$\Delta r_D=\dfrac{r_p-r_D}{r_p-r_f}$，$r_D$ 为 D 点所在圆半径。其他系数具体为：

若 $\Delta r_D\leqslant 0.3$，有 $a_2=1$，$b_2=2.34254$，$c_2=3.06134$；

若 $\Delta r_D>0.3$，有 $a_2=0.89313$，$b_2=-1.19713$，$c_2=0.39213$。

式(8.18)中的轴向相对系数 f_3 可由以下公式求得，有：

$$f_3=1+b_3\frac{|z_P-z_D|}{z_{w0}}+c_3\left(\frac{|z_P-z_D|}{z_{w0}}\right)^2 \tag{8.21}$$

式中，z_P 和 z_D 如图 8.10 所示。

其中，$z_{w0}=\left[1.2070-4.0256\times10^{-4}\dfrac{b}{m_n}+5.0261\times10^{-4}\left(\dfrac{b}{m_n}\right)^2\right]\dfrac{b}{2}$，且在 $|z_P-z_D|\geqslant z_{w0}$ 时有 $f_3=0$；其他系数具体为：

若 $\dfrac{b}{m_n}<20.75$，有：

$$\begin{cases} b_3=-1.8874+1.004\times10^{-2}\dfrac{b}{m_n}-6.0468\times10^{-5}\left(\dfrac{b}{m_n}\right)^2 \\ c_3=0.8874+1.004\times10^{-2}\dfrac{b}{m_n}-6.0468\times10^{-5}\left(\dfrac{b}{m_n}\right)^2 \end{cases}$$

若$\dfrac{b}{m_n}\geqslant20.75$，有 $b_3=-1.4707$，$c_3=0.4707$。

为简化计算，在求解轮齿弯曲变形时，可将接触线 $l(x)$上的分布载荷 $P(x)$等效为某一集中载荷作用在接触线的中点位置，这样可以用算出的接触线中点变形量来描述整个轮齿的变形，即当 D 为接触线中点、集中载荷作用点 P 与 D 重合时 D 点的变形量。

② 对于接触变形 ω_c，可用下式计算，有：

$$\omega_c=\frac{2\Delta F}{\pi\Delta X}\left\{k_1\left[\ln\left(\frac{s_1}{b_e}\right)-\frac{\nu_1}{2(1-\nu_1)}\right]+k_2\left[\ln\left(\frac{s_2}{b_e}\right)-\frac{\nu_2}{2(1-\nu_2)}\right]\right\} \tag{8.22}$$

式中 b_e——$b_e=\sqrt{\dfrac{4\Delta F r_1 r_2(k_1+k_2)}{\pi\Delta X(r_1+r_2)}}$，$k_1=\dfrac{1-\nu_1^2}{E_1}$，$k_2=\dfrac{1-\nu_2^2}{E_2}$；

ΔX——接触线长度；

ΔF——接触线上所受的力；

s_1，s_2——两齿轮所在接触点的齿厚；

r_1，r_2——两齿轮接触点处齿廓的曲率半径；

ν_1，ν_2——两齿轮的泊松比；

E_1，E_2——两齿轮的弹性模量。

③ 某一时刻接触线上载荷分布引起的总变形量 ω 为两轮齿的弯曲变形与接触变形之和，如下式所示：

$$\omega=\omega_{d1}+\omega_{d2}+\omega_c \tag{8.23}$$

例如，一对轮齿啮合时，接触线上载荷为单位分布载荷，齿轮的模数 $m_n=5.5$，齿数 $Z_1=Z_2=100$，齿宽 $b=152$ mm，标准安装。计算得到的啮合变形量如图 8.11 所示。

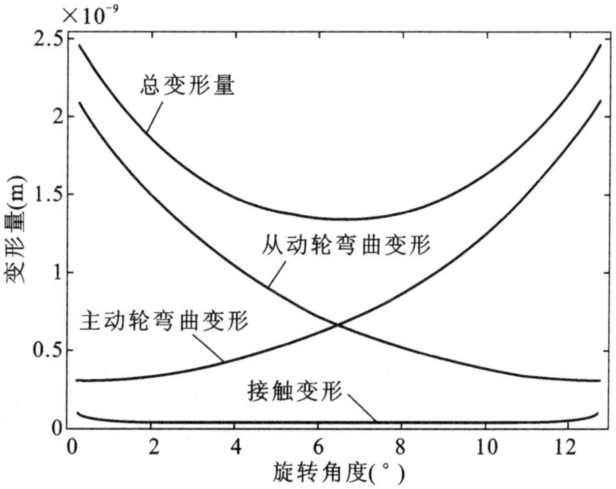

图 8.11 齿对变形量

由图中曲线可以看出，主动轮轮齿接触线由齿根部位变化到齿尖，其变形量由小到大；而从动轮轮齿接触线由齿尖部位变化到齿根，其变形量由大到小；两轮齿的接触变形与接触线长度变化成反比，综合啮合变形为凹曲线形式。

(3) 斜齿轮综合啮合刚度曲线

根据上文的理论可以计算斜齿轮的综合啮合刚度。根据式(8.13)得到上述算例的啮合刚度变化曲线(图 8.12)。这里，齿宽 $b=19$ mm，其重合度 $\varepsilon_\alpha=1.7888$，$\varepsilon_\beta=0.2286$。

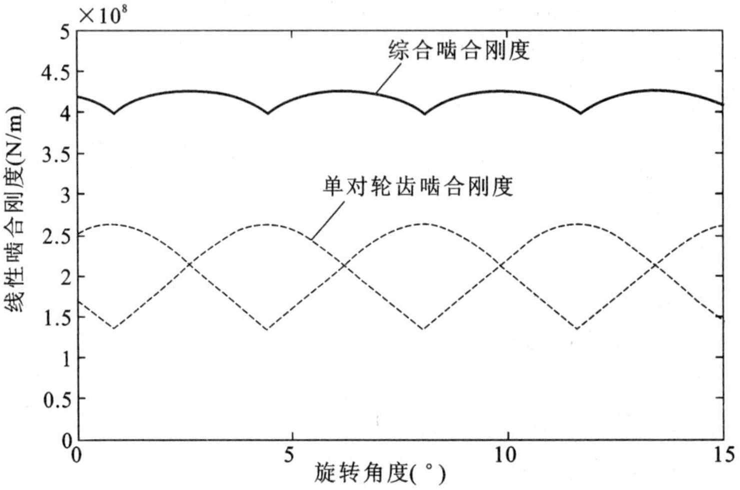

图 8.12　斜齿轮啮合刚度曲线

斜齿轮齿宽将影响齿轮啮合的纵向重合度，图 8.13 为上述齿轮对在不同齿宽下时变啮合刚度变化图。

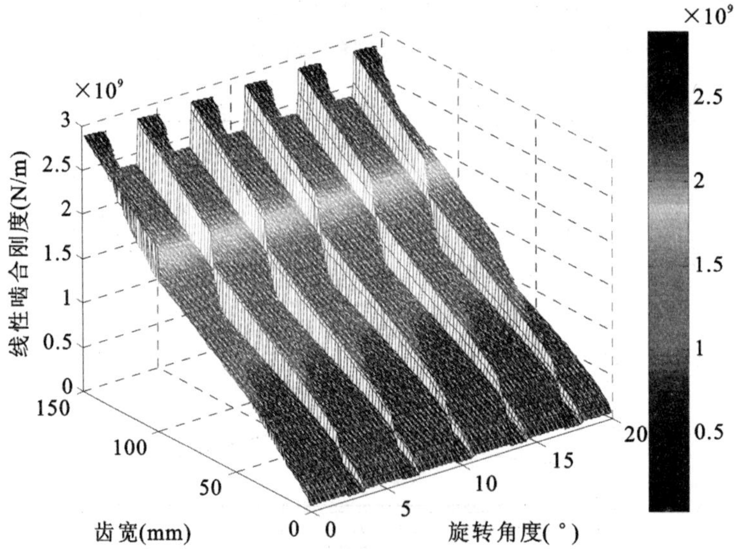

图 8.13　斜齿轮时变啮合刚度

从分析可以看出，斜齿轮综合啮合刚度也是呈周期性变化的，同样会引起齿轮啮合过程的动态刚度激励。在齿轮系统中，反映在系统模型运动方程上则是刚度项的时变性，因此，齿轮系统的振动问题一般属于参数振动问题。齿轮啮合刚度的周期变化可近似用傅里叶级数来表达，即：

$$K_g(\theta) = a_0 + \sum_{i=1}^{n} [a_i \cos(i\omega\theta) + b_i \sin(i\omega\theta)] \tag{8.24}$$

式中，a_0、a_i、b_i 为傅里叶系数，ω 为基频，θ 为旋转角度。图 8.14 分别为用 1、2、3 阶傅里叶级数拟合的齿轮啮合刚度曲线图。在下文分析中采用了啮合时变刚度的傅里叶级数形式。

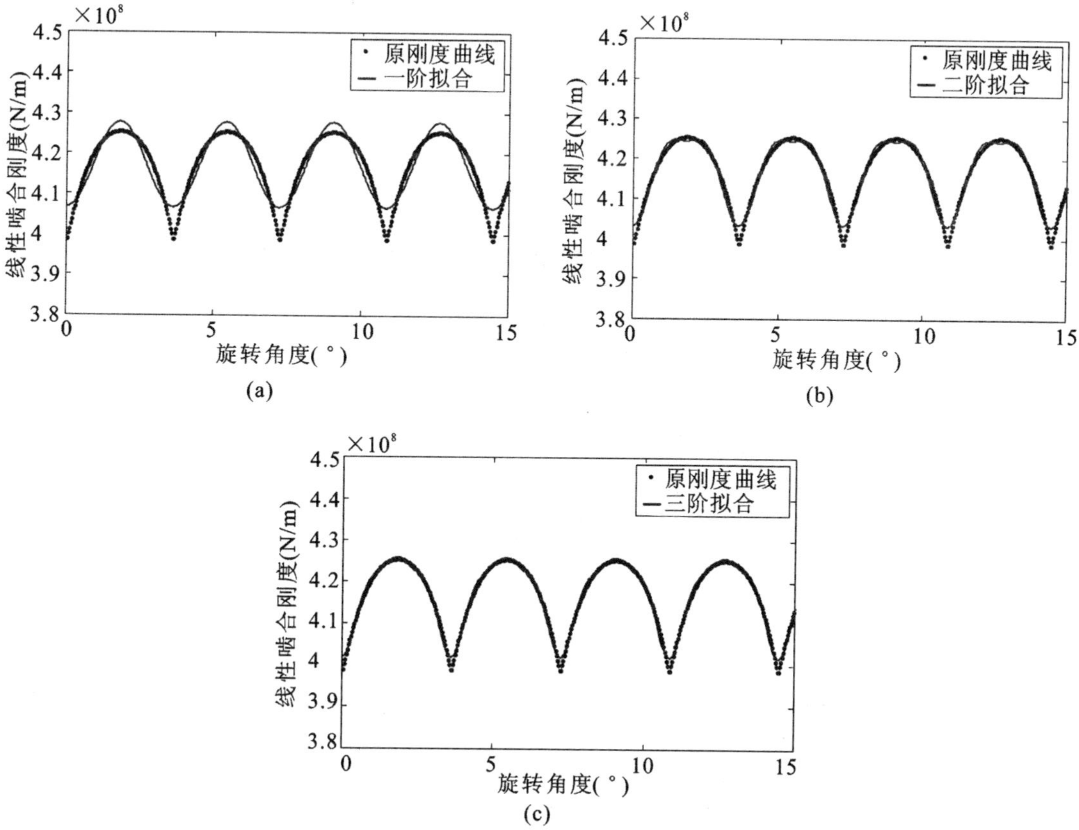

图 8.14　齿轮啮合刚度曲线

(a)一阶拟合图；(b)二阶拟合图；(c)三阶拟合图

从图 8.14 可以看出，当阶次为 3 时，拟合曲线与原曲线基本吻合，能够满足一般分析计算精度。相应的傅里叶系数如表 8.1 所示。

表 8.1　齿轮啮合时变刚度拟合的傅里叶系数

阶次	ω	a_0	a_1	b_1	a_2	b_2	a_3	b_3
$n=1$	1.739	4.172×10^8	-1.053×10^7	-1.078×10^5	—	—	—	—
$n=2$	1.739	4.172×10^8	-1.052×10^7	-2.374×10^5	-3.316×10^6	-1.497×10^5	—	—
$n=3$	1.739	4.172×10^8	-1.052×10^7	-2.809×10^5	-3.315×10^6	-1.772×10^5	-1.471×10^6	-1.181×10^5

8.2.4　齿轮系统啮合动力学方程

图 8.15 所示为斜齿轮的动力学模型，i 和 j 为相互啮合的一对斜齿轮，端面压力角为 α_{ij}，螺旋角 β_{ij}（若齿轮 i 右旋，则 $\beta_{ij}>0$；若齿轮 i 左旋，则 $\beta_{ij}<0$），其中 i 为驱动轮，且驱动力矩为 T_i，j 为从动轮；在啮合面上的 k_{ij} 为齿轮啮合刚度，c_{ij} 为齿轮啮合阻尼；齿轮的方向角 φ_{ij} 是齿轮中心线与 y_i 轴正向的夹角；ψ_{ij} 是 y 轴正方向到啮合面的方向角，具体如下：

$$\psi_{ij}=\begin{cases}\alpha_{ij}-\varphi_{ij} & \text{驱动轮扭矩为逆时针方向}\\ -(\alpha_{ij}+\varphi_{ij}) & \text{驱动轮扭矩为顺时针方向}\end{cases} \tag{8.25}$$

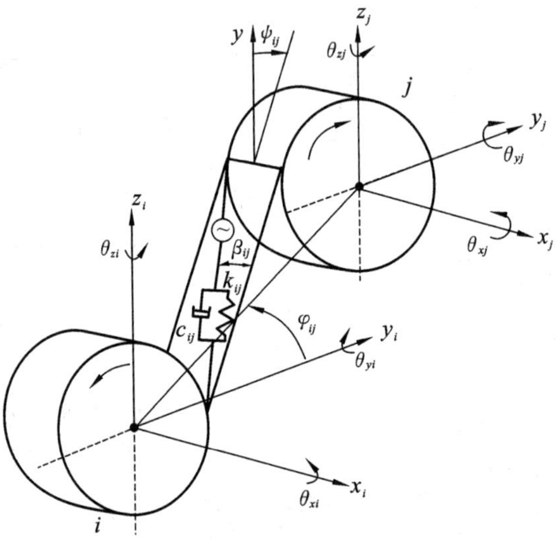

图 8.15　齿轮系统的动力学模型

该齿轮系统共有 12 个自由度，即每个齿轮都具有三个平动自由度 x、y、z，以及三个旋转自由度 θ_x、θ_y、θ_z，且表示为：

$$x_{ij}=[x_i,y_i,z_i,\theta_{xi},\theta_{yi},\theta_{zi},x_j,y_j,z_j,\theta_{xj},\theta_{yj},\theta_{zj}]^{\mathrm{T}} \tag{8.26}$$

齿轮沿啮合线上的位移变形量 p_{ij} 可由齿轮对扭转引起的变形 p_{ijr}、横向振动引起的变形 p_{ijl}、轴向振动引起的变形 p_{ija}、绕直径摆动引起的变形 p_{ijt} 及考虑齿轮的传递误差 $e_{ij}(t)$（即齿侧间隙）组成，即：

$$p_{ij}(t)=p_{ijr}+p_{ijl}+p_{ija}+p_{ijt}-e_{ij}(t) \tag{8.27}$$

$$p_{ija}=(-x_i+x_j)\sin\beta_{ij} \tag{8.28}$$

$$p_{ijl}=[(y_i-y_j)\sin\psi_{ij}+(z_i-z_j)\cos\psi_{ij}]\cos\beta_{ij} \tag{8.29}$$

$$p_{ijr}=\cos\beta_{ij}(r_i\theta_{xi}-r_j\theta_{xj}) \tag{8.30}$$

$$p_{ijt}=[(r_i\theta_{yi}+r_j\theta_{yj})\sin\psi_{ij}+(r_i\theta_{zi}+r_j\theta_{zj})\cos\psi_{ij}]\sin\beta_{ij} \tag{8.31}$$

其中，r_i 与 r_j 分别为齿轮 i 和 j 的基圆半径。

这样，齿轮对 ij 的运动微分方程为：

$$\begin{cases} m_i\ddot{x}_i-[c_{ij}\dot{p}_{ij}(t)+k_{ij}p_{ij}(t)]\sin\beta_{ij}=0 \\ m_i\ddot{y}_i+[c_{ij}\dot{p}_{ij}(t)+k_{ij}p_{ij}(t)]\cos\beta_{ij}\sin\psi_{ij}=0 \\ m_i\ddot{z}_i+[c_{ij}\dot{p}_{ij}(t)+k_{ij}p_{ij}(t)]\cos\beta_{ij}\cos\psi_{ij}=0 \\ J_i\ddot{\theta}_{xi}+r_i[c_{ij}\dot{p}_{ij}(t)+k_{ij}p_{ij}(t)]\cos\beta_{ij}=T_i \\ I_i\ddot{\theta}_{yi}+r_i[c_{ij}\dot{p}_{ij}(t)+k_{ij}p_{ij}(t)]\sin\beta_{ij}\sin\psi_{ij}=0 \\ I_i\ddot{\theta}_{zi}+r_i[c_{ij}\dot{p}_{ij}(t)+k_{ij}p_{ij}(t)]\sin\beta_{ij}\cos\psi_{ij}=0 \\ m_j\ddot{x}_j+[c_{ij}\dot{p}_{ij}(t)+k_{ij}p_{ij}(t)]\sin\beta_{ij}=0 \\ m_j\ddot{y}_j-[c_{ij}\dot{p}_{ij}(t)+k_{ij}p_{ij}(t)]\cos\beta_{ij}\sin\psi_{ij}=0 \\ m_j\ddot{z}_j-[c_{ij}\dot{p}_{ij}(t)+k_{ij}p_{ij}(t)]\cos\beta_{ij}\cos\psi_{ij}=0 \\ J_j\ddot{\theta}_{xj}-r_j[c_{ij}\dot{p}_{ij}(t)+k_{ij}p_{ij}(t)]\cos\beta_{ij}=-T_j \\ I_j\ddot{\theta}_{yj}-r_j[c_{ij}\dot{p}_{ij}(t)+k_{ij}p_{ij}(t)]\sin\beta_{ij}\sin\psi_{ij}=0 \\ I_j\ddot{\theta}_{zj}-r_j[c_{ij}\dot{p}_{ij}(t)+k_{ij}p_{ij}(t)]\sin\beta_{ij}\cos\psi_{ij}=0 \end{cases} \tag{8.32}$$

将上式整理成矩阵形式为：

$$\boldsymbol{M}_{ij}\ddot{x}_{ij}+\boldsymbol{C}_{ij}\dot{x}_{ij}+\boldsymbol{K}_{ij}x_{ij}=\boldsymbol{F}_{ij} \tag{8.33}$$

式中　$\boldsymbol{M}_{ij}$——齿轮系统的质量矩阵；

$\boldsymbol{C}_{ij}$——阻尼矩阵；

$\boldsymbol{K}_{ij}$——刚度矩阵。

令

$$\{A_{ij}\}=[-\sin\beta_{ij}\quad \sin\psi_{ij}\cos\beta_{ij}\quad \cos\psi_{ij}\cos\beta_{ij}\quad r_i\cos\beta_{ij}\quad r_i\sin\psi_{ij}\sin\beta_{ij}\quad r_i\cos\psi_{ij}\sin\beta_{ij}$$
$$\sin\beta_{ij}\quad -\sin\psi_{ij}\cos\beta_{ij}\quad -\cos\psi_{ij}\cos\beta_{ij}\quad -r_j\cos\beta_{ij}\quad -r_j\sin\psi_{ij}\sin\beta_{ij}\quad -r_j\cos\psi_{ij}\sin\beta_{ij}] \tag{8.34}$$

则 $\boldsymbol{C}_{ij}$ 与 $\boldsymbol{K}_{ij}$ 可分别表示为：

$$\boldsymbol{C}_{ij}=c_{ij}\cdot\boldsymbol{A}_{ij}^{\mathrm{T}}\cdot\boldsymbol{A}_{ij} \tag{8.35}$$

$$\boldsymbol{K}_{ij}=k_{ij}\cdot\boldsymbol{A}_{ij}^{\mathrm{T}}\cdot\boldsymbol{A}_{ij} \tag{8.36}$$

经整理可得齿轮对啮合刚度矩阵如下：

$$\boldsymbol{K}_{ij}=k_{ij}\begin{bmatrix} a_{11} & a_{12} & a_{13} & a_{14} & a_{15} & a_{16} & -a_{11} & -a_{12} & -a_{13} & ia_{14} & ia_{15} & ia_{16} \\ a_{12} & a_{22} & a_{23} & a_{24} & a_{25} & a_{26} & -a_{12} & -a_{22} & -a_{23} & ia_{24} & ia_{25} & ia_{26} \\ a_{13} & a_{23} & a_{33} & a_{34} & a_{35} & a_{36} & -a_{13} & -a_{23} & -a_{33} & ia_{34} & ia_{35} & ia_{36} \\ a_{14} & a_{24} & a_{34} & a_{44} & a_{45} & a_{46} & -a_{14} & -a_{24} & -a_{34} & ia_{44} & ia_{45} & ia_{46} \\ a_{15} & a_{25} & a_{35} & a_{45} & a_{55} & a_{56} & -a_{15} & -a_{25} & -a_{35} & ia_{45} & ia_{55} & ia_{56} \\ a_{16} & a_{26} & a_{36} & a_{46} & a_{56} & a_{66} & -a_{16} & -a_{26} & -a_{36} & ia_{46} & ia_{56} & ia_{66} \\ -a_{11} & -a_{12} & -a_{13} & -a_{14} & -a_{15} & -a_{16} & a_{11} & a_{12} & a_{13} & -ia_{14} & -ia_{15} & -ia_{16} \\ -a_{12} & -a_{22} & -a_{23} & -a_{24} & -a_{25} & -a_{26} & a_{12} & a_{22} & a_{23} & -ia_{24} & -ia_{25} & -ia_{26} \\ -a_{13} & -a_{23} & -a_{33} & -a_{34} & -a_{35} & -a_{36} & a_{13} & a_{23} & a_{33} & -ia_{34} & -ia_{35} & -ia_{36} \\ ia_{14} & ia_{24} & ia_{34} & ia_{44} & ia_{45} & ia_{46} & -ia_{14} & -ia_{24} & -ia_{34} & i^2a_{44} & i^2a_{45} & i^2a_{46} \\ ia_{15} & ia_{25} & ia_{35} & ia_{45} & ia_{55} & ia_{56} & -ia_{15} & -ia_{25} & -ia_{35} & i^2a_{45} & i^2a_{55} & i^2a_{56} \\ ia_{16} & ia_{26} & ia_{36} & ia_{46} & ia_{56} & ia_{66} & -ia_{16} & -ia_{26} & -ia_{36} & i^2a_{46} & i^2a_{56} & i^2a_{66} \end{bmatrix} \tag{8.37}$$

其中

$$a_{11}=\sin^2(\psi_{ij})\cos^2(\beta_{ij});a_{12}=\sin(\psi_{ij})\cos^2(\beta_{ij})\cos(\psi_{ij})$$

$$a_{13}=-\sin(\psi_{ij})\cos(\beta_{ij})\sin(\beta_{ij})$$

$$a_{14}=r_i\sin^2(\psi_{ij})\cos(\beta_{ij})\sin(\beta_{ij});a_{15}=r_i\cos(\psi_{ij})\sin(\psi_{ij})\cos(\beta_{ij})\sin(\beta_{ij})$$

$$a_{16}=r_i\sin(\psi_{ij})\cos^2(\beta_{ij});a_{22}=\cos^2(\psi_{ij})\cos^2(\beta_{ij});a_{23}=-\cos(\psi_{ij})\cos(\beta_{ij})\sin(\beta_{ij})$$

$$a_{24}=r_i\sin(\psi_{ij})\cos(\psi_{ij})\cos(\beta_{ij})\sin(\beta_{ij});a_{25}=r_i\cos^2(\psi_{ij})\cos(\beta_{ij})\sin(\beta_{ij})$$

$$a_{26}=r_i\cos(\psi_{ij})\cos^2(\beta_{ij});a_{33}=\sin^2(\beta_{ij});a_{34}=-r_i\sin(\psi_{ij})\sin^2(\beta_{ij})$$

$$a_{35}=-r_i\cos(\psi_{ij})\sin^2(\beta_{ij});a_{36}=-r_i\cos(\beta_{ij})\sin(\beta_{ij});a_{44}=r_i^2\sin^2(\psi_{ij})\sin^2(\beta_{ij})$$

$$a_{45}=r_i^2\sin(\psi_{ij})\cos(\psi_{ij})\sin^2(\beta_{ij});a_{46}=r_i^2\sin(\psi_{ij})\sin(\beta_{ij})\cos(\beta_{ij})$$

$$a_{55}=r_i^2\cos^2(\psi_{ij})\sin^2(\beta_{ij});a_{56}=r_i^2\cos(\psi_{ij})\cos(\beta_{ij})\sin(\beta_{ij});a_{66}=r_i^2\cos^2(\beta_{ij})$$

$$i=\frac{r_j}{r_i}$$

8.3 齿轮系统动力学分析的有限元法

齿轮系统的动力学建模还可以采用传递矩阵法或有限元法。传递矩阵法在 20 世纪 50 年代中期被应用于分析转子系统和计算临界转速，它有矩阵阶数不随系统的自由度增大而增加、编程简单、内存用量小、运算速度快等特点，但在考虑支承等周围结构时该方法有局限性。近年来，有限元法在机械系统动力学分析中的应用日趋完善，包括了转动惯量、陀螺力矩、轴向载荷、外阻内阻以及剪切变形的影响因素。在这里，采用有限元法对齿轮系统和齿轮-转子系统进行动力学建模与分析。

采用旋转梁单元模型可以方便地实现对齿轮-转子系统的建模，特别是有利于进行弯曲振动的分析。

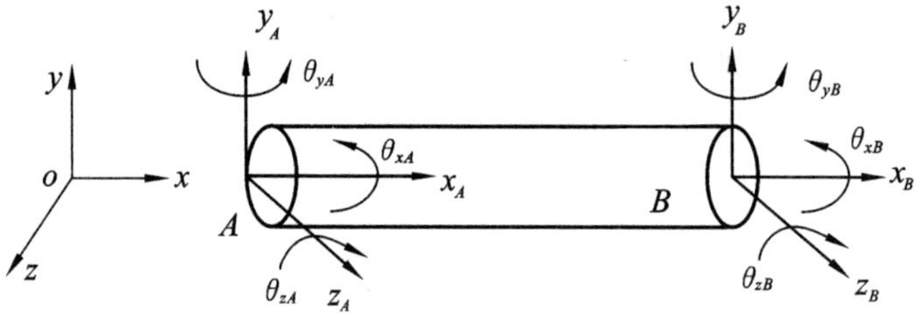

图 8.16 转轴单元有限元模型

用于齿轮系统建模的基本单元是弹性轴段旋转梁单元，其广义坐标为两端节点的位移，定义为：

$$\boldsymbol{u}_s=[x_A,y_A,z_A,\theta_{xA},\theta_{yA},\theta_{zA},x_B,y_B,z_B,\theta_{xB},\theta_{yB},\theta_{zB}]^T \tag{8.38}$$

相应的转轴刚度单元矩阵、惯量单元矩阵、陀螺力矩矩阵形式如下：

$$\boldsymbol{K}_e=\begin{bmatrix}
AE/L & 0 & 0 & 0 & 0 & 0 & -AE/L & 0 & 0 & 0 & 0 & 0\\
0 & a_z & 0 & 0 & 0 & c_z & 0 & -a_z & 0 & 0 & 0 & c_z\\
0 & 0 & a_y & 0 & -c_y & 0 & 0 & 0 & -a_y & 0 & -c_y & 0\\
0 & 0 & 0 & GJ/L & 0 & 0 & 0 & 0 & 0 & -GJ/L & 0 & 0\\
0 & 0 & -c_y & 0 & e_y & 0 & 0 & 0 & c_y & 0 & f_y & 0\\
0 & c_z & 0 & 0 & 0 & e_z & 0 & -c_z & 0 & 0 & 0 & f_z\\
-AE/L & 0 & 0 & 0 & 0 & 0 & AE/L & 0 & 0 & 0 & 0 & 0\\
0 & -a_z & 0 & 0 & 0 & -c_z & 0 & a_z & 0 & 0 & 0 & -c_z\\
0 & 0 & -a_y & 0 & c_y & 0 & 0 & 0 & a_y & 0 & c_y & 0\\
0 & 0 & 0 & -GJ/L & 0 & 0 & 0 & 0 & 0 & GJ/L & 0 & 0\\
0 & 0 & -c_y & 0 & f_y & 0 & 0 & 0 & c_y & 0 & e_y & 0\\
0 & c_z & 0 & 0 & 0 & f_z & 0 & -c_z & 0 & 0 & 0 & e_z
\end{bmatrix} \tag{8.39}$$

$$\boldsymbol{M}^e=\rho AL\begin{bmatrix}
1/3 & 0 & 0 & 0 & 0 & 0 & 1/6 & 0 & 0 & 0 & 0 & 0\\
0 & A_z & 0 & 0 & 0 & C_z & 0 & B_z & 0 & 0 & 0 & -D_z\\
0 & 0 & A_y & 0 & -C_y & 0 & 0 & 0 & B_y & 0 & D_y & 0\\
0 & 0 & 0 & J_x/(3A) & 0 & 0 & 0 & 0 & 0 & J_x/(6A) & 0 & 0\\
0 & 0 & -C_y & 0 & E_y & 0 & 0 & 0 & -D_y & 0 & F_y & 0\\
0 & C_z & 0 & 0 & 0 & E_z & 0 & D_z & 0 & 0 & 0 & F_z\\
1/6 & 0 & 0 & 0 & 0 & 0 & 1/3 & 0 & 0 & 0 & 0 & 0\\
0 & B_z & 0 & 0 & 0 & D_z & 0 & A_z & 0 & 0 & 0 & -C_z\\
0 & 0 & B_y & 0 & -D_y & 0 & 0 & 0 & A_y & 0 & 0 & C_y\\
0 & 0 & 0 & J_x/(6A) & 0 & 0 & 0 & 0 & 0 & J_x/(3A) & 0 & 0\\
0 & 0 & D_y & 0 & F_y & 0 & 0 & 0 & 0 & 0 & E_y & 0\\
0 & -D_z & 0 & 0 & 0 & F_z & 0 & -C_z & C_y & 0 & 0 & E_z
\end{bmatrix} \tag{8.40}$$

$$\boldsymbol{G}^e=2\Omega\rho AL\begin{bmatrix}
0 & 0 & 0 & 0 & 0 & 0 & 0 & 0 & 0 & 0 & 0 & 0\\
0 & 0 & g & 0 & h & 0 & 0 & 0 & -g & 0 & h & 0\\
0 & -g & 0 & 0 & 0 & h & 0 & g & 0 & 0 & 0 & h\\
0 & 0 & 0 & 0 & 0 & 0 & 0 & 0 & 0 & 0 & 0 & 0\\
0 & -h & 0 & 0 & 0 & i & 0 & h & 0 & 0 & 0 & j\\
0 & 0 & -h & 0 & -i & 0 & 0 & 0 & h & 0 & -j & 0\\
0 & 0 & 0 & 0 & 0 & 0 & 0 & 0 & 0 & 0 & 0 & 0\\
0 & 0 & -g & 0 & -h & 0 & 0 & 0 & g & 0 & -h & 0\\
0 & g & 0 & 0 & 0 & -h & 0 & -g & 0 & 0 & 0 & -h\\
0 & 0 & 0 & 0 & 0 & 0 & 0 & 0 & 0 & 0 & 0 & 0\\
0 & -h & 0 & 0 & 0 & j & 0 & h & 0 & 0 & 0 & i\\
0 & 0 & -h & 0 & -j & 0 & 0 & 0 & h & 0 & -i & 0
\end{bmatrix} \tag{8.41}$$

其中，A 为单元横截面面积；E 为材料弹性模量；ρ 为材料密度；L 为单元长度；G 为剪切模量；J 为扭转惯性矩；J_x 为极惯性矩；Ω 为旋转角速度。

将以上转轴单元组合后建立齿轮系统的动力学模型如下：

$$\boldsymbol{M}\ddot{\boldsymbol{X}}+\boldsymbol{C}\dot{\boldsymbol{X}}+\boldsymbol{K}\boldsymbol{X}=\boldsymbol{R}(t)+\boldsymbol{G} \tag{8.42}$$

其中 $\boldsymbol{M}$ 为质量矩阵；$\boldsymbol{C}$ 包括转子轴承阻尼和陀螺力矩；$\boldsymbol{K}$ 为刚度矩阵；$\boldsymbol{R}$ 为不平衡力矢量；$\boldsymbol{G}$ 为重力矢量。

齿轮可以视为具有回转效应的"刚性盘"，简化为集中质量与集中转动惯量作用在相对应的节点上。定义刚性盘单元即集中质量单元如下：集中质量单元为一个节点，其自由度数为6，分别为沿 x、y、z 方向的位移及绕其转角，如图 8.17 所示，其位移矢量可以表示为：

$$\boldsymbol{u}=[x,y,z,\theta_x,\theta_y,\theta_z]^{\mathrm{T}} \tag{8.43}$$

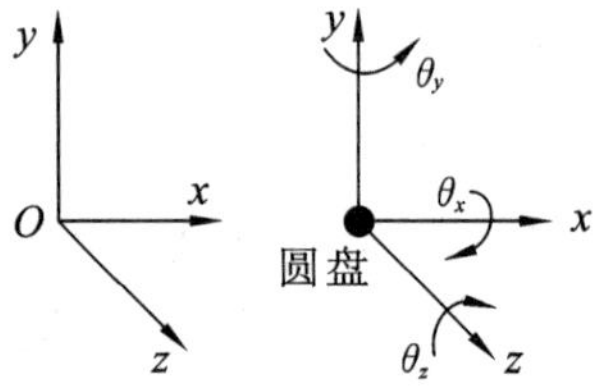

图 8.17　刚性盘单元(齿轮)

设通过轴心的质量、直径转动惯量和极转动惯量分别为 m、J_d 和 J_p，则转盘的运动微分方程为：

$$\boldsymbol{M}_d\ddot{\boldsymbol{u}}+\Omega\boldsymbol{G}_d\dot{\boldsymbol{u}}=\boldsymbol{F}_d \tag{8.44}$$

式中　Ω——转盘的旋转速度；

$\boldsymbol{F}_d$——单元广义力向量；

$\boldsymbol{M}_d,\boldsymbol{G}_d$——刚性转盘单元的质量矩阵和陀螺力矩阵，且表示为：

$$\boldsymbol{M}_d=\begin{bmatrix} m & 0 & 0 & 0 & 0 & 0\\ 0 & m & 0 & 0 & 0 & 0\\ 0 & 0 & m & 0 & 0 & 0\\ 0 & 0 & 0 & J_p & 0 & 0\\ 0 & 0 & 0 & 0 & J_d & 0\\ 0 & 0 & 0 & 0 & 0 & J_d \end{bmatrix},\quad \boldsymbol{G}_d=\begin{bmatrix} 0 & 0 & 0 & 0 & 0 & 0\\ 0 & 0 & 0 & 0 & 0 & 0\\ 0 & 0 & 0 & 0 & 0 & 0\\ 0 & 0 & 0 & 0 & 0 & 0\\ 0 & 0 & 0 & 0 & 0 & -J_p\\ 0 & 0 & 0 & 0 & J_p & 0 \end{bmatrix}$$

对于考虑弹性支承的情况，可以将轴承组件简化为具有刚度和阻尼的弹簧单元，并与齿轮系统在支点处耦合。针对一般的支承轴承，假设支承轴承一端与转子之间的耦合节点为 i，另一端视为全约束，其耦合力模型如图 8.18 所示。

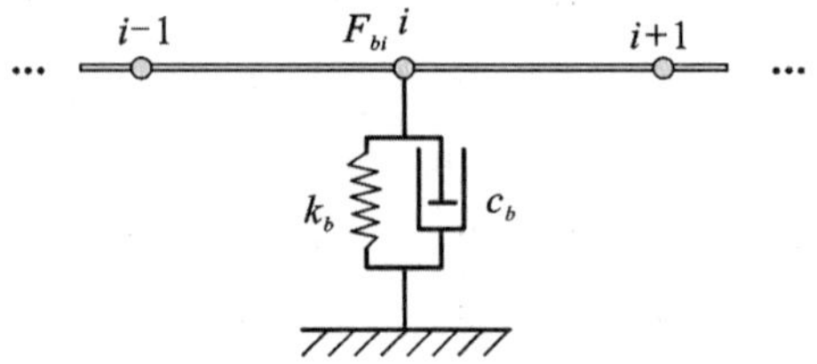

图 8.18　支承轴承的耦合力模型

以滑动轴承为例加以说明。根据不同的建模方法，滑动轴承的刚度阻尼计算模型主要有常规八系数模型、频变八系数模型、完整动力学系数模型 3 种。系数模型简单实用、易于理解，并有一定的合理性和准确性。与常规八系数模型相比，频变八系数模型能反映出刚度、阻尼八系数随轴颈涡动频率而变化的规律，因而得到广泛的采用。例如，滑动轴承在平衡位置时受小扰动下的油膜力增量可表示为：

$$\begin{cases}\Delta F_y=k_{yy}(\Omega)\Delta y+k_{yz}(\Omega)\Delta z+c_{yy}(\Omega)\Delta\dot{y}+c_{yz}(\Omega)\Delta\dot{z}\\ \Delta F_z=k_{zy}(\Omega)\Delta y+k_{zz}(\Omega)\Delta z+c_{zy}(\Omega)\Delta\dot{y}+c_{zz}(\Omega)\Delta\dot{z}\end{cases} \tag{8.45}$$

因此，轴承的控制方程可以写成如下矩阵形式，即：

$$\boldsymbol{F}_b=\boldsymbol{C}_b\dot{\boldsymbol{u}}+\boldsymbol{K}_b\boldsymbol{u} \tag{8.46}$$

其中，$\boldsymbol{F}_b$ 为轴承单元广义力向量；$\boldsymbol{C}_b$ 和 $\boldsymbol{K}_b$ 分别为轴承力线性化后的轴承阻尼矩阵和轴承刚度矩阵。

采用有限元方法对齿轮系统进行综合，即把各个子结构的运动方程进行组装，模型中每个节点都有相同的自由度定义，即三个平动自由度和三个转动自由度。建立齿轮系统的整体运动微分方程为：

$$\boldsymbol{M}\ddot{\boldsymbol{X}}+(\boldsymbol{C}+\Omega\boldsymbol{G})\dot{\boldsymbol{X}}+\boldsymbol{K}\boldsymbol{X}=\boldsymbol{F} \tag{8.47}$$

其中，$\boldsymbol{M}$ 为系统的质量矩阵，$\boldsymbol{C}$ 为系统的阻尼矩阵，包括轴承阻尼、材料内部阻尼等，$\boldsymbol{G}$ 为系统的陀螺矩阵，Ω 为转子的转动速度，$\boldsymbol{K}$ 为系统的刚度矩阵，$\boldsymbol{F}$ 为系统受到的广义力向量，包括不平衡力向量、外部附加载荷等，$\boldsymbol{X}$ 为各个节点的位移矢量，且表示为：

$$\boldsymbol{X}=[u_1,v_1,w_1,\theta_{x1},\theta_{y1},\theta_{z1},u_2,v_2,w_2,\theta_{x2},\theta_{y2},\theta_{z2},\cdots,u_n,v_n,w_n,\theta_{xn},\theta_{yn},\theta_{zn}]^{\mathrm{T}} \tag{8.48}$$

对系统阻尼 $\boldsymbol{C}$，可以采用瑞利阻尼形式加以定义。

8.4 齿轮系统的固有特性分析

针对某齿轮转子系统进行有限元建模分析。

将两个齿轮轴分别简化成若干个轴段连接，并通过齿轮副连接在一起，每个轴均由两个轴承单元支撑。轴段上的齿轮、电机、叶轮等附加的零件可简化为质量单元附加在相应的节点上。具体如图 8.19 所示。

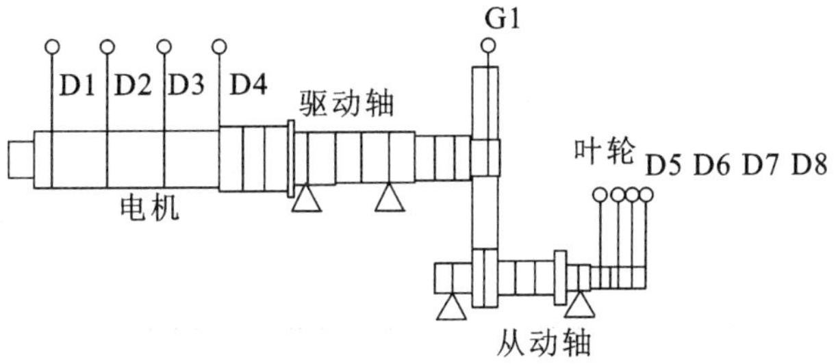

图 8.19 某齿轮系统有限元模型

采用有限元法，将两个轴段系统分为 34 个轴段单元，共 36 个节点，具体参数如表 8.2 与表 8.3 所示。

表 8.2 轴段参数

驱动轴(mm)			从动轴(mm)		
	长度	直径		长度	直径
1	50	84	1	34.3	57
2	35	110	2	40	57
3	110	110	3	25	110.9
4	110	110	4	25	110.9
5	110	110	5	37	63.5
6	44	120	6	37.6	63.5
7	45	120	7	37	63.5
8	44	120	8	23.4	104
9	13	142.8	9	25.2	48
10	25	98	10	21.3	48
11	55	98	11	20.1	44
12	50	96	12	20.1	44
13	55	96	13	13.9	44
14	50	96	14	28.4	44
15	38	84	15	27.2	44
16	39	84	$\rho=7833\ \mathrm{kg/m^3}$		
17	31.6	84	$E=2\times10^{11}\ \mathrm{Pa}$		
18	33	70	$G=9.83\times10^{10}\ \mathrm{Pa}$		
19	25	70			

表 8.3 刚性盘单元的质量和惯性矩参数

盘	M(kg)	I_p(kg·m²)	I_t(kg·m²)	盘	M(kg)	I_p(kg·m²)	I_t(kg·m²)
D1	35.1	0.56	0.32	D5	0.52	4.31×10^{-4}	3.04×10^{-4}
D2	70.19	1.12	0.63	D6	0.14	1.08×10^{-4}	6.04×10^{-5}
D3	70.19	1.12	0.63	D7	5.75	3.56×10^{-2}	2.39×10^{-2}
D4	35.1	0.56	0.32	D8	0.4	2.21×10^{-4}	2.06×10^{-3}
G1	35.04	0.66	0.34				

为了简化计算，只考虑轴承的主对角刚度和主对角阻尼，忽略耦合系数。具体取值为：径向刚度均取 $k_{yy}=k_{zz}=5\times10^8\ \mathrm{N/m}$，$k_{yz}=k_{zy}=0$。轴向止推轴承刚度为 $k_{xx}=10^9\ \mathrm{N/m}$。

根据有限元模型，将各轴转速折算到输入轴上，分别绘制考虑啮合刚度和不考虑啮合刚度时系统的坎贝尔图，其中，啮合刚度取平均啮合刚度，忽略啮合刚度的动态波动。如图 8.20

所示。

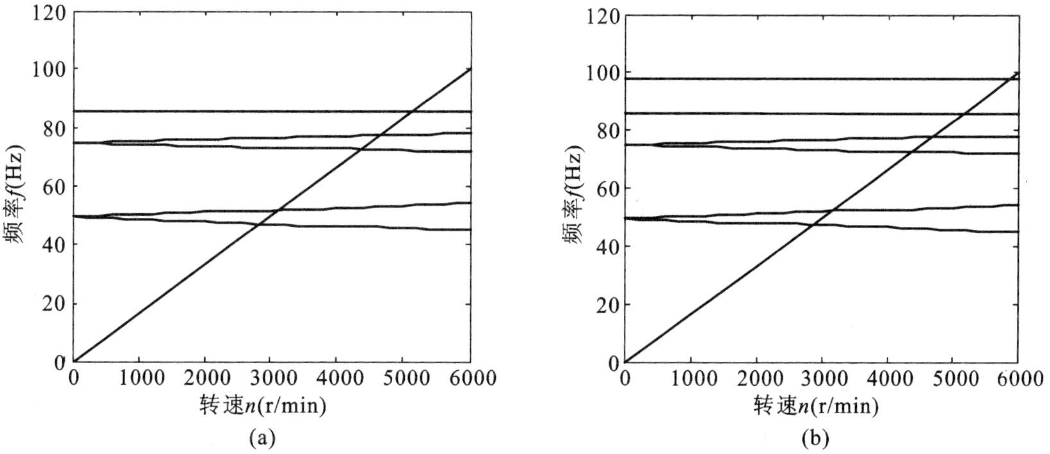

图 8.20　齿轮转子系统的坎贝尔图

(a)不考虑齿轮啮合刚度时;(b)考虑齿轮啮合刚度时

两种工况下的临界转速对比如表 8.4 所示。

表 8.4　两种工况下的齿轮系统临界转速对比

阶数		临界转速(r/min)	
		不考虑齿轮啮合刚度	考虑齿轮啮合刚度
齿轮系统耦合频率		—	5881
轴向一阶固有频率		5142	5144
一阶	反进动	2837	2837
	正进动	3119	3119
二阶	反进动	4355	4354
	正进动	4643	4643

可以看出,不考虑啮合效应时,系统具有两组临界转速,其中第一阶对应驱动轴的第一阶临界转速,第二阶对应从动轴的第一阶临界转速。由于啮合刚度的存在,整个系统出现了新的临界转速 5881 r/min。此外,在齿轮耦合刚度的影响下,各轴的临界转速仅在二阶反进动处有较小的变化,可以忽略不计。

8.5　齿轮系统的不平衡振动响应

对于齿轮系统,由于受到轮齿的交替激振力的影响,又由于啮合作用下各轴系的转速也不一样,出现多转频激振力。由于这几个特殊激振力的存在,齿轮系统的不平衡响应比较复杂。设齿轮系统的不平衡量参数如表 8.5 所示。

表 8.5　齿轮系统的不平衡量参数

轴系及加载位置		不平衡量(g·mm)	不平衡相位(°)
驱动轴	节点 19	15	0
从动轴	节点 14	500	0

经过计算,得到驱动轴左轴承位置处的幅频特性曲线如图 8.21 所示。

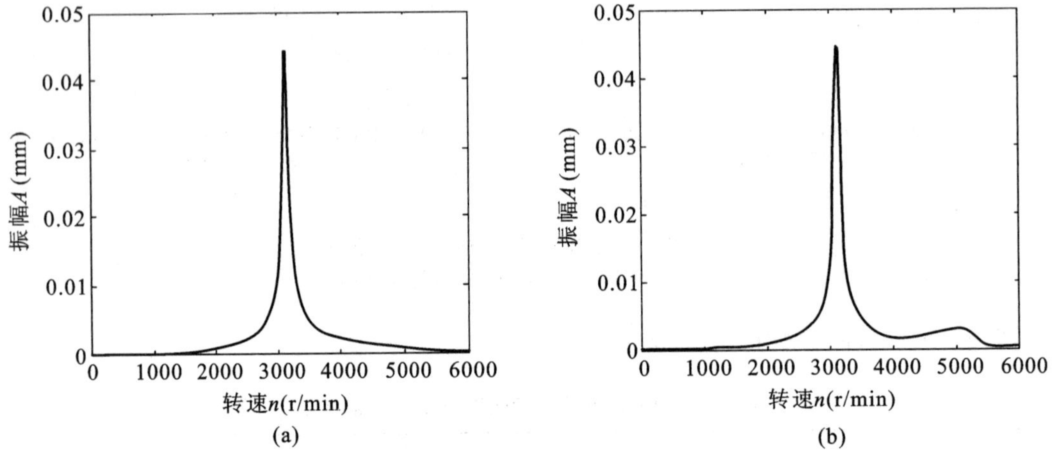

图 8.21　驱动轴左轴承的幅频特性曲线

(a)不考虑啮合刚度;(b)考虑啮合刚度

可以看出,系统在未考虑啮合刚度时,驱动轴的左轴承幅频特性曲线仅有一个振动峰值,该峰值对应的转速为驱动轴的一阶正进动临界转速。在考虑了啮合刚度后,幅频特性曲线上多出了一个峰值,为从动轴的一阶正进动临界转速,这是因为在齿轮耦合作用下,从动轴的振动对其产生了激励,使得驱动轴产生受迫振动。

▶▶▶ 下篇　非线性振动与分岔混沌 ◀◀◀

9 非线性振动理论

在机械动力学与振动中，非线性振动一般是指恢复力与位移不成正比或阻尼力不与速度成正比的机械结构或系统振动。尽管线性振动理论早已相当完善，在工程上已被广泛应用，但很多时候按线性问题处理会引起较大误差，甚至会出现本质上的差异。非线性振动在机械结构系统的动力学与振动分析、动态设计中具有十分重要的价值。

非线性振动研究的主要内容包括非线性系统解的形式、求解方法与稳定性，以及某些参数变化时解的变化规律。在单一频率周期性干扰力作用下，非线性系统受迫振动定常解会出现与干扰力同频率成分，有时还会有不同频率成分，出现次谐波、超谐波和超次谐波等。当干扰力的频率从小到大或从大到小连续变化时，系统受迫振动会出现跳跃现象，而且频率变化顺序不同时，跳跃点的位置也不同。在非线性系统中，解的形式往往因参数的微小变化而发生根本性的改变，出现分岔。甚至某些确定性方程的解，会出现类似随机的现象，致使对系统的长期预测成为不可能，也就是出现混沌特性。

机械结构系统的非线性运动微分方程的建立是进行非线性动力学与振动研究的基本问题。进行解析分析是非线性振动研究的重要任务，即从理论上揭示各类非线性系统振动的基本特性及规律。用解析的方法去求非线性振动方程的精确解，一般仅对少数特殊的少自由度的情况才有效，对于大多数单自由度和多自由度非线性振动系统，一般只能求其近似解。因此，对非线性系统建立相应的近似分析方法也是非线性振动理论分析的重要任务。对于非线性振动系统，由于叠加原理不再适用，因而非线性问题没有通用的一般解法，通常只能用一些特殊方法来探索非线性系统的特征。非线性振动的分析方法分为定性方法和定量方法两类。定性方法是研究方程解的存在性、唯一性以及解的周期性和稳定性等；定量方法是研究如何求出方程的精确解或近似解。

本章主要以典型的非线性系统——Duffing 系统为例，介绍进行非线性振动解析分析的多尺度法和渐近法，并对非线性振动解的稳定性进行讨论。

9.1　Duffing 系统的多尺度法解析分析

Duffing 方程是非线性振动系统中的一类典型方程，可以用来描述非线性共振现象、超谐波和次谐波振动、拟周期振动、概周期振动、奇异吸引子和混沌现象等很多重要内容，具有代表性。另外，工程实际中的许多非线性振动问题都可以被转化为该方程来研究。

9.1.1 非线性振动基本方程

典型的 Duffing 方程如下：

$$\ddot{x}+2\xi\omega_0\dot{x}+\omega_0^2x+bx^3=F\cos(\Omega t) \tag{9.1}$$

作如下小参数标记，即：

$$\xi\omega_0\to\varepsilon\xi\omega_0,b\to\varepsilon b \tag{9.2}$$

式中 ε——小参数。

则式(9.1)可写为：

$$\ddot{x}+2\varepsilon\xi\omega_0\dot{x}+\omega_0^2x+\varepsilon bx^3=F\cos(\Omega t) \tag{9.3}$$

式中 $\ddot{x}$——$\ddot{x}=\dfrac{\mathrm{d}^2x}{\mathrm{d}t^2}$，$\dot{x}=\dfrac{\mathrm{d}x}{\mathrm{d}t}$，$\xi\omega_0>0$；

ξ——阻尼比；

ω_0——系统的固有(角)频率；

b——三次方刚度项系数，可为正(硬弹簧)，也可为负(软弹簧)；

F——激振力幅值；

Ω——激振力的(角)频率。

9.1.2 非共振响应分析

当外激励频率 Ω 远离系统的固有频率 ω_0 时，激励对于固有频率处的振动的作用是非常小的，可利用多尺度法来求解非共振时系统的响应。

由多尺度法，可以把方程的解用不同的时间尺度来表示，有：

$$x(t,\varepsilon)=x_0(T_0,T_1)+\varepsilon x_1(T_0,T_1)+\cdots \tag{9.4}$$

式中，$T_0=t$，$T_1=\varepsilon t$。

将方程式(9.4)代入方程式(9.3)，令方程两端的 ε^0 阶项和 ε^1 阶项的系数相等，化简整理后，可得：

ε^0 阶项

$$\mathrm{D}_0^2x_0+\omega_0^2x_0=F\cos(\Omega T_0) \tag{9.5}$$

ε^1 阶项

$$\mathrm{D}_0^2x_1+\omega_0^2x_1=-2\mathrm{D}_0\mathrm{D}_1x_0-2\xi\omega_0\mathrm{D}_0x_0-bx_0^3 \tag{9.6}$$

式中，$\mathrm{D}_n=\dfrac{\partial}{\partial T_n}(n=0,1,\cdots)$。

式(9.5)为 Duffing 方程的零次近似，包含主共振和与激励频率相同的强迫振动两部分，因此可以假设其解的形式为：

$$x_0=A(T_1)\exp(\mathrm{i}\omega_0T_0)+\Lambda\exp(\mathrm{i}\Omega T_0)+CC \tag{9.7}$$

式中，CC 表示前两项的共轭。

其中

$$\Lambda=\frac{F}{2(\omega_0^2-\Omega^2)} \tag{9.8}$$

将式(9.7)所示的 x_0 代入 ε^1 阶项，即式(9.6)中，得：

$$\begin{aligned}D_0^2x_1+\omega_0^2x_1=&-[2i\omega_0(D_1A+\xi\omega_0A)+6bA\Lambda^2+3bA^2\overline{A}]\exp(i\omega_0T_0)\\&-b\{A^3\exp(3i\omega_0T_0)+\Lambda^3\exp(3i\Omega T_0)+3A^2\Lambda\exp[i(2\omega_0+\Omega)T_0]\\&+3\overline{A}^2\Lambda\exp[i(\Omega-2\omega_0)T_0]+3A\Lambda^2\exp[i(2\Omega+\omega_0)T_0]\\&+3A\Lambda^2\exp[i(\omega_0-2\Omega)T_0]\}-\Lambda(2i\xi\omega_0\Omega+3b\Lambda^2+6bA\overline{A})\exp(i\Omega T_0)+CC\end{aligned}\tag{9.9}$$

式中，$D_1A=\dfrac{dA}{dT_1}$，$\overline{A}$ 表示 A 的共轭。

在非共振状态下，为消除其长期项，需令 $\exp(i\omega_0T_0)$项的系数为零，即：

$$2i\omega_0(D_1A+\xi\omega_0A)+6bA\Lambda^2+3bA^2\overline{A}=0\tag{9.10}$$

对式(9.10)进行求解。该式是关于 ε^0 阶项的响应振幅 A 的一阶微分方程，可以假设其解的形式为：

$$A=\frac{1}{2}a\exp(i\varphi)\tag{9.11}$$

代入式(9.10)，分离实部和虚部，可得：

$$D_1a=-\xi\omega_0a\tag{9.12}$$

$$\omega_0aD_1\varphi=3b(\Lambda^2+\frac{1}{8}a^2)a\tag{9.13}$$

将式(9.11)代入式(9.7)，再将其结果代入式(9.4)，即可获得方程的零次近似解为：

$$x=a\cos(\omega_0t+\varphi)+\frac{F}{\omega_0^2-\Omega^2}\cos(\Omega t)+O(\varepsilon)\tag{9.14}$$

式中，a 和 φ 分别表示主共振响应的幅值和相位差角，由式(9.12)和式(9.13)决定。

可以看出，Duffing 系统的非共振状态下的响应由主共振响应和与激励频率相同的强迫响应两部分组成。

9.1.3 主共振响应分析

当外激励频率 Ω 接近系统的固有频率 ω_0(即 $\Omega\approx\omega_0$)时，很小的激励幅值会使系统产生相当大的振动响应。因此在主共振情况下，可以把外激励看作小参数并作如下小参数标记，有：

$$F\cos(\Omega t)\rightarrow\varepsilon F\cos(\Omega t)\tag{9.15}$$

以及设

$$\Omega=\omega_0+\varepsilon\sigma\tag{9.16}$$

式中　σ——解谐参数。

由多尺度法，可以把方程的解用不同的时间尺度来表示，即：

$$x(t,\varepsilon)=x_0(T_0,T_1)+\varepsilon x_1(T_0,T_1)+\cdots\tag{9.17}$$

式中，$T_0=t$，$T_1=\varepsilon t$。

联立式(9.15)和式(9.16)，进一步将在主共振情况下的外激励表示为：

$$F(t)=\varepsilon F\cos(\omega_0T_0+\sigma T_1)\tag{9.18}$$

将式(9.17)、式(9.18)代入方程式(9.3)，令方程两端的 ε^0 阶项和 ε^1 阶项的系数相等，化

简整理，可得主共振情况下的不同尺度的系统方程：

ε^0 阶项

$$D_0^2 x_0 + \omega_0^2 x_0 = 0 \tag{9.19}$$

ε^1 阶项

$$D_0^2 x_1 + \omega_0^2 x_1 = -2D_0 D_1 x_0 - 2\xi\omega_0 D_0 x_0 - b x_0^3 + F\cos(\omega_0 T_0 + \sigma T_1) \tag{9.20}$$

式(9.19)是 Duffing 系统式(9.3)的零阶近似，只有自由振动项。因此其解的形式如下：

$$x_0 = A(T_1)\exp(\mathrm{i}\omega_0 T_0) + CC \tag{9.21}$$

式中，CC 为前项的共轭。

将式(9.21)代入 ε^1 阶项的式(9.20)中，得：

$$\begin{aligned} D_0^2 x_1 + \omega_0^2 x_1 = & -[2\mathrm{i}\omega_0(D_1 A + \xi\omega_0 A) + 3bA^2\overline{A}]\exp(\mathrm{i}\omega_0 T_0) - bA^3\exp(3\mathrm{i}\omega_0 T_0) \\ & + \frac{1}{2}F\exp[\mathrm{i}(\omega_0 T_0 + \sigma T_1)] + CC \end{aligned} \tag{9.22}$$

在主共振状态下，为消除其长期项，需令包含 $\exp(\mathrm{i}\omega_0 T_0)$项的系数的和为零，即：

$$2\mathrm{i}\omega_0(D_1 A + \xi\omega_0 A) + 3bA^2\overline{A} - \frac{1}{2}F\exp(\mathrm{i}\sigma T_1) = 0 \tag{9.23}$$

对方程式(9.22)进行求解。这是一个关于振幅 A 的一阶微分方程，可以设其解的形式为：

$$A = \frac{1}{2}a\exp(\mathrm{i}\varphi) \tag{9.24}$$

将式(9.24)代入式(9.23)，并分成实部和虚部，分别得到：

$$D_1 a = -\xi\omega_0 a + \frac{F}{2\omega_0}\sin(\sigma T_1 - \varphi) \tag{9.25}$$

$$a D_1 \varphi = \frac{3ba^3}{8\omega_0} - \frac{F}{2\omega_0}\cos(\sigma T_1 - \varphi) \tag{9.26}$$

利用式(9.25)、式(9.26)可求解 α、φ，将更新后的式(9.24)代入式(9.21)，即可得到 ε^0 阶项方程的解 x_0。再将所得到的 x_0 代入式(9.17)，最终得到 Duffing 系统的零次近似解为：

$$x = a\cos(\omega_0 t + \varphi) + O(\varepsilon) \tag{9.27}$$

由式(9.25)和式(9.26)决定振幅 a 和相位差角 φ 的过程如下。

首先将方程式(9.25)和式(9.26)变换为一个自治系统(即不显含 T_1 的系统)。设 $\gamma = \sigma T_1 - \varphi$，则式(9.25)和式(9.26)变换为：

$$D_1 a = -\xi\omega_0 a + \frac{F}{2\omega_0}\sin\gamma \tag{9.28}$$

$$a D_1 \gamma = \sigma a - \frac{3ba^3}{8\omega_0} + \frac{F}{2\omega_0}\cos\gamma \tag{9.29}$$

因此，Duffing 系统的零次近似解式(9.27)可变换为：

$$x = a\cos(\omega_0 t + \sigma T_1 - \gamma) + O(\varepsilon) = a\cos(\Omega t - \gamma) + O(\varepsilon) \tag{9.30}$$

为了获得稳态运动的解，需令 $D_1 a = 0$，$D_1 \gamma = 0$，则由式(9.28)和式(9.29)可得：

$$\xi\omega_0 a = \frac{F}{2\omega_0}\sin\gamma \tag{9.31}$$

$$\sigma a - \frac{3ba^3}{8\omega_0} = -\frac{F}{2\omega_0}\cos\gamma \tag{9.32}$$

然后，根据这两个式子可以得到主共振响应的幅值与外激励频率、相位角与外激励频率，即幅频特性和相频特性关系，具体如下。

(1) 幅频特性

将式(9.31)和式(9.32)平方相加，得到关于响应幅值与外激励幅值的关系式，有：

$$4\omega_0^2\left[(\xi\omega_0)^2+\left(\sigma-\frac{3ba^2}{8\omega_0}\right)^2\right]a^2=F^2 \tag{9.33}$$

此式为主共振发生时，系统的响应振幅 a 与外激励幅值 F、外激励频率 $\Omega\approx\omega_0$ 之间的关系。

(2) 相频特性

将式(9.31)和式(9.32)两式相除，得到关于相位角 γ 的表达式，有：

$$\tan\gamma=\frac{-\xi\omega_0}{\sigma-\frac{3ba^2}{8\omega_0}} \tag{9.34}$$

此式为主共振发生时，系统的响应幅值、相位角与外激励频率之间的关系。

9.1.4 算例

对于如下式所示的 Duffing 方程：

$$\ddot{x}+2\varepsilon\xi\omega_0\dot{x}+\omega_0^2x+\varepsilon bx^3=F\cos(\Omega t)$$

式中各参数的值见表 9.1，分析其共振响应特性。

表 9.1 Duffing 系统算例的参数值 [无量纲]

$2\xi\omega_0$	ω_0	b	F	ε
0.04	1	0.2	3	0.1

(1) 解析法

根据本节的多尺度法解析分析结果，代入算例的数据，可获得 Duffing 系统在主共振状态下的频率响应。

由式(9.33)可以求解出解谐参数 σ，如下式：

$$\sigma=\frac{3ba^2}{8\omega_0}\pm\sqrt{\frac{F^2}{4\omega_0^2a^2}-(\xi\omega_0)^2} \tag{9.35}$$

代入具体参数值，结合式(9.16)，即可求得激励频率和响应幅值之间的关系，得到的 Duffing 方程频率响应函数曲线如图 9.1 所示。

作为参照，若 Duffing 方程中不包含立方非线性项，成为如下式所示的线性系统，即：

$$\ddot{x}+2\xi\omega_0\dot{x}+\omega_0^2x=F\cos(\Omega t)$$

上式中的参数值如表 9.1 所示，将 Duffing 方程的三次方项参数 b 的值变为 -0.2，其余参数值不变，计算得到 Duffing 系统的固有频率附近的不同频率响应曲线，如图 9.1(b)所示。作为对比，所绘出的线性系统频率响应函数曲线如图 9.2 所示。

由图可知非线性系统的受迫振动有与线性系统类似的幅频特性曲线，但支撑曲线族的骨架不是直线，而是朝频率增大方向($b>0$，硬弹簧)或减小方向弯曲($b<0$，软弹簧)，使整个曲线朝一侧倾斜。

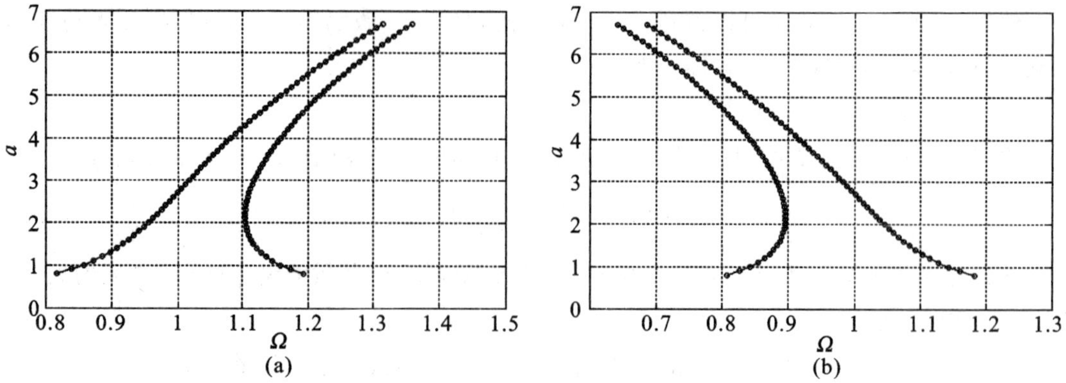

图 9.1 Duffing 方程的主共振频率响应曲线

(a)$b>0$;(b)$b<0$

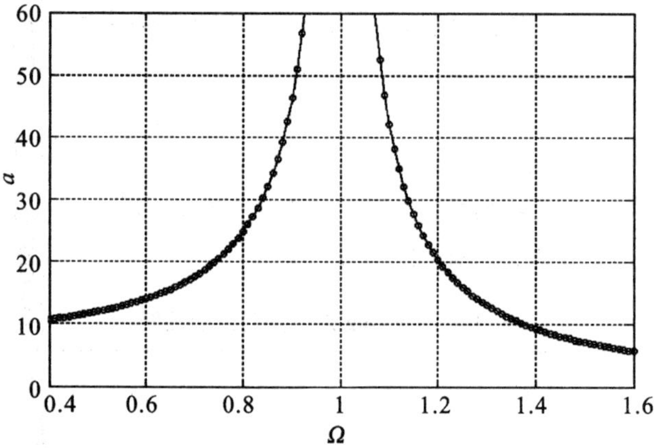

图 9.2 线性系统的频率响应曲线

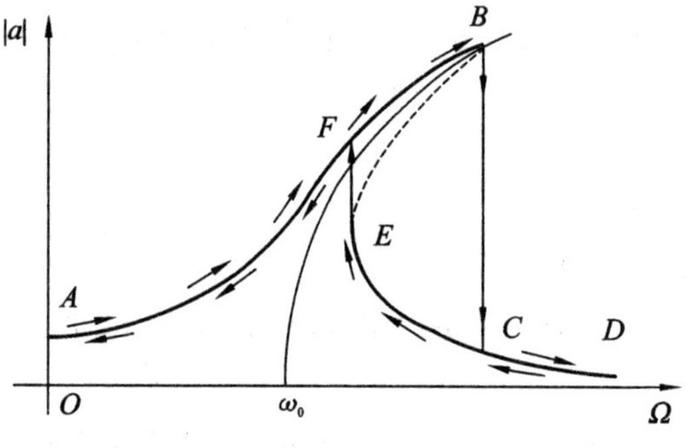

图 9.3 主共振频率响应的跳跃现象

可以看出,非线性系统的幅频特性曲线并非单值。如图 9.3 所示,在激励频率的某些区间内,同一频率对应于振幅的三个不同值。在实际中只能实现渐近稳定运动,例如在简谐慢扫频激励实验中,对渐近稳定运动的跟踪只能按图 9.3 中箭头所示的路径进行。当激励频率从零开始缓慢地增大时,受迫振动振幅从图 9.3 的 A 点处沿幅频特性曲线连续变化至 B 点处,再增大频率,振幅从 B 点突降至 C 点,频率继续增大,则振幅从 C 点沿曲线向 D 点移动。若激励频率从较大值开始缓慢变小时,受迫振动振幅从 D 点开始沿曲线连续变化至 E,继续减小频率,则振幅从 F 点沿曲线向 A 点移动,因此幅频特性曲线的 BE 段对应的受迫振动不稳定,即在主共振幅频响应的多解频带上有两个渐近稳定解和一个不稳定解。这种振幅突然变化的现象称为跳跃现象。

(2) 数值法

作为对照,可以采用数值积分的 Runge-Kutta 方法求解 Duffing 系统的数值解。在不同的激励频率下，获得位移响应信号、相平面图和位移的 FFT 图。针对上述相同的 Duffing 方程和参数值，得到的数值积分结果如图 9.4(a)～图 9.4(c)所示。

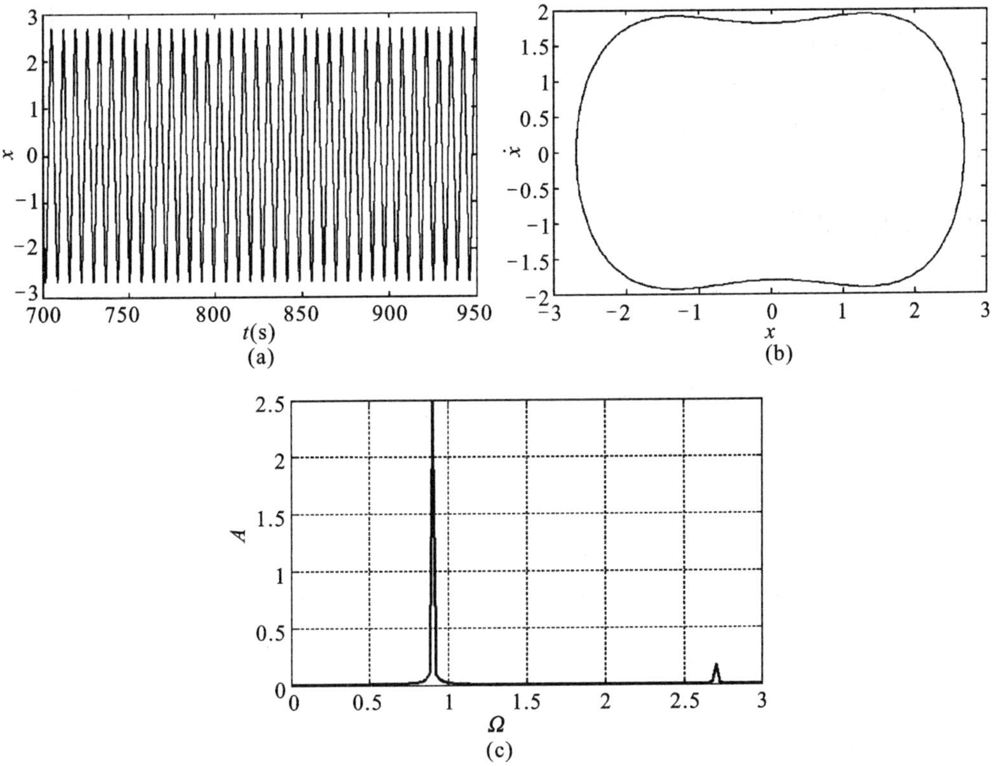

图9.4 外激励角频率为 0.9 倍固有频率时系统的响应分析

(a)位移响应；(b)相平面图；(c)位移响应的 FFT

在一阶频率的附近分别进行单频激励，获得每个频率下的相应响应幅值，即可获得主共振状态下的频率响应函数曲线，如图 9.5 所示。从图中可以清楚地看到在偏离共振点右侧所出现的跳跃现象。

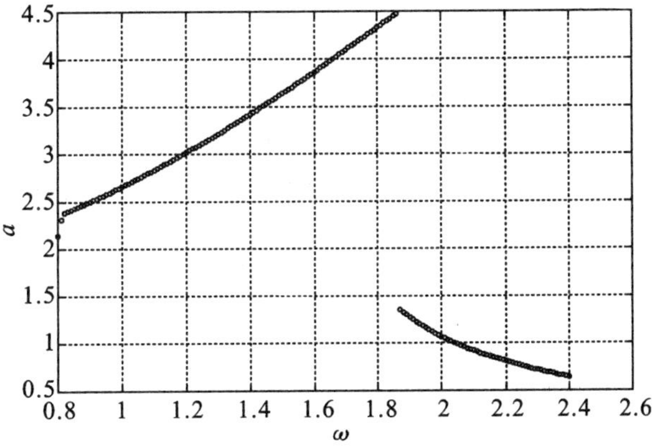

图 9.5 不同激励频率下的主共振频率响应曲线图

9.2 Duffing 系统的渐近法解析分析

与多尺度法相似，渐近法也是对非线性方程进行解析分析的有效方法。渐近法是将非线性方程解的振幅和相位角表示为小参数 ε 的幂级数函数，然后用分离变量法求出这些幂级数函数中的未知系数，从而获得方程的渐近解。渐近法的适用性取决于当 $\varepsilon\to 0$ 时方程解的渐近性，只要 ε 的值很小并且时间间隔足够长，就能获得足够精确的解。

9.2.1 渐近法原理

将非线性非自治系统的运动微分方程表示为如下形式：

$$\frac{\mathrm{d}^2 x}{\mathrm{d}t^2}+\omega_0^2 x=\varepsilon\cdot f\left(\Omega t,x,\frac{\mathrm{d}x}{\mathrm{d}t}\right) \tag{9.36}$$

式中，ε 为小参数，$f\left(\Omega t,x,\frac{\mathrm{d}x}{\mathrm{d}t}\right)$ 是关于 Ω 的以 2π 为周期的周期函数。将 $f(\Omega t,x,\frac{\mathrm{d}x}{\mathrm{d}t})$ 展开成傅里叶级数，即：

$$f\left(\Omega t,x,\frac{\mathrm{d}x}{\mathrm{d}t}\right)=\sum_{-n}^{n} f_n\left(x,\frac{\mathrm{d}x}{\mathrm{d}t}\right)\mathrm{e}^{\mathrm{i}n\Omega t} \tag{9.37}$$

同时，假定式(9.37)中的系数 $f_n\left(x,\frac{\mathrm{d}x}{\mathrm{d}t}\right)$ 是关于 x 和 $\frac{\mathrm{d}x}{\mathrm{d}t}$ 的某些多项式。

当 $\varepsilon=0$ 时，派生系统 $\frac{\mathrm{d}^2 x}{\mathrm{d}t^2}+\omega_0^2 x=0$ 以频率 ω_0 自由振动，其一次近似解为：

$$x=a\cos\psi=a\cos(\omega_0 t-\varphi) \tag{9.38}$$

将其代入式(9.37)，则 $f_n\left(x,\frac{\mathrm{d}x}{\mathrm{d}t}\right)$ 的傅里叶级数中有 $\mathrm{e}^{\mathrm{i}m\omega_0 t}$ 项，因而 $f\left(\Omega t,x,\frac{\mathrm{d}x}{\mathrm{d}t}\right)$ 的展开式中含有 $\sin(n\Omega+m\omega_0)t$ 和 $\cos(n\Omega+m\omega_0)t$ 的项，其中 n 和 m 是任意整数。当$(n\Omega+m\omega_0)$接近派生系统的固有频率 ω_0 时，即使激励的幅值很小，也可能激起较大的振动。因此，当满足以下条件时，系统将出现组合共振：

$$n\Omega+m\omega_0\approx\omega_0,\ \Omega\approx\frac{p}{q}\omega_0 \tag{9.39}$$

式中，p 和 q 为互质的整数。

将各种共振情况分为下列类型：

(1) $p=q=1$，即 $\omega_0=\Omega$，这种情况称为主共振；

(2) $q=1$，即 $\Omega\approx p\omega_0$，强迫振动频率 Ω 大于固有频率 ω_0，这种情况称为次共振或亚谐共振；

(3) $p=1$，即 $\omega_0\approx q\Omega$，强迫振动频率 Ω 小于固有频率 ω_0，这种情况称为超谐共振；

(4) $p\neq q\neq 1$，即 $\omega_0\approx\frac{q}{p}\Omega$，这种共振称为分数共振或组合共振。

9.2.2 非共振响应分析

以 Duffing 系统为例加以说明。含外周期力的典型的 Duffing 系统运动微分方程为：

$$m\frac{\mathrm{d}^2 x}{\mathrm{d}t^2}+c\frac{\mathrm{d}x}{\mathrm{d}t}+kx+k_3x^3=E\sin\Omega t \tag{9.40}$$

转化为

$$\frac{\mathrm{d}^2 x}{\mathrm{d}t^2}+\delta\frac{\mathrm{d}x}{\mathrm{d}t}+\omega_0^2 x+bx^3=F\sin(\Omega t) \tag{9.41}$$

式中，$\delta=2\xi\omega_0=\frac{c}{m}$，$\omega_0^2=\frac{k}{m}$，$b=\frac{k_3}{m}$，$F=\frac{E}{m}$。$m$ 为质量，c 为阻尼系数，k 为线性刚度系数，k_3 为非线性立方刚度系数，E 为外激励幅值，Ω 为外激励频率，$2\xi\omega_0>0$，ξ 为阻尼比，ω_0 为系统的线性固有频率。

对方程式(9.41)用小参数 ε 标记并写成如下形式，有：

$$\frac{\mathrm{d}^2 x}{\mathrm{d}t^2}+\omega_0^2 x=\varepsilon f\left(\Omega t,x,\frac{\mathrm{d}x}{\mathrm{d}t}\right) \tag{9.42}$$

式中

$$f\left(\Omega t,x,\frac{\mathrm{d}x}{\mathrm{d}t}\right)=-\delta\frac{\mathrm{d}x}{\mathrm{d}t}-bx^3+F\sin(\Omega t) \tag{9.43}$$

在非共振情况下，$n\Omega+m\omega_0\neq\omega_0$，组合振动的频率与系统的固有频率相差较大。由于非线性作用力 $f\left(\Omega t,x,\frac{\mathrm{d}x}{\mathrm{d}t}\right)$ 的存在，在振动系统中将出现量级较小的各次谐波，所以方程的解有以下形式：

$$x=a\cos\psi+\varepsilon u_1(a,\psi,\Omega t)+\varepsilon^2 u_2(a,\psi,\Omega t)+\cdots \tag{9.44}$$

式中，$u_1(a,\psi,\Omega t)$ 和 $u_2(a,\psi,\Omega t)$ 是关于 ψ 和 Ωt、周期为 2π 的函数。

振幅 a 和相位角 ψ 由以下一阶微分方程决定，即：

$$\frac{\mathrm{d}a}{\mathrm{d}t}=[\varepsilon\delta_1(a)+\varepsilon^2\delta_2(a)+\varepsilon^3\cdots]a \tag{9.45}$$

$$\frac{\mathrm{d}\psi}{\mathrm{d}t}=\omega_0+\varepsilon\omega_1(a)+\varepsilon^2\omega_2(a)+\varepsilon^3\cdots \tag{9.46}$$

为了求解未知函数 $\delta_1(a)$、$\delta_2(a)$、$\omega_1(a)$、$\omega_2(a)$、$u_1(a,\psi,\Omega t)$、$u_2(a,\psi,\Omega t)$，需要对式(9.44)求微分，有：

$$\begin{aligned}\frac{\mathrm{d}x}{\mathrm{d}t}=&\frac{\mathrm{d}a}{\mathrm{d}t}\left(\cos\psi+\varepsilon\frac{\partial u_1}{\partial a}+\varepsilon^2\frac{\partial u_2}{\partial a}+\cdots\right)\\&+\frac{\mathrm{d}\psi}{\mathrm{d}t}\left(-a\sin\psi+\varepsilon\frac{\partial u_1}{\partial\psi}+\varepsilon^2\frac{\partial u_2}{\partial\psi}+\cdots\right)\\&+\varepsilon\frac{\partial u_1}{\partial t}+\varepsilon^2\frac{\partial u_2}{\partial t}+\cdots\end{aligned} \tag{9.47}$$

$$\begin{aligned}\frac{\mathrm{d}^2 x}{\mathrm{d}t^2}=&\frac{\mathrm{d}^2 a}{\mathrm{d}t^2}\left(\cos\psi+\varepsilon\frac{\partial u_1}{\partial a}+\varepsilon^2\frac{\partial u_2}{\partial a}+\cdots\right)\\&+\frac{\mathrm{d}^2\psi}{\mathrm{d}t^2}\left(-a\sin\psi+\varepsilon\frac{\partial u_1}{\partial\psi}+\varepsilon^2\frac{\partial u_2}{\partial\psi}+\cdots\right)\\&+\left(\frac{\mathrm{d}a}{\mathrm{d}t}\right)^2\left(\varepsilon\frac{\partial^2 u_1}{\partial a^2}+\varepsilon^2\frac{\partial^2 u_2}{\partial a^2}+\cdots\right)\\&+\left(\frac{\mathrm{d}\psi}{\mathrm{d}t}\right)^2\left(-a\cos\psi+\varepsilon\frac{\partial^2 u_1}{\partial\psi^2}+\varepsilon^2\frac{\partial^2 u_2}{\partial\psi^2}+\cdots\right)\\&+2\frac{\mathrm{d}a}{\mathrm{d}t}\left(\varepsilon\frac{\partial^2 u_1}{\partial a\partial t}+\varepsilon^2\frac{\partial^2 u_2}{\partial a\partial t}+\cdots\right)\\&+2\frac{\mathrm{d}\psi}{\mathrm{d}t}\left(\varepsilon\frac{\partial^2 u_1}{\partial\psi\partial t}+\varepsilon^2\frac{\partial^2 u_2}{\partial\psi\partial t}+\cdots\right)\\&+2\frac{\mathrm{d}a}{\mathrm{d}t}\frac{\mathrm{d}\psi}{\mathrm{d}t}\left(-\sin\psi+\varepsilon\frac{\partial^2 u_1}{\partial a\partial\psi}+\varepsilon^2\frac{\partial^2 u_2}{\partial a\partial\psi}+\cdots\right)\\&+\varepsilon\frac{\partial^2 u_1}{\partial t^2}+\varepsilon^2\frac{\partial^2 u_2}{\partial t^2}+\cdots\end{aligned} \tag{9.48}$$

式中的$\frac{d^2a}{dt^2}$、$\frac{d^2\psi}{dt^2}$、$\frac{da}{dt}$、$\frac{d\psi}{dt}$由式(9.45)、式(9.46)得到。然后将得到的式(9.47)、式(9.48)代入式(9.42)的左边，结果按照小参数ε的幂级数排列，可以表示为：

$$\begin{aligned}\frac{d^2x}{dt^2}+\omega_0^2x=&\varepsilon\left(\frac{\partial^2u_1}{\partial\psi^2}\omega_0^2+\frac{\partial^2u_1}{\partial t^2}+2\frac{\partial^2u_1}{\partial\psi\partial t}\omega_0+\omega_0^2u_1-2a\omega_0\omega_1\cos\psi-2a\omega_0\delta_1\sin\psi\right)\\&+\varepsilon^2\left[\frac{\partial^2u_2}{\partial\psi^2}\omega_0^2+\frac{\partial^2u_2}{\partial t^2}+2\frac{\partial^2u_2}{\partial\psi\partial t}\omega_0+\omega_0^2u_2-2a\omega_0\omega_2\cos\psi-2a\omega_0\delta_2\sin\psi\right.\\&+\left(\delta_1a\frac{d(\delta_1a)}{da}-a\omega_1^2\right)\cos\psi-a\left(a\delta_1\frac{d\omega_1}{da}+2\omega_0\delta_2+2\omega_1\delta_1\right)\sin\psi+2\omega_0\delta_1a\frac{\partial^2u_1}{\partial\psi\partial a}\\&\left.+2\omega_0\omega_1\frac{\partial^2u_1}{\partial\psi^2}+2\delta_1a\frac{\partial^2u_1}{\partial t\partial a}+2\omega_1\frac{\partial^2u_1}{\partial\psi\partial t}\right]+\varepsilon^3\cdots\end{aligned}\tag{9.49}$$

方程式(9.42)的右端在$x_0=a\cos\psi,\dot{x}_0=-a\omega_0\sin\psi$处根据泰勒级数展开并整理为：

$$\begin{aligned}\varepsilon\cdot f\left(\Omega t,x,\frac{dx}{dt}\right)=&\varepsilon f(\Omega t,a\cos\psi,-a\omega_0\sin\psi)+\varepsilon^2\Big[u_1f'_x(\Omega t,a\cos\psi,-a\omega_0\sin\psi)\\&+f'_{x'}(\Omega t,a\cos\psi,-a\omega_0\sin\psi)\\&\times\left(\delta_1a\cos\psi-a\omega_1\sin\psi+\frac{\partial u_1}{\partial\psi}\omega_0+\frac{\partial u_1}{\partial t}\right)\Big]+\varepsilon^3\cdots\end{aligned}\tag{9.50}$$

式中，f'_x和$f'_{x'}$是函数关于位移x和速度$\frac{dx}{dt}$的一阶导数。

令式(9.49)和式(9.50)相等，整理关于ε的同次幂系数相等，可以得到：

$$\frac{\partial^2u_1}{\partial\psi^2}\omega_0^2+\frac{\partial^2u_1}{\partial t^2}+2\frac{\partial^2u_1}{\partial\psi\partial t}\omega_0+\omega_0^2u_1=f_0(\Omega t,a,\psi)+2a\omega_0\omega_1\cos\psi+2a\omega_0\delta_1\sin\psi\tag{9.51}$$

$$\frac{\partial^2u_2}{\partial\psi^2}\omega_0^2+\frac{\partial^2u_2}{\partial t^2}+2\frac{\partial^2u_2}{\partial\psi\partial t}\omega_0+\omega_0^2u_2=f_1(\Omega t,a,\psi)+2a\omega_0\omega_2\cos\psi+2a\omega_0\delta_2\sin\psi\tag{9.52}$$

为了简便，记

$$f_0(\Omega t,a,\psi)=f(\Omega t,a\cos\psi,-a\omega_0\sin\psi)\tag{9.53}$$

$$\begin{aligned}f_1(\Omega t,a,\psi)=&u_1f'_x(\Omega t,a\cos\psi,-a\omega_0\sin\psi)+f'_{x'}(\Omega t,a\cos\psi,-a\omega_0\sin\psi)\\&\times\left(\delta_1a\cos\psi-a\omega_1\sin\psi+\frac{\partial u_1}{\partial\psi}\omega_0+\frac{\partial u_1}{\partial t}\right)+\left[\delta_1a\frac{d(\delta_1a)}{da}-a\omega_1^2\right]\cos\psi\\&+a\left(a\delta_1\frac{d\omega_1}{da}+2\omega_0\delta_2+2\omega_1\delta_1\right)\sin\psi-2\omega_0\delta_1a\frac{\partial^2u_1}{\partial\psi\partial a}\\&-2\omega_0\omega_1\frac{\partial^2u_1}{\partial\psi^2}-2\delta_1a\frac{\partial^2u_1}{\partial t\partial a}-2\omega_1\frac{\partial^2u_1}{\partial\psi\partial t}\end{aligned}\tag{9.54}$$

显然，函数$f_j(\Omega t,a,\psi)(j=0,1,\cdots,k)$，是关于两个自变量$\psi$和$\Omega t$、周期为$2\pi$的周期函数，并且依赖于$a$。只要找到$\delta_j(a)$、$\omega_j(a)$、$u_j(a,\psi,\Omega t)$的值，这些函数的表达式就可以获得。

因此，将$f_0(\Omega t,a,\psi)$按照二重傅里叶级数展开，并表达为复指数形式，即：

$$f_0(\Omega t,a,\psi)=\sum_n\sum_m f_{nm}^{(0)}(a)e^{i(n\Omega t+m\psi)}\tag{9.55}$$

式中

$$f_{nm}^{(0)}(a)=\frac{1}{4\pi^2}\int_0^{2\pi}\int_0^{2\pi}f(\theta,a\cos\psi,-a\omega_0\sin\psi)e^{i(n\theta+m\psi)}d\theta d\psi\tag{9.56}$$

$f_0(\Omega t,a,\psi)$也可以按照三角函数形式的傅里叶级数展开，设$\theta=\Omega t$，得：

$$f_0(\Omega t, a, \psi) = \sum_n \sum_m [f_{nmA}^{(0)} \cos(n\theta + m\psi) + f_{nmB}^{(0)} \sin(n\theta + m\psi)] \tag{9.57}$$

式中

$$f_{nmA}^{(0)} = \frac{1}{4\pi^2} \int_0^{2\pi} \int_0^{2\pi} f_0(a, \theta, \psi) \cos(n\theta + m\psi) \mathrm{d}\theta \mathrm{d}\psi \tag{9.58}$$

$$f_{nmB}^{(0)} = \frac{1}{4\pi^2} \int_0^{2\pi} \int_0^{2\pi} f_0(a, \theta, \psi) \sin(n\theta + m\psi) \mathrm{d}\theta \mathrm{d}\psi \tag{9.59}$$

把 $u_1(a,\psi,\Omega t)$ 也表示为傅里叶级数的形式，有：

$$\begin{aligned} u_1(a, \psi, \Omega t) &= \sum_n \sum_m \overline{f}_{nm}(a) \mathrm{e}^{\mathrm{i}(n\Omega t + m\psi)} \\ &= \sum_n \sum_m [\overline{f}_{nmA}(a) \cos(n\Omega t + m\psi) + \overline{f}_{nmB}(a) \sin(n\Omega t + m\psi)] \end{aligned} \tag{9.60}$$

因此，将 $f_0(\Omega t, a, \psi)$ 和 $u_1(a,\psi,\Omega t)$ 代入式(9.51)，可求得：

$$\begin{aligned} &\sum_n \sum_m [\omega_0^2 - (n\Omega + m\omega_0)^2] \overline{f}_{nm}(a) \mathrm{e}^{\mathrm{i}(n\Omega t + m\psi)} \\ &= 2a\omega_0\omega_1 \cos\psi + 2a\omega_0\delta_1 \sin\psi + \sum_n \sum_m f_{nm}^{(0)}(a) \mathrm{e}^{\mathrm{i}(n\Omega t + m\psi)} \end{aligned} \tag{9.61}$$

在非共振状况下，在 $u_1(a,\psi,\Omega t)$ 方程中不存在一次谐波项，即 $\cos\psi$ 和 $\sin\psi$ 的系数为零，则有：

$$2a\omega_0\omega_1 \cos\psi + 2a\omega_0\delta_1 \sin\psi = -\sum_n \sum_m f_{nm}^{(0)}(a) \mathrm{e}^{\mathrm{i}(n\Omega t + m\psi)} \tag{9.62}$$

令式(9.61)中的相同谐波的系数相等，可得：

$$\overline{f}_{nm}(a) = \frac{f_{nm}{}^{(0)}(a)}{\omega_0^2 - (n\Omega + m\omega_0)^2} \tag{9.63}$$

式中

$$\omega_0^2 - (n\Omega + m\omega_0)^2 \neq 0 \tag{9.64}$$

或

$$n^2 + (m^2 - 1)^2 = 0 \tag{9.65}$$

由式(9.62)中的相同谐波的系数相等，可得：

$$\delta_1(a) = -\frac{1}{4\pi^2 \omega_0 a} \int_0^{2\pi} \int_0^{2\pi} f_0(a, \theta, \psi) \sin\psi \mathrm{d}\theta \mathrm{d}\psi \tag{9.66}$$

$$\omega_1(a) = -\frac{1}{4\pi^2 \omega_0 a} \int_0^{2\pi} \int_0^{2\pi} f_0(a, \theta, \psi) \cos\psi \mathrm{d}\theta \mathrm{d}\psi \tag{9.67}$$

将式(9.56)中的 $f_{nm}^{(0)}(a)$ 和式(9.63)中的 $\overline{f}_{nm}(a)$ 代入式(9.60)，可得 $u_1(a,\psi,\Omega t)$ 如下：

$$\begin{aligned} u_1(a, \psi, \Omega t) &= \frac{1}{4\pi^2} \sum_n \sum_m \frac{\mathrm{e}^{\mathrm{i}(n\Omega t + m\psi)}}{\omega_0^2 - (n\Omega + m\omega_0)^2} \times \int_0^{2\pi} \int_0^{2\pi} f_0(a, \theta, \psi) \mathrm{e}^{-\mathrm{i}(n\theta + m\psi)} \mathrm{d}\theta \mathrm{d}\psi \\ &= \frac{1}{2\pi^2} \sum_n \sum_m [\frac{\cos(n\theta + m\psi)}{\omega_0^2 - (n\Omega + m\omega_0)^2} \times \int_0^{2\pi} \int_0^{2\pi} f_0(a, \theta, \psi) \cos(n\theta + m\psi) \mathrm{d}\theta \mathrm{d}\psi \\ &+ \frac{\sin(n\theta + m\psi)}{\omega_0^2 - (n\Omega + m\omega_0)^2} \times \int_0^{2\pi} \int_0^{2\pi} f_0(a, \theta, \psi) \sin(n\theta + m\psi) \mathrm{d}\theta \mathrm{d}\psi] \end{aligned} \tag{9.68}$$

因此最终得到非共振情况下的改进的一次近似解为：

$$x = a\cos\psi + \varepsilon u_1(a, \psi, \Omega t) \tag{9.69}$$

式中

$$\frac{\mathrm{d}a}{\mathrm{d}t}=\varepsilon\delta_1(a)a=-\frac{\varepsilon}{4\pi^2\omega_0}\int_0^{2\pi}\int_0^{2\pi}f_0(a,\theta,\psi)\sin\psi\mathrm{d}\theta\mathrm{d}\psi \tag{9.70}$$

$$\frac{\mathrm{d}\psi}{\mathrm{d}t}=\omega_0+\varepsilon\omega_1=\omega_0-\frac{\varepsilon}{4\pi^2\omega_0 a}\int_0^{2\pi}\int_0^{2\pi}f_0(a,\theta,\psi)\cos\psi\mathrm{d}\theta\mathrm{d}\psi \tag{9.71}$$

$$f_0(\Omega t,a,\psi)=f(\Omega t,a\cos\psi,-a\omega_0\sin\psi) \tag{9.72}$$

具体针对 Duffing 系统，其动力学方程为：

$$\ddot{x}+\varepsilon\delta\dot{x}+\omega_0^2x+\varepsilon bx^3=\varepsilon F\sin(\Omega t) \tag{9.73}$$

首先改写为方程式(9.41)的形式，然后将 $x_0=a\cos\psi,\dot{x}_0=-a\omega_0\sin\psi$ 代入式(9.53)，有：

$$f_0(\Omega t,a,\psi)=F\sin(\Omega t)+\delta a\omega_0\sin\psi-\frac{1}{4}ba^3[3\cos\psi+\cos(3\psi)] \tag{9.74}$$

将(9.74)代入式(9.70)、式(9.71)，得：

$$\frac{\mathrm{d}a}{\mathrm{d}t}=-\frac{\delta a}{2} \tag{9.75}$$

$$\frac{\mathrm{d}\psi}{\mathrm{d}t}=\omega_0+\frac{3\varepsilon}{8\omega_0}ba^2 \tag{9.76}$$

将式(9.74)代入式(9.68)，得：

$$u_1=\frac{ba^3}{32\omega_0^2}\cos(3\psi)+\frac{F}{\omega_0^2-\Omega^2}\sin(\Omega t) \tag{9.77}$$

最终求解得到 Duffing 方程的一次近似解为：

$$x=a\cos\psi+\frac{\varepsilon ba^3}{32\omega_0^2}\cos(3\psi)+\frac{\varepsilon F}{\omega_0^2-\Omega^2}\sin(\Omega t) \tag{9.78}$$

对于定常解有 $\frac{\mathrm{d}a}{\mathrm{d}t}=0$，代入式(9.75)有 $a=0$，因而有：

$$x=\frac{\varepsilon F}{\omega_0^2-\Omega^2}\sin(\Omega t) \tag{9.79}$$

实际上这是有工程意义的强迫振动解。

9.2.3 共振响应分析

振动系统的共振是指固有频率 ω_0 接近外激励频率 $\frac{p}{q}\Omega$ 时的振动，其中 p、q 为互质的整数。用小参数 $\varepsilon\Delta$ 标记上述两个频率的平方之差，即：

$$\omega_0^2=\left(\frac{p}{q}\Omega\right)^2+\varepsilon\Delta \tag{9.80}$$

写成如下形式的非线性运动微分方程，有：

$$\frac{\mathrm{d}^2x}{\mathrm{d}t^2}+\left(\frac{p}{q}\Omega\right)^2x=\varepsilon\left[f\left(\Omega t,x,\frac{\mathrm{d}x}{\mathrm{d}t}\right)-\Delta x\right] \tag{9.81}$$

设该方程的解为：

$$x=a\cos\psi+\varepsilon u_1(a,\psi,\Omega t)+\varepsilon^2u_2(a,\psi,\Omega t)+\cdots \tag{9.82}$$

式中，$u_1(a,\psi,\Omega t)$、$u_2(a,\psi,\Omega t)$是振幅 a、相位角 ψ 和激励频率 Ω 的函数。

设 ϑ 为 ψ 与激励之间的相位差，有：

$$\vartheta=\psi-\frac{p}{q}\Omega t \tag{9.83}$$

式(9.82)可写成

$$x=a\cos(\frac{p}{q}\Omega t+\vartheta)+\varepsilon u_1(a,\Omega t,\frac{p}{q}\Omega t+\vartheta)+\varepsilon^2 u_2(a,\Omega t,\frac{p}{q}\Omega t+\vartheta)+\cdots \tag{9.84}$$

在共振情况下，固有振动和外激励之间的相位差会对振动的振幅和频率的变化有根本性的影响，所以$\frac{\mathrm{d}a}{\mathrm{d}t}$、$\frac{\mathrm{d}\psi}{\mathrm{d}t}$不仅是$a$的函数，也是$\vartheta$的函数。振幅$a$和相位角$\psi$对时间$t$的导数由以下方程求出：

$$\frac{\mathrm{d}a}{\mathrm{d}t}=[\varepsilon\delta_1(a,\vartheta)+\varepsilon^2\delta_2(a,\vartheta)+O(\varepsilon^3)\cdots]a \tag{9.85}$$

$$\frac{\mathrm{d}\psi}{\mathrm{d}t}=\omega_0+\varepsilon\omega_1(a,\vartheta)+\varepsilon^2\omega_2(a,\vartheta)+O(\varepsilon^3)\cdots \tag{9.86}$$

式(9.83)对t求导：

$$\frac{\mathrm{d}\vartheta}{\mathrm{d}t}=\varepsilon\omega_1(a,\vartheta)+\varepsilon^2\omega_2(a,\vartheta)+\varepsilon^3\cdots \tag{9.87}$$

式(9.82)对t求导：

$$\begin{aligned}\frac{\mathrm{d}x}{\mathrm{d}t}=&\frac{\mathrm{d}a}{\mathrm{d}t}\left(\cos\psi+\varepsilon\frac{\partial u_1}{\partial a}+\varepsilon^2\frac{\partial u_2}{\partial a}+\cdots\right)\\&+\frac{\mathrm{d}\vartheta}{\mathrm{d}t}\left(-a\sin\psi+\varepsilon\frac{\partial u_1}{\partial\vartheta}+\varepsilon^2\frac{\partial u_2}{\partial\vartheta}+\cdots\right)\\&-\frac{p}{q}\Omega a\sin\psi+\varepsilon\frac{\partial u_1}{\partial t}+\varepsilon^2\frac{\partial u_2}{\partial t}+\cdots\end{aligned} \tag{9.88}$$

$$\begin{aligned}\frac{\mathrm{d}^2x}{\mathrm{d}t^2}=&\frac{\mathrm{d}^2a}{\mathrm{d}t^2}\left(\cos\psi+\varepsilon\frac{\partial u_1}{\partial a}+\varepsilon^2\frac{\partial u_2}{\partial a}+\cdots\right)\\&+\frac{\mathrm{d}^2\vartheta}{\mathrm{d}t^2}\left(-a\sin\psi+\varepsilon\frac{\partial u_1}{\partial\vartheta}+\varepsilon^2\frac{\partial u_2}{\partial\vartheta}+\cdots\right)\\&+\left(\frac{\mathrm{d}a}{\mathrm{d}t}\right)^2\left(\varepsilon\frac{\partial^2u_1}{\partial a^2}+\varepsilon^2\frac{\partial^2u_2}{\partial a^2}+\cdots\right)\\&+\left(\frac{\mathrm{d}\vartheta}{\mathrm{d}t}\right)^2\left(-a\cos\psi+\varepsilon\frac{\partial^2u_1}{\partial\vartheta^2}+\varepsilon^2\frac{\partial^2u_2}{\partial\vartheta^2}+\cdots\right)\\&+2\frac{\mathrm{d}a}{\mathrm{d}t}\left(-\frac{p}{q}\Omega\sin\psi+\varepsilon\frac{\partial^2u_1}{\partial a\partial t}+\varepsilon^2\frac{\partial^2u_2}{\partial a\partial t}+\cdots\right)\\&+2\frac{\mathrm{d}\vartheta}{\mathrm{d}t}\left(-\frac{p}{q}\Omega a\cos\psi+\varepsilon\frac{\partial^2u_1}{\partial\vartheta\partial t}+\varepsilon^2\frac{\partial^2u_2}{\partial\vartheta\partial t}+\cdots\right)\\&+2\frac{\mathrm{d}a}{\mathrm{d}t}\frac{\mathrm{d}\vartheta}{\mathrm{d}t}\left(-\sin\psi+\varepsilon\frac{\partial^2u_1}{\partial a\partial\vartheta}+\varepsilon^2\frac{\partial^2u_2}{\partial a\partial\vartheta}+\cdots\right)\\&-\left(\frac{p}{q}\Omega\right)^2a\cos\psi+\varepsilon\frac{\partial^2u_1}{\partial t^2}+\varepsilon^2\frac{\partial^2u_2}{\partial t^2}+\cdots\end{aligned} \tag{9.89}$$

式中的$\frac{\mathrm{d}^2a}{\mathrm{d}t^2}$，$\frac{\mathrm{d}^2\vartheta}{\mathrm{d}t^2}$，$\frac{\mathrm{d}a}{\mathrm{d}t}$，$\frac{\mathrm{d}\vartheta}{\mathrm{d}t}$，$\frac{\mathrm{d}a}{\mathrm{d}t}\frac{\mathrm{d}\vartheta}{\mathrm{d}t}$可由式(9.85)和式(9.87)及其求导得到。

将所得到的式子代入非线性方程式(9.80)的左边，整理并按照小参数ε的幂级数排列，最后得到：

$$\begin{aligned}\frac{\mathrm{d}^2x}{\mathrm{d}t^2}+\left(\frac{p}{q}\Omega\right)^2x=&\varepsilon\left[\frac{\partial^2u_1}{\partial t^2}+\left(\frac{p}{q}\Omega\right)^2u_1-2\frac{p}{q}\Omega\delta_1 a\sin\psi-2\frac{p}{q}\Omega a\omega_1\cos\psi\right]\\&+\varepsilon^2\left[\frac{\partial^2u_2}{\partial t^2}+\left(\frac{p}{q}\Omega\right)^2u_2-\left(2\frac{p}{q}\Omega\delta_2a+2\omega_1\delta_1a+a^2\delta_1\frac{\partial\omega_1}{\partial a}+a\omega_1\frac{\partial\omega_1}{\partial\vartheta}\right)\sin\psi\right.\\&-\left(2\frac{p}{q}\Omega a\omega_2+a\omega_1^2-\delta_1a\frac{\partial(\delta_1a)}{\partial a}-\omega_1\frac{\partial(\delta_1a)}{\partial\vartheta}\right)\cos\psi\\&\left.+2\omega_1\frac{\partial^2u_1}{\partial\vartheta\partial t}+2\delta_1a\frac{\partial^2u_1}{\partial t\partial a}\right]+\varepsilon^3\cdots\end{aligned}\tag{9.90}$$

而非线性方程式(9.81)的右端在 $x_0=a\cos\psi,\dot{x}_0=-a\dfrac{p}{q}\Omega\sin\psi$ 处按泰勒级数展开，整理为：

$$\begin{aligned}\varepsilon\left[f\left(\Omega t,x,\frac{\mathrm{d}x}{\mathrm{d}t}\right)-\sigma x\right]=&\varepsilon f(\Omega t,x_0,\dot{x}_0)-\varepsilon\Delta a\cos\psi\\&+\varepsilon^2\left[u_1f'_x(\Omega t,x_0,\dot{x}_0)-\Delta u_1\right.\\&\left.+f'_{x'}(\Omega t,x_0,\dot{x}_0)\times\left(\delta_1a\cos\psi-a\omega_1\sin\psi+\frac{\partial u_1}{\partial t}\right)\right]\\&+\varepsilon^3\cdots\end{aligned}\tag{9.91}$$

式(9.81)与式(9.91)应相等，并令 ε 的同次幂系数相等，整理可得：

$$\frac{\partial^2u_1}{\partial t^2}+\left(\frac{p}{q}\Omega\right)^2u_1=f_0(\Omega t,a,\psi)+2\frac{p}{q}\Omega\delta_1a\sin\psi+2\frac{p}{q}\Omega a\omega_1\cos\psi-\Delta a\cos\psi\tag{9.92}$$

$$\begin{aligned}\frac{\partial^2u_2}{\partial t^2}+\left(\frac{p}{q}\Omega\right)^2u_2=&f_1(\Omega t,a,\psi)\\&+\left(2\frac{p}{q}\Omega\delta_2a+2\omega_1\delta_1a+a^2\delta_1\frac{\partial\omega_1}{\partial a}+a\omega_1\frac{\partial\omega_1}{\partial\vartheta}\right)\sin\psi\\&+\left(2\frac{p}{q}\Omega a\omega_2+a\omega_1^2-\delta_1a\frac{\partial(\delta_1a)}{\partial a}-\omega_1\frac{\partial(\delta_1a)}{\partial\vartheta}\right)\cos\psi\end{aligned}\tag{9.93}$$

式中

$$f_0(\Omega t,a,\psi)=f(\Omega t,x_0,\dot{x}_0)\tag{9.94}$$

$$\begin{aligned}f_1(\Omega t,a,\psi)=&u_1f'_x(\Omega t,x_0,\dot{x}_0)-\Delta u_1\\&+\left(\delta_1a\cos\psi-a\omega_1\sin\psi+\frac{\partial u_1}{\partial t}\right)f'_{x'}(\Omega t,a\cos\psi,-a\omega_0\sin\psi)\\&-2\omega_1\frac{\partial^2u_1}{\partial\vartheta\partial t}-2\delta_1a\frac{\partial^2u_1}{\partial t\partial a}\end{aligned}\tag{9.95}$$

采用与前一节类似的方法，可求出：

$$\delta_1(a,\vartheta)=-\frac{-q}{4\pi^2\Omega ap}\sum_{\sigma}\mathrm{e}^{\mathrm{i}q\sigma\vartheta}\int_0^{2\pi}\int_0^{2\pi}f_0(a,\theta,\psi)\mathrm{e}^{-\mathrm{i}q\sigma\vartheta'}\sin\psi\mathrm{d}\theta\mathrm{d}\psi\tag{9.96}$$

$$\omega_1(a,\vartheta)=\frac{\Delta}{2}\frac{q}{p\Omega}-\frac{q}{4\pi^2\Omega ap}\sum_{\sigma}\mathrm{e}^{\mathrm{i}q\sigma\vartheta}\int_0^{2\pi}\int_0^{2\pi}f_0(a,\theta,\psi)\mathrm{e}^{-\mathrm{i}q\sigma\vartheta'}\cos\psi\mathrm{d}\theta\mathrm{d}\psi\tag{9.97}$$

其中，$\theta=\Omega t,\vartheta'=\psi-\dfrac{p}{q}\theta$。$\sigma$ 为泰勒级数阶次，若 $m\pm1$ 能被 q 整除，则可记 $m\pm1=q\sigma$。式中，$nq+(m\pm1)p\neq0$。

式(9.85)和式(9.87)可以表示为：

$$\frac{\mathrm{d}a}{\mathrm{d}t}=-\frac{-\varepsilon q}{4\pi^2\Omega p}\sum_{\sigma}\mathrm{e}^{\mathrm{i}q\sigma\vartheta}\int_0^{2\pi}\int_0^{2\pi}f_0(a,\theta,\psi)\mathrm{e}^{-\mathrm{i}q\sigma\vartheta'}\sin\psi\mathrm{d}\theta\mathrm{d}\psi \tag{9.98}$$

$$\frac{\mathrm{d}\vartheta}{\mathrm{d}t}=\frac{\varepsilon\Delta q}{2p\Omega}-\frac{\varepsilon q}{4\pi^2\Omega ap}\sum_{\sigma}\mathrm{e}^{\mathrm{i}q\sigma\vartheta}\int_0^{2\pi}\int_0^{2\pi}f_0(a,\theta,\psi)\mathrm{e}^{-\mathrm{i}q\sigma\vartheta'}\cos\psi\mathrm{d}\theta\mathrm{d}\psi \tag{9.99}$$

$$\begin{aligned}
u_1\left(a,\theta,\frac{p}{q}\Omega t+\vartheta\right)&=\frac{1}{4\pi^2}\sum_n\sum_m\frac{\mathrm{e}^{\mathrm{i}\left[n\Omega t+m\left(\frac{p}{q}\Omega t+\vartheta\right)\right]}}{\left(\frac{p}{q}\Omega\right)^2-\left(n\Omega+m\frac{p}{q}\Omega\right)^2}\\
&\quad\times\int_0^{2\pi}\int_0^{2\pi}f_0\left(a,\theta,\frac{p}{q}\Omega t+\vartheta\right)\mathrm{e}^{-\mathrm{i}\left[n\Omega t+m\left(\frac{p}{q}\Omega t+\vartheta\right)\right]}\mathrm{d}\theta\mathrm{d}\psi\\
&=\frac{1}{2\pi^2}\sum_n\sum_m\left\{\frac{\cos\left[n\Omega t+m\left(\frac{p}{q}\Omega t+\vartheta\right)\right]}{\left(\frac{p}{q}\Omega\right)^2-\left(n\Omega+m\frac{p}{q}\Omega\right)^2}\right.\\
&\qquad\times\int_0^{2\pi}\int_0^{2\pi}f_0(a,\theta,\psi)\cos\left[n\Omega t+m\left(\frac{p}{q}\Omega t+\vartheta\right)\right]\mathrm{d}\theta\mathrm{d}\psi\\
&\quad+\frac{\sin\left[n\Omega t+m\left(\frac{p}{q}\Omega t+\vartheta\right)\right]}{\left(\frac{p}{q}\Omega\right)^2-\left(n\Omega+m\frac{p}{q}\Omega\right)^2}\\
&\quad\left.\times\int_0^{2\pi}\int_0^{2\pi}f_0(a,\theta,\psi)\sin\left[n\Omega t+m\left(\frac{p}{q}\Omega t+\vartheta\right)\right]\mathrm{d}\theta\mathrm{d}\psi\right\}
\end{aligned} \tag{9.100}$$

因为在共振情况下 $\varepsilon\Delta$ 是一阶小量，方程式(9.98)、式(9.99)可以表示为：

$$\frac{\mathrm{d}a}{\mathrm{d}t}=-\frac{-\varepsilon q}{4\pi^2\Omega p}\sum_{\sigma}\mathrm{e}^{\mathrm{i}q\sigma\vartheta}\int_0^{2\pi}\int_0^{2\pi}f_0(a,\theta,\psi)\mathrm{e}^{-\mathrm{i}q\sigma\vartheta'}\sin\psi\mathrm{d}\theta\mathrm{d}\psi \tag{9.101}$$

$$\frac{\mathrm{d}\vartheta}{\mathrm{d}t}=\omega_0-\frac{p}{q}\Omega-\frac{\varepsilon q}{4\pi^2\Omega ap}\sum_{\sigma}\mathrm{e}^{\mathrm{i}q\sigma\vartheta}\int_0^{2\pi}\int_0^{2\pi}f_0(a,\theta,\psi)\mathrm{e}^{-\mathrm{i}q\sigma\vartheta'}\cos\psi\mathrm{d}\theta\mathrm{d}\psi \tag{9.102}$$

具体针对 Duffing 方程，可将方程式(9.41)改写为如下形式：

$$\frac{\mathrm{d}^2x}{\mathrm{d}t^2}+\omega_0^2x=\varepsilon f\left(x,\frac{\mathrm{d}x}{\mathrm{d}t},\Omega t\right) \tag{9.103}$$

式中

$$f\left(x,\frac{\mathrm{d}x}{\mathrm{d}t},\Omega t\right)=F\sin(\Omega t)-\delta\frac{\mathrm{d}x}{\mathrm{d}t}-bx^3 \tag{9.104}$$

若系统在主共振情况下($p=q=1$)振动，则一次近似解为：

$$x_0=a\cos(\Omega t+\vartheta)=a\cos\psi \tag{9.105}$$

式中　a,ϑ——响应的幅值和相位差角；

ψ——响应的相位角。

将 $x_0=a\cos\psi$，$\dot{x}_0=-a\dfrac{p}{q}\Omega\sin\psi$ 以及式(9.104)代入式(9.93)，得：

$$f_0(\Omega t,a,\psi)=F\sin(\Omega t)+\delta a\Omega\sin\psi-\frac{b}{4}a^3[3\cos\psi+\cos(3\psi)] \tag{9.106}$$

代入式(9.101)、式(9.102)得：

$$\frac{\mathrm{d}a}{\mathrm{d}t}=-\frac{\varepsilon\delta a}{2}-\frac{\varepsilon F\cos\vartheta}{2\Omega} \tag{9.107}$$

$$\frac{\mathrm{d}\vartheta}{\mathrm{d}t}=\omega_0-\Omega-\frac{\varepsilon}{2a\Omega}\left(\frac{-3ba^3}{4}+F\sin\vartheta\right) \tag{9.108}$$

代入式(9.100)得：

$$u_1=\frac{ba^3}{32\Omega^2}\cos3(\Omega t+\vartheta) \tag{9.109}$$

所得到的 Duffing 方程的一次近似解为：

$$x=a\cos(\Omega t+\vartheta)+\frac{\varepsilon ba^3}{32\Omega^2}\cos3(\Omega t+\vartheta) \tag{9.110}$$

在稳态情况下，$\frac{\mathrm{d}a}{\mathrm{d}t}=\frac{\mathrm{d}\vartheta}{\mathrm{d}t}=0$，则式(9.107)和式(9.108)可以转化为：

$$\delta\varepsilon a\Omega=-\varepsilon F\cos\vartheta \tag{9.111}$$

$$\omega_0-\Omega+\frac{3\varepsilon ba^2}{8\Omega}=\frac{\varepsilon F\sin\vartheta}{2a\Omega} \tag{9.112}$$

当系统发生主共振时，$\Omega\approx\omega_0$，因此上两式可以改写为：

$$\varepsilon\delta a\omega_0=-\varepsilon F\cos\vartheta \tag{9.113}$$

$$2a\omega_0\left(\omega_0-\Omega+\frac{3\varepsilon ba^2}{8\omega_0}\right)=\varepsilon F\sin\vartheta \tag{9.114}$$

将上两式进行平方相加，并将 $\delta=2\xi\omega_0$ 代入，可得稳态情况下的振幅和激振频率的关系式，有：

$$4\omega_0{}^2\left[(\varepsilon\xi\omega_0)^2+\left(\omega_0-\Omega+\frac{3\varepsilon ba^2}{8\omega_0}\right)^2\right]a^2=(\varepsilon F)^2 \tag{9.115}$$

该式还可以写成如下形式：

$$\Omega=\omega_0+\frac{3\varepsilon ba^2}{8\omega_0}\pm\sqrt{\left(\frac{\varepsilon F}{2\omega_0 a}\right)^2-(\varepsilon\xi\omega_0)^2} \tag{9.116}$$

9.2.4 简谐激励下的振动响应

受简谐激励的一般形式的非线性振动系统，其运动微分方程为：

$$m\frac{\mathrm{d}^2x_1}{\mathrm{d}t^2}+\varepsilon c_e\frac{\mathrm{d}x_1}{\mathrm{d}t}+k_e x_1=\varepsilon f\left(x_1,\frac{\mathrm{d}x_1}{\mathrm{d}t}\right)+\varepsilon F_0\sin(\Omega t) \tag{9.117}$$

对于非共振情况，对以上方程进行以下变换，有：

$$x_1=x+A\sin(\Omega t-\alpha) \tag{9.118}$$

将上式代入式(9.117)，得：

$$\begin{aligned} m\ddot{x}+k_e x&=\varepsilon f[x+A\sin(\Omega t-\alpha),\dot{x}+A\Omega\cos(\Omega t-\alpha)]-\varepsilon c_e\dot{x}\\ &\quad+\varepsilon[F_0\sin(\Omega t)-(k_e-m\Omega^2)A\sin(\Omega t-\alpha)-c_e\Omega A\cos(\Omega t-\alpha)] \end{aligned} \tag{9.119}$$

方程的一次近似解为：

$$\begin{cases} x=a\cos(\omega_0 t+\vartheta)=a\cos\psi \\ \dfrac{\mathrm{d}a}{\mathrm{d}t}=\varepsilon\delta_e a=-\dfrac{\varepsilon}{4\pi^2\omega_0}\displaystyle\int_0^{2\pi}\int_0^{2\pi}f_0(a,\theta,\psi)\sin\psi\mathrm{d}\theta\mathrm{d}\psi \\ \dfrac{\mathrm{d}\psi}{\mathrm{d}t}=\omega_0+\varepsilon\omega_1=\omega_0-\dfrac{\varepsilon}{4\pi^2\omega_0 a}\displaystyle\int_0^{2\pi}\int_0^{2\pi}f_0(a,\theta,\psi)\cos\psi\mathrm{d}\theta\mathrm{d}\psi \end{cases} \tag{9.120}$$

式中，$\theta=\Omega t$，$\omega_0=\sqrt{\frac{k_e}{m}}$，$f_0(a,\theta,\psi)=f(a\cos\psi,-a\omega_0\sin\psi,\Omega t)$

改进的一次近似解为：

$$\begin{cases}x=a\cos\psi+\varepsilon u_1(a,\psi,\theta)\\ u_1(a,\psi,\theta)=\dfrac{1}{4\pi^2}\displaystyle\sum_{n}\sum_{m}\limits_{[n^2+(m^2-1)^2\neq 0]}\sum_{n}\sum_{m}\frac{\mathrm{e}^{\mathrm{i}(n\theta+m\psi)}}{\omega_0^2-(n\theta+m\omega_0)^2}\\ \qquad\times\displaystyle\int_0^{2\pi}\int_0^{2\pi}f_0(a,\theta,\psi)\mathrm{e}^{-\mathrm{i}(n\theta+m\psi)}\mathrm{d}\theta\mathrm{d}\psi\end{cases}\tag{9.121}$$

由于阻尼的存在，自由振动将衰减为0，实际上对工程有意义的是方程的强迫振动解，振幅和相位差角为：

$$\begin{cases}A=\dfrac{F_0\cos\alpha}{k_e-m\Omega^2}\\ \alpha=\arctan\dfrac{c_e\Omega}{k_e-m\Omega^2}\end{cases}\tag{9.122}$$

对主共振情况，$p=q=1$，原方程重写成以下形式，有：

$$m\ddot{x}+kx=\varepsilon f(x,\dot{x})+\varepsilon E\sin\Omega t\tag{9.123}$$

其一次近似解为：

$$\begin{cases}x=a\cos(\Omega t+\vartheta)=a\cos\psi\\ \dfrac{\mathrm{d}a}{\mathrm{d}t}=\varepsilon\delta_1(a,\vartheta)a+\cdots\\ \dfrac{\mathrm{d}\vartheta}{\mathrm{d}t}=\varepsilon\omega_1(a,\vartheta)+\cdots\end{cases}\tag{9.124}$$

式中

$$\begin{cases}\delta_1(a,\vartheta)=-\dfrac{1}{2\pi\omega_0 am}\displaystyle\int_0^{2\pi}f_0(a,\psi)\sin\psi\mathrm{d}\psi-\frac{E\cos\vartheta}{ma(\omega_0+\Omega)}\\ \omega_1(a,\vartheta)=-\dfrac{1}{2\pi\omega_0 am}\displaystyle\int_0^{2\pi}f_0(a,\psi)\cos\psi\mathrm{d}\psi+\frac{E\sin\vartheta}{ma(\omega_0+\Omega)}\end{cases}\tag{9.125}$$

采用以下符号标记上式中的积分项，有：

$$\begin{cases}\delta_e(a)=\dfrac{\varepsilon}{2\pi\omega_0 a}\displaystyle\int_0^{2\pi}f(a\cos\psi,-a\omega_0\sin\psi)\sin\psi\mathrm{d}\psi\\ \omega_e(a)=\Omega-\dfrac{\varepsilon}{2\pi\omega_0 a}\displaystyle\int_0^{2\pi}f(a\cos\psi,-a\omega_0\sin\psi)\cos\psi\mathrm{d}\psi\end{cases}\tag{9.126}$$

则式(9.121)的后两项可以写成

$$\begin{cases}\dfrac{\mathrm{d}a}{\mathrm{d}t}=-\delta_e(a)a-\dfrac{\varepsilon E\cos\vartheta}{m(\omega_0+\Omega)}\\ \dfrac{\mathrm{d}\vartheta}{\mathrm{d}t}=\omega_e(a)-\Omega+\dfrac{\varepsilon E\sin\vartheta}{ma(\omega_0+\Omega)}\end{cases}\tag{9.127}$$

对于改进的一次近似解，由于 εu_1 是由 $\varepsilon\sum\limits_{n\neq 1}[f_n^{(1)}(a)\cos n(\theta+\vartheta)+f_n^{(2)}(a)\sin n(\theta+\vartheta)]$ 项激发出来的，故其表达式为：

$$\varepsilon u_1(a,\theta,\theta+\vartheta)=\frac{1}{\pi\omega_0^2}\sum_{n\neq 1}\frac{1}{1-n^2}\Big[\cos(\theta+\vartheta)\times\int_0^{2\pi}f_0(a,\psi)\cos\psi\mathrm{d}\psi+\sin(\theta+\vartheta)\int_0^{2\pi}f_0(a,\psi)\sin\psi\mathrm{d}\psi\Big] \tag{9.128}$$

最终得到改进的一次解为：

$$x=a\cos(\theta+\vartheta)+\varepsilon u_1(a,\theta,\theta+\vartheta) \tag{9.129}$$

具体针对受简谐激励的 Duffing 系统，其运动微分方程为：

$$m\frac{\mathrm{d}^2x}{\mathrm{d}t^2}+c\frac{\mathrm{d}x}{\mathrm{d}t}+kx+bx^3=E\sin\Omega t \tag{9.130}$$

引入以下符号

$$x_1=\sqrt{\frac{b}{k}}x,\ t_1=\sqrt{\frac{k}{m}}t,\ \delta=\frac{c}{\sqrt{mk}},\ F=\frac{E}{b}\sqrt{\frac{b}{k}}$$

方程可写为：

$$\frac{\mathrm{d}^2x}{\mathrm{d}t^2}+2\delta\frac{\mathrm{d}x}{\mathrm{d}t}+x+x^3=F\sin\Omega t \tag{9.131}$$

若阻尼很小，δ、F、x^3 都很小，则该方程中的非线性项统一写成：

$$\varepsilon f\left(x,\frac{\mathrm{d}x}{\mathrm{d}t}\right)=-2\delta\frac{\mathrm{d}x}{\mathrm{d}t}-x^3,\ \varepsilon F=F$$

利用前面的公式，主共振情况下的 Duffing 方程的一次近似解为：

$$\begin{cases}x=a\cos(\Omega t+\vartheta)\\ \dfrac{\mathrm{d}a}{\mathrm{d}t}=-\delta a+\dfrac{F\cos\vartheta}{1+\Omega}\\ \dfrac{\mathrm{d}\vartheta}{\mathrm{d}t}=1-\Omega+\dfrac{3a^2}{8}+\dfrac{F\sin\vartheta}{a(1+\Omega)}\end{cases} \tag{9.132}$$

在稳态情况下，$\dfrac{\mathrm{d}a}{\mathrm{d}t}=\dfrac{\mathrm{d}\vartheta}{\mathrm{d}t}=0$，有：

$$\begin{cases}-\delta a+\dfrac{F\cos\vartheta}{1+\Omega}=0\\ 1-\Omega+\dfrac{3a^2}{8}+\dfrac{F\sin\vartheta}{a(1+\Omega)}=0\end{cases} \tag{9.133}$$

设系统主共振频率为 $\Omega\approx1$，上式可写为：

$$\begin{cases}-2\delta a+F\cos\vartheta=0\\ a\left[\left(1+\dfrac{3a^2}{8}\right)^2-\Omega^2\right]+F\sin\vartheta=0\end{cases} \tag{9.134}$$

由此求得在稳态情况下振幅和激励频率的关系式：

$$a^2\left\{\left[\left(1+\frac{3a^2}{8}\right)^2-\Omega^2\right]^2+4\delta^2\right\}=F^2$$

或

$$\Omega=\sqrt{\omega_e^2(a)\pm\sqrt{\left(\frac{F}{a}\right)^2-4\delta^2}} \tag{9.135}$$

式中，$\omega_e(a)=1+\dfrac{3a^2}{8}$。

9.2.5 算例

给定 Duffing 系统式(9.103)、式(9.104)中的参数的具体值，如表 9.2 所示。根据以上参数，利用式(9.116)绘制出Duffing系统的频率和响应幅值的共振曲线，如图9.6所示。该共振曲线表明，此Duffing系统为典型的硬式非线性系统。

表9.2 算例的参数值 [无量纲]

δ	ω_0	b	ε	F
0.1	1	0.2	0.1	1

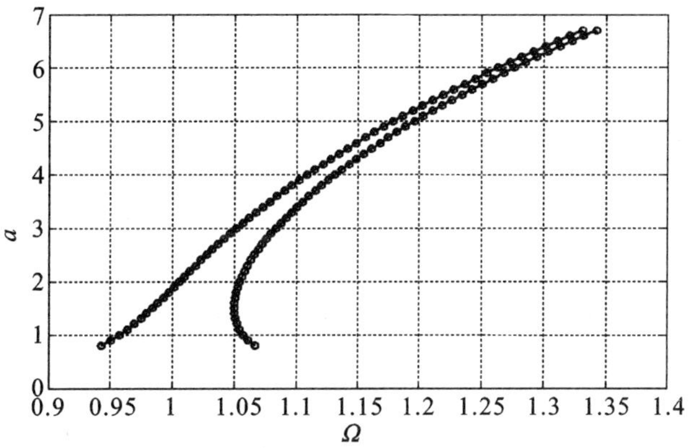

图9.6 Duffing系统的主共振幅频响应曲线

9.3 Duffing系统的周期运动稳定性

非线性系统的定常解通常包括周期解、平衡点解、拟周期解和混沌解，对应着不同的运动形式。在不同类型的周期运动中，包括主谐波振动和次谐波振动，有的周期解是稳定的，有的是不稳定的。在工程中，对平衡位置稳定性及运动稳定性的研究十分有意义。在某些情况下，确定系统在平衡位置是否稳定，比研究运动本身的状态还重要。

本节将阐述非线性非自治振动系统的周期解及其稳定性，主要涉及求解动力系统周期解的延拓打靶算法和Floquet稳定性理论，并相应地给出针对Duffing系统进行周期运动稳定性的分析实例。

9.3.1 周期运动稳定性的基本概念

对于某振动系统，可以用如下形式的微分方程表示，有：

$$\dot{x}=f(x,t),x\in R^n \tag{9.136}$$

设 $x=\varphi_s(t)$ 为上述方程在初始条件 x_0 下的一个解，此解对应于系统的未扰运动或稳态运动。若对状态变量的初始值 x_0 施加一扰动，系统的运动将偏离稳态运动，称为受扰运动，受扰运动的解为 $x=\varphi(t)$。受扰运动与未扰运动的差值称为扰动，扰动 $y(t)$ 为：

$$y(t)=\varphi(t)-\varphi_s(t)$$

且有扰动方程：

$$\dot{y}=g(y,t)=f(\varphi_s+y,t)-f(\varphi_s,t) \tag{9.137}$$

其中，当 $x=0$ 时，系统存在零解 $f(t,0)=0$。对于方程式(9.136)的任意解 $x=\varphi(t)$ 的稳定性的研究，可以通过变换 $y=x-\varphi(t)$ 化为零解 $y=0$ 的稳定性来研究。以下仅研究方程式

(9.136)零解的稳定性问题。首先给出李雅谱诺夫意义下稳定性的有关定义。

定义1：如果对于任意给定的$\varepsilon>0$和$t_0=0$，存在$\delta=\delta(\varepsilon,t_0)>0$，对于任一满足$|x_0|<\delta$的$x_0$，使得方程式(9.136)满足初始条件$x(t_0)=x_0$的解$x=x(t)$，当$t>0$时，均存在$|x(t)|<\varepsilon$，则方程式(9.136)的零解$x=0$是稳定的。

定义2：如果方程式(9.136)的零解是稳定的，并且存在$\delta>0$，当$|x_0|<\delta$时，使得对于满足初始条件$x(t_0)=x_0$的解$x=x(t)$，均有$\lim\limits_{t\to\infty}x(t)=0$，则方程式(9.136)的零解是渐近稳定的。

定义3：如果对于某一个给定的$\varepsilon>0$，无论$\delta>0$怎样小，总存在一个x_0，$|x_0|<\delta$，使得方程式(9.136)满足初始条件$x(t_0)=x_0$的解$x=x(t)$，至少在某一个时刻$t_1>t_0$，有$|x(t_1)|>\varepsilon$，则称方程式(9.136)是不稳定的。

从数学角度来讲，用常微分方程表达的非线性振动系统可以视为连续动力系统。从连续动力系统分析的角度讨论其周期解及其稳定性问题，简述如下。

设f是$n+1$维Euclid空间$\boldsymbol{R}^{n+1}$中区域$U\times\boldsymbol{R}$到n维空间$\boldsymbol{R}^n$的光滑映射，则该映射定义的与时间相关的向量场$f(x,t)$称为非自治动力系统，其常微分方程为：

$$\dot{x}=f(x,\omega,t)\quad x\in\boldsymbol{R}^n,\omega\in\boldsymbol{R},t\in\boldsymbol{R}\tag{9.138}$$

式中　ω——参数；

　　f——一个确定的非线性函数，即给定的矢量场或外力场。

当存在$T>0$，使得对所有$t\in\boldsymbol{R}$，方程式(9.138)通过x_0点的解满足$f(x_0,t)=f(x_0,t+T)$时，称其为周期T的周期解。

设$\Sigma\in\boldsymbol{R}^n$是某个$n-1$维超曲面的一部分，如果对于任意的$x\in\Sigma$，$\Sigma$的法向矢量$\boldsymbol{n}(x)$满足与向量场$f(x)$的无切条件$\boldsymbol{n}^{\mathrm{T}}(x)\cdot f(x)\neq 0$，则称$\Sigma$是向量场$f(x)$的Poincaré截面。任取一点$x_p\in\Gamma$($\Gamma$为周期闭轨)，做一个足够小的Poincaré截面$\Sigma$，使得$\Gamma$与$\Sigma$仅相交于点$x_p$。根据微分方程解关于初始条件的连续性定理，存在点$x_p$的邻域$X_\Gamma=\delta(x_p)$，使得从任意的$x\in X_\Gamma$出发的相轨线可以回到$\Sigma$。由此可以定义所谓的首次回归映射$\boldsymbol{P}:X_\Gamma\to\Sigma$，该映射又称为Poincaré映射。

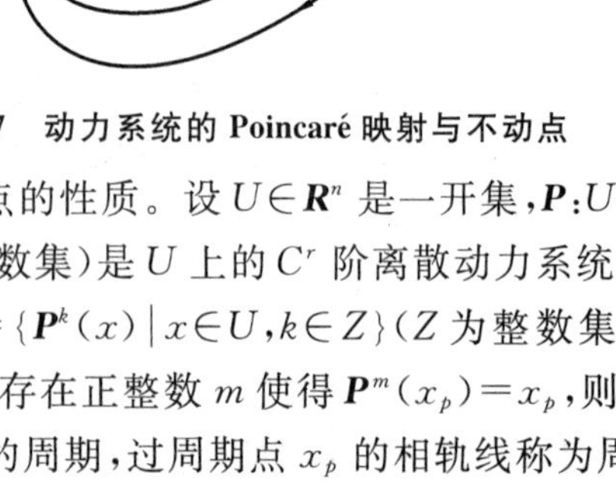

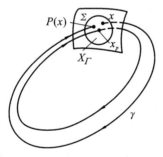

图9.7　动力系统的Poincaré映射与不动点

如果以$\varphi_t(x)$代表自$x\in X_\Gamma$出发的相轨线在t时刻的值，则首次返回映射可以理解为$\boldsymbol{P}(x)=\varphi_{\tau(x)}(x)\in\Sigma$，$\forall x\in X_\Gamma$，其中，下标$\tau(x)$为相轨线自$x\in X_\Gamma$起到首次返回$\Sigma$所需的时间。若$\tau(x_p)=T$且$P(x_p)=\varphi_T(x_p)=x_p\in\Sigma$，则说明$\Gamma$是闭轨，等价于$x_p$是Poincaré映射的不动点，如图9.7所示。

因此，研究连续动力系统的闭轨及其临近的相轨线等价于研究Poincaré映射的不动点及其临近映射点的性质。设$U\in\boldsymbol{R}^n$是一开集，$\boldsymbol{P}:U\to U$是C^r阶的一对一映射，称映射序列$\boldsymbol{P}^k$，$k\in Z$(Z为整数集)是U上的C^r阶离散动力系统，其中$\boldsymbol{P}^0=I$，$\boldsymbol{P}^k=\boldsymbol{P}\boldsymbol{P}^{k-1}$，$\boldsymbol{P}^{-k}=(\boldsymbol{P}^{-1})^k$。将映射点序列$\gamma=\{\boldsymbol{P}^k(x)\mid x\in U,k\in Z\}$($Z$为整数集)，称作离散动力系统$\boldsymbol{P}$过点$x$的相轨线。特别的，如果存在正整数$m$使得$\boldsymbol{P}^m(x_p)=x_p$，则称$x_p$是$\boldsymbol{P}$的周期点，使上式成立的最小正整数$m$称为$x$的周期，过周期点$x_p$的相轨线称为周期轨道。当$m=1$时，称$x_p$是$\boldsymbol{P}$的不动点。

一般情形下，Poincaré映射是在周期轨道的局部进行定义的。对于受周期激励的系统，还可以定义全局的 Poincaré 映射。将受周期激励的非自治系统通过下面的变换转化为自治系统：

$$\begin{cases}\dot{x}=f(x,\omega,\theta)\\ \dot{\theta}=1 \quad (x,\omega,\theta)\in\boldsymbol{R}^n\times\boldsymbol{R}\times S^1\end{cases} \tag{9.139}$$

其相空间是流形 $S^1\times\boldsymbol{R}^n$。可以定义一个全局超曲面 $\Sigma=\{(\theta,u)\in S^1\times\boldsymbol{R}^n|_{\theta=\theta_0}\}$，此时所有的解$(x,\theta)$都与 Σ 相交，所以，此处对于点 $x\in U$ 的 Poincaré 映射 $\boldsymbol{P}:U\rightarrow\Sigma$，可以定义为：

$$\boldsymbol{P}(x)=u(x,\theta_0+T) \tag{9.140}$$

尽管自治系统和非自治系统建立 Poincaré 映射系统的方法有所不同，但它们的表达形式是完全相同的，可以不加区分地将 Poincaré 映射记为：

$$x_{k+1}=\boldsymbol{P}(x_k) \quad k\in Z \tag{9.141}$$

或者

$$x\rightarrow\boldsymbol{P}(x) \tag{9.142}$$

9.3.2 周期运动的求解方法

对于非线性非自治动力系统，一般难以解析求得其周期解，因此只能考虑利用数值方法。传统的直接积分法只能求得稳定的周期解，无法求得不稳定的周期解，在稳定性分析中受到限制。目前求解系统周期解常用的数值方法大致可分为以打靶法、差分法为代表的时域方法和以谐波平衡法为代表的频域方法两类。其中打靶法是一种较常用的求解办法。打靶法由于使用牛顿迭代来完成“瞄准”的任务，又被称为牛顿打靶法。

(1) 牛顿迭代法

对于非线性系统式(9.138)，如果已经给定了其参数 ω，则该方程可以简化为：

$$\dot{x}=f(x,t) \tag{9.143}$$

求解其具有初值问题的周期解，就是求解 x 以满足下式，即：

$$x(t)=x(t+T) \tag{9.144}$$

式中，T 为周期，它可能是已知量或未知量(对自治系统而言)。

利用前面提到的 Poincaré 映射，可以将连续动力系统转化为离散动力系统。在 $n+1$ 维空间定义 n 维 Poincaré 截面，有：

$$\Sigma=\{(x,t)\,|\,\mathrm{mod}(t,T)=0\} \tag{9.145}$$

以及 Σ 上的非线性算子方程为：

$$\boldsymbol{G}(x)=x-\boldsymbol{P}(x)=0 \quad x\in\Sigma \tag{9.146}$$

对于式(9.143)的周期解 x 穿越 Poincaré 截面的点 x^*，是 Poincaré 映射的不动点，满足算子方程式(9.146)。求解式(9.144)的周期解问题可以转化为求 Poincaré 映射的不动点问题，即转化为求解算子方程的解向量问题。

可以利用各种形式的牛顿迭代求解式(9.146)，如果使用 Newton-Raphson 迭代格式，则有：

$$x_{k+1}=x_k-[\boldsymbol{G}'_x(x_k)]^{-1}\boldsymbol{G}(x_k)=x_k-[\boldsymbol{P}'_x(x_k)-\boldsymbol{I}]^{-1}[\boldsymbol{P}(x_k)-x_k] \tag{9.147}$$

式中，$\boldsymbol{G}'_x(x_k)$是 G 在给定点 x_k 处的雅可比矩阵；$\boldsymbol{P}'_x(x_k)$是 Poincaré 映射的给定点 x_k 处雅可比矩阵。该求解过程中，先将近似不动点 $x_k\in\Sigma$ 映射为 $\boldsymbol{P}(x_k)\in\Sigma$，然后根据误差$\boldsymbol{P}(x_k)-x_k$ 进行修正，获得新的近似不动点 x_{k+1}，然后再进行映射并检查误差。

在实际计算过程中，点 x_k 的 Poincaré 映射是如下常微分方程初值问题在 $t=T$ 时刻的解，即 $x_{k+1}=x(t)$。

$$\begin{cases}\dot{x}=f(x,t)\\x(0)=x_k\end{cases}\quad x\in\boldsymbol{R}^n \tag{9.148}$$

将 Poincaré 映射在 x_k 处的雅可比矩阵归结为如下常微分方程的初值问题在 $t=T$ 时刻的解，即 $\boldsymbol{P}'_x(x_k)=\Phi(T)$，有：

$$\begin{cases}\dot{\Phi}=f'_x(x,t)\Phi\\\Phi(0)=I\end{cases}\quad \Phi\in\boldsymbol{R}^{n\times n} \tag{9.149}$$

由于 $\Phi(T)$ 可以按列分别计算，相当于求解 n 个初值问题，因此每步打靶过程需要计算 $n+1$ 个初值问题。以上方法包括了打靶法和牛顿迭代法，它具有牛顿迭代法的平方收敛性，求解周期解的效率非常高。

Newton-Raphson 算法的另一个缺陷在于受迭代初值的影响很大。只有当初值 x_0 距离精确解 x^* 足够近时，Newton-Raphson 算法才是收敛的。针对这一问题，改进的 Newton-Raphson 法引入阻尼因子 λ：

$$\begin{cases}x_{k+1}=x_k+\lambda\Delta x\quad 0<\lambda\leqslant 1\\\boldsymbol{J}\cdot\Delta x=-G\end{cases} \tag{9.150}$$

式中，$\boldsymbol{J}$ 是雅可比矩阵。

定义标量函数 $f(x)=\dfrac{1}{2}|G(x)|^2$，若每次迭代得到的 x_k 使 $f(x)$ 逐步减小，则可以得到式(9.147)的解。首先取 $\lambda=1$，若由式(9.150)得到的 x_{k+1} 是 $f(x)$ 的下降点，此时方法变为 Newton-Raphson 法，具有二阶收敛速度；若不然，则逐步减小 λ 以便找到下降点。为了使步长与 f 下降的速度相当，利用下式判断 x_{k+1} 是否是 f 的下降点：

$$f(x_{k+1})\leqslant f(x_k)+\alpha\,\nabla f(x_{k+1}-x_k) \tag{9.151}$$

其中，α 应取一个很小的正数，一般选 $\alpha=1\times10^{-4}$。

该方法既保留 Newton-Raphson 的二阶收敛速度，又进一步改善了对初始值的依赖性，是有效的全局收敛算法。

(2) 牛顿打靶法

对于非线性系统式(9.143)，求其周期解可归结为求如下常微分方程的两点边值问题，有：

$$\begin{cases}\dot{x}=f(x,t)\\x(0)-x(T)=0\end{cases}\quad x\in\boldsymbol{R}^n \tag{9.152}$$

式中，T 为周期解的周期，$x(0)$、$x(T)$ 分别为周期解周期初始和周期末了的两个边值矢量。

打靶法求上述问题的基本思路是不断调整初值 $x(0)$，直到命中最终目标，即求得满足式(9.152)的 $x(0)$，即周期解。为此，引入参变量 s，以帮助确定适合式(9.152)的初值 $x(0)$。参变量 s 一旦确定，$x(0)$ 即为已知。然后通过对常微分方程式(9.152)解初值问题，得到与其对应的 T 周期解 $x(T)$。

满足式(9.152)的 $x(0)$ 为如下代数方程的根，有：

$$R(s)=x(0,s)-x(T,s)=0 \tag{9.153}$$

其中 $x(T,s)$ 为如下常微分方程初值问题在 $t=T$ 时的值，有：

$$\begin{cases}\dot{x}=f(x,t)\\x(0)=x(0,s)\end{cases}\quad x\in\boldsymbol{R}^n \tag{9.154}$$

求解方程式(9.153)的根，通常采用拟牛顿迭代法，即：

$$s_{k+1}=s_k+\Delta s_k \tag{9.155}$$

式中第 k 次迭代的修正量 Δs_k 可通过下式求得：

$$\Delta s_k=-DR^{-1}(s_k)\cdot R(s_k) \tag{9.156}$$

其中矩阵 $DR^{-1}(s_k)$ 为如下矩阵的逆矩阵，即：

$$\begin{aligned} DR(s_k)&=\frac{\partial R}{\partial x(0,s)}\cdot\frac{\partial x(0,s)}{\partial s}-\frac{\partial R}{\partial x(T,s)}\cdot\frac{\partial x(T,s)}{\partial s}\bigg|_{s=s_k} \\ &=\frac{\partial x(0,s)}{\partial s}-\frac{\partial x(T,s)}{\partial s}\bigg|_{s=s_k} \end{aligned} \tag{9.157}$$

若取 $s=x(0,s)$，有 $\frac{\partial x(0,s)}{\partial s}=I$。而 $\frac{\partial x(T,s)}{\partial s}=\frac{\partial x(t,s)}{\partial s}\bigg|_{t=T}$ 归结为如下矩阵微分方程初值问题在 $t=T$ 时的解，即 $\frac{\partial x(t,s)}{\partial s}=\Phi(t)$，且有：

$$\begin{cases}\dot{\Phi}=f'_x(x,t)\Phi \\ \Phi(0)=I\end{cases}\quad \Phi\in\boldsymbol{R}^{n\times n} \tag{9.158}$$

对于每次迭代求解 Δs^i，计算 s^{i+1}，当 Δs^i 足够小，满足下式表示的精度条件时则迭代终止，即：

$$\frac{|\Delta s^i|^2}{|s^i|^2}\leqslant 1\times 10^{-9} \tag{9.159}$$

(3) 确定牛顿迭代初始值的延拓法

在研究非线性动力系统周期解随参数 ω 变化时的周期解及其稳定性规律时，需要在大量不同的 ω 参数下进行牛顿迭代以求解周期解，这样要求在每一个参数下估计迭代的初始值。可以利用延拓法来解决这一问题，即根据上一个参数下求得的周期解对下一个参数下的解进行预估，从而很好地解决牛顿法初始值的确定问题。

对于非线性算子方程组式(9.146)的解曲线 $x=x(\omega)$，可将参数 ω 看作方程组的未知数，称为式(9.136)的同伦曲线(即解曲线)，对方程两边取全微分，有：

$$\mathrm{d}\boldsymbol{G}(x,\omega)=\boldsymbol{G}'_x(x,\omega)\mathrm{d}x+\boldsymbol{G}'_\omega(x,\omega)\mathrm{d}\omega=0 \tag{9.160}$$

因此可以把关于 ω 同伦曲线问题转化为常微分方程的 Cauchy 问题，即：

$$\begin{cases}x_{i+1}=x_i-[\boldsymbol{G}'_x(x_i,\omega_i)]^{-1}\boldsymbol{G}'_\omega(x_i,\omega_i)\cdot\Delta\omega=0 \\ \qquad\;=x_i-[\boldsymbol{I}-\boldsymbol{P}'_x(x_i,\omega_i)]^{-1}\boldsymbol{P}'_\omega(x_i,\omega_i)\cdot\Delta\omega=0 \\ \omega_{i+1}=\omega_i+\Delta\omega\end{cases} \tag{9.161}$$

式中，x_i 是 ω_i 参数下通过打靶法求得的周期解，同时 $\boldsymbol{G}'_x(x_i,\omega_i)$ 在打靶过程中也已经求得。

类似地，将 $\boldsymbol{P}'_\omega(x_i,\omega_i)$ 求解问题归结为如下形式的常微分方程的初值问题在 $t=T$ 时刻的解，即 $\boldsymbol{P}'_\omega(x_k)=\Omega(t)$，有：

$$\begin{cases}\dot{\Omega}=f'_x(\omega_i,x)\Omega+f'_\omega(\omega_i,x) \\ \Omega(0)=0\end{cases} \tag{9.162}$$

这样就可以对 ω_{i+1} 下 Poincaré 映射不动点进行预测，再用式(9.147)对不动点进行校正，这样在参数 ω 连续变化的情况下，不动点的计算及其稳定性的判断可以进行下去。

在上述打靶法及延拓算法中，常微分方程的初值问题大都采用 Runge-Kutta 法求解，打靶法及延拓算法中每步运算只需积分一个周期，算法的精度就可以得到保证。

9.3.3 Floquet 稳定性理论

非线性振动系统的周期运动稳定性，从数学角度分析就是微分方程周期解的稳定性。Floquet 理论是研究周期系数线性微分方程对原点的稳定性问题的一种方法，有关非线性动力系统稳定周期解的摄动方程即为这种形式的微分方程。应用它可以解释非线性动力系统稳定周期解的分岔问题，并将平衡点解的 Hopf 分岔问题归结为这类分岔问题的一个特例。Floquet 理论是基于经典稳定性理论，即从摄动方程的零解稳定性来判别相应的周期运动稳定性的思想得到的稳定性理论，也是一种线性化的稳定性理论。

非线性动力系统式(9.138)有稳态周期解 $x(t)=x(t+T)$，给 $x(t)$施加小的摄动 δv，代入式(9.138)有：

$$\delta\dot{v}=f(x+\delta v,\omega,t)-f(x,\omega,t) \tag{9.163}$$

当 $\delta\to 0$ 时，上式可写成

$$\dot{v}=\lim_{\delta\to 0}\frac{f(x+\delta v,\omega,t)-f(x,\omega,t)}{\delta v}v=f'_x(x,\omega,t)v \tag{9.164}$$

上式是 $x(t)$的摄动方程。当 $x\in\boldsymbol{R}^n$ 时，$f'_x(x,\omega,t)$是 f 在稳态周期解 $x(t)$处的 $n\times n$ 阶雅可比矩阵。式(9.164)可写为如下形式：

$$\dot{\boldsymbol{v}}=\boldsymbol{A}(t)\boldsymbol{v}\quad (v,t)\in\boldsymbol{R}^n\times\boldsymbol{R} \tag{9.165}$$

式中，$\boldsymbol{A}(t)=\boldsymbol{A}(t+T)$是周期为 T 的 $n\times n$ 矩阵函数，且有：

$$\boldsymbol{A}(t)=f_x{}'(x,\omega,t)\big|_{x=x(t)} \tag{9.166}$$

由线性方程的叠加原理，可以定义以式(9.166)的任意 n 个线性独立解向量为列的矩阵函数为其解矩阵：

$$V(t)=[v_1(t),v_2(t),\cdots,v_n(t)]\in\boldsymbol{R}^n\times\boldsymbol{R}^n \tag{9.167}$$

根据 Floquet 定理，若 $V(t)$是方程式(9.165)的一个基础解矩阵，则必存在一个非奇异的周期矩阵 $Z(t)=Z(t+T)$和常数矩阵 D，使得：

$$V(t)=Z(t)\mathrm{e}^{tD} \tag{9.168}$$

又因为式(9.165)中的 $\boldsymbol{A}(t)=\boldsymbol{A}(t+T)$是一个周期为 T 的变系数矩阵，故有：

$$\dot{V}(t+T)=\boldsymbol{A}(t+T)V(t+T)=\boldsymbol{A}(t)V(t+T) \tag{9.169}$$

所以 $V(t+T)$也是方程式(9.165)的一个基础解矩阵。根据式(9.168)有：

$$\begin{aligned}V(t+T)&=Z(t+T)\mathrm{e}^{(t+T)D}\\&=Z(t)\mathrm{e}^{tD}\cdot\mathrm{e}^{TD}=V(t)\cdot\mathrm{e}^{TD}\end{aligned} \tag{9.170}$$

令 $C=\mathrm{e}^{TD}$，式(9.170)可以简写成：

$$V(t+T)=V(t)\cdot C \tag{9.171}$$

式中，C 为一个常数阵。C 和 D 的具体形式取决于 $V(0)$，也与 $A(t)$有关。

设方程式(9.165)的两个基础解矩阵为 $V_1(t)$和 $V_2(t)$，则存在非奇异常数阵 S，使得：

$$V_1(t)=V_2(t)S \tag{9.172}$$

相应地有两个常数阵 C_1 和 C_2，将它们代入上式并整理，得：

$$V_2(t+T)=V_2(t)SC_1S^{-1}=V_2(t)C_2 \tag{9.173}$$

可见，C 是一簇相似矩阵，D 也是一簇相似矩阵，它们的特征值是由式(9.172)中的 $A(t)$唯一确定的，与所给的初始条件和基础解矩阵的选取无关。分别定义 C 和 D 为式(9.172)的

离散和连续的状态转移矩阵，定义矩阵 C 和 D 的特征值 λ 和 δ 分别为 Floquet 乘子和 Floquet 指数。Poincaré 映射的线性部分 $\boldsymbol{P}'_x(x^*)$ 矩阵相似于常矩阵 C，C 的特征值即为线性化 Poincaré 映射的特征值。

由 Floquet 理论可得到周期解的稳定性准则：若 Floquet 乘子除了一个等于 1 外，其余乘子的模最大值 $|\lambda|_{\max}$ 都小于 1（即相应的 Floquet 指数有负实部），则周期解是稳定的；至少有一个 Floquet 乘子的模大于 1（相应的 Floquet 指数有正实部），则周期解是不稳定的；至少有两个 Floquet 乘子的模等于 1（相应的 Floquet 指数实部为 0），则为临界情况。

非线性非自治系统式(9.138)及其相应的自治系统的周期解的稳定性是随外参数 ω 变化的，当参数超过临界值 ω_c 时，周期解失稳。周期解的失稳有几种不同的方式，对应着不同的分岔，通过 Floquet 乘子随参数变化的过程，可以判断周期解分岔的形式，如图 9.8 所示。主要表现为以下三种方式：

(1) 如果有一个最大的 Floquet 乘子由实轴的正方向穿出复平面单位圆，即临界情况 $\lambda(\omega_c)=1$ 时，周期解发生鞍结分岔，叉形分岔；

(2) 如果有一个最大的 Floquet 乘子由实轴的负方向穿出复平面单位圆，即临界情况 $\lambda(\omega_c)=1$ 时，周期解发生鞍结分岔，叉形分岔；

(3) 如果当一对模最大的 Floquet 乘子以共轭复数方式穿出复平面单位圆，即临界情况 $\lambda(\omega_c)$ 虚部不为 0 时，周期解发生 Naimark-Sacker 分岔（倍周期分岔）。

通过牛顿打靶法可以求得系统周期解的 Poincaré 映射的不动点 x^* 以及在 x^* 上 Poincaré 映射的雅可比矩阵 $\boldsymbol{P}'_x(x^*)$，由于系统周期解的扰动方程是一个周期系数的微分方程，根据 Floquet 理论，可通过 Floquet 乘子或 Floquet 指数并依据前面的稳定性准则对周期解的稳定性进行判断。而 Floquet 乘子或 Floquet 指数可以通过求解 $\boldsymbol{P}'_x(x^*)$ 的特征值来求得。

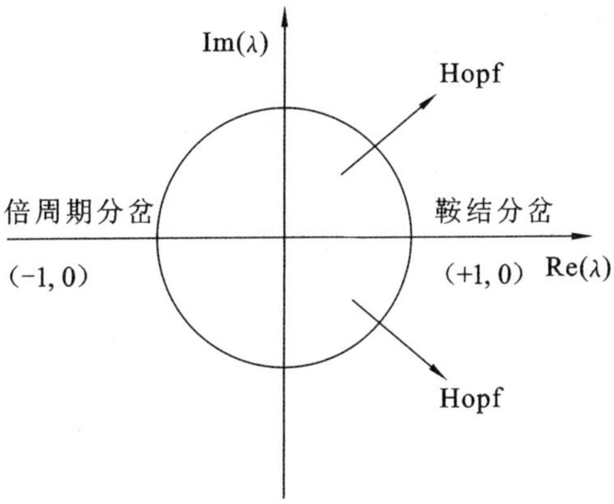

图 9.8 Floquet 乘子穿出单位圆的三种方式

9.3.4 算例

设 Duffing 系统的动力学方程如下：

$$\ddot{x}+\gamma\dot{x}-\frac{1}{2}x(1-x^2)=f\sin\omega t$$

式中，$\gamma=0.168$，$\omega=1.0$。

当初始值为(0,0)时，以 f 为分岔参数，利用定步长4阶 Runge-Kutta 法直接数值积分，在 $f\in(0.09,0.25)$ 内作分岔图，如图9.9所示。从图中可以看出，当 $f\in(0.150,0.177)$ 时，系统的运动为稳态周期为1的运动；当 f 大于0.177时，系统的周期运动发生倍周期分岔；在 $f\in(0.177,0.195)$ 的区间内，系统做周期为2的运动，之后，系统发生一系列的倍周期分岔后进入混沌状态。

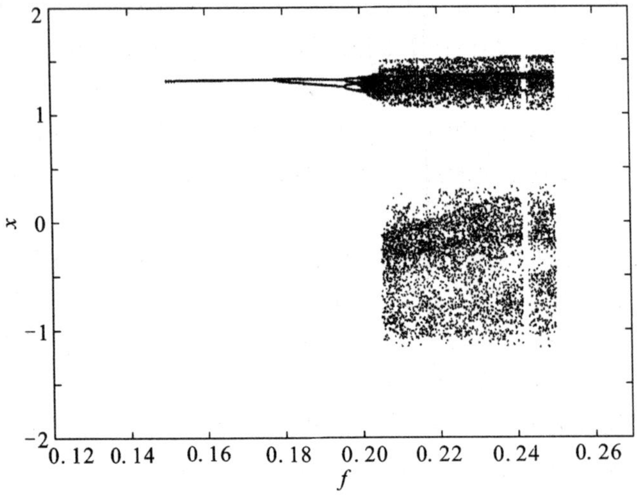

图9.9　基于数值积分的 Duffing 方程的分岔图

图9.10所示是由延拓打靶方法得到的 Duffing 系统周期解的最大 Floquet 乘子随参数 f 变化的曲线。在 f 小于0.177的区间内，系统周期解对应的最大 Floquet 乘子的模都小于1，由 Floquet 理论可知，系统此时的运动是稳定的；随着参数的不断增大，在 $f=0.177$ 处，最大 Floquet 乘子的模大于1，可知系统的周期运动发生分岔而失稳。表9.3所示为系统周期解的最大 Floquet 乘子及其模，由表9.3可知，$f=0.177$ 时系统的 Floquet 乘子由 −1 穿出单位圆，系统的周期运动发生倍周期分岔而失稳。

从图9.9的分岔图和图9.10的 Floquet 乘子变化曲线的比较中可以看出，Floquet 稳定性分析理论对于 Duffing 系统的稳定性判断非常有效。

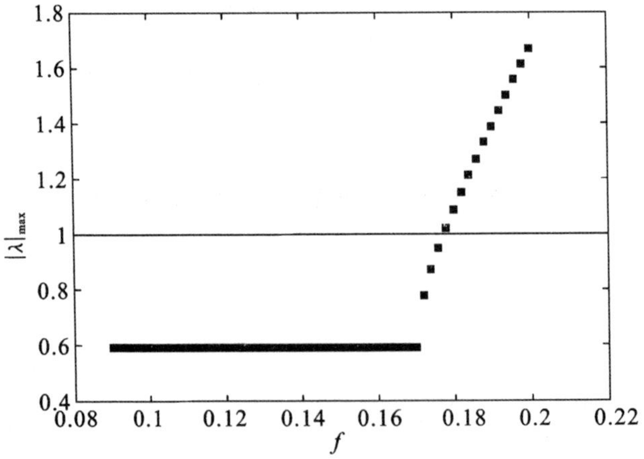

图9.10　Duffing 系统周期解的 Floquet 乘子变化曲线

表 9.3 周期解的最大 Floquet 乘子

f	$\lvert\lambda\rvert_{max}$	λ_1,λ_2	稳定解	f	$\lvert\lambda\rvert_{max}$	λ_1,λ_2	稳定解
0.100	0.590	0.119,0.577	稳定	0.175	0.910	−0.910,−0.383	稳定
0.150	0.590	−0.371,0.460	稳定	0.176	0.948	−0.948,−0.367	稳定
0.160	0.590	−0.479,0.345	稳定	0.177	0.984	−0.984,−0.353	稳定
0.170	0.590	−0.590,0.014	稳定	0.178	1.019	−1.019,−0.342	不稳定
0.171	0.716	−0.716,−0.486	稳定	0.179	1.053	−1.053,−0.331	不稳定
0.172	0.776	−0.776,−0.448	稳定	0.180	1.086	−1.086,−0.321	不稳定
0.173	0.825	−0.825,−0.422	稳定	0.190	1.387	−1.387,−0.251	不稳定
0.174	0.869	−0.869,−0.400	稳定	0.200	1.665	−1.665,−0.209	不稳定

图 9.11(a)、9.11(b)所示分别为由延拓打靶法得到的 Duffing 方程周期解的位移值、速度值的预测值和真实值的对比。所谓预测值，是指根据上一个参数下得到的系统的周期解，由延拓算法给出的下一个参数下牛顿迭代的初始值，在图中由○来表示。所谓真实值，是指根据预测值由牛顿迭代法计算得到的系统的周期解，在图中由×来表示。预测值和真实值基本吻合得较好，这表明由延拓算法给出的牛顿迭代的初始值是系统真实解的一个较好近似，因此充分保证了牛顿迭代的成功性，大大地提高了延拓打靶算法求解系统周期解的效率。

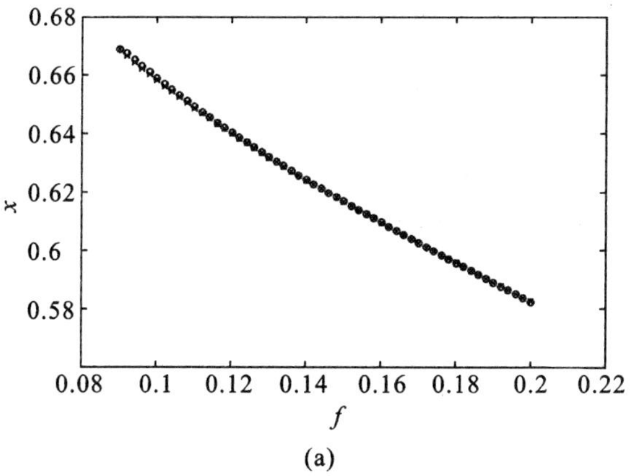

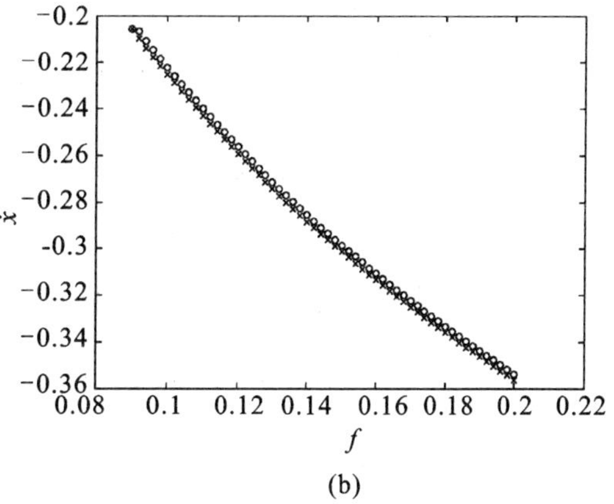

图 9.11 Duffing 系统周期解的预测值和真实值的对比

(a)位移值;(b)速度值

10 非线性系统分岔与混沌理论

分岔理论是指对于某些完全确定的非线性系统，当系统的某一参数 μ 连续变化到某一个临界值 μ_c 时，系统的全局性性态发生突然变化，μ_c 被称为参数 μ 的分岔值，这种现象称为分岔现象。分岔理论对许多实际系统的研究都有重要的意义，主要研究非线性方程中的参数对解的定性性质的影响，参数与解的稳定性、周期性、平衡位置的关系等是研究的重点。

混沌是指确定性非线性系统中出现的看似随机的运动，也就是一个确定性理论描述的系统，其行为却表现为不确定性、不可重复、不可预测性。在某些非线性系统中，初始值微小的扰动会引起运动过程产生很大的变化，系统有初值敏感性。混沌不是简单的无序和混乱状态，而是没有明显周期和对称却具备丰富内部层次的有序状态。混沌的假随机性是确定性系统内部所固有的，即内禀随机性。一般认为，混沌具有三个主要的定性特征，即初值敏感性、分形、奇怪吸引子。

本章将介绍分岔和混沌的基本理论，并结合 Duffing 系统讨论分岔和混沌的具体特征。

10.1 分岔基本理论

本节给出了分岔的基本概念，以及一维系统的平衡点静态分岔和动态分岔的基本定义。此部分内容主要参考了胡海岩编著的《应用非线性动力学》(航空工业出版社，2000)。

10.1.1 分岔的基本概念

考察含参数 p 的一维动力系统，有：

$$\dot{u}=f(u,p) \quad u\in U\subseteq \mathbf{R}^1, \quad p\in P\subseteq \mathbf{R}^1 \tag{10.1}$$

其静平衡方程为：

$$f(u,p)=0 \tag{10.2}$$

设参数 $p=p_0$ 时系统的平衡点为 $u=u_0$，现研究(u_0,p_0)附近平衡点 u 对参数 p 的依赖关系。根据式(10.2)可得：

$$f_u(u,p)\frac{\mathrm{d}u}{\mathrm{d}p}+f_p(u,p)=0 \tag{10.3}$$

其中 $f_u(u,p)$和 $f_p(u,p)$分别是二元函数 $f(u,p)$关于 u 和 p 的偏导数。如果在(u_0,p_0)处有：

$$f_u(u_0,p_0)\overset{\text{def}}{=}\frac{\partial f}{\partial u}\Big|_{(u_0,p_0)}\neq 0 \tag{10.4}$$

则可由式(10.3)解出：

$$\frac{\mathrm{d}u}{\mathrm{d}p}\Big|_{p=p_0}=-f_u^{-1}(u_0,p_0)f_p(u_0,p_0) \tag{10.5}$$

根据隐函数存在定理，在 p_0 的邻域中存在唯一的函数，即：

$$u(p)=u_0+\int_{p_0}^{p}\frac{\mathrm{d}u(q)}{\mathrm{d}p}\mathrm{d}q \tag{10.6}$$

由上述分析知，无法获得唯一函数 $u(p)$ 的条件是：

$$f_u(u_0,p_0)=0 \tag{10.7}$$

这样的 (u_0,p_0) 称为平衡方程式(10.2)的奇异点。

奇异点可被分为两种类型：

① 若 $f_p(u_0,p_0)\neq 0$，则 $\frac{\mathrm{d}u}{\mathrm{d}p}\big|_{p=p_0}\to\infty$，即 $u(p)$ 在奇异点有铅垂切线，这样的奇异点被称作转折点，又称为极限点或鞍结点。

② 若 $f_p(u_0,p_0)=0$，则 $\frac{\mathrm{d}u}{\mathrm{d}p}\big|_{p=p_0}\to\frac{0}{0}$，即 $u(p)$ 在奇异点的切线方向不定，这样的奇异点被称为分岔点。

基于上述直观认识，下面引入一般高维系统平衡点的静态分岔定义。定义对于含 m 维参数向量的 n 维系统静平衡方程有：

$$\boldsymbol{f}(\boldsymbol{u},\boldsymbol{p})=0 \quad \boldsymbol{u}\in U\subseteq\boldsymbol{R}^n,\quad \boldsymbol{p}\in P\subseteq\boldsymbol{R}^m \tag{10.8}$$

记 $l(\boldsymbol{p})$ 是该方程在参数向量 $\boldsymbol{p}$ 处解的数目。若 $l(\boldsymbol{p})$ 在 $\boldsymbol{p}=\boldsymbol{p}_0$ 处突变，则称 $(\boldsymbol{u}_0,\boldsymbol{p}_0)$ 是一静态分岔点，$\boldsymbol{p}=\boldsymbol{p}_0$ 为参数向量的分岔值。

记 $\boldsymbol{D}_u\boldsymbol{f}(\boldsymbol{u}_0,\boldsymbol{p}_0)$ 是函数向量 $\boldsymbol{f}(\boldsymbol{u},\boldsymbol{p})$ 在 $(\boldsymbol{u}_0,\boldsymbol{p}_0)$ 处的 Jacobi(雅可比)矩阵。

10.1.2 平衡点的静态分岔

对于一维系统的静平衡方程式(10.2)，设其在(0,0)处满足静态分岔的必要条件，有：

$$f(0,0)=0,f_u(0,0)=0 \tag{10.9}$$

为了研究解的数目 $l(p)$，需要了解二元函数 $f(u,p)$ 在原点附近的拓扑结构，这是一个代数几何问题。20 世纪 70—80 年代，美国学者 Golubisky 等运用芽代数、等价等概念系统地解决了这一问题，相应的结果被称为奇异性理论。

为了应用奇异性理论，利用条件式(10.9)将式(10.2)在原点展开，即：

$$f(u,p)=\alpha p+\frac{1}{2}au^2+bpu+\frac{1}{2}cp^2+\frac{1}{6}du^3+\cdots \tag{10.10}$$

其中

$$\alpha\overset{\text{def}}{=}f_p(0,0),a\overset{\text{def}}{=}f_{uu}(0,0),b\overset{\text{def}}{=}f_{up}(0,0),c\overset{\text{def}}{=}f_{pp}(0,0),d\overset{\text{def}}{=}f_{uuu}(0,0) \tag{10.11}$$

此外，引入 Hessien 矩阵(黑塞矩阵)的行列式，即：

$$V\overset{\text{def}}{=}\begin{vmatrix}a & b\\ b & c\end{vmatrix}=ac-b^2 \tag{10.12}$$

现根据展开式中的系数 α、a、b、c、d、…来讨论几种重要的分岔。

(1) 鞍结分岔

若方程式(10.10)满足静态分岔的必要条件式(10.9)以及非退化条件：

$$\alpha\neq 0,\quad a\neq 0 \tag{10.13}$$

则称原点(0,0)为鞍结点。在该点的邻域中，式(10.10)具有解曲线 $p(u)$ 如下：

$$p(u)=-\frac{a}{2\alpha}u^2+O(u^3) \tag{10.14}$$

因此，$l(p)$在 $p=0$ 左右发生从 2 到 1 再到 0 的变化。

例如，对于一维动力系统 $\dot{u}=f(u,p)\overset{\text{def}}{=}p-u^2$，它的解曲线是 $u=\begin{cases}\pm\sqrt{p}, p\geqslant 0\\ \text{无解}, p<0\end{cases}$。注意到 $D_uf(u,p)=-2u=\mp 2\sqrt{p}, p\geqslant 0$，因此，解的上半解支稳定，下半解支不稳定，如图 10.1 所示。

(2) 跨临界分岔

若方程式(10.10)满足静态分岔的必要条件式(10.9)以及以下条件：

$$\begin{cases}\alpha=0 & \text{(限定条件)}\\ a\neq 0, \Delta<0 & \text{(非退化条件)}\end{cases} \tag{10.15}$$

则称原点(0,0)为跨临界分岔点。在该点的邻域中，方程式(10.10)具有两条相交的解曲线，即：

$$u=\frac{1}{a}(-b\pm\sqrt{\Delta})p+O(p^2) \tag{10.16}$$

因此，$l(p)$在 $p=0$ 左右发生从 2 到 1 再到 2 的变化。

例如，一维动力系统 $\dot{u}=f(u,p)\overset{\text{def}}{=}u(p-u)$ 在原点就有跨临界分岔，解曲线的形态如图 10.2 所示。

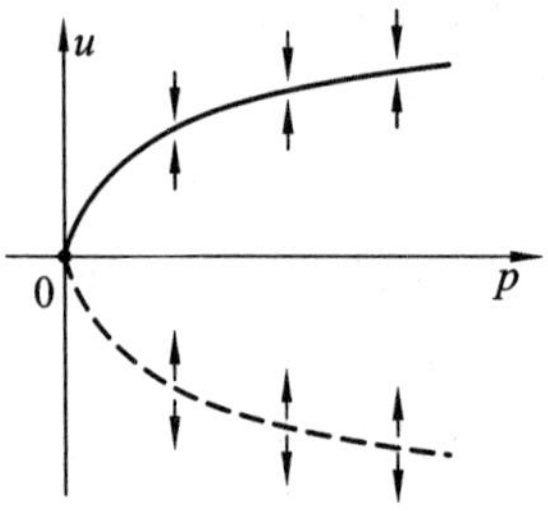

图 10.1　鞍结分岔

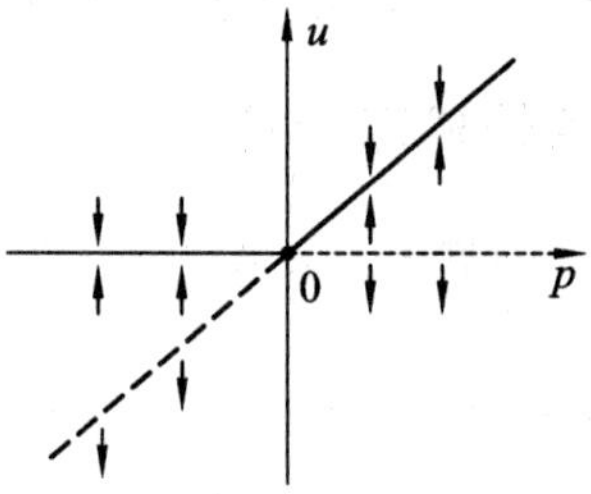

图 10.2　跨临界分岔

(3) 叉形分岔

若方程式(10.10)满足静态分岔的必要条件式(10.9)和以下条件：

$$\begin{cases}\alpha=0, \quad a=0 & \text{(限定条件)}\\ b\neq 0, \quad d\neq 0 & \text{(非退化条件)}\end{cases} \tag{10.17}$$

则称原点(0,0)为叉形分岔点。在该点的邻域中，方程式(10.10)有两条解曲线相交于原点，即：

$$\begin{cases}u=-\dfrac{c}{2b}p+O(p^2)\\ p=-\dfrac{d}{6b}u^2+O(u^3)\end{cases} \tag{10.18}$$

因此，$l(p)$在 $p=0$ 左右发生从 1 到 3 的变化。

例如，一维动力系统 $\dot{u}=f(u,p)\overset{\text{def}}{=}u(p-u^2)$ 在原点具有叉形分岔，解曲线的形态如图 10.3所示。注意到是在 $p>0$ 时出现非平凡解，即非平凡解对应的参数大于临界值 $p=0$，这种情况称为超临界叉形分岔。类似地，如果对一维动力系统 $\dot{u}=f(u,p)\overset{\text{def}}{=}u(p+u^2)$ 进行讨论，

可知在 $p<0$ 时出现非平凡解，故称之为亚临界叉形分岔，如图 10.4 所示。

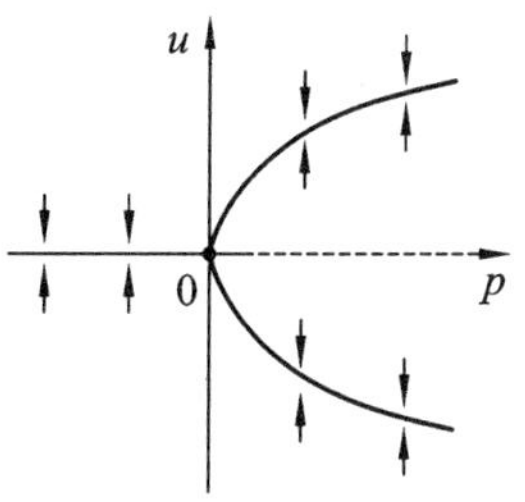

图 10.3 超临界叉形分岔

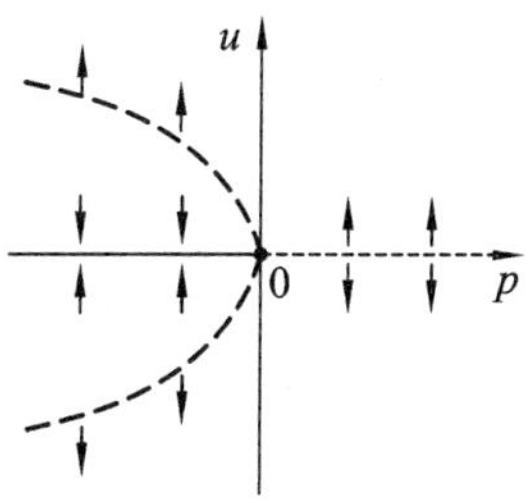

图 10.4 亚临界叉形分岔

10.1.3 平衡点的动态分岔

对于含单参数的 n 维自治系统，有：

$$\dot{\boldsymbol{u}}=f(\boldsymbol{u},p)=0 \quad \boldsymbol{u}\in U\subseteq \boldsymbol{R}^n, \quad p\in P\subseteq \boldsymbol{R}^1 \tag{10.19}$$

设以原点 $p=0$ 为中心、$\delta>0$ 为半径的邻域为 $\delta(0)$，对于任意的 $p\in\delta(0)$，原点为系统的平衡点。记为：

$$\boldsymbol{A}(p)\overset{\text{def}}{=}\boldsymbol{D}_u\boldsymbol{f}(0,p)\in\boldsymbol{R}^{n\times n} \tag{10.20}$$

其特征值与参数 p 有关，记为 $\lambda_r(p)(r=1,2,\cdots,n)$。考察其特征值 $\lambda_r(p)(r=1,2,\cdots,n)$ 随参数 p 增加的变化情况，存在如下两种可能性，分别是：

① 某一 $\lambda_r(p)$ 在 $p=0$ 附近由负实数变为正实数，而其余特征值的实部不变号。此时，平衡点由渐近稳定的节点变为鞍点，丧失稳定性。对于二维系统，这相当于取 $P<0,Q=-p$ 的情况。在参数 p 的变化过程中，$\lambda_r(0)=0$ 导致 $\det A(0)=0$，故解的数目 $l(p)$ 在 $p=0$ 时发生变化，属于已经讨论过的静态分岔。

② 有某一对共轭特征值 $\lambda_r(p)$ 和 $\bar{\lambda}_r(p)$ 在 $p=0$ 时实部由负变为正，而其余特征值的实部不变号。这样，平衡点由渐近稳定的焦点变为不稳定焦点。对于二维系统，相当于取 $P=p$，$Q>0$的情况。对于这种情况，恒有 $\det A(p)\neq 0$，隐函数定理保证系统平衡点的数目没有变化。但由于 $p>0$ 时平衡点失稳，受到任何小扰动的系统状态都会远离平衡点而去。但由于系统中非线性因素的制约，受扰运动有可能最终成为某种稳态运动。这种现象称为平衡点的动态分岔。

显然，条件 $\mathrm{Re}\lambda_r(0)=\mathrm{Re}\,\bar{\lambda}_r(0)=0$ 意味着 $p=0$ 时系统式(10.19)在平衡点处具有二维中心流形。所以，可根据中心流形定理将该 n 维系统分岔问题化为二维系统的分岔问题。对于二维系统，可在平衡点$(0,p)$展开为：

$$\dot{u}=\boldsymbol{f}(\boldsymbol{u},p)=\boldsymbol{A}(p)\boldsymbol{u}+g(\boldsymbol{u},p) \quad \boldsymbol{u}\in U\subseteq\boldsymbol{R}^2, \quad p\in P\subseteq\boldsymbol{R}^1 \tag{10.21}$$

式中，$g(\boldsymbol{u},p)=O(|\boldsymbol{u}|^2)$。设矩阵 $\boldsymbol{A}(p)$ 具有共轭复特征值，则有：

$$\lambda_r(p)=\alpha(p)\pm \mathrm{j}\beta(p) \quad \alpha(0)=0,\beta(0)\overset{\text{def}}{=}\omega>0 \tag{10.22}$$

相应的特征向量为 $\boldsymbol{\varphi}$ 和 $\bar{\boldsymbol{\varphi}}$。以下将通过一系列坐标变换并利用条件式(10.22)将方程式(10.21)化为易于讨论的 PB 规范型。

引入复线性变换

$$\boldsymbol{u}=[\boldsymbol{\varphi}\quad\overline{\boldsymbol{\varphi}}]\begin{bmatrix}v\\ \overline{v}\end{bmatrix}\quad v\in C^1 \tag{10.23}$$

根据特征向量关于矩阵 $\lambda_r(p)(r=1,2,\cdots,n-1)$ 的加权正交性，将方程式(10.21)化为：

$$\begin{cases}\dot{v}=\lambda(p)v+h(v,\overline{v},p)\\ \dot{\overline{v}}=\overline{\lambda}(p)\overline{v}+\overline{h}(v,\overline{v},p)\end{cases} \tag{10.24}$$

该式中的两个方程携带了相同信息，故只需研究其中之一。以第一个方程为例，将其作泰勒级数展开，得：

$$\dot{v}=\lambda(p)v+h_2(v,\overline{v},p)+h_3(v,\overline{v},p)+\cdots \tag{10.25}$$

式中，$h_r(v,\overline{v},p)$，$r\geqslant 2$ 是共轭复变量 v 和 $\overline{v}$ 的 r 阶齐次多项式，并含有参数 p。

采用在原点附近的多项式变换，将方程式(10.25)转化为不含偶数次项的 PB 规范型。对于具有共轭复变量的标量函数 $q(v,\overline{v},p)$，同调算子为：

$$\mathrm{ad}_\lambda q(v,\overline{v},p)=\left[\frac{\partial q}{\partial v}\lambda(p)v+\frac{\partial q}{\partial\overline{v}}\overline{\lambda}(p)\overline{v}\right]-\lambda(p)q \tag{10.26}$$

方程式(10.25)可进一步简化为：

$$\dot{v}=\lambda(p)v+\gamma(p)v^2\overline{v}+O(|v|^5) \tag{10.27}$$

其等价的实数形式为：

$$\begin{cases}\dot{z}_1=\alpha(p)z_1-\beta(p)z_2+[a(p)z_1-b(p)z_2](z_1^2+z_2^2)+O(|z|^5)\\ \dot{z}_2=\beta(p)z_1-\alpha(p)z_2+[b(p)z_1+a(p)z_2](z_1^2+z_2^2)+O(|z|^5)\end{cases} \tag{10.28}$$

式中，$z_1=\mathrm{Re}v$；$z_2=\mathrm{Im}v$；$a=\mathrm{Re}\gamma$；$b=\mathrm{Im}\gamma$。采用极坐标变换，有：

$$z_1=r\cos\theta,\quad z_2=r\sin\theta \tag{10.29}$$

可以得到更为简洁的形式：

$$\begin{cases}\dot{r}=\alpha(p)r+a(p)r^3+O(r^5)\\ \dot{\theta}=\beta(p)+b(p)r^2+O(r^4)\end{cases} \tag{10.30}$$

为了讨论方便，将方程式(10.30)中诸系数在 $p=0$ 处进行泰勒级数展开，略去高次项得：

$$\begin{cases}\dot{r}=cpr+ar^3\\ \dot{\theta}=\omega+dp+br^2\end{cases} \tag{10.31}$$

式中

$$\begin{gathered}a\overset{\text{def}}{=}a(0)=\frac{1}{16}(f_{1111}+f_{1122}+f_{2112}+f_{2222})+\frac{1}{16\omega}[f_{112}(f_{111}+f_{122})\\ -f_{212}(f_{211}+f_{222})-f_{111}f_{211}+f_{122}f_{222}]\\ c\overset{\text{def}}{=}\left.\frac{\mathrm{d}\alpha}{\mathrm{d}p}\right|_{p=0},\quad d\overset{\text{def}}{=}\left.\frac{\mathrm{d}\beta}{\mathrm{d}p}\right|_{p=0}\end{gathered} \tag{10.32}$$

式中具有 4 位和 3 位下标的量分别是 3 阶和 2 阶偏导数，例如 $f_{1122}=\dfrac{\partial^3 f_1}{\partial z_1\partial z_2\partial z_2}$ 的第一个下角标数字是函数的标记，即：

$$f_1(z_1,z_2)=\mathrm{Re}[h(v,\overline{v},p)],f_2(z_1,z_2)=\mathrm{Im}[h(v,\overline{v},p)] \tag{10.33}$$

这些系数推导过程可参见相关文献。

对方程式(10.31)进行讨论。该方程第一式不含未知函数 θ，可依次求解。令

$$h(r)\overset{\text{def}}{=}cpr+ar^3=0 \tag{10.34}$$

这相当于式(10.31)的第一式的平衡方程。为了利用静态分岔的分析结果对该方程进行讨论，特对式中参数作如下非退化要求，有：

$$c\overset{\text{def}}{=}\left.\frac{\mathrm{d}\alpha}{\mathrm{d}p}\right|_{p=0},a\neq 0 \tag{10.35}$$

其中第一式相当于要求特征值实部 $\alpha(p)$ 在 $p=0$ 时具有横截性。不失一般性，设 $c>0$。这样，随着参数 p 由负到正递增，$\alpha(p)$ 亦如此。在条件式(10.35)下，方程式(10.31)具有两条在(0，0)点相交的解曲线，即：

$$\begin{cases} r=0 \\ r=\sqrt{-\dfrac{cp}{a}} \end{cases} \tag{10.36}$$

它们是极坐标平面上的点和圆，分别对应于二维系统式(10.31)的平衡点和极限环。现考察其稳定性，记

$$h'(r)=\frac{\mathrm{d}h}{\mathrm{d}r}=cp+3ar^2 \tag{10.37}$$

① 对于平凡解 $r=0$，由 $h'(0)=cp$ 和 $c>0$ 易见，当 $p<0$ 时，$r=0$ 渐近稳定；$p>0$ 时，(0,0)不稳定。

② 对于非平凡解 $r=\sqrt{-cp/a}$，由 $h'(\sqrt{-cp/a})=-2cp$ 和 $c>0$ 可得，若 $a<0,p>0$，有渐近稳定解；若 $a>0$，则 $p<0$ 时有不稳定解。前者对应于超临界叉形分岔，后者对应于亚临界叉形分岔。

同理可讨论 $c<0$ 时的情况。归纳上述分析，可以得到如下的 Poincaré-Andronov-Hopf 定理。根据中心流形定理，该定理还可推广到一般的高维系统。具体是，对于二维系统有：

$$\dot{\boldsymbol{u}}=\boldsymbol{f}(\boldsymbol{u},p)=\mathbf{A}(p)\boldsymbol{u}+g(\boldsymbol{u},p) \quad \boldsymbol{u}\in U\subseteq \boldsymbol{R}^2,p\in P\subseteq \boldsymbol{R}^1 \tag{10.38}$$

满足：

① $f(0,p)=0,p\in\delta(0)$；

② 矩阵 $\mathbf{A}(p)$ 具有共轭复特征值

$$\lambda(p)=\alpha(p)\pm \mathrm{j}\beta(p), \quad \alpha(0)=0,\beta(0)\overset{\text{def}}{=}\omega>0$$

③ $c=\left.\dfrac{\mathrm{d}\alpha}{\mathrm{d}p}\right|_{p=0}\neq 0,a\neq 0$。

则该二维系统的平衡点在 $p=0$ 时失稳，出现 Hopf 分岔，且当 $acp<0$ 时系统出现极限环，其稳定性与平衡点相反。

10.2 混沌基本理论

本节介绍了混沌的定义、主要特征和一维点映射中混沌的数学定义，给出了分析混沌的几个简单方法。本节内容主要参考了陈予恕、唐云等编著的《非线性动力学中的现代分析方法》(科学出版社，1992)。

10.2.1 混沌的 Li-Yorke 定义

考虑一个把区间$[a,b]$映射为自身的连续的单参数映射：

$$F:[a,b]\times\boldsymbol{R}\rightarrow[a,b],(x,\lambda)\mapsto F(x,\lambda)\quad\lambda\in\boldsymbol{R}\tag{10.39}$$

亦可写成点映射形式：

$$x_{n+1}=F(x_n,\lambda)\quad x_n\in[a,b]\tag{10.40}$$

连续映射或点映射 $F:[a,b]\times\boldsymbol{R}\rightarrow[a,b],(x,\lambda)\mapsto F(x,\lambda)$称为是混沌的，如果：

① 存在一切周期的周期点；

② 存在不可数子集 $S\subset[a,b]$，S 不含周期点，使得：

$$\lim_{n\to\infty}\inf|F^n(x,\lambda)-F^n(y,\lambda)|=0\quad x,y\in S,x\neq y$$

$$\lim_{n\to\infty}\sup|F^n(x,\lambda)-F^n(y,\lambda)|=0\quad x,y\in S,x\neq y$$

$$\lim_{n\to\infty}\sup|F^n(x,\lambda)-F^n(y,\lambda)|=0\quad x\in S,p\text{ 为周期点}$$

在此混沌的定义中，前两个极限说明子集的点 $x\in S$ 相对集中；第三个极限说明子集不会趋近于任意周期点。

下面以 Logistic 映射为例说明倍周期化和奇怪吸引子。Logistic 映射的公式如下：

$$x_{j+1}=\lambda x_j(1-x_j)=G(x_j,\lambda)\tag{10.41}$$

为使 Logistic 映射成为自映射，取 $\lambda\in[0,4]$，$x\in[0,1]$，则 $G:[0,1]\rightarrow[0,1]$。

当 $0\leqslant\lambda<\lambda_0=1$ 时，该映射在$[0,1]$内有一个不动点，$x_1^*=0$。由于$\partial x_{j+1}/\partial x_j=\lambda<1$，故它是稳定的。

当 $1\leqslant\lambda<\lambda_1=3$ 时，该映射有两个不动点，$x_1^*=0$，$x_2^*=1-\dfrac{1}{\lambda}$，依照$\dfrac{\partial x_{j+1}}{\partial x_j}$在 x_j^* 处绝对值是否小于 1，可以判定 x_1^* 是不稳定的，x_2^* 是稳定的。

当 $\lambda_1\leqslant\lambda<\lambda_2=1+\sqrt{6}$时，$x_1^*$，$x_2^*$ 对映射式(10.41)都是不稳定的。此时考察该映射的二次迭代。当 $x_{j+2}=x_j$ 时，就得到二次迭代映射的四个不动点，其中两个就是 x_1^*、x_2^*，它们都是不稳定的，另外两个不动点是 $x_3^*=x_4^*=\dfrac{1+\lambda\pm\sqrt{(\lambda+1)(\lambda-3)}}{2\lambda}$，它们都是稳定的。$x_3^*$、$x_4^*$ 称为映射式(10.41)的周期 2 解。

当 $\lambda_2<\lambda<\lambda_3$ 时，x_i^* $(i=1,2,3,4)$又都变为不稳定的。考虑逻辑映射式(10.41)的 2^2 次迭代，在它的 8 个不动点中，x_i^* $(i=1,2,3,4)$是前面出现的，它们都是不稳定的；而新的 x_i^* $(i=5,6,7,8)$是稳定的，称为映射式(10.41)的周期 4 解。

这个过程可以一直延续下去，当 $\lambda_{m-1}<\lambda<\lambda_m$ 时，n 次迭代($n=2^{m-1}$)所有不动点中，有 2^{m-1}个是稳定的，它们是映射式(10.41)的周期 n 解。

各次迭代的稳定不动点也即式(10.41)的稳定周期解，是该映射在参数 λ 取不同值时的稳态解。也就是说，从任意初值 x_0 开始的迭代，最终趋向于上述稳态周期解，如 $\lambda=3.2$ 时，$x_3^*\rightarrow x_4^*\rightarrow x_3^*\rightarrow x_4^*\rightarrow\cdots$。

这种稳定周期解的周期随着参数增大而加倍的现象称为倍周期化，也称为分岔现象。在各 λ_m 值发生周期突然倍化，故各 λ_m 都是分岔点。倍周期化也称为倍周期分岔。

Logistic 映射的倍周期化可以用图 10.5 表示。

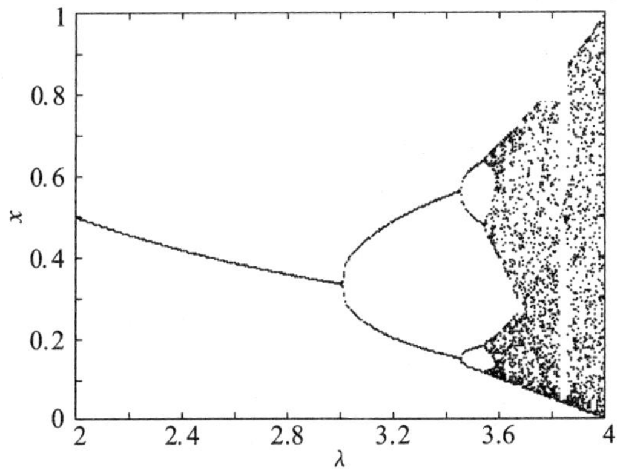

图 10.5　Logistic 映射的倍周期化分岔

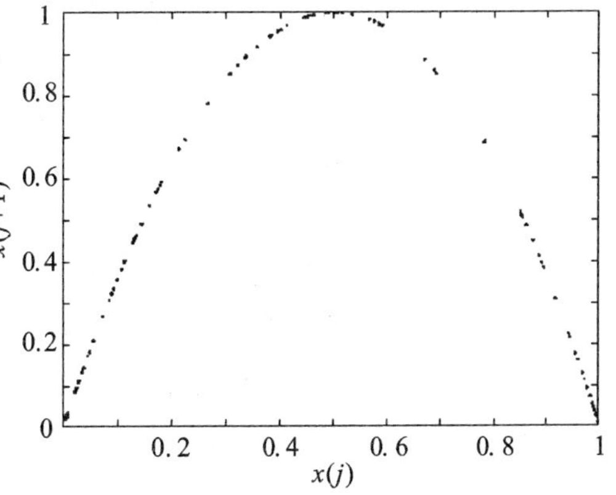

图 10.6　当 $\lambda=4$ 时 Logistic 映射的奇怪吸引子

对于式(10.41)表示的 Logistic 映射，Feigenbaum 指出，λ_m 是一个无穷序列，它有一个极限值 $\lambda_\infty=3.569945672\cdots$。如果 $\lambda=\lambda_\infty$ 时，解的周期无穷大，则映射进入混沌，其解从总体上是稳定的，是奇怪吸引子。与前述稳态周期解比较可知，对于此极限情况，从任意初值开始的迭代(映射)都趋向于这个奇怪吸引子。例如，当 $\lambda=4$ 时，得到的奇怪吸引子如图 10.6 所示。

10.2.2　混沌运动的几何特征

混沌运动的非周期性可以利用相平面的几何方法来表示。对于动力学系统，其状态由位置和速度确定。以位置 x 为横轴，速度 $\dot{x}$ 为纵轴，所得的 x-$\dot{x}$ 平面成为相平面或相轨迹曲线。周期运动每隔一个周期就要重复以前的运动，即存在周期常数 T 满足：

$$x(t)=x(t+T)\qquad \dot{x}=\dot{x}(t+T) \tag{10.42}$$

因此，周期运动的相轨迹是封闭曲线。混沌运动不具有周期性，因而混沌运动的相轨迹曲线是不封闭的曲线。但是，混沌运动的往复性则反映在相轨迹曲线局限于有界区域内，不会发散到无穷远。

当周期运动的周期很长时，仅根据相平面图难以区分周期性和混沌特性。几何方法 Poincaré 映射能更好地刻画出混沌运动的往复非周期性运动。对于受周期外激励作用的非线性系统，将外激励周期记作 T。在相平面$(x,\dot{x})$内，每隔一个周期取一个点，得到类似于振动实验中的频闪仪图像。在这些点的集合$\{P_i\}$中，P_0 的坐标为$(x_0,\dot{x}_0)$，$P_i(i>0)$的坐标为$[x(iT),\dot{x}(iT)]$。也可以认为$\{P_i\}$是由映射

$$P_{i+1}=f(P_i) \tag{10.43}$$

所生成，映射 f 的几何意义是将$(x,\dot{x},t)$空间中截面 $t=iT$ 与系统轨线的交点在$(x,\dot{x},0)$平面上的投影变为截面 $t=(i+1)T$ 与系统轨线的交点在$(x,\dot{x},0)$平面的投影。这一映射是由 Poincaré 在 1898 年首先定义的，故称为 Poincaré 映射，也称为截面映射。Poincaré 映射可以将微分方程描述的连续时间变量动力学系统转化为一个用映射描述的离散系统，它不是将相点连续地映射到相平面$(x,\dot{x})$上，而是仅仅在瞬时 $t=nT(n=1,2,3,\cdots)$将相点映射到相平面上，一般情况下，得到的是点的序列。

如果系统以周期 T 做稳态周期运动，则由周期运动的特点可知，此时的 Poincaré 映射是一个点；如果系统以周期 $2T$ 做稳态运动，则截面映射是两个点；一般地，周期 nT 运动对应于 Poincaré 映射的 n 个点。如果系统稳态运动是拟周期的，如：

$$x(t)=C_1\sin(\omega_1 t+\varphi_1)+C_2\sin(\omega_2 t+\varphi_2) \tag{10.44}$$

其中 $C_1,C_2,\varphi_1,\varphi_2$ 为实数，且 ω_1,ω_2 不可通约，则相应的截面映射为一封闭曲线。

如果 Poincaré 映射既不是有限点集也不是封闭曲线，则对应的运动可能是混沌运动。更进一步，如果系统没有外部噪声扰动且又有一定阻尼，Poincaré 映射的结果将是具有某种细致结构的点集。如果系统受到外部噪声扰动或阻尼很小，Poincaré 映射的结果将是模糊一片的点集。这里所说的细致结构是指相继将点集的某一局部放大后都具有与整体结构相类似的几何结构，这种无穷嵌套的自相似几何结构称为分形，也就是说，确定性有阻尼系统混沌运动 Poincaré 映射是具有分形结构的点集。

10.2.3 分析混沌的数值方法

由于混沌运动的高度复杂性，大多数研究都采用数值方法，考虑如下常微分方程表示的非线性系统：

$$\dot{x}=f(x,\lambda) \quad x\in U\subset \boldsymbol{R}^n,\lambda\in \boldsymbol{R}^k \tag{10.45}$$

其中 $f:U\times\boldsymbol{R}^k\to\boldsymbol{R}^n$ 是光滑函数，对于给定的初始条件：

$$x(\lambda,0)=x_0 \tag{10.46}$$

可得向量场 f 生成的流：

$$x=x(x_0,\lambda,t) \tag{10.47}$$

用数值计算考察系统式(10.45)的混沌行为，可以分以下几个方面：

① 混沌的时间历程式(10.45)的解式(10.47)定义了方程式(10.45)的一条解曲线，此解曲线由初值式(10.46)和参数 λ 确定，这里 t 也起了参数的作用，如果把式(10.45)看成 t 的函数，则它表示系统式(10.45)运动的时间历程。由于混沌运动具有局部不稳定性和全局稳定性的特点，取任意初值都可以得到几乎完全相同的长时间定常运动状态的行为。

② 运动的相轨迹图：相轨迹图是系统的解曲线在相空间中的投影，混沌运动的相轨迹曲线是局限在有限的区域中而不封闭的曲线。

③ Poincaré 截面：三维连续系统的 Poincaré 截面可以表示系统相轨线的拓扑性质，Poincaré 截面映射为孤立点或有限个孤立点(周期运动)、闭曲线(拟周期运动)、分布在一定区域上的不可数点集(混沌运动)。

④ 混沌的功率谱：一般来说，设 $x(t)$ 是非周期函数或随机的样本函数，$x(t)$ 的功率谱密度函数为：

$$\varphi_x(\omega)=\int_{-\infty}^{\infty}R_x(\tau)\mathrm{e}^{-\mathrm{i}\omega\tau}\mathrm{d}\tau=\lim_{T\to 0}\frac{1}{T}\left|X_T(\mathrm{i}\omega)\right|^2 \tag{10.48}$$

由于混沌运动是非周期的复杂运动，它的功率谱不同于周期运动或拟周期运动的离散谱线，一般是连续谱线。

⑤ 胞映射方法：胞映射方法也是数值方法，其特点是能够有效地分析强非线性问题和全局问题。

10.3　几种经典混沌系统的数值模拟

本节利用数字计算模拟方法，形象地表达 Hénon 映射、Lorenz 系统、vander Pol 方程、Rössler 系统等几种典型非线性系统的分岔与混沌特征。

(1) Hénon 映射的分岔图

Hénon 映射是二维点映射，如下式所示：

$$\begin{cases} x_{j+1}=1+y_j-ax_j^2 \\ y_{j+1}=bx_j \end{cases} \tag{10.49}$$

当 $b>0$ 时系统是耗散的。取某一固定的大于 0 的 b 值，改变 a 值，可以得到结构形状相似的分岔图。但是，随着 a 的增大，存在不稳定的吸引子，用数值计算方法，可以得到非稳定区域的分岔图。例如，对于 $b=0.8$ 的情况，改变 a 值得到的分岔图如图 10.7 所示。

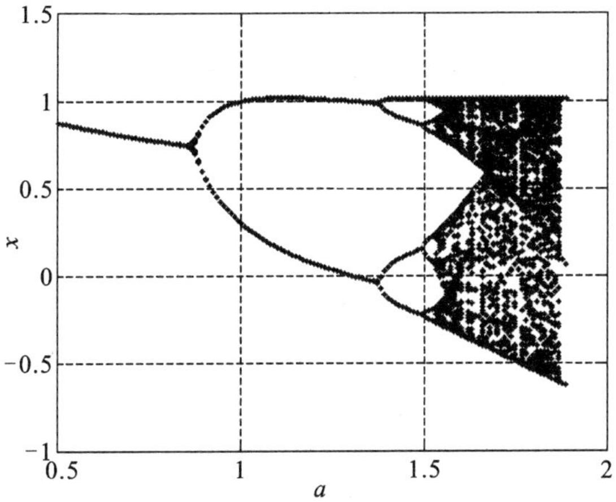

图 10.7　Hénon 映射的分岔图($b=0.8$)

由这个分岔图可以看出，Hénon 映射的稳态部分是在 a 从小到大的变化过程中出现周期解，并有倍周期化。周期 1 分岔为周期 2，再分岔为周期 4，等等，可以判断存在混沌区域。混沌区中存在周期窗口。计算表明，a 超过一定数值后，由于不稳定，将不再能够用数值方法直接计算。

(2) Lorenz 系统的吸引子

Lorenz 系统由如下三维常微分方程组描述：

$$\begin{cases} \dot{x}=-\sigma(x-y) \\ \dot{y}=\rho x-y-xz \\ \dot{z}=-\beta z+xy \end{cases} \tag{10.50}$$

它表示了两个无限平面间热对流的简化模型，可由 Navier-Stokes 偏微分方程作傅里叶级数展开并截断而得。其中，ρ 是瑞利数与它的第一临界值的比值，σ 是 Prandtl 数，β 表征流场环形形状，x 代表对流强度，y 代表上升流与下降流的温差，z 代表铅垂方向温度分布的非线性度。

Lorenz 模型在 $\sigma=10,\rho=28,\beta=8/3$ 参数下出现混沌，在三维空间内用相轨迹表示时表现为奇怪吸引子，如图 10.8 所示。

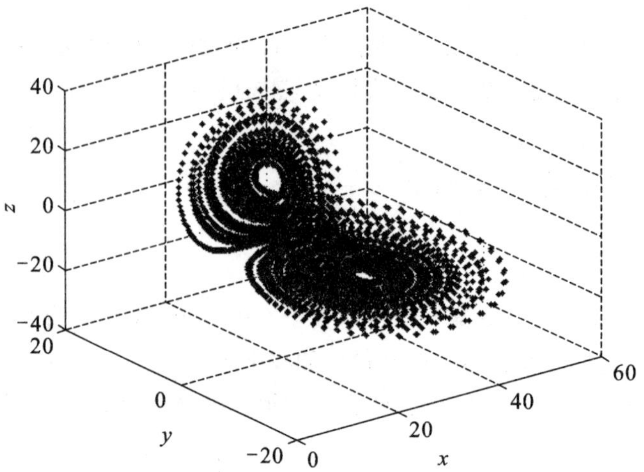

图 10.8 Lorenz 奇怪吸引子

(3) vander Pol 方程的相轨迹

受简谐激励的 vander Pol 方程如下式所示：

$$\ddot{x}+\mu(x^2-1)\dot{x}+x=b\cos\omega t \tag{10.51}$$

参数取为 $\mu=5,b=5,\omega=2.466$ 时，呈现混沌行为，其相轨迹如图 10.9 所示。

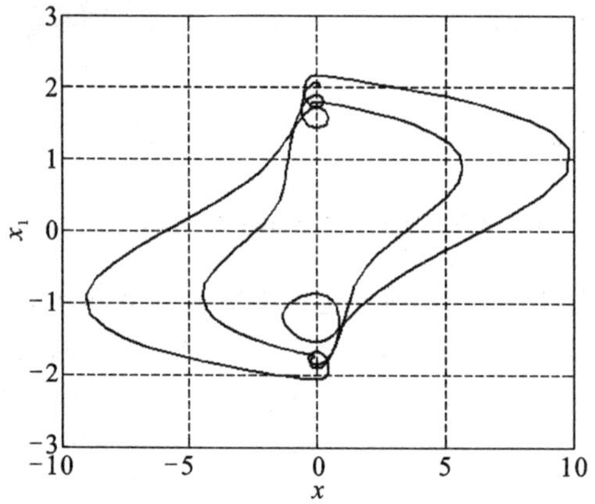

图 10.9 强迫 vander Pol 方程的相轨迹图

(4) Rössler 系统的相轨迹

Rössler 系统的常微分方程为

$$\begin{cases}\dot{x}=-y-z\\ \dot{y}=x+ay\\ \dot{z}=b+z(x-c)\end{cases} \tag{10.52}$$

在 $a=0.2,b=0.2,c=5.7$ 时呈现混沌行为，其相轨迹如图 10.10 所示。

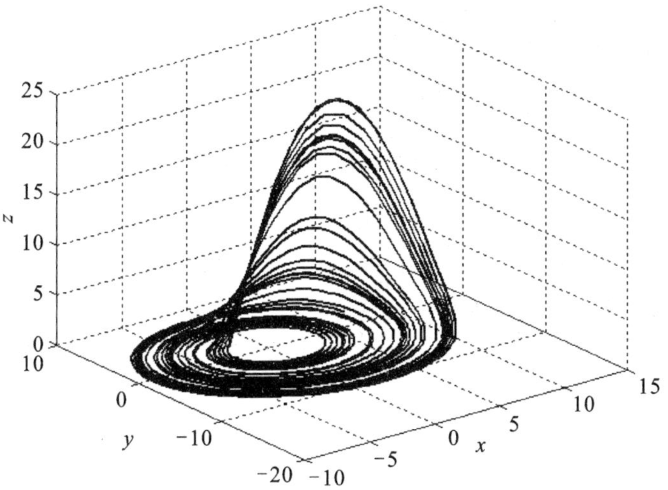

图 10.10 Rössler 系统的相轨迹图

10.4 Duffing 系统的分岔与混沌

Duffing 系统在某些给定的参数条件下具有典型的混沌运动特征。由于其混沌运动的复杂性,需要进行多方面的考察才能了解其特性,如定性观察其时间历程、相轨迹图、Poincaré 截面、功率谱图等。

受简谐激励的 Duffing 系统的常微分方程如下式所示:

$$\frac{d^2x}{dt^2}+a\frac{dx}{dt}+bx+cx^3=F\cos(2\pi ft) \tag{10.53}$$

式中 a——阻尼系数;

F——力幅;

f——频率;

b 可取零、正或负,c 可取正或负。

在这里,仅以典型取值时的该系统的数值仿真结果进行定性分析。式(10.53)所示的 Duffing 方程的各参数取值为 $a=0.25$,$b=-1$,$c=1$,$f=1/(2\pi)$。激励参数 F 取不同的值,可以分别观察到周期解、拟周期解、混沌等。

对该系统取不同的力幅 F 值进行仿真,得到的五种典型工况的结果如表 10.1 所示,对应的时域波形、相平面图、Poincaré 截面、幅值谱图如图 10.11~图 10.15 所示。

表 10.1 Duffing 系统的数值仿真工况

力幅 F 值	0.1	0.19	0.25	0.35	0.6
仿真结果	图 10.11	图 10.12	图 10.13	图 10.14	图 10.15

比较以上仿真结果可以看出,随着 F 值的变化,Duffing 系统表现出不同的特性。当 $F=0.25$ 和 $F=0.35$ 时,系统出现混沌特征。其他情况对应的是周期解和拟周期解的情况。

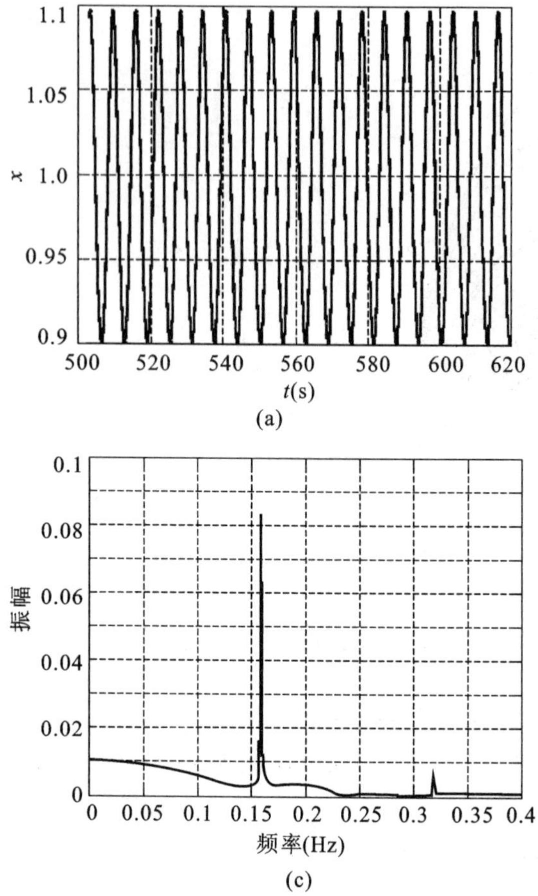

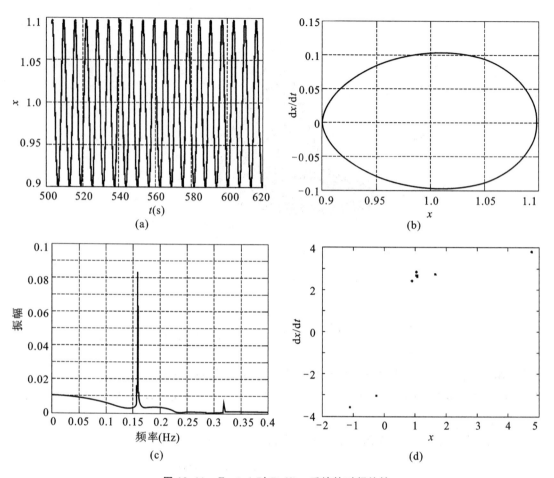

图 10.11　$F=0.1$ 时 Duffing 系统的时频特性

(a)时域波形；(b)相平面图；(c)幅值谱图；(d)Poincaré 图

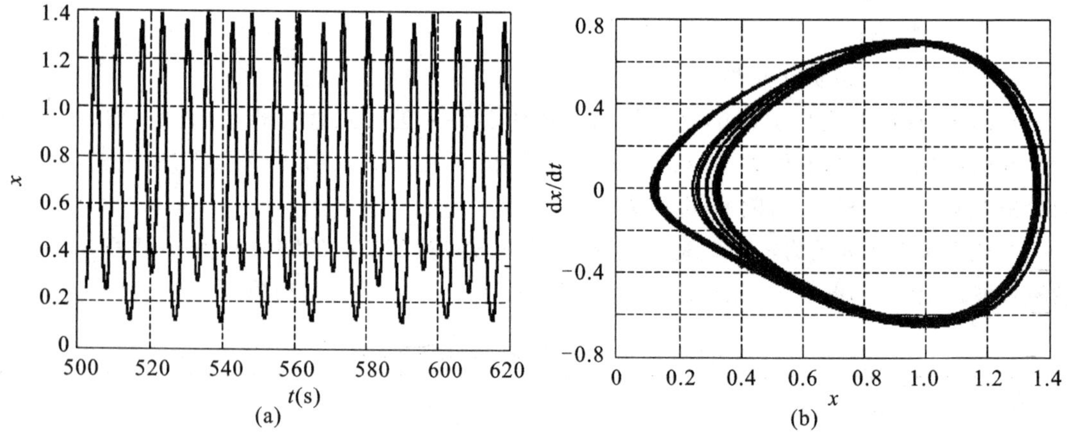

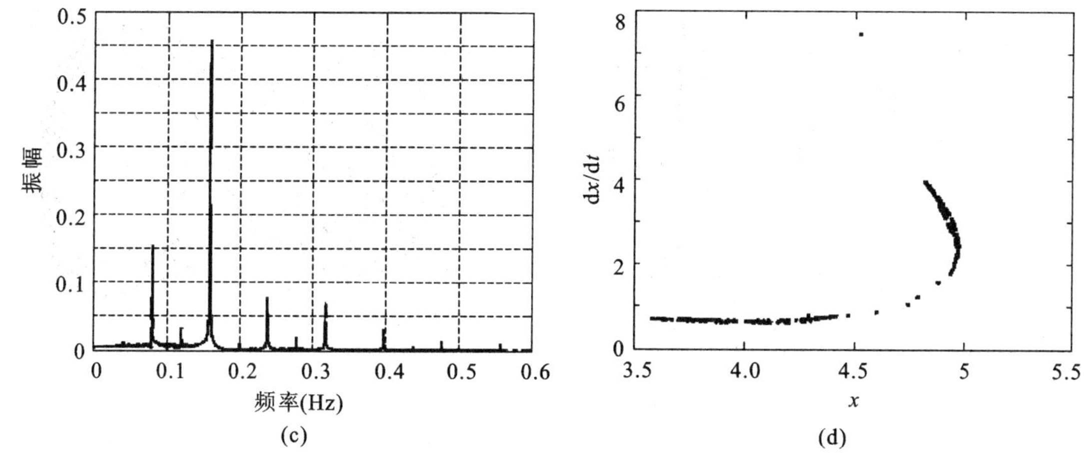

图 10.12 $F=0.19$ **时 Duffing 系统的时频特性**

(a)时域波形;(b)相平面图;(c)幅值谱图;(d)Poincaré 图

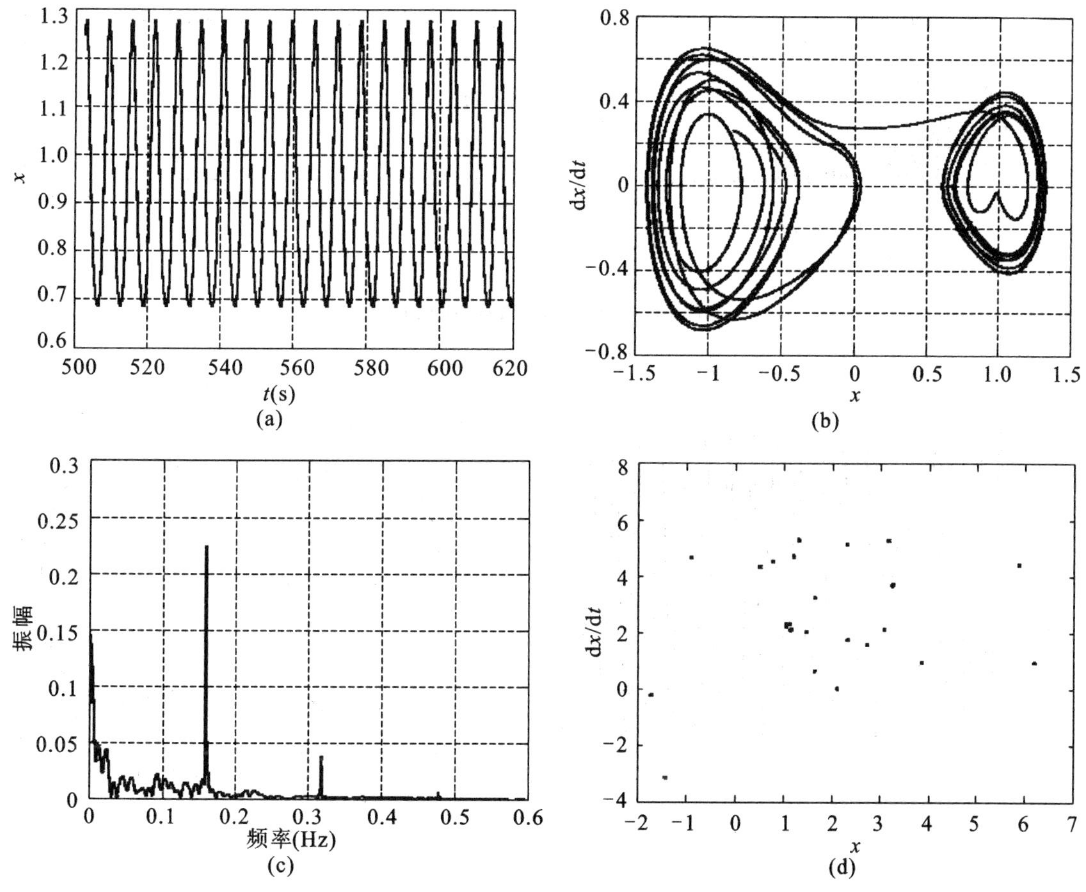

图 10.13 $F=0.25$ **时 Duffing 系统的时频特性**

(a)时域波形;(b)相平面图;(c)幅值谱图;(d)Poincaré 图

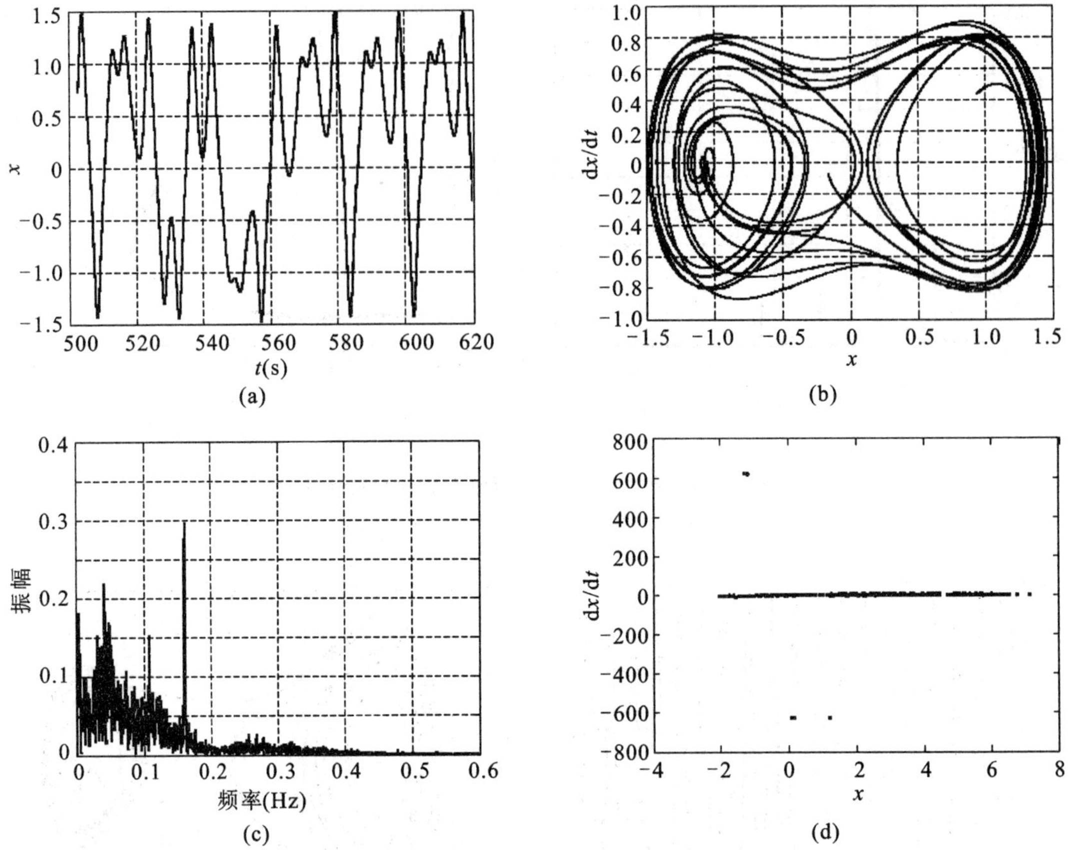

图 10.14　$F=0.35$ 时 Duffing 系统的时频特性

(a)时域波形;(b)相平面图;(c)幅值谱图;(d)Poincaré 图

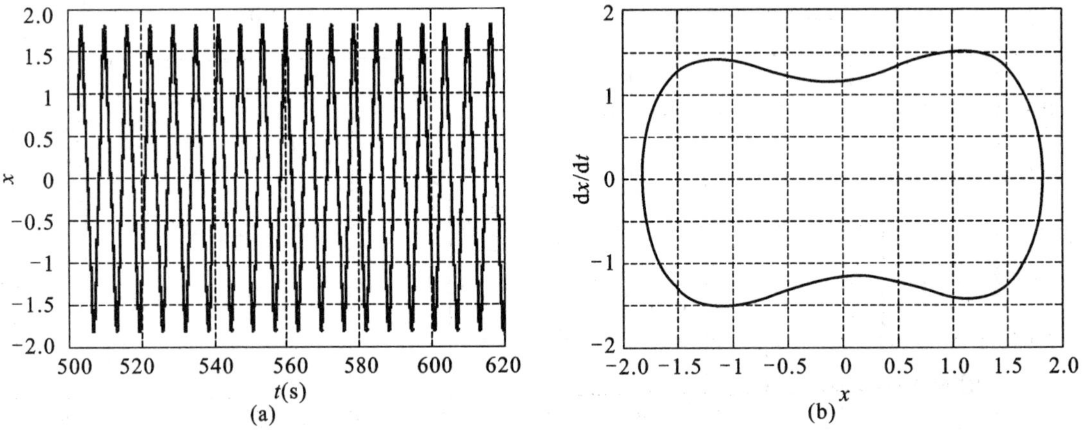

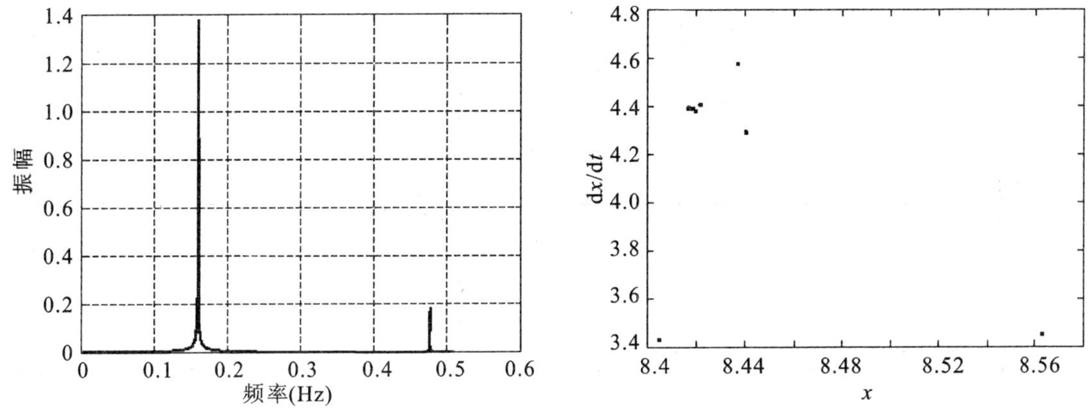

(c) (d)

图 10.15 $F=0.6$ 时 **Duffing 系统的时频特性**

(a)时域波形；(b)相平面图；(c)幅值谱图；(d)Poincaré 图

对该 Duffing 系统进行详细的数值仿真，可以得到沿 F 值变化的分岔图，从中可以看出从 $F=0.25\sim0.41$ 出现混沌运动的大面积区域，如图 10.16 所示。

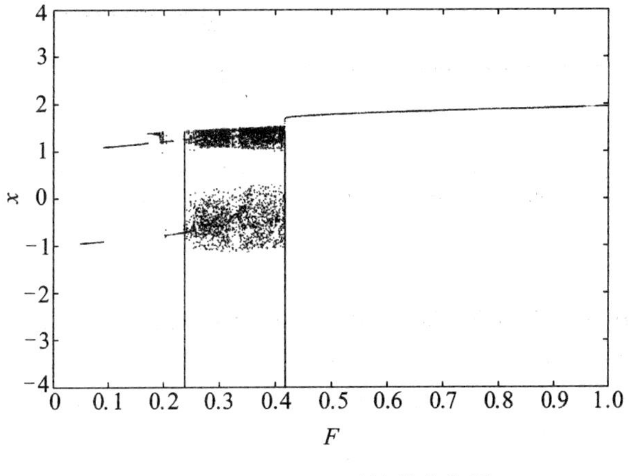

图 10.16 Duffing 系统的分岔图

根据图 10.16 所示 Duffing 系统分岔图的特点，在不同的激振力水平下分别计算系统的李雅谱诺夫指数。当最大李雅谱诺夫指数为正时，意味着在系统的相空间中，无论初始两条轨线的间距多么小，其差别都会随着时间的推移而呈指数增大以致无法预测，这就是混沌现象；当最大李雅谱诺夫指数为负值时，则系统在各矢量方向上的运动都是稳定的，这时系统的运动就处于某种可预测的、有序的运动状态，对于 $F=0.1,0.25,0.35,0.6$ 的外激励力下计算获得的李雅谱诺夫指数，如图 10.17 所示。

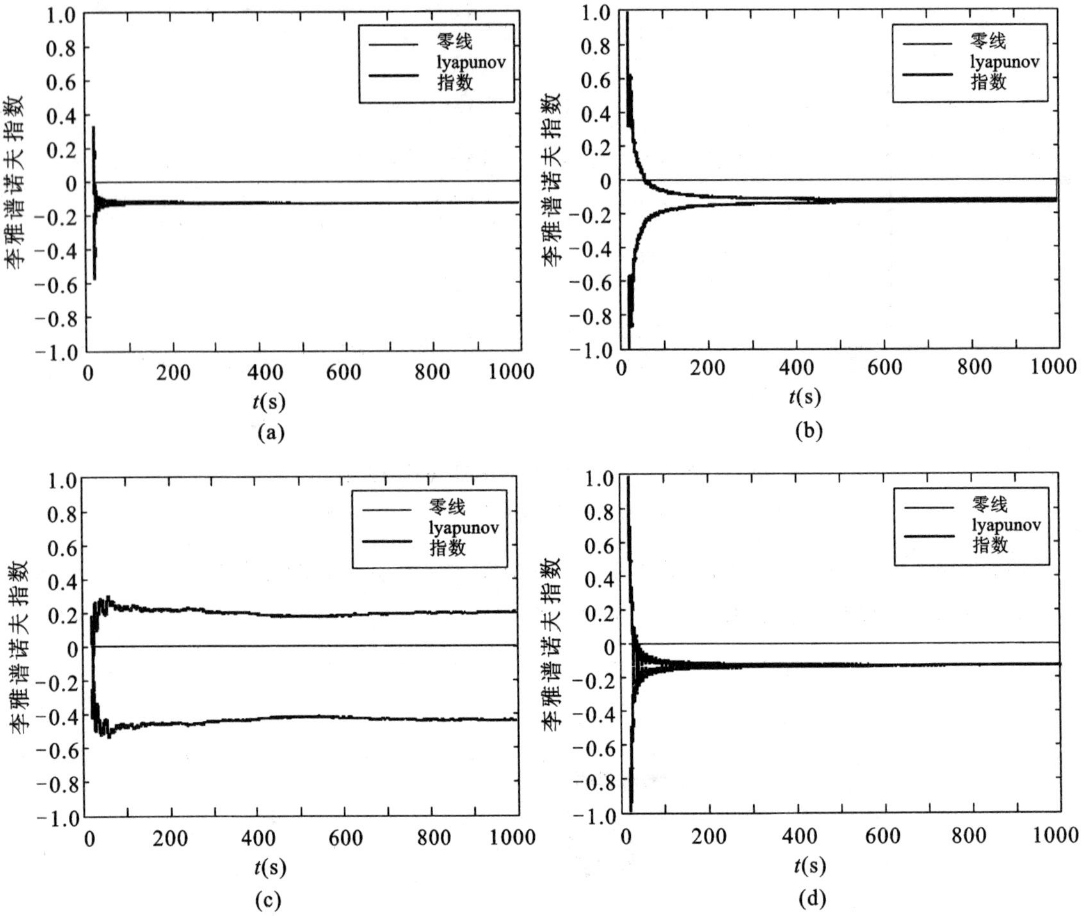

图 10.17 不同外激励力作用下 Duffing 系统的李雅谱诺夫指数

(a) $F=0.1$ 时的李雅谱诺夫指数；(b) $F=0.25$ 时的李雅谱诺夫指数；

(c) $F=0.35$ 时的李雅谱诺夫指数；(d) $F=0.6$ 时的李雅谱诺夫指数

11 多体系统非线性动力学

在机器人/机械臂系统中，由于机械结构的接触、摩擦以及机构动力耦合，特别是由于控制系统的耦合，存在着大量的非线性因素，这些都会导致机器人/机械臂多体系统以及控制系统具有非线性特征，并在某些条件下产生非线性动力学行为，呈现复杂的运动。在多体系统的非线性动力学行为与复杂运动中，周期运动、倍周期运动甚至混沌运动都有可能出现。

本章以平面二自由度机械臂为对象，建立机械结构及其同步控制策略的机电系统耦合动力学方程，其中同步控制策略为开闭环（OPCL）控制方法。通过改变 OPCL 控制器参数可以使该多体系统分别产生单周期运动、多周期运动、拟周期运动和混沌运动。本章还利用数值模拟的方法分析受控多体系统在不同控制参数条件下不同形式运动的非线性特征。

11.1 受控平面二自由度机械臂的动力学方程

11.1.1 平面二自由度机械臂的动力学方程

平面二自由度机械臂的力学模型如图 11.1 所示，铰接点 O_1 为固定的转动副铰接点，连接杆 1 和支座；铰接点 O_2 为可运动的转动副铰接点，连接杆 1 和杆 2，两个铰接点 O_1 和 O_2 分别驱动，杆 1 和杆 2 分别可以绕铰接点 O_1 和 O_2 在[π，−π]范围内回转。

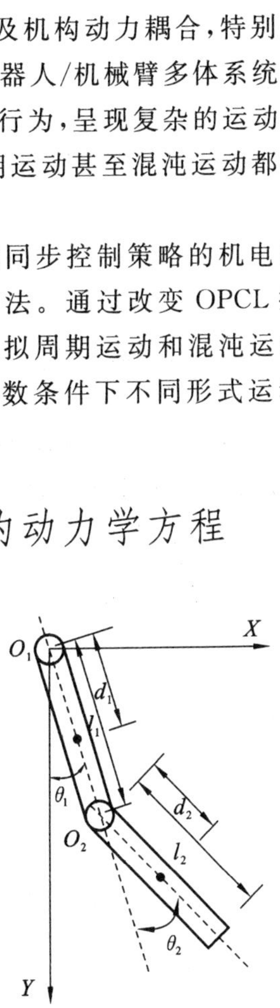

图 11.1 平面二自由度机械臂的力学模型

利用拉格朗日方法建立平面二自由度机械臂的多体动力学方程。拉格朗日方程可表示为：

$$\frac{\mathrm{d}}{\mathrm{d}t}\frac{\partial T}{\partial \dot{q}_j}-\frac{\partial T}{\partial q_j}+\frac{\partial U}{\partial q_j}=Q_j(t) \quad (j=1,2,3,\cdots) \tag{11.1}$$

其中，q_j、$\dot{q}_j$ 分别为系统的广义坐标和广义速度；T、U 分别为系统的动能和势能；$Q_j(t)$ 为广义力。

取杆 1 的摆角 θ_1 和杆 2 相对杆 1 的相对摆角 θ_2 为两连杆系统的广义坐标。则杆 1 和杆 2 的动能分别为：

$$T_1=\frac{1}{2}I_1\dot{\theta}_1^2+\frac{1}{2}m_1d_1^2\dot{\theta}_1^2$$

$$T_2=\frac{1}{2}m_2 v_{c_2}{}^2+\frac{1}{2}I_2(\dot{\theta}_1+\dot{\theta}_2)^2$$

系统的总动能为：

$$T=T_1+T_2=\frac{1}{2}I_1\dot{\theta}_1^2+\frac{1}{2}m_1 d_1^2\theta_1^2+\frac{1}{2}m_2 v_{c_2}{}^2+\frac{1}{2}I_2(\dot{\theta}_1+\dot{\theta}_2)^2 \tag{11.2}$$

其中，v_{c2}为杆 2 质心的运动速度，由下面的方法求得。

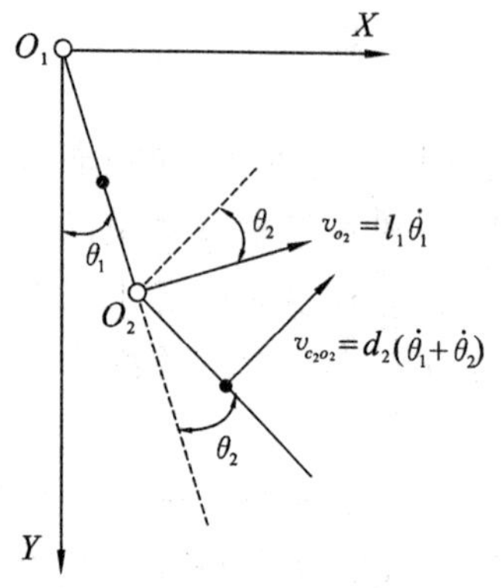

图 11.2　杆 2 质心速度分析

由平面运动刚体上点的速度合成定理可知，杆 2 质心的运动速度由其质心绕 O_2 的转动和随杆 1 的 O_2 点的运动合成，即：$\boldsymbol{v}_{c_2}=\boldsymbol{v}_{o_2}+\boldsymbol{v}_{c_2o_2}$，$\boldsymbol{v}_{o_2}$和 $\boldsymbol{v}_{c_2o_2}$ 的大小和方向如图 11.2 所示，则有：

$$v_{c_2}=\sqrt{(l_1\dot{\theta}_1\sin\theta_2)^2+[l_1\dot{\theta}_1\cos\theta_2+d_2(\dot{\theta}_1+\dot{\theta}_2)]^2} \tag{11.3}$$

取 X 轴所在的水平面为零势能面，则杆 1 和杆 2 的势能分别为：

$$U_1=-m_1 g d_1\cos\theta_1;U_2=-m_2 g[l_1\cos\theta_1+d_2\cos(\theta_1+\theta_2)]$$

系统的总势能为：

$$U=U_1+U_2=-m_1 g d_1\cos\theta_1-m_2 g[l_1\cos\theta_1+d_2\cos(\theta_1+\theta_2)] \tag{11.4}$$

广义激振力为电机的输出转矩，即 $Q_j(t)$。

将上面求得的系统总动能 T、总势能 U 以及广义激振力 $Q_j(t)$代入拉格朗日方程式(11.1)中，可以求得：

$$\frac{\mathrm{d}}{\mathrm{d}t}\frac{\partial T}{\partial\dot{\theta}_1}=(I_1+m_1 d_1^2)\ddot{\theta}_1+m_2 l_1^2\ddot{\theta}_1+m_2 l_1 d_2(2\ddot{\theta}_1+\ddot{\theta}_2)\cos\theta_2$$

$$-m_2 l_1 d_2(2\dot{\theta}_1+\dot{\theta}_2)\dot{\theta}_2\sin\theta_2+m_2 d_2^2(\ddot{\theta}_1+\ddot{\theta}_2)+I_2(\ddot{\theta}_1+\ddot{\theta}_2)$$

$$\frac{\mathrm{d}}{\mathrm{d}t}\frac{\partial T}{\partial\dot{\theta}_2}=m_2 l_1 d_2\ddot{\theta}_1\cos\theta_2-m_2 l_1 d_2\dot{\theta}_1\dot{\theta}_2\sin\theta_2+m_2 d_2^2(\ddot{\theta}_1+\ddot{\theta}_2)+I_2(\ddot{\theta}_1+\ddot{\theta}_2)$$

$$\frac{\partial T}{\partial\theta_1}=0$$

$$\frac{\partial T}{\partial\theta_2}=-m_2 l_1 d_2\dot{\theta}_1(\dot{\theta}_1+\dot{\theta}_2)\sin\theta_2$$

$$\frac{\partial U}{\partial\theta_1}=(m_1 d_1+m_2 l_1)g\sin\theta_1+m_2 d_2 g\sin(\theta_1+\theta_2)$$

$$\frac{\partial U}{\partial\theta_2}=m_2 g d_2\sin(\theta_1+\theta_2)$$

$$Q_{\theta_1}=\tau_1$$

$$Q_{\theta_2}=\tau_2$$

因此，该平面二自由度机械臂的运动微分方程为：

$$\boldsymbol{M}\ddot{\boldsymbol{\theta}}+\boldsymbol{C}(\boldsymbol{\theta},\dot{\boldsymbol{\theta}})\dot{\boldsymbol{\theta}}+\boldsymbol{G}(\boldsymbol{\theta})=\boldsymbol{\tau} \tag{11.5}$$

可以写成：

$$\ddot{\boldsymbol{\theta}}=\boldsymbol{F}(\boldsymbol{\theta},\dot{\boldsymbol{\theta}},t)=\boldsymbol{M}^{-1}[\boldsymbol{\tau}-\boldsymbol{C}(\boldsymbol{\theta},\dot{\boldsymbol{\theta}})\dot{\boldsymbol{\theta}}-\boldsymbol{G}(\boldsymbol{\theta})] \tag{11.6}$$

其中

$\boldsymbol{\theta}=\begin{bmatrix}\theta_1\\ \theta_2\end{bmatrix}$为系统的广义坐标；

$\boldsymbol{M}=\begin{bmatrix}M_{11} & M_{12}\\ M_{21} & M_{22}\end{bmatrix}$为系统的惯性矩阵；

$\boldsymbol{C}(\boldsymbol{\theta},\dot{\boldsymbol{\theta}})=\begin{bmatrix}C_{11} & C_{12}\\ C_{21} & C_{22}\end{bmatrix}$为离心力和科氏力项矩阵；

$\boldsymbol{G}(\boldsymbol{\theta})=\begin{bmatrix}G_1(\boldsymbol{\theta})\\ G_2(\boldsymbol{\theta})\end{bmatrix}$为重力项；

$\boldsymbol{\tau}=\begin{bmatrix}\tau_1\\ \tau_2\end{bmatrix}$为广义力项。

各分量具体的表达式为：

$$M_{11}=m_1d_1^2+m_2(l_1^2+d_2^2+2l_1d_2\cos\theta_2)+I_1+I_2$$

$$M_{12}=m_2(d_2^2+l_1d_2\cos\theta_2)+I_2$$

$$M_{21}=m_2(d_2^2+l_1d_2\cos\theta_2)+I_2$$

$$M_{22}=m_2d_2^2+I_2$$

$$C_{11}=-m_2l_1d_2\dot{\theta}_2\sin\theta_2$$

$$C_{12}=-m_2l_1d_2\dot{\theta}_2\sin\theta_2-m_2l_1d_2\dot{\theta}_1\sin\theta_2$$

$$C_{21}=m_2l_1d_2\dot{\theta}_1\sin\theta_2$$

$$C_{22}=0$$

$$G_1(\boldsymbol{\theta})=(m_1d_1+m_2l_1)g\sin\theta_1+m_2d_2g\sin(\theta_1+\theta_2)$$

$$G_2(\boldsymbol{\theta})=m_2d_2g\sin(\theta_1+\theta_2)$$

式中，m_1 和 m_2 分别为杆 1 和杆 2 的质量；I_1 和 I_2 分别为杆 1 和杆 2 对各自质心的转动惯量；d_1 和 d_2 分别为两铰接点到两杆质心的距离；g 为重力加速度。

11.1.2　面向机械臂同步控制的李雅谱诺夫函数

在机械臂同步控制中，可以按主从式同步控制的目标，使从机械臂的运动同步于主机械臂的运动，使主从机械臂的同步误差及其导数趋于最小化。因此，机械臂系统的同步控制问题可以转化为机械臂控制系统的渐近稳定性判别问题。设同步误差及其导数为：

$$\left.\begin{aligned}\boldsymbol{e}(t)&=\boldsymbol{\theta}(t)-\boldsymbol{\theta}_d(t)\\ \dot{\boldsymbol{e}}(t)&=\dot{\boldsymbol{\theta}}(t)-\dot{\boldsymbol{\theta}}_d(t)\end{aligned}\right\}\tag{11.7}$$

其中，对于主从系统，$\boldsymbol{\theta}(t)$为从机械臂关节变量，$\boldsymbol{\theta}_d(t)$为主机械臂关节变量。对单机械臂系统而言，$\boldsymbol{\theta}(t)$为实际关节变量，$\boldsymbol{\theta}_d(t)$为期望关节变量。

采用机械臂同步运动控制策略。控制器设计的目的是，当 $t\to\infty$时，机械臂系统的同步误差 $e(t)\to 0$，其导数 $\dot{e}(t)\to 0$。引入一种李雅谱诺夫函数构造方法，将式(11.5)中等号右侧的广义控制力写成含控制项的如下形式：

$$\boldsymbol{\tau}=\boldsymbol{u}+\boldsymbol{M}(\boldsymbol{\theta})\ddot{\boldsymbol{\theta}}_d+\boldsymbol{C}(\boldsymbol{\theta},\dot{\boldsymbol{\theta}})\dot{\boldsymbol{\theta}}_d+\boldsymbol{G}(\boldsymbol{\theta})+\boldsymbol{f}(\dot{\boldsymbol{\theta}}) \tag{11.8}$$

基于机械臂动力学逆问题的解，考虑非线性补偿，将上式代入式(11.5)，得：

$$\boldsymbol{M}(\boldsymbol{\theta})\ddot{\boldsymbol{e}}+\boldsymbol{C}(\boldsymbol{\theta},\dot{\boldsymbol{\theta}})\dot{\boldsymbol{e}}=\boldsymbol{u} \tag{11.9}$$

进行坐标变换，令

$$\boldsymbol{x}=\begin{bmatrix}\boldsymbol{x}_1\\ \boldsymbol{x}_2\end{bmatrix}=\begin{bmatrix}\boldsymbol{e}\\ \dot{\boldsymbol{e}}+\boldsymbol{e}\end{bmatrix} \tag{11.10}$$

显然，当 $\boldsymbol{e}(t)\rightarrow 0$ 时，$\boldsymbol{x}(t)\rightarrow 0$。

在新坐标系下，式(11.9)写为：

$$\begin{aligned}\dot{\boldsymbol{x}}_1&=-\boldsymbol{x}_1+\boldsymbol{x}_2\\ \boldsymbol{M}(\boldsymbol{\theta})\dot{\boldsymbol{x}}_2&=-[\boldsymbol{M}(\boldsymbol{\theta})-\boldsymbol{C}(\boldsymbol{\theta},\dot{\boldsymbol{\theta}})]\boldsymbol{x}_1+[\boldsymbol{M}(\boldsymbol{\theta})-\boldsymbol{C}(\boldsymbol{\theta},\dot{\boldsymbol{\theta}})]\boldsymbol{x}_2+\boldsymbol{u}\end{aligned} \tag{11.11}$$

如果能找到控制器 $\boldsymbol{u}$，使得闭环系统式(11.11)是渐近稳定的，那么该控制器就满足设计要求。考虑如下形式的李雅谱诺夫函数：

$$v=\frac{1}{2}\boldsymbol{x}_1^{\mathrm{T}}\boldsymbol{x}_1+\frac{1}{2}\boldsymbol{x}_2^{\mathrm{T}}\boldsymbol{M}(\boldsymbol{\theta})\boldsymbol{x}_2>0 \tag{11.12}$$

求导得

$$\dot{v}=\boldsymbol{x}_1^{\mathrm{T}}\dot{\boldsymbol{x}}_1+\boldsymbol{x}_2^{\mathrm{T}}\boldsymbol{M}(\boldsymbol{\theta})\dot{\boldsymbol{x}}_2+\frac{1}{2}\boldsymbol{x}_2^{\mathrm{T}}\dot{\boldsymbol{M}}(\boldsymbol{\theta})\boldsymbol{x}_2 \tag{11.13}$$

将式(11.11)代入式(11.13)，整理得：

$$\dot{v}=-\boldsymbol{x}_1^{\mathrm{T}}\boldsymbol{x}_1+\boldsymbol{x}_2^{\mathrm{T}}[\boldsymbol{M}(\boldsymbol{\theta})(\boldsymbol{x}_2-\boldsymbol{x}_1)+\boldsymbol{C}(\boldsymbol{\theta},\dot{\boldsymbol{\theta}})\boldsymbol{x}_1+\boldsymbol{x}_1+\boldsymbol{u}] \tag{11.14}$$

从上面的李雅谱诺夫函数的导数方程可以看出，为了确保上式为负，那么控制项 $\boldsymbol{u}$ 可以取如下形式：

$$\boldsymbol{u}=-\boldsymbol{M}(\boldsymbol{\theta})(\boldsymbol{x}_2-\boldsymbol{x}_1)-\boldsymbol{C}(\boldsymbol{\theta},\dot{\boldsymbol{\theta}})\boldsymbol{x}_1-\boldsymbol{x}_1-\boldsymbol{x}_2 \tag{11.15}$$

将式(11.15)代入式(11.14)，整理得恒负的李雅谱诺夫函数的导数，如下式所示：

$$\dot{v}=-\boldsymbol{x}_1^{\mathrm{T}}\boldsymbol{x}_1-\boldsymbol{x}_2^{\mathrm{T}}\boldsymbol{x}_2<0 \tag{11.16}$$

因此由式(11.14)、式(11.15)构成的机械臂同步运动的控制闭环系统是全局渐近稳定的。

11.1.3 OPCL 控制器的控制方程

开闭环(OPCL)控制方法是一种针对复杂动力学系统的控制策略。假设被控系统具有如下常见的形式：

$$\ddot{\boldsymbol{x}}=F(\boldsymbol{x},\dot{\boldsymbol{x}},t) \tag{11.17}$$

其中，$\boldsymbol{x}=\{x_1,x_2,\cdots,x_n\}^{\mathrm{T}}$ 是被控系统的状态变量。定义控制目标为：

$$\boldsymbol{g}=\{g_1,g_2,\cdots,g_n\}^{\mathrm{T}} \tag{11.18}$$

同步跟踪误差为：

$$\boldsymbol{e}=\boldsymbol{x}-\boldsymbol{g}=[x_1-g_1,x_2-g_2,\cdots,x_n-g_n]^{\mathrm{T}}=[e_1,e_2,\cdots,e_n]^{\mathrm{T}} \tag{11.19}$$

应用泰勒级数展开将被控系统在目标值邻域内进行线性化，即：

$$\begin{aligned}\ddot{\boldsymbol{x}}&=F(\boldsymbol{x},\dot{\boldsymbol{x}},t)=F(\boldsymbol{g}+\boldsymbol{e},\dot{\boldsymbol{g}}+\dot{\boldsymbol{e}},t)=F(\boldsymbol{g},\dot{\boldsymbol{g}},t)\\ &=[\partial F(\boldsymbol{g},\dot{\boldsymbol{g}},t)/\partial\boldsymbol{g}]\boldsymbol{e}+[\partial F(\boldsymbol{g},\dot{\boldsymbol{g}},t)/\partial\dot{\boldsymbol{g}}]\dot{\boldsymbol{e}}+o^2(\boldsymbol{g},\dot{\boldsymbol{g}})=F(\boldsymbol{g},\dot{\boldsymbol{g}},t)+\boldsymbol{J}_g\boldsymbol{e}+\boldsymbol{J}_{\dot{g}}\dot{\boldsymbol{e}}+o^2(\boldsymbol{g},\dot{\boldsymbol{g}})\end{aligned} \tag{11.20}$$

式中，$\boldsymbol{J}_g$和$\boldsymbol{J}_{\dot{g}}$分别为$\boldsymbol{F}(\boldsymbol{g},\dot{\boldsymbol{g}},t)$对$\boldsymbol{g}$，$\dot{\boldsymbol{g}}$的雅可比矩阵。

设计 OPCL 控制项$\boldsymbol{U}$如下：

$$\boldsymbol{U}=\ddot{\boldsymbol{g}}-\boldsymbol{F}(\boldsymbol{g},\dot{\boldsymbol{g}},t)-\boldsymbol{J}_g\boldsymbol{e}-\boldsymbol{J}_{\dot{g}}\dot{\boldsymbol{e}}+\boldsymbol{A}\dot{\boldsymbol{e}}+\boldsymbol{B}\boldsymbol{e} \tag{11.21}$$

在这里，控制项的闭环控制部分是$-\boldsymbol{J}_g\boldsymbol{e}-\boldsymbol{J}_{\dot{g}}\dot{\boldsymbol{e}}+\boldsymbol{A}\dot{\boldsymbol{e}}+\boldsymbol{B}\boldsymbol{e}$，开环控制部分是$\ddot{\boldsymbol{g}}-\boldsymbol{F}(\boldsymbol{g},\dot{\boldsymbol{g}},t)$。$\boldsymbol{A}$和$\boldsymbol{B}$为控制项的系数矩阵，且为对角矩阵。

带有上述控制项$\boldsymbol{U}$的被控系统可整理得：

$$\ddot{\boldsymbol{x}}=\boldsymbol{F}(\boldsymbol{x},\dot{\boldsymbol{x}},t)+\boldsymbol{U}=\ddot{\boldsymbol{g}}+\boldsymbol{A}\dot{\boldsymbol{e}}+\boldsymbol{B}\boldsymbol{e} \tag{11.22}$$

得到关于误差的函数：$\ddot{\boldsymbol{e}}=\ddot{\boldsymbol{x}}-\ddot{\boldsymbol{g}}=\boldsymbol{A}\dot{\boldsymbol{e}}+\boldsymbol{B}\boldsymbol{e}$，即：

$$\begin{Bmatrix}\ddot{e}_1\\ \ddot{e}_2\\ \vdots\\ \ddot{e}_n\end{Bmatrix}=\mathrm{diag}(a_{11},a_{22},\cdots,a_{nn})\begin{Bmatrix}\dot{e}_1\\ \dot{e}_2\\ \vdots\\ \dot{e}_n\end{Bmatrix}+\mathrm{diag}(b_{11},b_{22},\cdots,b_{nn})\begin{Bmatrix}e_1\\ e_2\\ \vdots\\ e_n\end{Bmatrix}=\begin{Bmatrix}a_{11}\dot{e}_1+b_{11}e_1\\ a_{22}\dot{e}_2+b_{22}e_2\\ \vdots\\ a_{nn}\dot{e}_n+b_{nn}e_n\end{Bmatrix} \tag{11.23}$$

下面证明当系数矩阵$\boldsymbol{A}$和$\boldsymbol{B}$为具有负实部特征值的常数矩阵，即$a_{ii}<0$，$b_{ii}<0$时，系统是渐近稳定的。

由式(11.23)知，只需证明方程$\ddot{e}_i=a_{ii}\dot{e}_n+b_{ii}e_i(i=1,2,\cdots,n)$稳定即可。定义如下形式的李雅谱诺夫函数$V$为：

$$V(\dot{e}_i,e_i)=\frac{b_{ii}}{2a_{ii}}e_i^2-\frac{1}{2a_{ii}}\dot{e}_i^2>0 \tag{11.24}$$

则

$$\dot{V}(\dot{e}_i,e_i)=\frac{b_{ii}e_i\dot{e}_i-\dot{e}_i\ddot{e}_i}{a_{ii}}=\frac{b_{ii}e_i\dot{e}_i-\dot{e}_i(a_{ii}\dot{e}_i+b_{ii}e_i)}{a_{ii}}=-\dot{e}_i^2<0 \tag{11.25}$$

所以当系数矩阵$\boldsymbol{A}$，$\boldsymbol{B}$是具有负实部特征值的常数矩阵时，OPCL 控制下的被控系统是渐进稳定的。

对于平面二自由度机械臂系统，其状态变量为$\boldsymbol{x}=\{x_1,x_2\}^{\mathrm{T}}$，其中，$x_1=\theta_1$，$x_2=\theta_2$，因此，带有 OPCL 控制器的平面二自由度机械臂被控系统方程式(11.17)可以写成：

$$\ddot{x}=\boldsymbol{F}(x,\dot{x},t)=\boldsymbol{F}(\theta,\dot{\theta},t)=\ddot{\theta} \tag{11.26}$$

为了实现平面二自由度机械臂不同形式的运动，还需要在上述通用 OPCL 控制器的基础上增加放大器和具有非线性特性的限幅器，构成一种改进的 OPCL 控制器。放大器的作用是对输入信号的值进行放大，而限幅器的作用是将输入信号的值限制在一定的范围内。放大器的输入设为平面二自由度机械臂的杆 1 相对于y轴的夹角θ_1，放大器的输出定义为：

$$y_{\mathrm{out}}=H\theta_1 \tag{11.27}$$

限幅器则定义为如下形式：

$$Y_{\mathrm{out}}=\begin{cases}-\pi & (y_{\mathrm{out}}<-\pi)\\ y_{\mathrm{out}} & (-\pi\leqslant y_{\mathrm{out}}\leqslant\pi)\\ \pi & (y_{\mathrm{out}}>\pi)\end{cases} \tag{11.28}$$

带有改进的 OPCL 控制器的平面二自由度机械臂系统的组成框图如图 11.3 所示。

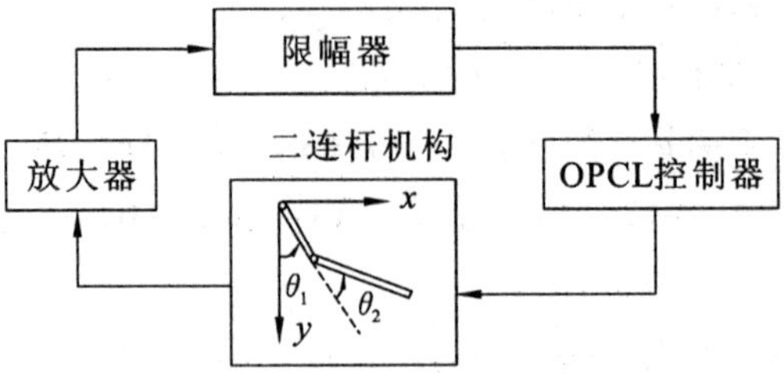

图 11.3 带有改进的 OPCL 控制器的平面二自由度机械臂系统的组成框图

11.2 受控平面二自由度机械臂的周期运动仿真

针对图 11.3 所示的受控平面二自由度机械臂系统进行数值仿真。

进行仿真计算时,平面二自由度机械臂的结构参数均设为无量纲参数,具体取值如表 11.1 所示。

表 11.1 平面二自由度机械臂的参数值

参数	m_1	m_2	I_1	I_2	l_{c1}	l_{c2}	l_1	l_2	g
数值	1	1	0.083	0.33	0.5	1	1	2	9.8

设计平面二自由度机械臂的同步运动期望轨迹为:

$$\theta_1(t)=R(kt,2\pi)-\pi;\theta_2(t)=0 \tag{11.29}$$

其中,函数 $R(a,b)$是指 a 除以 b 后再取余数,k 是期望轨迹的直线斜率且 $k=2$。

调节控制项的参数 $\boldsymbol{A}$、$\boldsymbol{B}$、H 获得平面二自由度机械臂不同的周期运动轨迹。

实现平面二自由度机械臂小幅摆运动和大回环运动的控制参数如表 11.2 所示。

表 11.2 控制参数值(OPCL 控制方法)

运动名称	控制参数 $\boldsymbol{A}$	控制参数 $\boldsymbol{B}$	控制参数 H	对应图
小幅摆运动	diag(−400,−400)	diag(−4000,−4000)	0.9	图 11.4
大回环运动	diag(−60,−60)	diag(−2000,−2000)	1	图 11.5

当 $\boldsymbol{A}=\mathrm{diag}(-400,-400)$,$\boldsymbol{B}=\mathrm{diag}(-4000,-4000)$,$H=0.9$ 时,平面二自由度机械臂的小幅摆运动如图 11.4 所示。

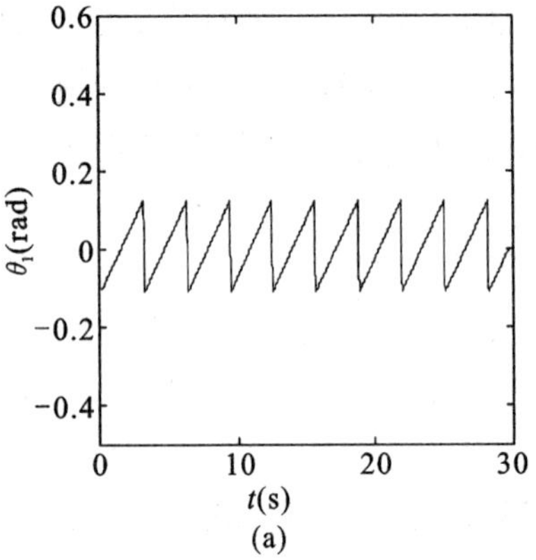

(a)

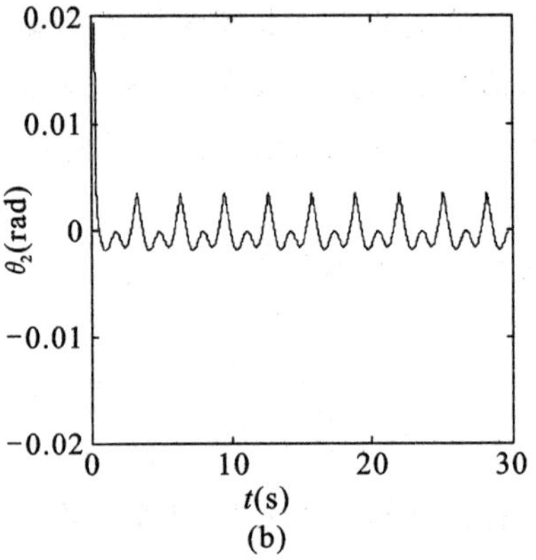

(b)

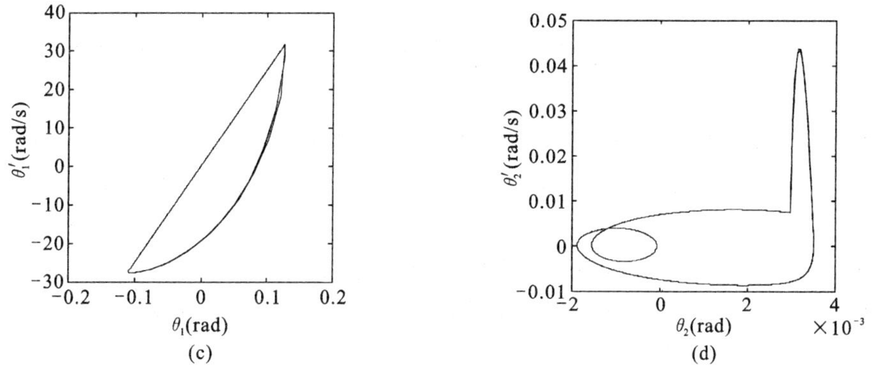

图 11.4 小幅摆运动特征

(a)θ_1 的轨迹图；(b)θ_2 的轨迹图；(c)θ_1 的相轨迹；(d)θ_2 的相轨迹

由图 11.4(a)、图 11.4(b)可知，θ_1 的角度值在[−0.15 rad，0.18 rad]之间变化，θ_2 的角度值在 0 附近变化。杆 1 绕铰接点 O_1 做小幅摆动，杆 2 相对于杆 1 小幅摆动。由图 11.4(c)、图 11.4(d)可知，系统做小幅摆运动时，θ_1、θ_2 的相轨迹图具有稳定不变的形态，即小幅摆同步运动处于稳定状态。

当 $\boldsymbol{A}=\mathrm{diag}(-60,-60)$，$\boldsymbol{B}=\mathrm{diag}(-2000,-2000)$，$H=1$ 时，可以实现平面二自由度机械臂的大回环运动，如图 11.5 所示。

由图 11.5(a)、图 11.5(b)可知，θ_1 的角度值在[$-\pi$ rad，π rad]之间变化，θ_2 的角度值在 0 附近变化。杆 1 绕铰接点 O_1 持续回转。杆 2 相对于杆 1 保持共线，绕其铰接点 O_2 仅有微小的角度变动。由图 11.5(c)、图 11.5(d)可知，θ_1、θ_2 的相轨迹图稳定，大回环同步运动也处于稳定状态。

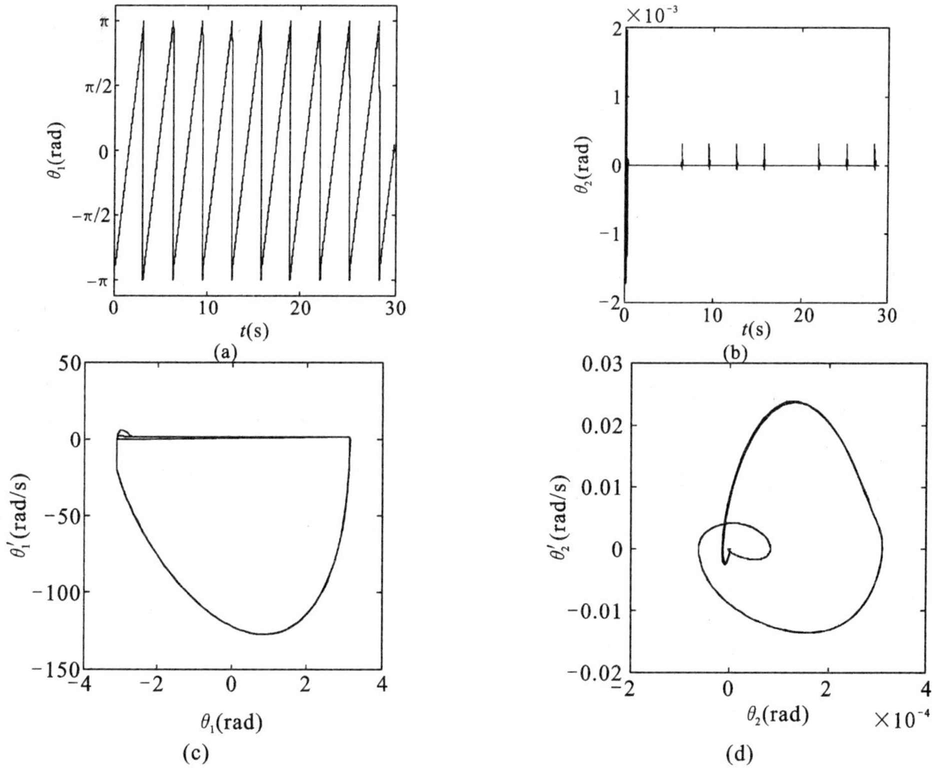

图 11.5 大回环运动特征

(a)θ_1 的轨迹图；(b)θ_2 的轨迹图；(c)θ_1 的相轨迹；(d)θ_2 的相轨迹

11.3 受控平面二自由度机械臂的混沌运动仿真

针对前面列出的 OPCL 控制方法模型和平面二自由度机械臂的机构动力学模型，其控制系统的状态变量为 $x=\{x_1,x_2\}^{\mathrm{T}}$，其中 $x_1=\theta_1$，$x_2=\theta_2$，设定其运动期望轨迹为：

$$\theta_1(t)=\sin t,\theta_2(t)=\sin t \tag{11.30}$$

调节 OPCL 控制参数 $\boldsymbol{A}$、$\boldsymbol{B}$ 的取值，平面二自由度机械臂可以实现单周期运动、多周期运动、拟周期运动、混沌运动等不同特征的运动，对应的参数（无量纲）如表 11.3 所示，同时列出了所对应的表征谱线和相图。

表 11.3 实现平面二自由度机械臂不同运动状态的控制参数取值范围

运动名称	控制参数 $\boldsymbol{A}$/控制参数 $\boldsymbol{B}$	Poincaré 截面特点	频谱特点	对应图
单周期运动	diag(−10，−10)/diag(−20，−20)	一个点	一个主频	图 11.6
多周期运动	diag(−16，−16)/diag(−3，−9)	多个离散的点	多个频率	图 11.7
拟周期运动	diag(−8，−8)/diag(−4，−8)	无限点呈直线分布	多个频率	图 11.8
混沌运动	diag(−2.5，−2.5)/diag(−7，−7)	一定规律的图形	宽频特征	图 11.9

11.3.1 单周期运动

当 $\boldsymbol{A}=\mathrm{diag}(-10,-10)$，$\boldsymbol{B}=\mathrm{diag}(-20,-20)$ 时，可以实现平面二自由度机械臂的单周期运动，如图 11.6 所示。

由图 11.6 可知，θ_1、θ_2 角度的轨迹图具有明显的周期性，相轨迹是一条封闭的曲线，Poincaré 截面是一个孤立的点，在频域图上只有一个主频率，均在 0.16 Hz 左右。

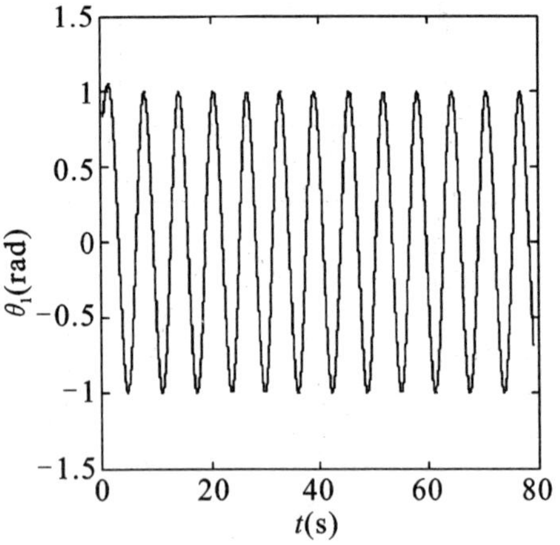

(a)

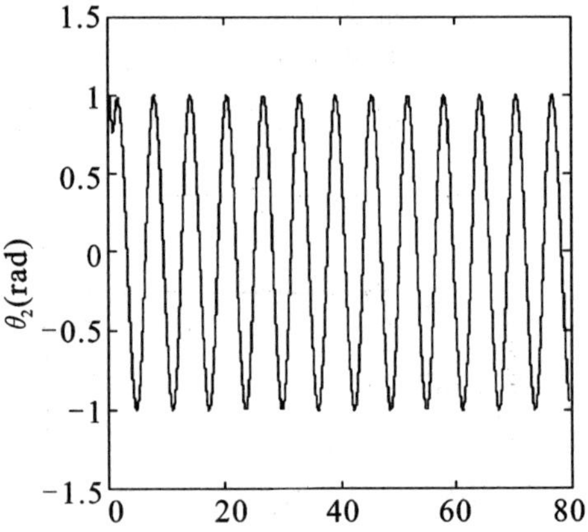

(b)

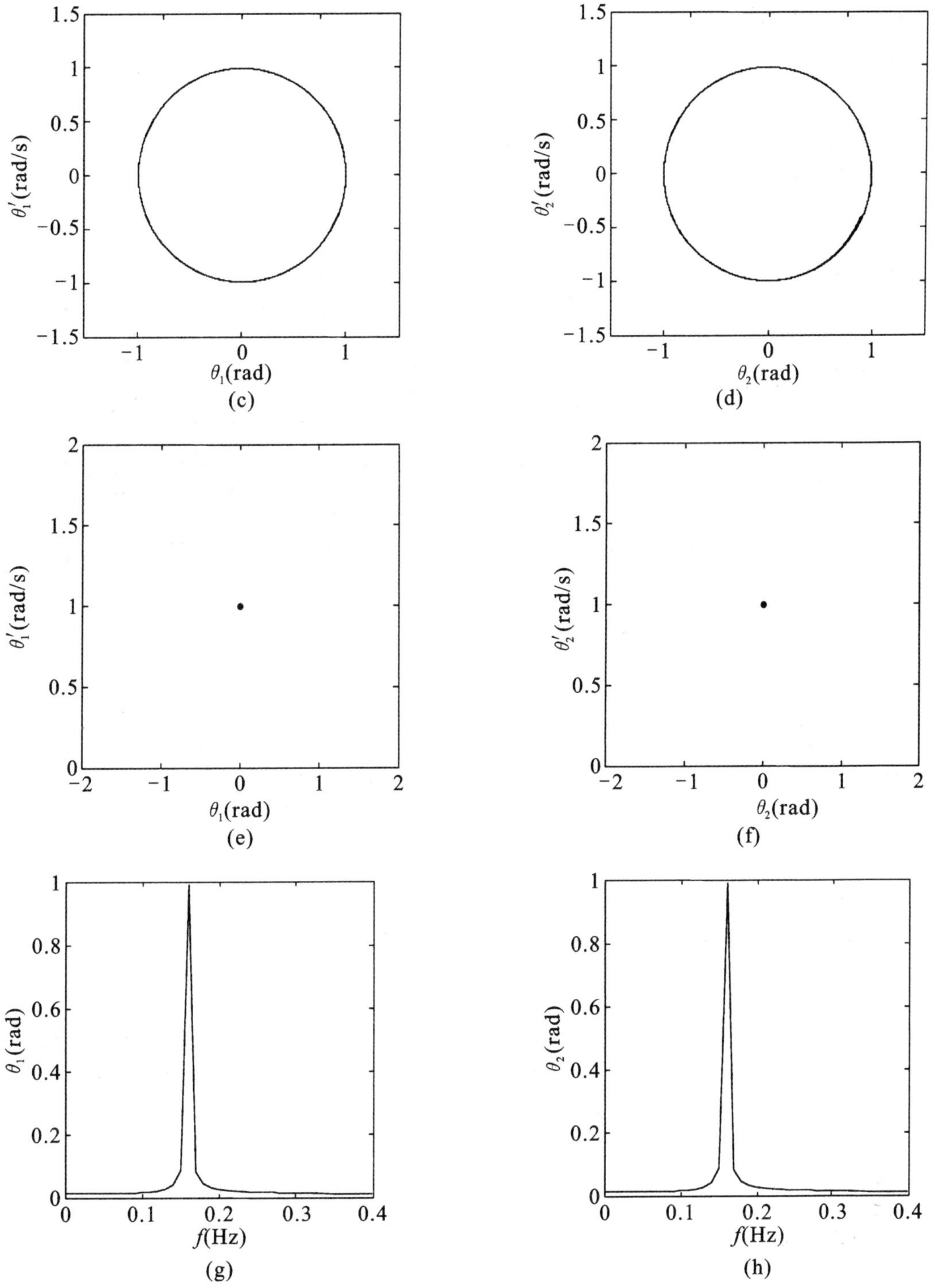

图 11.6 单周期运动情况

(a)θ_1 的轨迹图；(b)θ_2 的轨迹图；(c)θ_1 的相轨迹；(d)θ_2 的相轨迹；

(e)θ_1 的 Poincaré 截面图；(f)θ_2 的 Poincaré 截面图；(g)θ_1 的频域图；(h)θ_2 的频域图

11.3.2 多周期运动

当 $\boldsymbol{A}=\mathrm{diag}(-16,-16)$，$\boldsymbol{B}=\mathrm{diag}(-3,-9)$时，可以实现平面二自由度机械臂的多周期运动，如图 11.7 所示。

由图 11.7 可知，θ_1、θ_2 角度的轨迹图具有一定的周期性，相轨迹是封闭的曲线，Poincaré 截面由多个孤立的点组成，在频域图上 θ_1 有两个明显的频率，θ_2 有 4 个明显的频率。

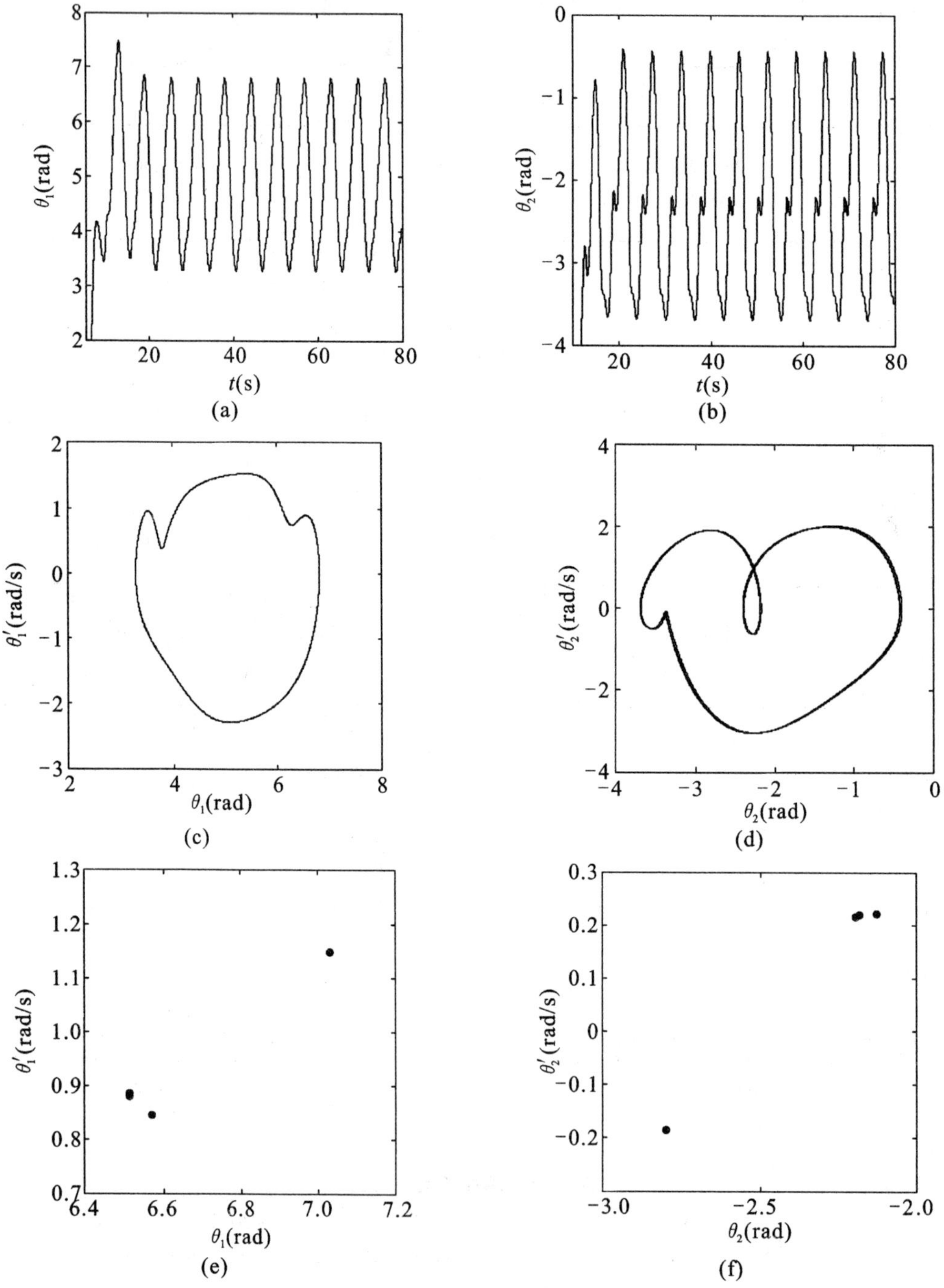

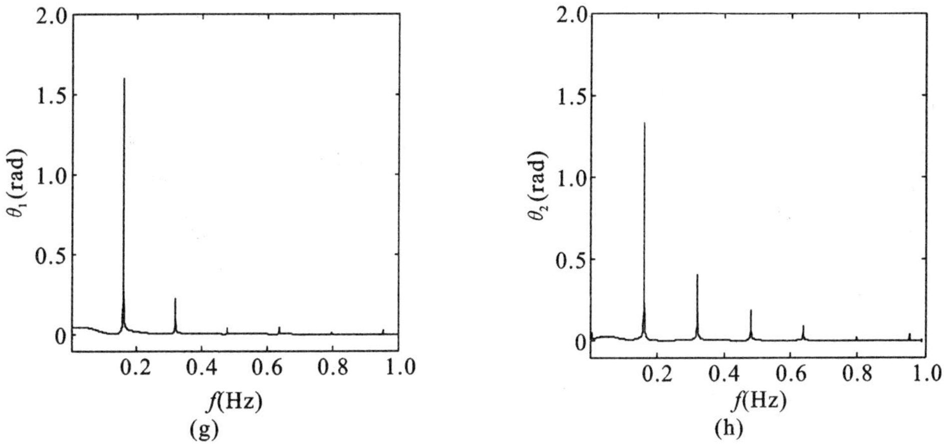

图 11.7 多周期运动情况

(a)θ_1 的轨迹图;(b)θ_2 的轨迹图;(c)θ_1 的相轨迹;(d)θ_2 的相轨迹

(e)θ_1 的 Poincaré 截面图;(f)θ_2 的 Poincaré 截面图;(g)θ_1 的频域图;(h)θ_2 的频域图

11.3.3 拟周期运动

当 $\boldsymbol{A}$=diag(−8,−8),$\boldsymbol{B}$=diag(−4,−8)时,可以实现平面二自由度机械臂的拟周期运动,如图 11.8 所示。

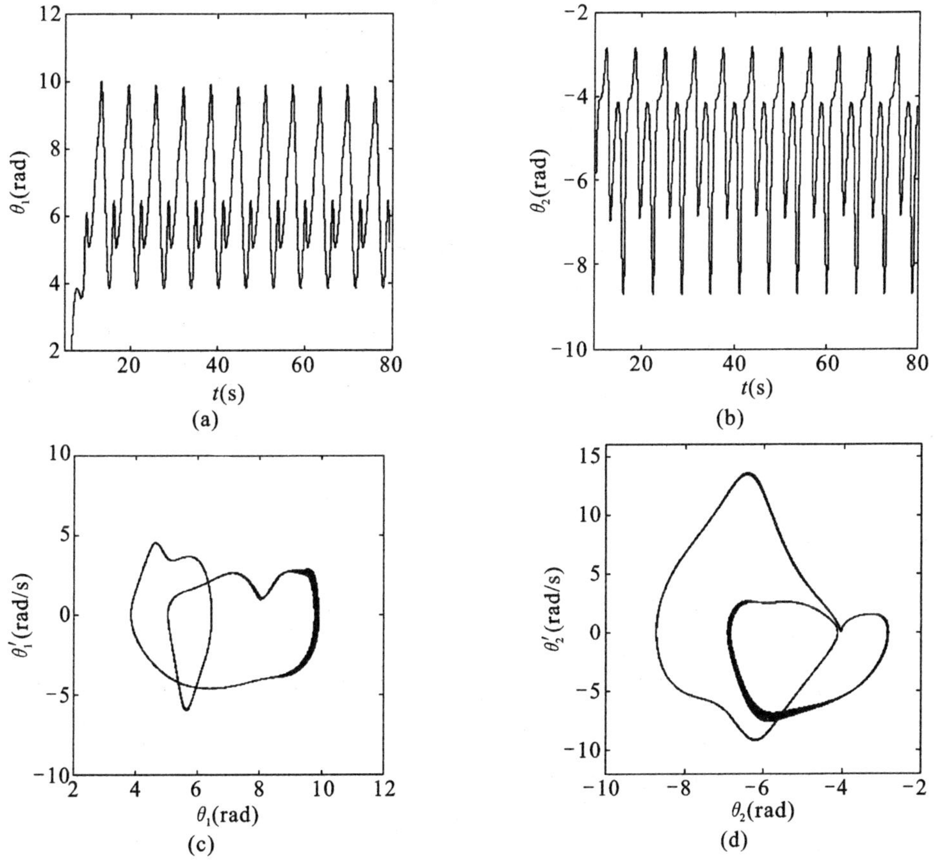

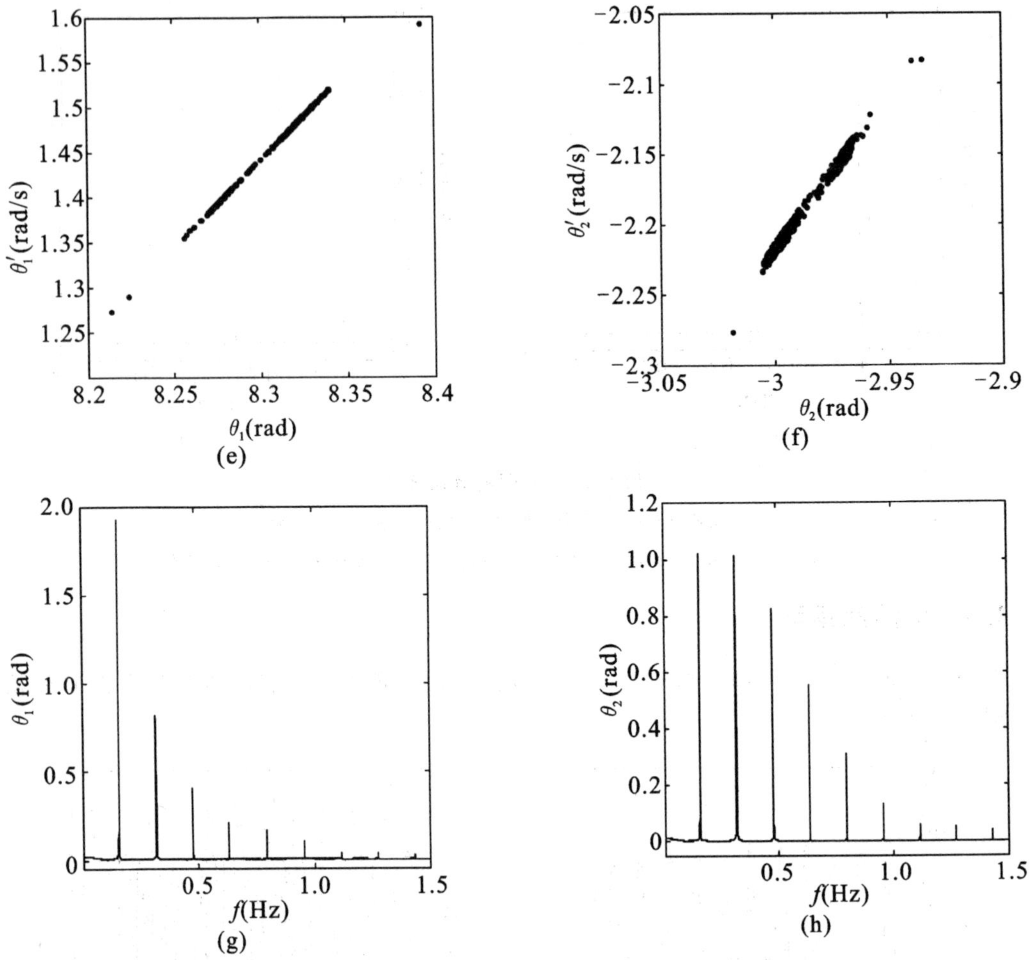

图 11.8 拟周期运动情况

(a)θ_1 的轨迹图；(b)θ_2 的轨迹图；(c)θ_1 的相轨迹；(d)θ_2 的相轨迹

(e)θ_1 的 Poincaré 截面图；(f)θ_2 的 Poincaré 截面图；(g)θ_1 的频域图；(h)θ_2 的频域图

由图 11.8 可知，θ_1、θ_2 角度的轨迹图有一定规律性，相轨迹是在一定范围内变化的曲线，Poincaré 截面图类似于一条直线，在频域图上 θ_1 有 6 个明显的频率，θ_2 具有 9 个明显的频率。

11.3.4 混沌运动

当 $\boldsymbol{A}=\mathrm{diag}(-2.5,-2.5)$，$\boldsymbol{B}=\mathrm{diag}(-7,-7)$时，可以实现平面二自由度机械臂的混沌运动，如图 11.9 所示。

由图 11.9 可知，θ_1、θ_2 角度轨迹图的变化没有明显的规律，相轨迹在一定范围内变化，Poincaré 截面是一个有规律的图形，在频域图上 θ_1 有 6 个明显的频率，θ_2 也具有 6 个明显的频率，但 θ_1 和 θ_2 的频域图具有宽频带特征。

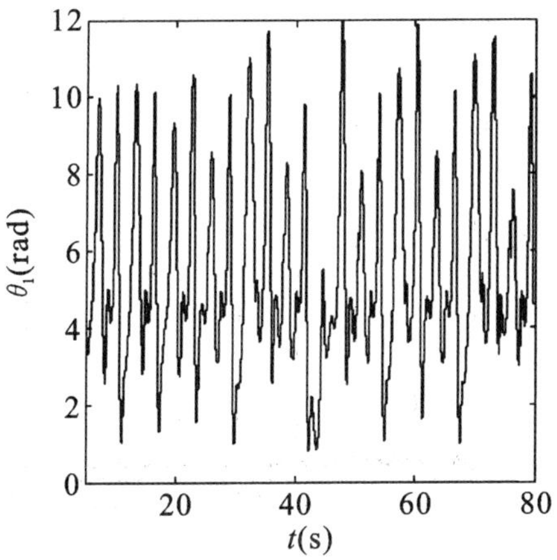
θ_1(rad)
t(s)

(a)

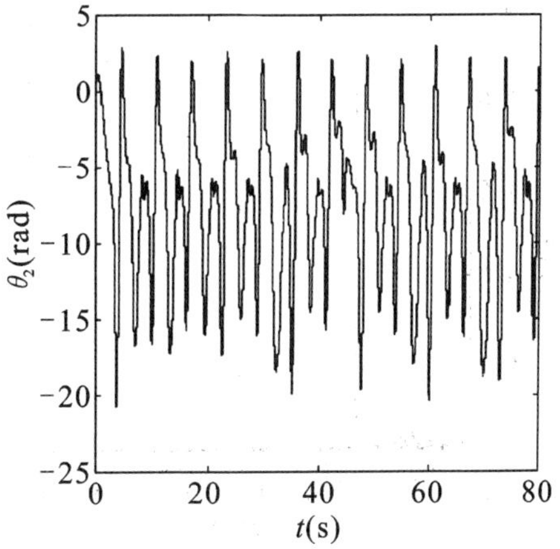
θ_2(rad)
t(s)

(b)

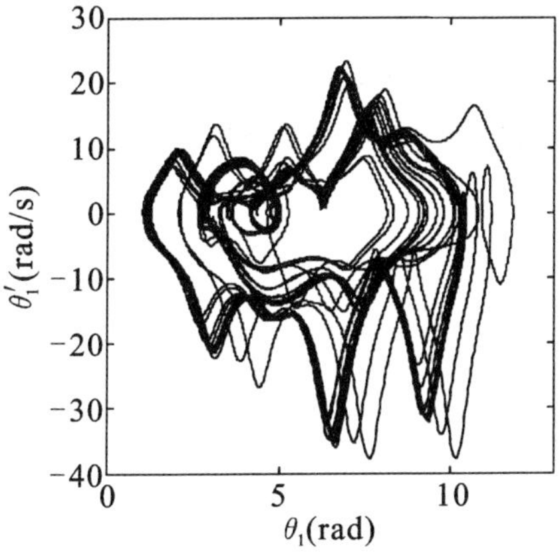
θ_1'(rad/s)
θ_1(rad)

(c)

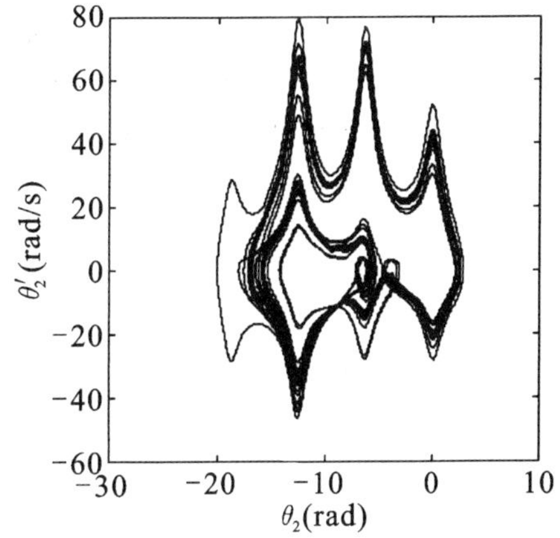
θ_2'(rad/s)
θ_2(rad)

(d)

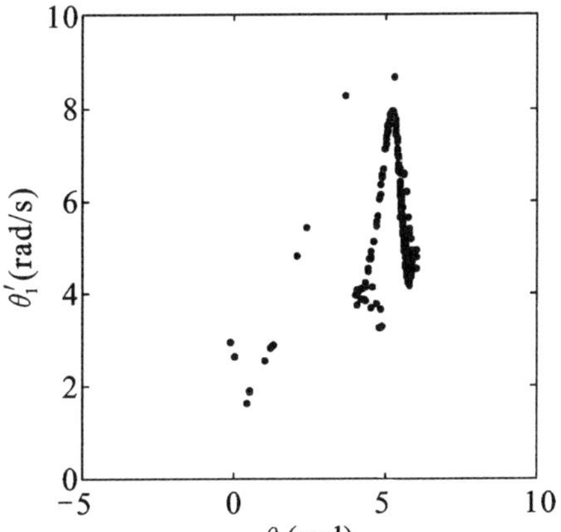
θ_1'(rad/s)
θ_1(rad)

(e)

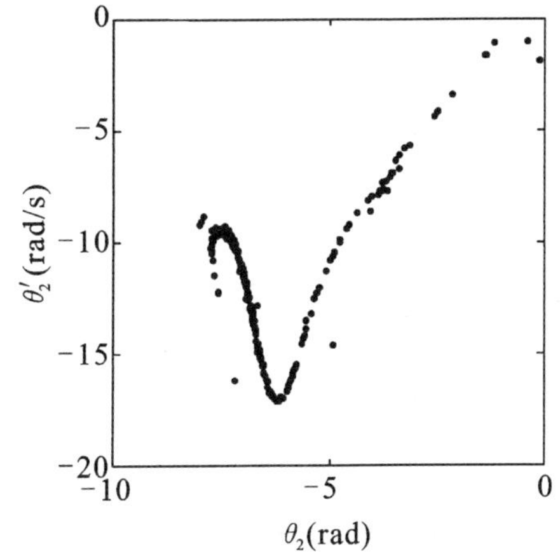
θ_2'(rad/s)
θ_2(rad)

(f)

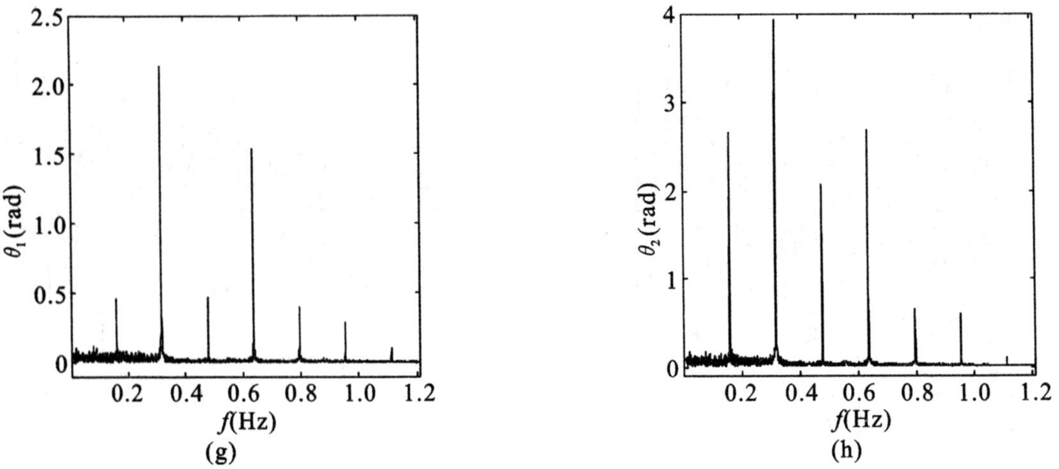

图 11.9 混沌运动情况

(a)θ_1 的轨迹图;(b)θ_2 的轨迹图;(c)θ_1 的相轨迹;(d)θ_2 的相轨迹

(e)θ_1 的 Poincaré 截面图;(f)θ_2 的 Poincaré 截面图;(g)θ_1 的频域图;(h)θ_2 的频域图

12 薄板非线性动力学与振动

薄板在横向载荷作用下具有独特的非线性动力学特性和非线性振动特征，本章基于 von Karman 理论和 Reddy 三阶剪切变形假设、材料非线性假设，以悬臂薄板为对象，建立薄板非线性动力学方程，采用非线性振动的定量解析分析方法，获得薄板的非线性振动特性。

12.1 悬臂薄板的几何非线性动力学方程

建立悬臂薄板的几何非线性动力学方程的过程如下：

(1) 考虑 Reddy 三阶剪切变形假设的薄板几何非线性动力学方程

图 12.1 所示的悬臂薄板的长、宽、高分别为 a、b、h。直角坐标 Oxy 位于薄板的中性面内，z 轴向下。设板内任一点沿 x、y 和 z 方向的位移分别为 u、v 和 w。该悬臂薄板在根部全约束，即为悬臂状态。弹性薄板承受垂直于 Oxy 面并沿 z 方向的外载荷 $P(t)$。薄板材料参数包括弹性模量 E、剪切模量 G 和泊松比 μ。

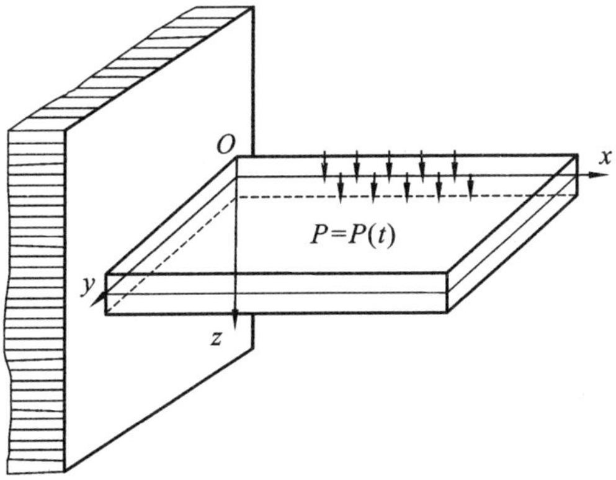

图 12.1 横向载荷作用下的悬臂薄板力学模型

根据 Reddy 三阶剪切变形理论，薄板的位移场具有非线性，任一点的位移表示为：

$$u(x,y,t)=u_0(x,y,t)+z\varphi_x(x,y,t)-z^3\frac{4}{3h^2}\left(\varphi_x+\frac{\partial w_0}{\partial x}\right) \tag{12.1a}$$

$$v(x,y,t)=v_0(x,y,t)+z\varphi_y(x,y,t)-z^3\frac{4}{3h^2}\left(\varphi_y+\frac{\partial w_0}{\partial y}\right) \tag{12.1b}$$

$$w(x,y,t)=w_0(x,y,t) \tag{12.1c}$$

其中 u_0、v_0 和 w_0 是沿 x、y 和 z 方向薄板的中性面上任一点的位移；φ_x 和 φ_y 表示板中面法线对 x 轴和 y 轴的转角。

薄板的应变与位移的关系即几何关系也具有非线性，如下式所示：

$$\varepsilon_{xx}=\frac{\partial u}{\partial x}+\frac{1}{2}\left(\frac{\partial w}{\partial x}\right)^2,\varepsilon_{yy}=\frac{\partial v}{\partial y}+\frac{1}{2}\left(\frac{\partial w}{\partial y}\right)^2 \tag{12.2a}$$

$$\gamma_{xy}=\frac{\partial u}{\partial x}+\frac{\partial v}{\partial y}+\frac{\partial w \partial w}{\partial x \partial y},\gamma_{yz}=\frac{\partial v}{\partial z}+\frac{\partial w}{\partial y},\gamma_{xz}=\frac{\partial u}{\partial z}+\frac{\partial w}{\partial x} \tag{12.2b}$$

根据 Hamilton 原理，可以得到薄板结构的动力学方程，即：

$$N_{xx,x}+N_{xy,y}=I_0\ddot{u}_0+(I_1-c_1I_3)\ddot{\varphi}_x-c_1I_3\frac{\partial \ddot{w}_0}{\partial y} \tag{12.3a}$$

$$N_{yy,y}+N_{xy,x}=I_0\ddot{v}_0+(I_1-c_1I_3)\ddot{\varphi}_y-c_1I_3\frac{\partial \ddot{w}_0}{\partial y} \tag{12.3b}$$

$$\begin{aligned}&(N_{yy,y}+N_{xy,x})\frac{\partial w_0}{\partial y}+(N_{xy,y}+N_{xx,x})\frac{\partial w_0}{\partial x}+N_{yy}\frac{\partial^2 w_0}{\partial y^2}+2N_{xy}\frac{\partial^2 w_0}{\partial x\partial y}+N_{xx}\frac{\partial^2 w_0}{\partial x^2}\\&+c_1(P_{xx,xx}+2P_{xy,xy}+P_{yy,yy})+(Q_{x,x}-c_2R_{x,x})+(Q_{y,y}-c_2R_{x,x})+p\cos\Omega_2 t-\gamma\dot{w}_0\\&=c_1I_3\left(\frac{\partial \ddot{u}_0}{\partial x}+\frac{\partial \ddot{v}_0}{\partial y}\right)+c_1(I_4-c_1I_6)\left(\frac{\partial \ddot{\varphi}_x}{\partial x}+\frac{\partial \ddot{\varphi}_y}{\partial y}\right)+I_0\ddot{w}_0-c_1^2I_6\left(\frac{\partial^2 \ddot{w}_0}{\partial x^2}+\frac{\partial^2 \ddot{w}_0}{\partial y^2}\right)\end{aligned} \tag{12.3c}$$

$$\begin{aligned}&M_{xx,x}+M_{xy,x}-c_1P_{xx,x}-P_{xy,x}-(Q_x-c_2R_x)\\&=(I_1-c_1I_3)\ddot{v}_0+(I_2-2c_1I_4+c_1^2I_2)\ddot{\varphi}_x-c_1(I_4-c_1I_6)\frac{\partial \ddot{w}_0}{\partial x}\end{aligned} \tag{12.3d}$$

$$\begin{aligned}&M_{yy,y}+M_{xy,x}-c_1P_{yy,y}-P_{xy,x}-(Q_y-c_2R_y)\\&=(I_1-c_1I_3)\ddot{v}_0+(I_2-2c_1I_4+c_1^2I_2)\ddot{\varphi}_y-c_1(I_4-c_1I_6)\frac{\partial \ddot{w}_0}{\partial y}\end{aligned} \tag{12.3e}$$

将方程式(12.3a)和(12.3b)代入方程式(12.3c)，得：

$$\begin{aligned}&N_{yy}\frac{\partial^2 w_0}{\partial y^2}+2N_{xy}\frac{\partial^2 w_0}{\partial x\partial y}+N_{xx}\frac{\partial^2 w_0}{\partial x^2}+c_1(P_{xx,xx}+2P_{xy,xy}+P_{yy,yy})\\&+(Q_{x,x}-c_2R_{x,x})+(Q_{y,y}-c_2R_{x,x})+p\cos\Omega_2 t-\gamma\dot{w}_0\\&=c_1(I_4-c_1I_6)\left(\frac{\partial \ddot{\varphi}_x}{\partial x}+\frac{\partial \ddot{\varphi}_y}{\partial y}\right)+I_0\ddot{w}_0-c_1^2I_6\left(\frac{\partial^2 \ddot{w}_0}{\partial x^2}+\frac{\partial^2 \ddot{w}_0}{\partial y^2}\right)\end{aligned} \tag{12.4}$$

这样可以得到用 w_0、φ_x、φ_y 表达的薄板非线性动力学方程，即：

$$\begin{aligned}&(D_{11}-2F_{11}c_1+H_{11}c_1^2)\frac{\partial^2 \varphi_x}{\partial x^2}+(D_{66}-2F_{66}c_1+H_{66}c_1^2)\frac{\partial^2 \varphi_x}{\partial y^2}-c_1(F_{11}-H_{11}c_1)\frac{\partial^3 w_0}{\partial x^3}\\&-(F_{55}c_2^2-2D_{55}c_2+A_{55})\frac{\partial w_0}{\partial x}+(D_{12}+D_{66}+H_{66}c_1^2-2F_{66}c_1+H_{12}c_1^2-2F_{12}c_1)\frac{\partial^2 \varphi_y}{\partial x\partial y}\\&-c_1(2F_{66}+F_{12}-2H_{66}c_1-H_{12}c_1)\frac{\partial^3 w_0}{\partial x\partial y^2}+(2D_{55}c_2-A_{55}-F_{55}c_2^2)\varphi_x\\&=K_2\ddot{\varphi}_x-c_1I_4\frac{\partial \ddot{w}_0}{\partial x}\end{aligned} \tag{12.5a}$$

$$(D_{66}-2F_{66}c_1+H_{66}c_1^2)\frac{\partial^2\varphi_x}{\partial x^2}-c_1(F_{21}+2F_{66}-H_{21}c_1-2H_{66}c_1)\frac{\partial^3 w_0}{\partial x^2\partial y}$$

$$-c_1(F_{22}-2H_{22}c_1)\frac{\partial^3 w_0}{\partial y^3}+(H_{21}c_1^2+D_{66}+D_{21}-2F_{21}c_1+H_{66}c_1^2-2F_{66}c_1)\frac{\partial^2\varphi_x}{\partial x\partial y}$$

$$+(H_{22}c_1^2+D_{22}-2F_{22}c_1)\frac{\partial^2\varphi_y}{\partial y^2}-(F_{44}c_2^2-2D_{44}c_2-A_{44})\frac{\partial w_0}{\partial y}+(2D_{44}c_2-F_{44}c_2^2-A_{44})\varphi_y$$

$$=K_2\ddot{\varphi}_y-c_1J_4\frac{\partial\ddot{w}_0}{\partial y} \tag{12.5b}$$

$$\frac{3}{2}A_{11}\left(\frac{\partial w_0}{\partial x}\right)^2\frac{\partial^2 w_0}{\partial x^2}+\left(\frac{1}{2}A_{21}+A_{66}\right)\left(\frac{\partial w_0}{\partial x}\right)^2\frac{\partial^2 w_0}{\partial y^2}+(A_{12}+A_{21}+4A_{66})\frac{\partial w_0}{\partial x}\frac{\partial w_0}{\partial y}\frac{\partial^2 w_0}{\partial x\partial y}$$

$$+\frac{3}{2}A_{22}\left(\frac{\partial w_0}{\partial y}\right)^2\frac{\partial^2 w_0}{\partial y^2}+\left(\frac{1}{2}A_{12}+A_{66}\right)\left(\frac{\partial w_0}{\partial y}\right)^2\frac{\partial^2 w_0}{\partial x^2}+(A_{55}+2c_2D_{55}+c_2^2F_{55})\frac{\partial^2 w_0}{\partial x^2}$$

$$+(A_{44}-2c_2D_{44}+c_2^2F_{44})\frac{\partial^2 w_0}{\partial y^2}-c_1^2H_{11}\frac{\partial^4 w_0}{\partial x^4}-c_1^2(H_{21}+4H_{66}+H_{12})\frac{\partial^4 w_0}{\partial x^2\partial y^2}$$

$$+(A_{55}-2c_2D_{55}+c_2^2F_{55})\frac{\partial\varphi_x}{\partial x}-c_1^2H_{22}\frac{\partial^4 w_0}{\partial y^4}+c_1(F_{11}-c_1H_{11})\frac{\partial^3\varphi_x}{\partial x^3}$$

$$+c_1(F_{21}+2F_{66}-c_1H_{21}-2c_1H_{66})\frac{\partial^3\varphi_x}{\partial x\partial y^2}+(A_{44}-2c_2D_{44}+c_2^2F_{44})\frac{\partial\varphi_y}{\partial y}$$

$$+c_1(F_{12}+2F_{66}-c_1H_{12}-2c_1H_{66})\frac{\partial^3\varphi_x}{\partial x^2\partial y}+c_1(F_{22}-c_1H_{22})\frac{\partial^3\varphi_y}{\partial y^3}+P\cos\Omega t-y\dot{w}_0$$

$$=I_0\ddot{w}_0-c_1^2I_6\left(\frac{\partial^2\ddot{w}_0}{\partial x^2}+\frac{\partial^2\ddot{w}_0}{\partial y^2}\right)+c_1I_4\left(\frac{\partial^2\ddot{\varphi}_x}{\partial x}+\frac{\partial^2\ddot{\varphi}_y}{\partial y}\right) \tag{12.5c}$$

其中

$$(A_{ij},B_{ij},D_{ij},E_{ij},F_{ij},H_{ij})=\int_{-h/2}^{h/2}Q_{ij}^k(1,z,z^2,z^3,z^4,z^5,z^6)\mathrm{d}z\ (i,j=1,2,6) \tag{12.6a}$$

$$(A_{ij},D_{ij},F_{ij})=\int_{-h/2}^{h/2}Q_{ij}^k(1,z^2,z^4)\mathrm{d}z\ (i,j=4,5) \tag{12.6b}$$

$$I_i=\int_{-h/2}^{h/2}\rho(z)^i\mathrm{d}z\ (i=0,1,2,\cdots,6) \tag{12.6c}$$

$$J_i=I_i-c_1I_{i+2},K_2=I_2-2c_1I_4+c_1^2I_6 \tag{12.6d}$$

其中,γ 为横向振动阻尼系数。

(2) Galerkin 近似

基于 Hamilton 原理得到的薄板位移运动控制方程式(12.5)为偏微分方程形式。在求解偏微分方程时,需要使用 Galerkin 方法将其离散为可求解的常微分方程组。

对于横向面外载荷作用下的悬臂薄板,横向振动是其主要振动形式,且远大于其面内振动。因此,只考虑其横向振动位移,并对横向非线性振动的位移 w 进行二阶离散。

针对薄板的悬臂边界条件(即一边固支、三边自由的边界条件),设其模态函数表达式如下:

$$w_0=w_1(t)X_1(x)Y_1(y)+w_2(t)X_2(x)Y_1(y) \tag{12.7a}$$

$$\varphi_x=\varphi_1(t)\varphi_1(x)Y_1(y)+\varphi_2(t)\varphi_2(x)Y_1(y) \tag{12.7b}$$

$$\varphi_y=\varphi_3(t)X_1(x)\varphi_1(y)+\varphi_4(t)X_2(x)\varphi_1(y) \tag{12.7c}$$

其中

$$X_i(x)=[\cosh(\lambda_i x)-\cos(\lambda_i x)]-\alpha_i[\sinh(\lambda_i x)-\sin(\lambda_i x)] \tag{12.8a}$$

$$Y_j(y)=[\cosh(\mu_j y)+\cos(\mu_j y)]-\beta_j[\sinh(\mu_j y)+\sin(\mu_j y)] \tag{12.8b}$$

$$\varphi_m(x)=[\cosh(\lambda_m x)-\cos(\lambda_m x)]-\alpha_m[\sinh(\lambda_m x)-\sin(\lambda_m x)] \tag{12.8c}$$

$$\varphi_n(y)=[\cosh(\mu_n y)+\cos(\mu_n y)]-\beta_n[\sinh(\mu_n y)+\sin(\mu_n y)] \tag{12.8d}$$

$$\cosh(\lambda_i a)\cos(\lambda_i a)+1=0,\cosh(\mu_j b)\cos(\mu_j b)-1=0 \tag{12.8e}$$

$$\cosh(\lambda_m a)\cos(\lambda_m a)+1=0,\cosh(\mu_n b)\cos(\mu_n b)-1=0 \tag{12.8f}$$

$$\alpha_{i,m}=\frac{\cosh(\lambda_{i,m}a)+\cos(\lambda_{i,m}a)}{\sinh(\lambda_{i,m}a)+\sin(\lambda_{i,m}a)} \tag{12.8g}$$

$$\beta_{j,n}=\frac{\cosh(\mu_{j,n}b)-\cos(\mu_{j,n}b)}{\sinh(\mu_{j,n}b)-\sin(\mu_{j,n}b)} \tag{12.8h}$$

$$\lambda_m=\frac{(\alpha b)_m}{b},\mu_n=\frac{(\alpha b)_n}{b} \tag{12.8i}$$

把式(12.7)和式(12.8)代入无量纲化后的方程式(12.5)，并在方程两边分别乘以相对应的模态函数后，在整个板内积分，利用三角函数的正交性得到如下悬臂薄板受简谐激励的二自由度几何非线性动力学方程组，即：

$$\ddot{w}_1+\gamma_1\dot{w}_1+\omega_1^2 w_1-t_1 w_1^3-t_2 w_2 w_1^2-t_3 w_2^2 w_1-t_4 w_2^3=r_1 p_1\cos(\Omega t) \tag{12.9a}$$

$$\ddot{w}_2+\gamma_2\dot{w}_2+\omega_2^2 w_2-t_5 w_2^3-t_6 w_1 w_2^2-t_7 w_1^2 w_2-t_8 w_1^3=r_2 p_2\cos(\Omega t) \tag{12.9b}$$

12.2 悬臂薄板的几何非线性振动分析

采用多尺度法进行悬臂薄板的几何非线性振动分析。标记小参数项 ε 后，悬臂薄板的非线性动力学方程式(12.9a)和式(12.9b)可以改写为：

$$\ddot{w}_1+\omega_1^2 w_1=\varepsilon[-\gamma_1\dot{w}_1+t_1 w_1^3+t_2 w_2 w_1^2+t_3 w_2^2 w_1+t_4 w_2^3+r_1 p_1\cos(\Omega t)] \tag{12.10a}$$

$$\ddot{w}_2+\omega_2^2 w_2=\varepsilon[-\gamma_2\dot{w}_2+t_5 w_2^3+t_6 w_1 w_2^2+t_7 w_1^2 w_2+t_8 w_1^3+r_2 p_2\cos(\Omega t)] \tag{12.10b}$$

根据多尺度法，式(12.10)的一次近似解为：

$$\left.\begin{aligned} w_1(t,\varepsilon)&=w_{10}(T_0,T_1)+\varepsilon w_{11}(T_0,T_1)\\ w_2(t,\varepsilon)&=w_{20}(T_0,T_1)+\varepsilon w_{21}(T_0,T_1)\end{aligned}\right\} \tag{12.11}$$

其中，$T_0=t,T_1=\varepsilon t$。

引入微分算子，有：

$$\frac{\mathrm{d}}{\mathrm{d}t}=\frac{\partial}{\partial T_0}\frac{\partial T_0}{\partial t}+\frac{\partial}{\partial T_1}\frac{\partial T_1}{\partial t}=D_0+\varepsilon D_1 \tag{12.12a}$$

$$\frac{\mathrm{d}^2}{\mathrm{d}t^2}=\frac{\partial^2}{\partial T_0^2}\frac{\partial T_0}{\partial t}+2\varepsilon\frac{\partial^2}{\partial T_0\partial T_1}+\varepsilon^2\frac{\partial^2}{\partial T_1^2}=(D_0+\varepsilon D_1)^2 \tag{12.12b}$$

考虑 1∶3 内共振的情况，即：

$$\omega_1\approx\frac{1}{3}\omega_2\approx\frac{1}{3}\Omega,\omega_1^2=\frac{1}{9}\Omega^2+\varepsilon\sigma_1,\omega_2^2=\Omega^2+\varepsilon\sigma_2 \tag{12.13}$$

其中，ω_1 和 ω_2 是相应的线性系统的第一阶和第二阶固有频率；σ_1 和 σ_2 为调谐参数。为了简化分析，可设外激励频率[无量纲]$\Omega=1$。

将式(12.11)、式(12.12)代入方程式(12.10)，令等式两边小参数 ε 的同次幂的系数相等，

得到

$$\varepsilon^0:\begin{cases}D_0^2 w_{10}+\dfrac{1}{9}\Omega^2 w_{10}=0\\ D_0^2 w_{20}+\Omega^2 w_{20}=0\end{cases}\tag{12.14a}$$

$$\varepsilon^1:\begin{cases}D_0^2 w_{11}+\dfrac{1}{9}\Omega^2 w_{11}=-2D_0D_1w_{10}-\gamma_1 D_0 w_{10}-\sigma_1 w_{10}+t_1 w_{10}^3\\ +t_2 w_{10}^2 w_{20}+t_3 w_{20}^2 w_{10}+t_4 w_{20}^3+r_1 p_1\cos(\Omega T_0)\\ D_0^2 w_{21}+\Omega^2 w_{21}=-2D_0D_1w_{20}-\gamma_2 D_0 w_{20}-\sigma_2 w_{20}+t_5 w_{20}^3\\ +t_6 w_{20}^2 w_{10}+t_7 w_{10}^2 w_{20}+t_8 w_{10}^3+r_2 p_2\cos(\Omega T_0)\end{cases}\tag{12.14b}$$

方程组(12.14a)的通解可以表示为：

$$w_{10}=A_1(T_1)\exp\left(\frac{1}{3}\mathrm{i}\Omega T_0\right)+\overline{A_1}(T_1)\exp\left(-\frac{1}{3}\mathrm{i}\Omega T_0\right)\tag{12.15a}$$

$$w_{20}=A_2(T_1)\exp(\mathrm{i}\Omega T_0)+\overline{A_2}(T_1)\exp(-\mathrm{i}\Omega T_0)\tag{12.15b}$$

其中$\overline{A_1}$和$\overline{A_2}$代表 A_1 和 A_2 的共轭。

将式(12.15)代入方程组(12.14b)，得：

$$D_0^2 w_{11}+\frac{1}{9}\Omega^2 w_{11}=\Big(-\frac{2}{3}\mathrm{i}\Omega D_1A_1-\frac{1}{3}\mathrm{i}\Omega\gamma_1 A_1-\sigma_1A_1+3t_1A_1^2\overline{A_1}+t_2\overline{A_1}^2A_2+2t_3A_1A_2\overline{A_2}\Big)\exp\left(\frac{1}{3}\mathrm{i}\Omega T_0\right)+\mathrm{cc}+\mathrm{NST}\tag{12.16a}$$

$$D_0^2 w_{21}+\Omega^2 w_{21}=\Big(-2\mathrm{i}\Omega D_1A_2-\mathrm{i}\Omega\gamma_2A_2-\sigma_2A_2+3t_5A_2^2\overline{A_2}+2t_7A_1\overline{A_1}A_2+t_8A_1^3+\frac{1}{2}r_2p_2\Big)\exp(\mathrm{i}\Omega T_0)+\mathrm{cc}+\mathrm{NST}\tag{12.16b}$$

其中 cc 代表其前面各项的共轭，NST 代表不产生长期项的所有项。消除长期项的条件是：

$$D_1A_1=-\frac{1}{2}\gamma_1A_1+\frac{3}{2}\mathrm{i}\sigma_1A_1-\frac{9}{2}\mathrm{i}t_1A_1^2\overline{A_1}-\frac{3}{2}\mathrm{i}t_2\overline{A_1}^2A_2-3\mathrm{i}t_3A_1A_2\overline{A_2}\tag{12.17a}$$

$$D_1A_2=-\frac{1}{2}\gamma_2A_2+\frac{1}{2}\mathrm{i}\sigma_2A_2-\frac{3}{2}\mathrm{i}t_5A_2^2\overline{A_2}-\mathrm{i}t_7A_1\overline{A_1}A_2-\frac{1}{2}\mathrm{i}t_8A_1^3-\frac{1}{4}\mathrm{i}r_2p_2\tag{12.17b}$$

设

$$A_1=x_1+\mathrm{i}x_2,\ A_2=x_3+\mathrm{i}x_4\tag{12.18}$$

将式(12.18)代入方程式(12.17)中，分离实部和虚部，得到 1：3 内共振情况下薄板非线性振动系统的平均方程，有：

$$\dot{x}_1=-\frac{1}{2}\gamma_1x_1-\frac{3}{2}\sigma_1x_2+\frac{9}{2}t_1x_2(x_1^2+x_2^2)+\frac{3}{2}t_2x_4(x_1^2-x_2^2)-3t_2x_1x_2x_3+3t_3x_2(x_3^2+x_4^2)\tag{12.19a}$$

$$\dot{x}_2=-\frac{1}{2}\gamma_1x_2+\frac{3}{2}\sigma_1x_1-\frac{9}{2}t_1x_1(x_1^2+x_2^2)-\frac{3}{2}t_2x_3(x_1^2-x_2^2)-3t_2x_1x_2x_4-\frac{3}{2}t_2x_1^2x_4-2t_3x_1(x_3^2+x_4^2)\tag{12.19b}$$

$$\dot{x}_3=-\frac{1}{2}\gamma_2 x_3-\frac{1}{2}\sigma_2 x_4+\frac{3}{2}t_5 x_4(x_3^2+x_4^2)+t_7 x_4(x_1^2+x_2^2)+\frac{1}{2}t_8 x_2(3x_1^2-x_2^2) \tag{12.19c}$$

$$\dot{x}_4=-\frac{1}{2}\gamma_2 x_4+\frac{1}{2}\sigma_2 x_3-\frac{3}{2}t_5 x_3(x_4^2+x_3^2)-t_7 x_3(x_1^2+x_2^2)-\frac{1}{2}t_8 x_1(x_1^2-3x_2^2)-\frac{1}{4}r_2 p_2 \tag{12.19d}$$

平均方程式(12.19)的定常解对应于原系统式(12.10)的周期解，下面研究方程式(12.19)的定常解附近轨道的稳定性。令

$$\dot{x}_1=\dot{x}_2=\dot{x}_3=\dot{x}_4=0 \tag{12.20}$$

得到以下方程：

$$-\frac{1}{2}\gamma_1 x_1-\frac{3}{2}\sigma_1 x_2+\frac{9}{2}t_1 x_2(x_1^2+x_2^2)+\frac{3}{2}t_2 x_4(x_1^2-x_2^2)-3t_2 x_1 x_2 x_3+3t_3 x_2(x_3^2+x_4^2)=0 \tag{12.21a}$$

$$-\frac{1}{2}\gamma_1 x_2+\frac{3}{2}\sigma_1 x_1-\frac{9}{2}t_1 x_1(x_1^2+x_2^2)-\frac{3}{2}t_2 x_3(x_1^2-x_2^2)-3t_2 x_1 x_2 x_4-\frac{3}{2}t_2 x_1^2 x_4-2t_3 x_1(x_3^2+x_4^2)=0 \tag{12.21b}$$

$$-\frac{1}{2}\gamma_2 x_3-\frac{1}{2}\sigma_2 x_4+\frac{3}{2}t_5 x_4(x_3^2+x_4^2)+t_7 x_4(x_1^2+x_2^2)+\frac{1}{2}t_8 x_2(3x_1^2-x_2^2)=0 \tag{12.21c}$$

$$-\frac{1}{2}\gamma_2 x_4+\frac{1}{2}\sigma_2 x_3-\frac{3}{2}t_5 x_3(x_4^2+x_3^2)-t_7 x_3(x_1^2+x_2^2)-\frac{1}{2}t_8 x_1(x_1^2-3x_2^2)-\frac{1}{4}r_2 p_2=0 \tag{12.21d}$$

为了判定系统稳态响应的稳定性，令

$$x_1=x_{10}+\alpha_1,x_2=x_{20}+\alpha_2,x_3=x_{30}+\alpha_3,x_4=x_{40}+\alpha_4 \tag{12.22}$$

其中，$(x_{10},x_{20},x_{30},x_{40})$是方程式(12.20)的解，$\alpha_1,\alpha_2,\alpha_3$ 和 α_4 是小量，表示稳态响应的扰动。

将方程式(12.22)代入方程式(12.21)，得到如下变分方程：

$$\dot{\alpha}_1=a_{11}\alpha_1+a_{12}\alpha_2+a_{13}\alpha_3+a_{14}\alpha_4 \tag{12.23a}$$

$$\dot{\alpha}_2=a_{21}\alpha_1+a_{22}\alpha_2+a_{23}\alpha_3+a_{24}\alpha_4 \tag{12.23b}$$

$$\dot{\alpha}_3=a_{31}\alpha_1+a_{32}\alpha_2+a_{33}\alpha_3+a_{34}\alpha_4 \tag{12.23c}$$

$$\dot{\alpha}_4=a_{41}\alpha_1+a_{42}\alpha_2+a_{43}\alpha_3+a_{44}\alpha_4 \tag{12.23d}$$

方程式(12.23)的系数矩阵为：

$$\mathbf{A}=\begin{bmatrix}a_{11} & a_{12} & a_{13} & a_{14}\\ a_{21} & a_{22} & a_{23} & a_{24}\\ a_{31} & a_{32} & a_{33} & a_{34}\\ a_{41} & a_{42} & a_{43} & a_{44}\end{bmatrix} \tag{12.24}$$

其中

$$\left\{\begin{aligned}
a_{11}&=-\frac{1}{2}\gamma_1+9t_1x_{10}x_{20}+3t_1x_{10}x_{40}-3t_2x_{20}x_{30}\\
a_{12}&=-\frac{3}{2}\sigma_1+\frac{9}{2}t_1x_{10}^2+\frac{27}{2}t_1x_{20}^2-3t_2x_{20}x_{40}-3t_2x_{10}x_{30}+3t_3(x_{30}^2+x_{40}^2)\\
a_{13}&=-3t_2x_{10}x_{20}+6t_3x_{20}x_{30}\\
a_{14}&=\frac{3}{2}t_2(x_{10}^2-x_{20}^2)+6t_3x_{20}x_{40}\\
a_{21}&=\frac{3}{2}\sigma_1-\frac{27}{2}t_1x_{10}^2-\frac{9}{2}t_1x_{20}^2-3t_2x_{10}x_{30}-3t_2x_{20}x_{40}-3t_2x_{10}x_{40}-2t_3(x_{30}^2+x_{40}^2)\\
a_{22}&=-\frac{1}{2}\gamma_1-9t_1x_{10}x_{20}-3t_2x_{30}x_{40}-3t_2x_{10}x_{40}\\
a_{23}&=-\frac{3}{2}t_2(x_{10}^2-x_{20}^2)-4t_3x_{10}x_{30}\\
a_{24}&=-3t_2x_{10}x_{20}-\frac{3}{2}t_2x_{10}^2-4t_3x_{10}x_{40}\\
a_{31}&=2t_7x_{10}x_{40}+3t_8x_{10}x_{20}\\
a_{32}&=2t_7x_{20}x_{40}-\frac{3}{2}t_8x_{20}^2\\
a_{33}&=-\frac{1}{2}\gamma_2+3t_5x_{30}x_{40}\\
a_{34}&=-\frac{1}{2}\sigma_2+\frac{3}{2}t_5x_{30}^2+\frac{9}{2}t_5x_{40}^2+t_7(x_{10}^2+x_{20}^2)\\
a_{41}&=-2t_7x_{10}x_{30}-\frac{3}{2}t_8x_{10}^2+\frac{3}{2}t_8x_{20}^2\\
a_{42}&=-2t_7x_{20}x_{30}-3t_8x_{10}x_{20}\\
a_{43}&=\frac{1}{2}\sigma_2-\frac{3}{2}t_5x_{40}^2-\frac{9}{2}t_5x_{30}^2-t_7(x_{10}^2+x_{20}^2)\\
a_{44}&=-\frac{1}{2}\gamma_2-3t_5x_{30}x_{40}
\end{aligned}\right. \tag{12.25}$$

平均方程具有非平凡稳态解的特征方程为：

$$D(\lambda)=|\lambda\boldsymbol{I}-\boldsymbol{A}|=0 \tag{12.26}$$

若全部特征值都有负实部，则相应的稳态解是渐近稳定的；若至少有一个特征值有正实部，则解是不稳定的；若存在一对纯虚特征值，则系统会发生 Hopf 分岔。

12.3 悬臂薄板的几何非线性振动数值仿真

利用 Runge-Kutta 法对上述悬臂薄板的几何非线性振动的平均方程进行数值仿真，以获得主共振、1∶3 内共振情况下的振动响应行为。

在这里，主要研究外激励对悬臂薄板的非线性振动以及混沌运动所起的作用。根据式(12.10)和式(12.19)，选定一组初始参数，改变外激励 p_2 的大小，对比摄动解中参量的响应变化规律。所选取的参数和初值分别为：$\gamma_1=0.0107$，$\gamma_2=0.0107$，$\sigma_1=-0.21$，$\sigma_2=0.2$，$t_1=-1.42$，$t_2=5.6$，$t_3=1.19$，$t_5=10.25$，$t_7=-0.9$，$r_2=1.5$，$x_{10}=-1.2$，$x_{20}=0.55$，$x_{30}=-0.55$，$x_{40}=-1.2$。

图 12.2 所示是当 $p_2=8$ 时，系统的响应为概周期运动。图 12.3 所示是当 $p_2=15$ 时，系统的响应为多倍周期运动。图 12.4 所示是当 $p_2=20$ 时，系统的响应为概周期运动。图 12.5 所示是当 $p_2=27$ 时，系统的响应从概周期运动变成混沌运动。图 12.6 所示是当 $p_2=40.9$ 时，系统的响应仍为混沌运动。其中图中的(a)和(b)均为平面(x_1，x_2)、(x_3，x_4)上的相图，图中的(c)和(d)为波形图，图中的(e)和(f)表示三维相图。

可以看出，随着横向激励 p_2 增大，系统振动行为表现为从概周期运动变化到多倍周期运动；然后又发展成新的概周期运动；最后，进入混沌运动。

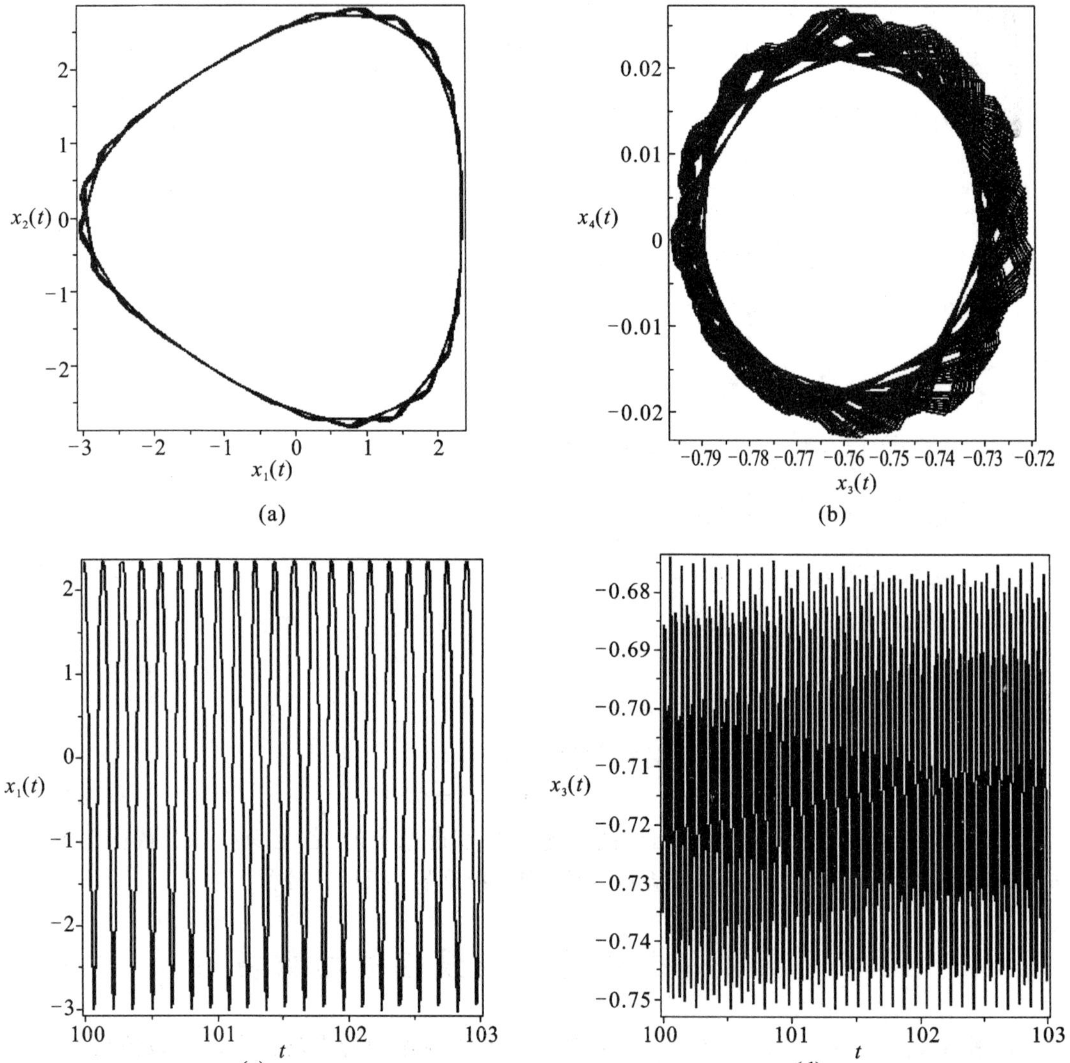

(a) (b) (c) (d)

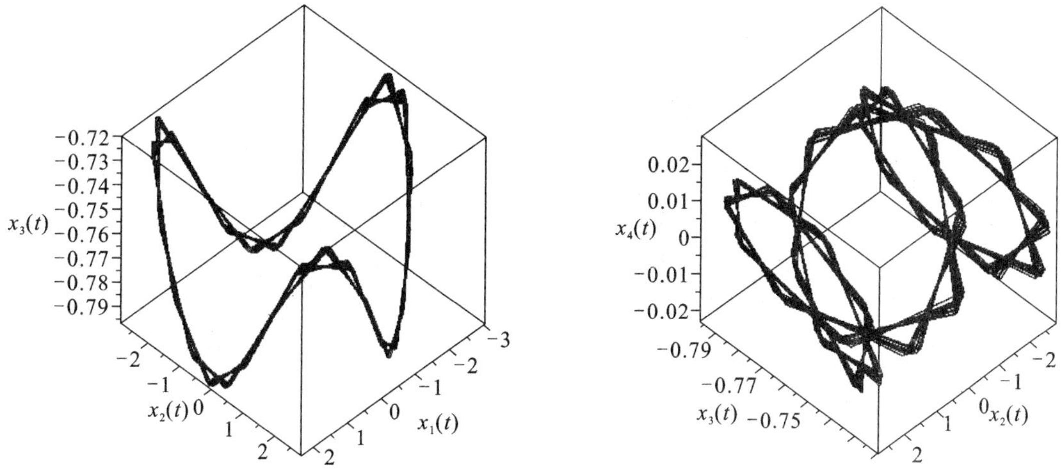

(e) (f)

图 12.2 $p_2=8$ 时系统的概周期响应

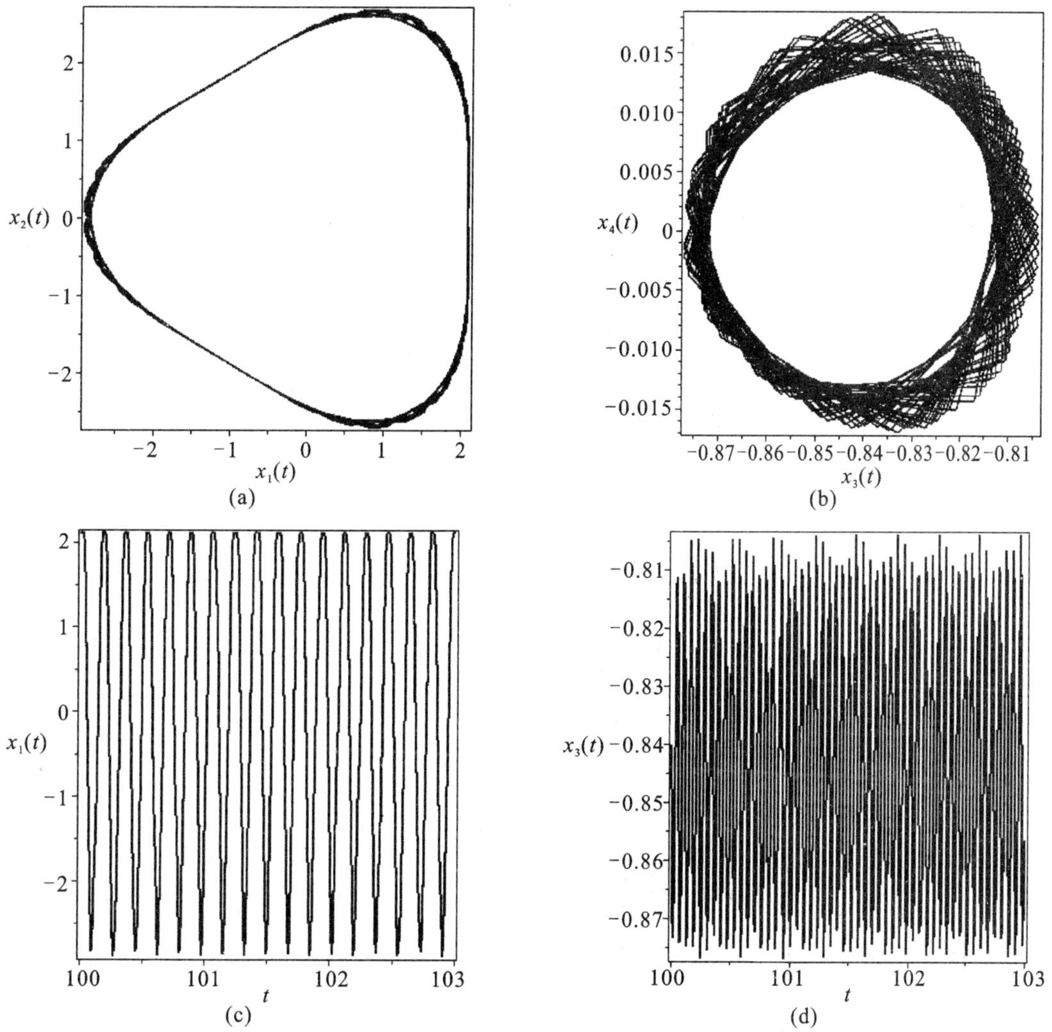

(a) (b) (c) (d)

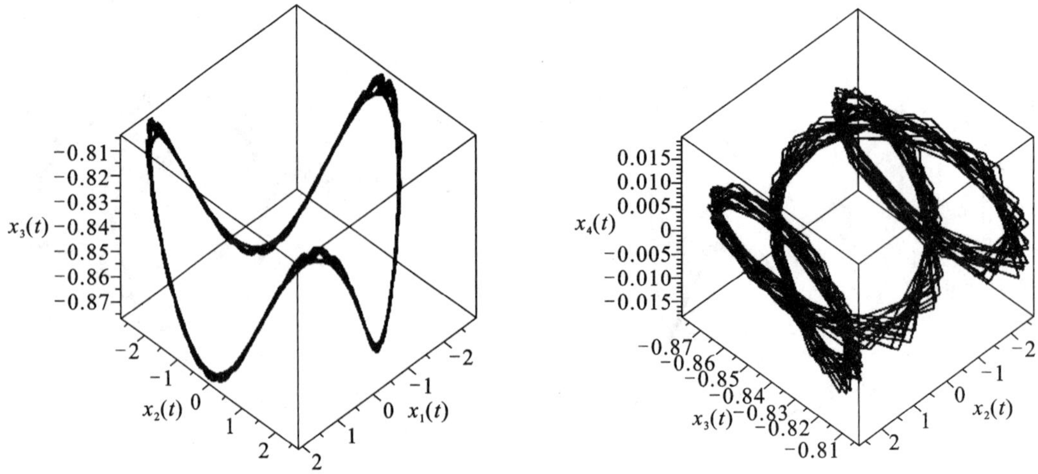

(e)　　　　　　　　(f)

图 12.3　$p_2=15$ 时系统的多倍周期响应

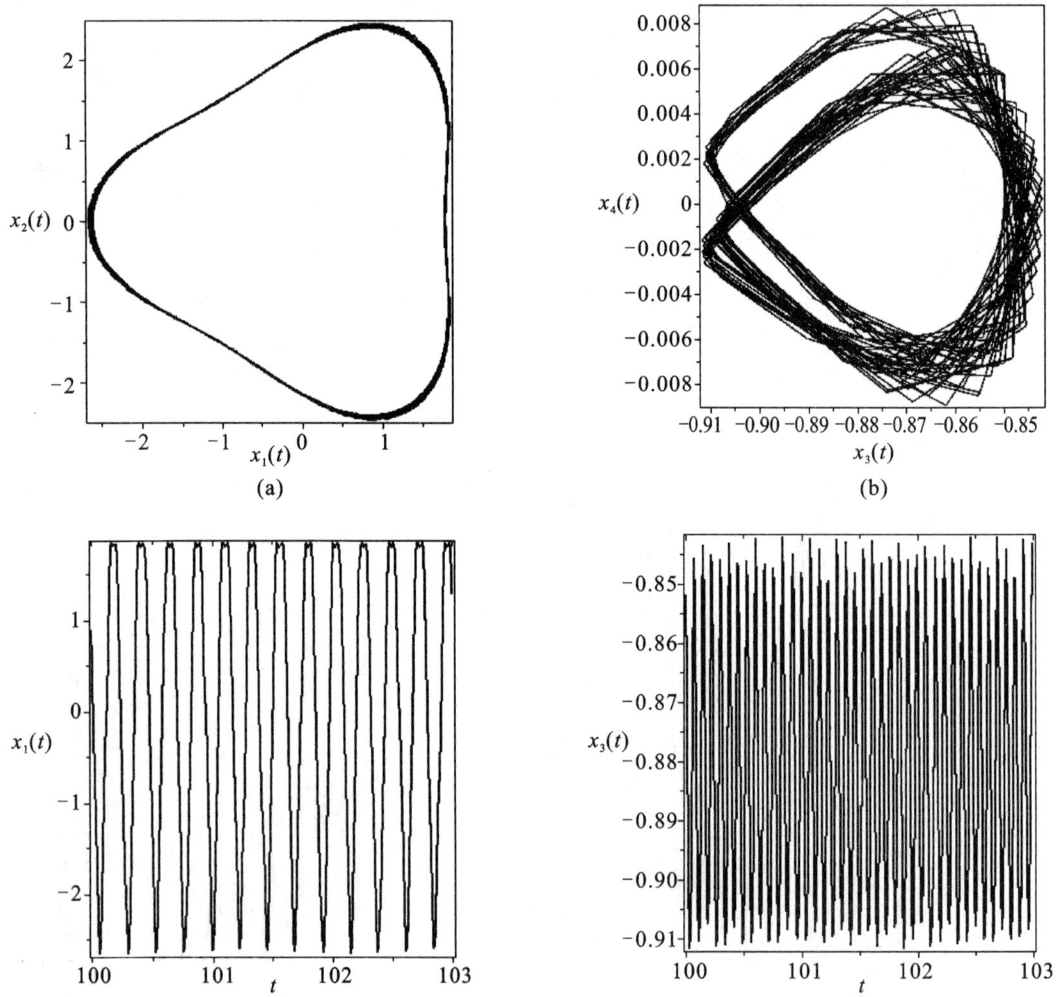

(c)　　　　　　　　(d)

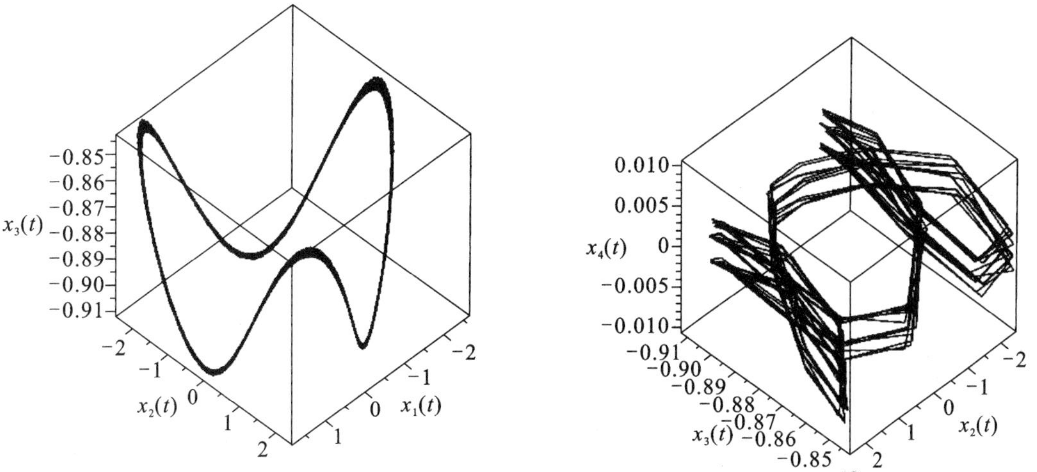

(e) (f)

图 12.4 $p_2=20$ 时系统的概周期响应

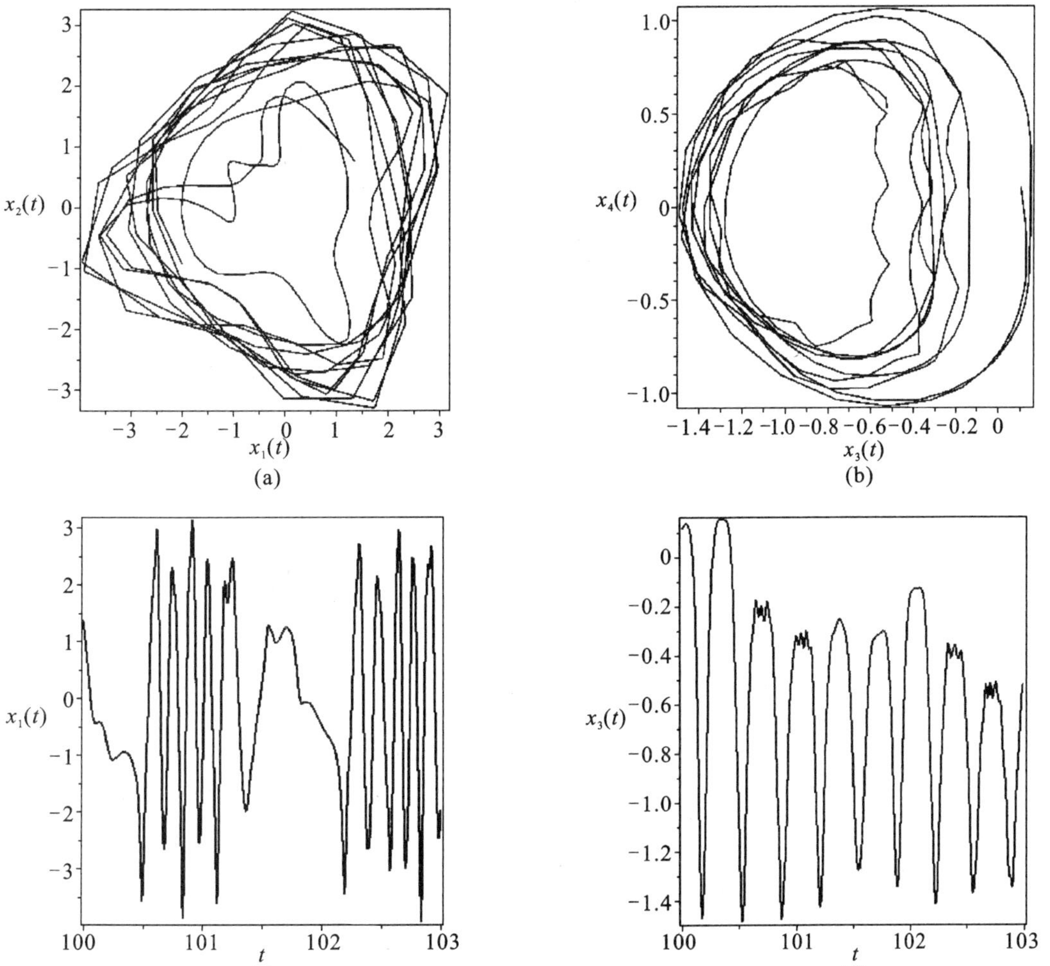

(a) (b) (c) (d)

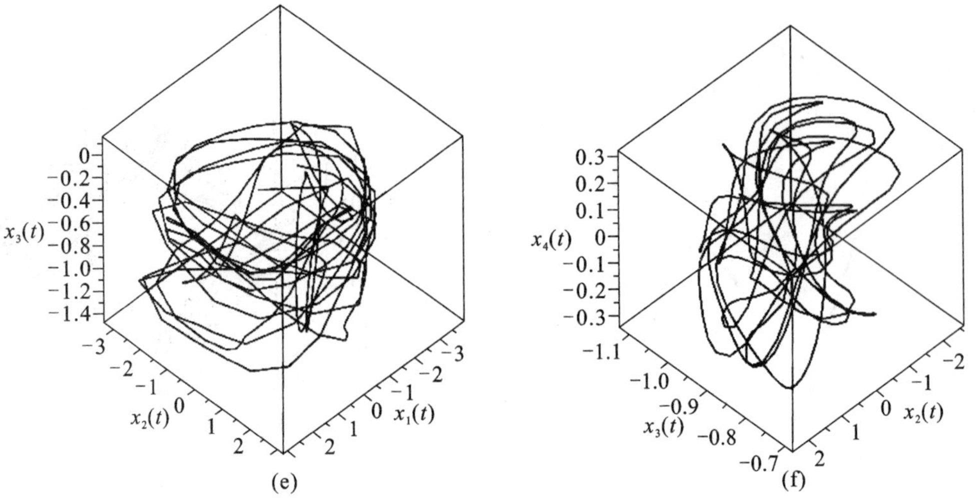

图 12.5 $p_2=27$ 时系统的混沌响应

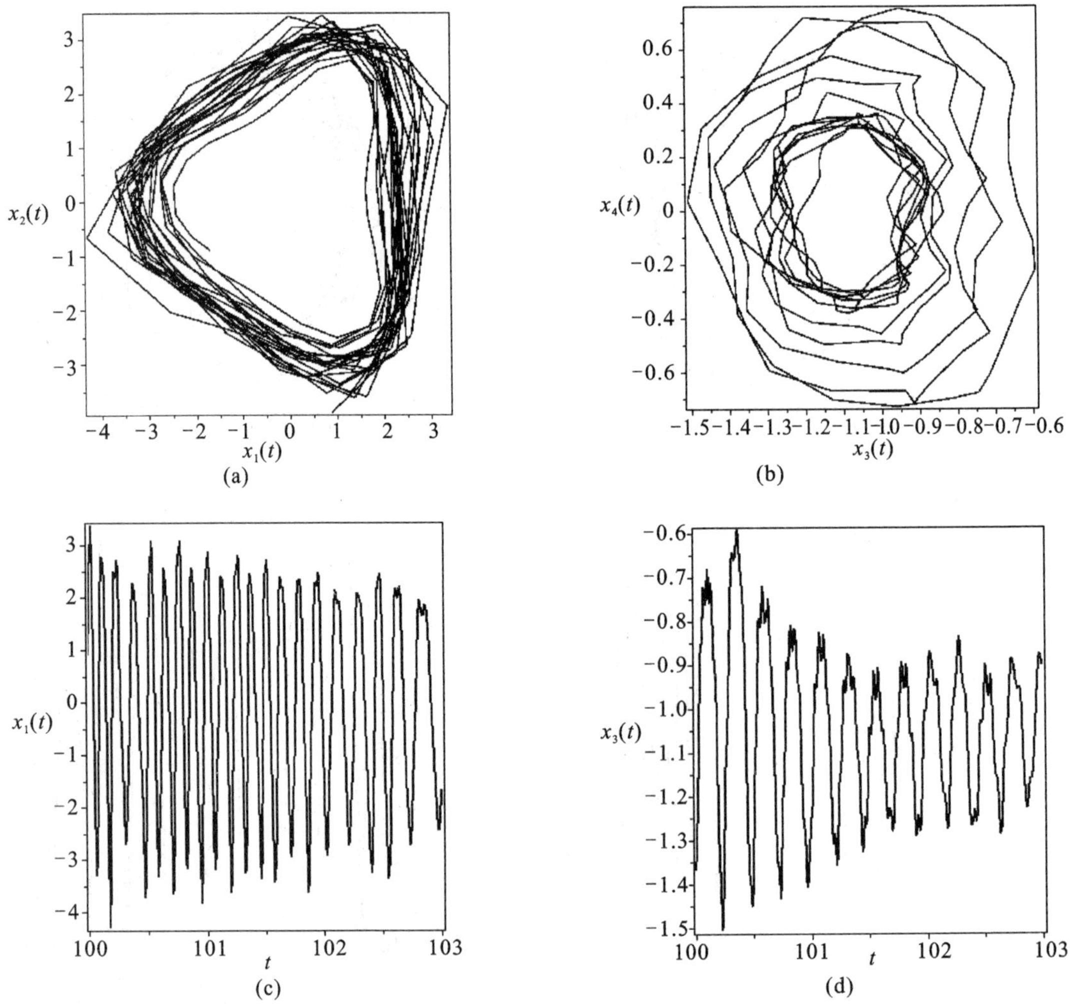

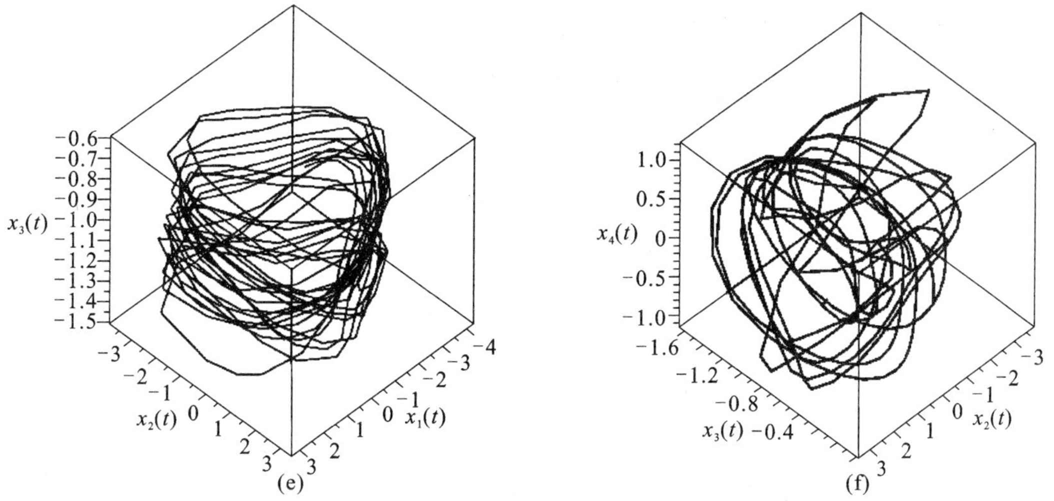

图 12.6　$p_2=40.9$ 时系统的混沌响应

12.4　悬臂薄板的材料非线性动力学方程

对于由非线性材料制成的薄板，如各向异性材料、复合材料层合结构以及功能梯度材料等，目前进行动力学分析的主要方法有层合模型法、三维复合材料弹性力学分析法，能够取得完全解析解的还是局限于特定几何形状和边界条件下的线性问题。除了解析分析方法之外，工程中很大程度上可接受的结果还是数值解。本节建立基于材料非线性弹性假设的悬臂薄板的非线性动力学方程，利用 Galerkin 法将该非线性偏微分方程转化为非线性常微分方程。然后，采用 Lindstedt-Poincaré 摄动法对其固有特性进行近似解析求解。所得到的考虑材料非线性的薄板固有特性的近似解析结果具有合理性。通过与有限元法、实测结果对比，在多个阶次上的结果都十分接近，而仅采用线性近似解析方法求得的固有频率，在第 3 阶之后的数值相差较大而不可接受。

(1) 基本方程

将悬臂薄板等效为一种由非线性弹性材料制成的板。这样，材料各向异性或材料梯度变化的弹性结构三维变系数方程可以转化为二维各向异性常系数方程。图 12.7 所示为等效薄板的几何示意图。

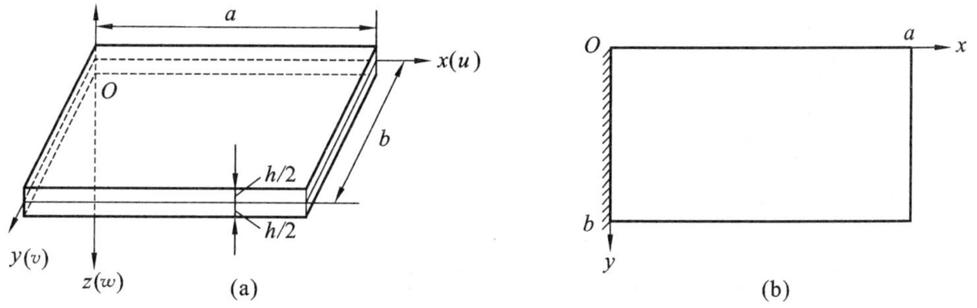

图 12.7　悬臂薄板的几何定义及其边界条件

(a)薄板的几何定义；(b)薄板的中面定义及其悬臂边界条件

根据薄板理论，各向同性材料制成的薄板的位移分量如下式所式：

$$u(x,y,z,t)=-z\frac{\partial w}{\partial x},v(x,y,z,t)=-z\frac{\partial w}{\partial y},w=w(x,y,t) \tag{12.27}$$

相应的应变分量为：

$$\varepsilon_x=-z\frac{\partial^2 w}{\partial x^2},\varepsilon_y=-z\frac{\partial^2 w}{\partial y^2},\gamma_{xy}=-2z\frac{\partial^2 w}{\partial x\partial y} \tag{12.28}$$

根据材料非线性的弹性薄板理论，薄板的非线性应力-应变关系为：

$$\sigma_x=\frac{E}{1-\mu^2}[(\varepsilon_x-B\varepsilon_x^3)+\mu(\varepsilon_y-B\varepsilon_y^3)] \tag{12.29a}$$

$$\sigma_y=\frac{E}{1-\mu^2}[(\varepsilon_y-B\varepsilon_y^3)+\mu(\varepsilon_x-B\varepsilon_x^3)] \tag{12.29b}$$

$$\tau_{xy}=G(\gamma_{xy}-B\gamma_{xy}^3) \tag{12.29c}$$

只计入板面横向外载荷 $q(x,y,t)$，对具有质量密度 $\rho(z)$ 的非线性弹性薄板的三维平衡方程沿 z 积分，得到：

$$\frac{\partial M_x}{\partial x}+\frac{\partial M_{xy}}{\partial y}-Q_x=0 \tag{12.30a}$$

$$\frac{\partial M_{xy}}{\partial x}+\frac{\partial M_y}{\partial y}-Q_y=0 \tag{12.30b}$$

$$\frac{\partial Q_x}{\partial x}+\frac{\partial Q_y}{\partial y}-\overline{\rho h}\frac{\partial^2 w}{\partial t^2}+q=0 \tag{12.30c}$$

式中，薄板的面质量密度为 $\overline{\rho h}=\int_{-h/2}^{h/2}\rho(z)\mathrm{d}z$。

将式(12.30a)、式(12.30b)代入式(12.30c)，整理后可得材料非线性弹性薄板的动力学方程为：

$$L(w)+\overline{\rho h}\frac{\partial^2 w}{\partial t^2}=q(x,y,t) \tag{12.31}$$

其中

$$\begin{aligned}L(w) = {} & D\left(\frac{\partial^4 w}{\partial x^4}+\frac{\partial^4 w}{\partial y^4}\right)+2(D_{xy}+2D_k)\frac{\partial^4 w}{\partial x^2\partial y^2}-3D_n\left[\left(\frac{\partial^2 w}{\partial x^2}\right)^2\frac{\partial^4 w}{\partial x^4}+\left(\frac{\partial^2 w}{\partial y^2}\right)^2\frac{\partial^4 w}{\partial y^4}\right]- \\ & 3D_{xyn}\left[\left(\frac{\partial^2 w}{\partial x^2}\right)^2+\left(\frac{\partial^2 w}{\partial y^2}\right)^2\right]\frac{\partial^4 w}{\partial x^2\partial y^2}-48D_{kn}\left(\frac{\partial^2 w}{\partial x\partial y}\right)^2\frac{\partial^4 w}{\partial x^2\partial y^2}\end{aligned}$$

$$D=\int_{-h/2}^{h/2}\frac{E}{1-\mu^2}z^2\mathrm{d}z,D_{xy}=\int_{-h/2}^{h/2}\frac{E\mu}{1-\mu^2}z^2\mathrm{d}z,D_k=\int_{-h/2}^{h/2}Gz^2\mathrm{d}z$$

$$D_n=\int_{-h/2}^{h/2}\frac{EB}{1-\mu^2}z^4\mathrm{d}z,D_{xyn}=\int_{-h/2}^{h/2}\frac{EB\mu}{1-\mu^2}z^4\mathrm{d}z,D_{kn}=\int_{-h/2}^{h/2}GBz^4\mathrm{d}z$$

(2) Galerkin 近似

设方程式(12.31)的解具有如下形式：

$$w(x,y,t)=w_0(x,y)S(t) \tag{12.32}$$

其中，$w_0(x,y)$ 为满足非线性弹性薄板边界条件的挠度函数。

根据 Galerkin 法，将上式代入式(12.31)，推导得到的 $S(t)$ 将满足下式：

$$\iint_A\left[L(w_0)+\overline{\rho h}w_0\frac{\mathrm{d}^2 S}{\mathrm{d}t^2}-q\right]w_0\mathrm{d}A=0 \tag{12.33}$$

从而得到关于 $S(t)$ 的非线性常微分方程为：

$$\frac{\mathrm{d}^2 S(t)}{\mathrm{d}t^2}+\omega_0^2 S(t)+\beta S^3(t)=F(t) \tag{12.34}$$

式中，ω_0 为相应的线性问题采用 Galerkin 法所求得的固有频率，其表达式为：

$$\omega_0^2=\frac{D}{\rho h}\iint_A\left[\frac{\partial^4 w_0}{\partial x^4}+\frac{\partial^4 w_0}{\partial y^4}+2\,\frac{D_{xy}+2D_k}{D}\,\frac{\partial^4 w_0}{\partial x^2\partial y^2}\right]\frac{w_0\,\mathrm{d}A}{\iint_A w_0^2\,\mathrm{d}A} \tag{12.35a}$$

另外，式(12.34)中的 β 是非线性参数，其表达式为：

$$\beta=-\frac{3D_n}{\rho h}\iint_A\left\{\left(\frac{\partial^2 w_0}{\partial x^2}\right)^2\frac{\partial^4 w_0}{\partial x^4}+\left(\frac{\partial^2 w_0}{\partial y^2}\right)^2\frac{\partial^4 w_0}{\partial y^4}+\frac{D_{xyn}}{D_n}\left[\left(\frac{\partial^2 w_0}{\partial x^2}\right)^2+\left(\frac{\partial^2 w_0}{\partial y^2}\right)^2\right]\frac{\partial^4 w_0}{\partial x^2\partial y^2}\right.$$
$$\left.+16\,\frac{D_{kn}}{D_n}\left(\frac{\partial^2 w_0}{\partial x\partial y}\right)^2\frac{\partial^4 w_0}{\partial x^2\partial y^2}\right\}\frac{w_0\,\mathrm{d}A}{\iint_A w_0^2\,\mathrm{d}A} \tag{12.35b}$$

式(12.34)中的 $F(t)$ 为外激励力，其表达式为：

$$F(t)=\frac{1}{\rho h}\iint_A\frac{q(x,y,t)w_0(x,y)\,\mathrm{d}A}{\iint_A w_0^2(x,y)\,\mathrm{d}A} \tag{12.35c}$$

12.5 考虑材料非线性的悬臂薄板固有特性的解析分析

(1) 摄动分析

对于考虑材料非线性的弹性薄板的固有特性解析分析问题，如式(12.34)所示的非线性控制方程，将其退化为如下自由振动方程：

$$\frac{\mathrm{d}^2 S(t)}{\mathrm{d}t^2}+\omega_0^2 S(t)+\beta S^3(t)=0 \tag{12.36}$$

对于非线性参数 β 较小的弱非线性情况，可以采用小参数 ε 对非线性项进行标记，上述系统方程改写为如下式形式：

$$\frac{\mathrm{d}^2 S(t)}{\mathrm{d}t^2}+\omega_0^2 S(t)=-\varepsilon\beta S^3(t) \tag{12.37}$$

利用 Lindstedt-Poincaré 摄动法对上式进行求解。首先将非线性振动频率 ω_N 与线性固有频率 ω_0 之差用小参数 ε 的多项式展开，即：

$$\omega_0^2=\omega_N^2-\varepsilon b_1-\varepsilon^2 b_2-\cdots \tag{12.38}$$

将方程式(12.37)的解 $S(t)$ 也展开为 ε 的多项式，即：

$$S(t)=s_0(t)+\varepsilon s_1(t)+\varepsilon^2 s_2(t)+\cdots \tag{12.39}$$

将式(12.38)和式(12.39)代入方程式(12.37)，对于给定初始条件为 $S(0)=S_0$、$\dot{S}(0)=0$ 的情况，方程式(12.37)的两端分别变为：

$$\begin{aligned}\ddot{S}+\omega_N^2 S&=\ddot{s}_0+\varepsilon\ddot{s}_1+\varepsilon^2\ddot{s}_2+\cdots+(\omega_N^2-\varepsilon b_1-\varepsilon^2 b_2-\cdots)(s_0+\varepsilon s_1+\varepsilon^2 s_2+\cdots)\\&=(\ddot{s}_0+\omega_N^2 s_0)+\varepsilon(\ddot{s}_1+\omega_N^2 s_1-b_1 s_0)+\varepsilon^2(\ddot{s}_2+\omega_N^2 s_2-b_2 s_0-b_1 s_1)+\cdots\end{aligned} \tag{12.40a}$$

$$\varepsilon p(S,\dot{S})=\varepsilon p(s_0+\varepsilon s_1+\varepsilon^2 s_2+\cdots,\dot{s}_0+\varepsilon\dot{s}_1+\varepsilon^2\dot{s}_2+\cdots)$$
$$=\varepsilon p(s_0,\dot{s}_0)+\varepsilon^2[p_1(s_0,\dot{s}_0)s_1+p_2(s_0,\dot{s}_0)\dot{s}_1]+\cdots \tag{12.40b}$$

其中，$p_1(s_0,\dot{s}_0)$和$p_2(s_0,\dot{s}_0)$分别是函数$p(s,\dot{s})=-\beta s^3$在$(s_0,\dot{s}_0)$处关于s和$\dot{s}$的偏导数。

比较上式所表示的等式两端小参数ε的同次幂的系数，得到如下一系列线性常微分方程的初值问题的方程表达式，即：

$$\varepsilon^0:\begin{cases}\ddot{s}_0+\omega_N^2 s_0=0\\ s_0(0)=T_0,\dot{s}_0(0)=0\end{cases} \tag{12.41a}$$

$$\varepsilon^1:\begin{cases}\ddot{s}_1+\omega_N^2 s_1=p(s_0,\dot{s}_0)+b_1 s_0\\ s_1(0)=0,\dot{s}_1(0)=0\end{cases} \tag{12.41b}$$

$$\varepsilon^2:\begin{cases}\ddot{s}_2+\omega_N^2 s_2=p_1(s_0,\dot{s}_0)s_1+p_2(s_0,\dot{s}_0)\dot{s}_1+b_2 s_0+b_1 s_1\\ s_2(0)=0,\dot{s}_2(0)=0\end{cases} \tag{12.41c}$$

(2) 固有特性求解方法

依次对式(12.41)所表示的微分方程的初值问题进行求解。

对于方程式(12.41a)所示的线性无阻尼自由振动系统，其解可以设为：

$$s_0(t)=a_0\cos(\omega_N t) \tag{12.42}$$

进而将式(12.42)代入式(12.41b)，整理得到如下关于s_1的线性微分方程，有：

$$\begin{aligned}\ddot{s}_1(t)+\omega_N^2 s_1&=-\beta a_0^3\cos^3(\omega_N t)+b_1 a_0\cos(\omega_N t)\\&=\left(b_1 a_0-\frac{3}{4}\beta a_0^3\right)\cos(\omega_N t)-\frac{a_0^3}{4}\beta\cos(3\omega_N t)\end{aligned} \tag{12.43}$$

式(12.43)是一个单自由度无阻尼强迫振动方程。根据非线性振动的长期项理论，$\cos(\omega_N t)$项力函数的频率与该方程固有频率ω_N相重合，其解将为无限大，这是不可能的。因此，需要令该项的幅值为零，从而得到系数b_1的表达式为：

$$b_1=\frac{3}{4}\beta a_0^2 \tag{12.44}$$

进而可以得到方程式(12.43)的解，即：

$$s_1(t)=\frac{\beta a_0^3}{32\omega_N^2}[\cos(3\omega_N t)-\cos(\omega_N t)] \tag{12.45}$$

将求得的s_0和s_1代入方程式(12.41c)，经过与上面类似的求解及分析过程，可以求出系数b_2的表达式为：

$$b_2=-\frac{3\beta^2 a_0^4}{128\omega_N^2} \tag{12.46}$$

相应地，可以求得s_2的表达式为：

$$s_2(t)=\frac{\beta^2 a_0^5}{1024\omega_N^4}[\cos(5\omega_N t)-\cos(\omega_N t)] \tag{12.47}$$

同理可以进一步求取高阶ε所对应的系数b_3、b_4、b_5、…及解分量s_3、s_4、s_5、…。

这样，将求出的系数b_1、b_2、b_3、…代入式(12.38)可以得到薄板的非线性固有频率表达式如下：

$$\omega_N^2=\omega_0^2+\frac{3}{4}\beta a_0^2\varepsilon-\frac{3\beta^2 a_0^4}{128\omega_N^2}\varepsilon^2+\cdots \tag{12.48}$$

(3) 悬臂边界条件的处理

在非线性弹性薄板的非线性动力学方程的解式(12.32)中，$w_0(x,y)$为满足全部边界条件的挠度振型函数。该挠度振型函数需要根据薄板的边界条件并结合几何形状加以确定。对于悬臂边界条件下的矩形薄板，可采用双向梁函数组合级数进行求解。设薄板的挠度振型函数为：

$$w_0(x,y)=\sum_{m=1}^{p}\sum_{n=1}^{q}A_{mn}\Phi_m(x)\Psi_n(y) \tag{12.49}$$

式中，A_{mn}是待定系数，用来调整不同阶次梁函数组合以逼近板件振型真实解；$\Phi_m(x)$和$\Psi_n(y)$分别是与x、y方向两端边界条件相对应的梁的第m阶及第n阶振型函数，其表达式为：

$$\Phi_m(x)=[\cosh(\lambda_m x)-\cos(\lambda_m x)]-\alpha_m[\sinh(\lambda_m x)-\sin(\lambda_m x)] \tag{12.50a}$$

$$\Psi_n(y)=[\cosh(\mu_n y)+\cos(\mu_n y)]-\beta_n[\sinh(\mu_n y)+\sin(\mu_n y)] \tag{12.50b}$$

$$\cosh(\lambda_m a)\cos(\lambda_m a)+1=0,\cosh(\mu_n b)\cos(\mu_n b)-1=0 \tag{12.50c}$$

$$\alpha_m=\frac{\cosh(\lambda_m a)+\cos(\lambda_m a)}{\sinh(\lambda_m a)+\sin(\lambda_m a)} \tag{12.50d}$$

$$\beta_n=\frac{\cosh(\mu_n b)-\cos(\mu_n b)}{\sinh(\mu_n b)-\sin(\mu_n b)} \tag{12.50e}$$

$$\lambda_m=\frac{(\alpha_a)_m}{a},\mu_n=\frac{(\alpha_b)_n}{b} \tag{12.50f}$$

其中，$(\alpha_a)_m$和$(\alpha_b)_n$为不同边界条件单向薄板的频率系数，可以参阅板壳理论著作中的表格(如曹志远著的《板壳振动理论》)。

对于边界条件不以对角线为对称的板(包括方板、矩形板)以及边界条件以对角线为对称的矩形板(两邻边边长相差较大)，其振型以$\Phi_m(x)\Psi_n(y)$为主。考虑到多项组合法解中均有一项为主的特点，对于梁函数组合法解上述边界条件板的振型，可以进一步简化，即可在振型表达式(12.49)中仅取单独一项，有：

$$w_{mn}(x,y)=A_{mn}\Phi_m(x)\Psi_n(y) \tag{12.51}$$

将式(12.51)代入方程式(12.35a)，得：

$$\omega_{mn}^2=\frac{D}{\rho h}\times\frac{\int_0^b\int_0^a\left[\frac{\partial^4\Phi_m(x)\Psi_n(y)}{\partial x^4}+\frac{\partial^4\Phi_m(x)\Psi_n(y)}{\partial y^4}+2\frac{D_{xy}+2D_k}{D}\frac{\partial^4\Phi_m(x)\Psi_n(y)}{\partial x^2\partial y^2}\right]\times\Phi_m(x)\Psi_n(y)\mathrm{d}x\mathrm{d}y}{\int_0^b\int_0^a[\Phi_m(x)\Psi_n(y)]^2\mathrm{d}x\mathrm{d}y} \tag{12.52}$$

同样将式(12.52)代入方程式(12.35b)，可以得到不同阶次的β_{mn}。将ω_{mn}^2和β_{mn}代入式(12.48)，就可以得到悬臂薄板的非线性振动频率。

具体而言，根据式(12.39)、式(12.42)和式(12.45)，悬臂薄板的材料非线性系统自由振动的一次近似解为：

$$S(t)=a_0\cos(\omega_N t)+\frac{\beta a_0^3}{32\omega_N^2}\varepsilon[\cos(3\omega_N t)-\cos(\omega_N t)] \tag{12.53}$$

所对应的固有频率为：

$$\omega_N^2=\omega_0^2+\frac{3}{4}\beta a_0^2\varepsilon \tag{12.54}$$

12.6 考虑材料非线性的悬臂薄板固有特性算例

对于某矩形薄板试件，几何尺寸如表 12.1 所示，材料参数如表 12.2 所示。

表 12.1 薄板的尺寸参数

薄板的编号	长(mm)	宽(mm)	厚度(mm)
板 1	89.80	80.00	1.48
板 2	90	79.70	1.48
板 3	122	110	1.5

表 12.2 薄板的材料参数

薄板的编号	弹性模量(GPa)	剪切模量(GPa)	泊松比
板 1	119.68	45.91	0.3099
板 2、板 3	115.35	44.25	0.3099

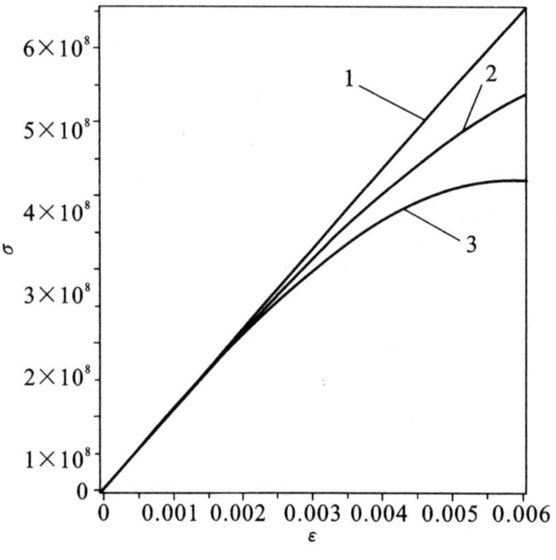

图 12.8 薄板的非线性应力-应变曲线

对于薄板材料应力-应变关系式(12.29)中的非线性材料常数 B，采用图形拟合的方法来确定。根据 $\sigma_i = E_i(\varepsilon_i - B_i\varepsilon_i^3)$，获得材料非线性曲线图如图 12.8 所示。在该图中，直线 1 为薄板的线性弹性模量 E，曲线 2 和 3 分别为 B 取 5000 和 10000 时的非线性应力-应变关系曲线。对比相关实测材料曲线，在这里取 $B=5000$。

运用 Maple 软件对有关公式进行编程和计算，获得薄板的固有频率解析解结果。

得到薄板前 5 阶固有频率后，将非线性解析解结果与对应的线性解析解，以及采用有限元法计算和实验测试所得到的结果进行对比，如表 12.3 所示。从表 12.3 可以看出，用近似解析方法求得的固有频率和通过有限元法计算及通过实验测试所得的固有频率存在一定差异，但相差较小。

比较四种方法的准确程度，可以看出，用非线性解析方法和有限元方法所求得的固有频率以及实验测试的结果都十分贴近，而用线性解析方法求得的固有频率在 3 阶以后相差比较大。

表 12.3 薄板的固有频率结果对比 单位：Hz

阶次	1	2	3	4	5
板 1 结果					
线性解析解	155.4	427.1	974.1	1244.3	2727.0
非线性解析解	155.3	419.4	963.0	1555.3	2625.1
有限元解	153.97	410.57	955.97	1467.5	2692.5
实验结果	149.1	426.0	911.7	1509.8	2702.7
板 2 结果					
线性解析解	154.5	424.1	968.0	1404.4	2710.1
非线性解析解	149.8	397.8	945.9	1403.7	2714.0
有限元解	153.87	411.91	955.45	1471.4	2699.3
实验结果	158.8	408.0	1044.8	1406.8	2704.5
板 3 结果					
线性解析解	85.19	196.5	533.96	763.2	1495
非线性解析解	85.18	205.61	532.12	765.7	1494.9
有限元解	84.225	222.25	521.12	779.86	1450
实验结果	87.75	227.75	538	777.25	1467

13 转子系统的非线性振动

在旋转机械运行过程中，存在转子不平衡、转子不对中、转子与静子间隙变化引起的碰摩等问题时，会出现明显的转子系统振动。在这些故障中，特别是当转子系统的振动大于转子与静子的间隙时而发生的转子与定子的碰摩振动，是典型的非线性振动问题。碰摩一般由最初的局部碰摩逐渐发展为较严重的整周摩擦，进而可能引起转子系统运动失稳。对于碰摩引起的转子系统非线性振动，人们已经进行了深入的理论和实验研究，并在工程中得到验证与确认。本章利用求解非自治非线性系统周期解的延拓打靶法，考虑碰摩因素，在转速变化范围内研究转子系统非线性振动的周期运动稳定性变化规律，得到了相应的非线性行为及其分岔和混沌特征。

很多旋转机械装备经常发生轴承支承部件安装不当造成的转子系统支点不对中问题，并且轴承内外圈会出现相对偏转和偏移。支点不对中会造成转子系统的异常振动，会直接导致转子系统支反力的劣化，导致轴承温度升高、润滑不良等一系列问题。转子系统支点不对中可以分为平行不对中、角度不对中以及两者的组合不对中等不同形式。本章采用拉格朗日能量法建立带有支点不对中的两支点转子系统的动力学模型，其中支点不对中环节即为具有不对中参数的五自由度支点刚度矩阵。基于该解析模型分析了支点不对中参数对转子系统振动特性的影响，获得了支点不对中转子系统的固有频率和振动响应的变化。

13.1 碰摩转子系统动力学模型

针对图 13.1(a)所示的转子系统，两端由滑动轴承支承，在转盘处会沿圆周产生局部碰摩。图中 O_1 为轴瓦几何中心，O_2 为转子几何中心，O_3 为转子质心，k_c 为定子刚度，k 为弹性轴刚度，c_1 为转子在轴承处阻尼系数，c_2 为转子圆盘阻尼系数。转子在轴承处集中质量为 m_1，在圆盘处的等效集中质量为 m_2，忽略转子圆盘与轴承之间轴的质量。

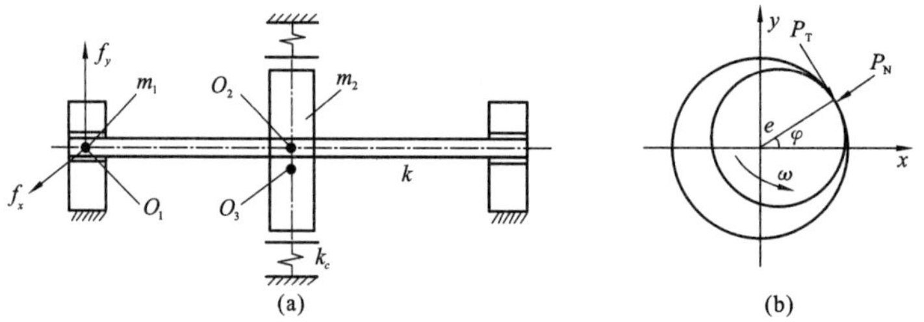

图 13.1 碰摩转子-轴承系统力学模型

(a)碰摩转子简图；(b)局部碰摩模型

(1) 碰摩力模型

转盘与定子的碰摩考虑为圆周局部碰摩，假设为弹性碰撞且不考虑摩擦的热效应。转子局部碰摩的碰摩力模型如图 13.1(b)所示，图中，P_N为径向碰撞力，P_T为切向摩擦力，φ为碰摩点的法向与 x 轴的夹角，e 为转子轴心位移，ω 为转子转动角速度。设转、定子间的摩擦系数为 f，间隙为 δ_0，则该碰摩力的表达式为：

$$\left.\begin{aligned}&\begin{Bmatrix}P_x\\P_y\end{Bmatrix}=-\frac{(e-\delta_0)k_c}{e}\begin{bmatrix}1&-f\\f&1\end{bmatrix}\begin{Bmatrix}x\\y\end{Bmatrix}\quad(e\geqslant\delta_0)\\&P_x=P_y=0\quad(e<\delta_0)\end{aligned}\right\}\tag{13.1}$$

(2) 带有油膜轴承的转子系统动力学模型

两端滑动轴承支承采用短轴颈油膜轴承，其无量纲非线性油膜力 f_x、f_y 可以表示为：

$$\begin{Bmatrix}f_x\\f_y\end{Bmatrix}=-\frac{[(x-2y')^2+(y+2x')^2]^{\frac{1}{2}}}{1-x^2-y^2}\begin{Bmatrix}3xV(x,y,\alpha)-\sin\alpha G(x,y,\alpha)-2\cos\alpha S(x,y,\alpha)\\3yV(x,y,\alpha)+\cos\alpha G(x,y,\alpha)-2\sin\alpha S(x,y,\alpha)\end{Bmatrix}\tag{13.2}$$

式中

$$V(x,y,\alpha)=\frac{2+(y\cos\alpha-x\sin\alpha)G(x,y,\alpha)}{1-x^2-y^2}$$

$$S(x,y,\alpha)=\frac{x\cos\alpha+y\sin\alpha}{1-(x\cos\alpha+y\sin\alpha)^2}$$

$$G(x,y,\alpha)=\frac{2}{(1-x^2-y^2)^{\frac{1}{2}}}\left[\frac{\pi}{2}+\arctan\frac{y\cos\alpha-x\sin\alpha}{(1-x^2-y^2)^{\frac{1}{2}}}\right]$$

$$\alpha=\arctan\frac{y+2x'}{x-2y'}-\frac{\pi}{2}\mathrm{sign}\left(\frac{y+2x'}{x-2y'}\right)-\frac{\pi}{2}\mathrm{sign}(y+2x')$$

式中 sign()——符号函数；

x——轴颈中心 x 方向位移分量；

y——轴颈中心 y 方向位移分量；

x'——轴颈中心 x 方向速度分量；

y'——轴颈中心 y 方向速度分量。

设转子左端的径向位移为 x_1，y_1，转盘处的径向位移为 x_2，y_2，则系统的运动微分方程可以表示为：

$$\left.\begin{aligned}&m_1\ddot{x}_1+c_1\dot{x}_1+k(x_1-x_2)=\delta pf_x\\&m_1\ddot{y}_1+c_1\dot{y}_1+k(y_1-y_2)=\delta pf_y-m_1g\\&m_2\ddot{x}_2+c_2\dot{x}_2+2k(x_2-x_1)=P_x(x_2,y_2)+m_2b\cos\omega t\\&m_2\ddot{y}_2+c_2\dot{y}_2+2k(y_2-y_1)=P_y(x_2,y_2)+m_2b\sin\omega t-m_2g\end{aligned}\right\}\tag{13.3}$$

式中 δ——Sommerfeld 修正数，$\delta=\frac{\mu\omega RL}{P}\left(\frac{R}{c}\right)^2\left(\frac{L}{2R}\right)^2$；

c——平均油膜厚度；

μ——润滑油黏度；

P——圆盘重量的一半；

L——轴承长度；

R——轴承半径；

b——无量纲偏心量；

p——油膜压力。

系统的运动微分方程还可以表示为：

$$\begin{cases} \ddot{x}_1=-\dfrac{c_1}{\omega m_1}\dot{x}_1-\dfrac{k}{\omega^2 m_1}(x_1-x_2)+\dfrac{\delta P}{c\omega^2 m_1}f_x(x_1,y_1,\dot{x}_1,\dot{y}_1) \\ \ddot{y}_1=-\dfrac{c_1}{\omega m_1}\dot{y}_1-\dfrac{k}{\omega^2 m_1}(y_1-y_2)+\dfrac{\delta P}{c\omega^2 m_1}f_y(x_1,y_1,\dot{x}_1,\dot{y}_1)-\dfrac{g}{\omega m_1} \\ \ddot{x}_2=-\dfrac{c_2}{\omega m_2}\dot{x}_2-\dfrac{2k}{\omega^2 m_2}(x_2-x_1)+\dfrac{P_x(x_2,y_2)}{cm_2\omega^2}+b\cos\tau \\ \ddot{y}_2=-\dfrac{c_2}{\omega m_2}\dot{y}_2-\dfrac{2k}{\omega^2 m_2}(y_2-y_1)+\dfrac{P_y(x_2,y_2)}{cm_2\omega^2}+b\sin\tau-\dfrac{g}{\omega m_2} \end{cases} \tag{13.4}$$

其中，$\tau=\omega t$。

13.2　周期运动稳定性的 Floquet 理论

根据 Floquet 稳定性理论，对非线性系统周期解的稳定性进行讨论，可以等价于对系统周期为 T 的不动点的稳定性的讨论。n 自由度的原始系统方程可以写成如下形式的具有周期为 T、自由度为 $2n$ 的边值问题，即：

$$\begin{cases} \dot{y}=f(t,y) \\ f(t+T,y)=f(t,y) \\ y(0)-y(T)=0 \end{cases} \tag{13.5}$$

设式(13.5)的周期解记为 $y^*(t)$，引入摄动向量 $\boldsymbol{x}(t)=y(t)-y^*(t)$，由泰勒近似原理，只保留系统的低阶项，可得：

$$\dot{x}=\frac{\partial f}{\partial y^*}x \tag{13.6}$$

上式可以写成如下形式：

$$\begin{cases} \dot{\boldsymbol{x}}=A(t)\boldsymbol{x} \\ A(t+T)=A(t) \end{cases} \tag{13.7}$$

这样，原系统周期解 $y^*(t)$ 的稳定性讨论就等价于式(13.7)平衡点的稳定性讨论。令 $x(0)=\boldsymbol{I}$，其中 $\boldsymbol{I}$ 是 $2n\times 2n$ 的单位矩阵。式(13.7)的基础解矩阵 $\boldsymbol{S}=x(t)$ 可以采用从 0 到 T 的数值积分方法得到。$\boldsymbol{S}$ 的本征值又称为 Floquet 乘子，记为 λ_i，由求解 $(\boldsymbol{S}-\lambda_i\boldsymbol{I})\alpha_i=0$ 得到。

典型的 Floquet 乘子离开单位圆的形式如图 13.2 所示，当有一个最大的 Floquet 乘子由实轴的正方向穿出复平面单位圆时，周期解发生鞍结分岔、叉形分岔；当有一个最大的 Floquet 乘子由实轴的负方向穿出复平面单位圆时，周期解发生倍周期分岔；当有一对模最大的 Floquet 乘子以共轭复数方式穿出复平面单位圆时，周期解发生 Naimark-Sacker 分岔(简称 N-S 分岔)。

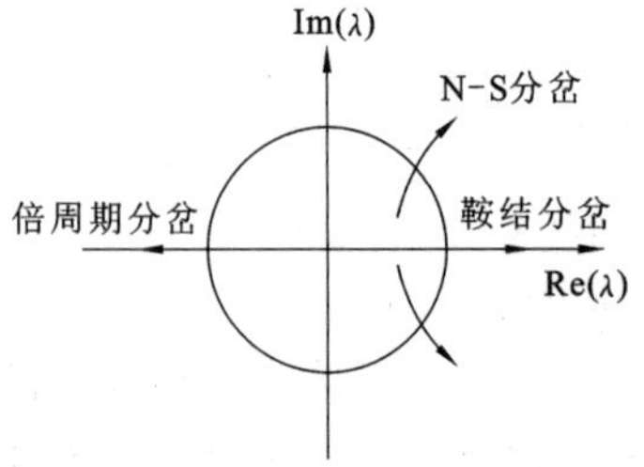

图 13.2　Floquet 乘子穿出单位圆的三种方式

根据 Floquet 理论可以进行碰摩转子系统的周期运动稳定性的研究。在转子系统的 Floquet 稳定性分析中，直接采用数值积分的方法更为有效。即采用 Runge-Kutta 积分方法，从原始系统方程式(13.4)入手，可以直接积分求得系统在 T 时刻的周期解 y^*。用一个小量 Δ 进行摄动后，有 $y^{*'}=(1+\Delta)y^*$。根据式(13.5)，矩阵 $A(t)$ 还可以近似为：

$$A(t+T)=A(t)=\frac{f(t+T,y^*)-f(t+T,y^{*'})}{y^*-y^{*'}} \tag{13.8}$$

考虑初值条件是 $x(0)=I$，这样式(13.5)也可以容易地用 Runge-Kutta 方法进行积分求解。这样，转子系统周期解的 Floquet 乘子就可以按上述方法进行求解得到。

13.3 碰摩转子系统周期运动稳定性算例

对于图 13.1 所示的碰摩转子系统，设系统参数为：$m_1=4.0$ kg，$m_2=32.1$ kg，$R=25$ mm，$L=12$ mm，$c=0.11$ mm，$\mu=0.018$ Pa·s，$f=0.1$，$c_1=1050$ N·s/m，$c_2=2100$ N·s/m，$k=2.5\times10^7$ N·m^{-1}。

图 13.3(a)～图 13.3(d)分别为不平衡量 $b=0.03$，转速 $\omega=700$ rad/s 时系统响应的时域波形、轴心轨迹、Poincaré 截面和幅值谱图。由图可以看出，此时系统的不平衡响应是同步周期响应。

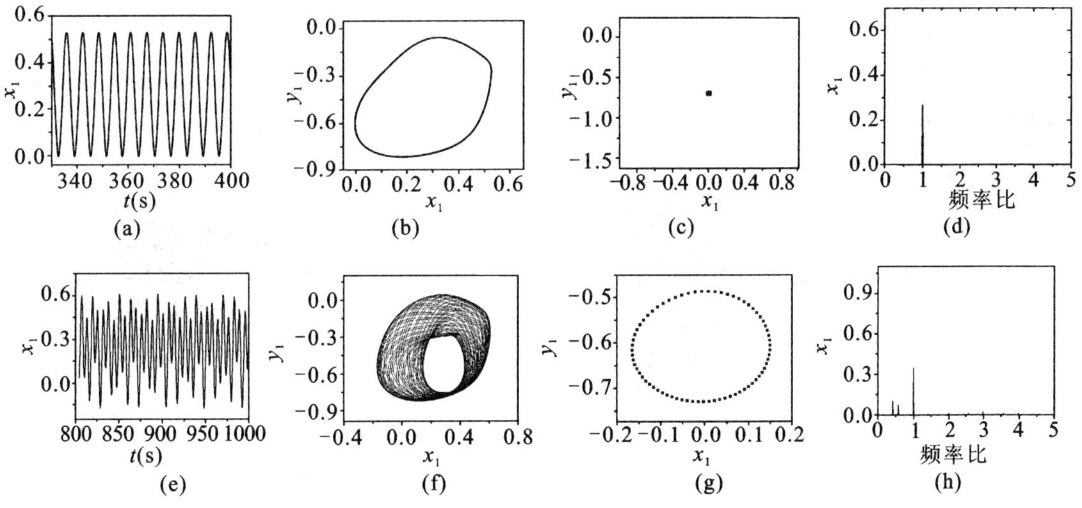

图 13.3 $b=0.03$ 时系统响应的时域波形、轴心轨迹、Poincaré 截面和幅值谱图

(a)、(e)时域波形；(b)、(f)轴心轨迹；(c)、(g)Poincaré 截面；(d)、(h)幅值谱图

进一步增大转速，系统的同步周期运动发生分岔而失稳。图 13.3(e)～(h)分别为系统不平衡量 $b=0.03$，转速 $\omega=800$ rad/s 时系统响应的时域波形、轴心轨迹、Poincaré 截面和幅值谱图，此时系统中出现了与工频运动不同的低频成分，由图可知，系统的运动为拟周期运动。

图 13.4 给出了系统同步周期解的 Floquet 乘子-转速变化曲线。表 13.1 所示为无量纲偏心 $b=0.03$ 时系统同频周期运动对应的 Floquet 乘子。由图 13.4 和表 13.1 可知，当系统转速 $\omega=776$ rad/s 时，系统周期解的 Floquet 乘子以一对共轭复数方式穿出单位圆，根据 Floquet 理论可知碰摩转子系统振动发生 Hopf 分岔。

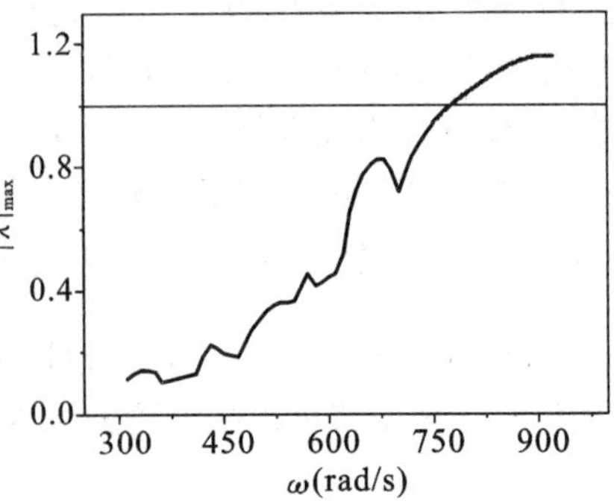

图 13.4 $b=0.03$ 时同步周期解的 Floquet 乘子-转速变化曲线

表 13.1 $b=0.03$ 时周期解的最大 Floquet 乘子

ω(rad/s)	$\|\lambda\|_{max}$	λ_1,λ_2	ω(rad/s)	$\|\lambda\|_{max}$	λ_1,λ_2
600	0.441	−0.382−0.220i	770	0.989	−0.888±0.433i
650	0.777	−0.777+0.000i	777	1.001	−0.894±0.451i
700	0.722	−0.713−0.112i	778	1.003	−0.895±0.454i
750	0.942	−0.864±0.376i	780	1.007	−0.897±0.459i
760	0.967	−0.878±0.406i	790	1.025	−0.904±0.483i

继续利用 Runge-Kutta 法进行数值积分，得到了系统在 $b=0.03$ 和 $b=0.05$ 时的分岔图，如图 13.5 所示。

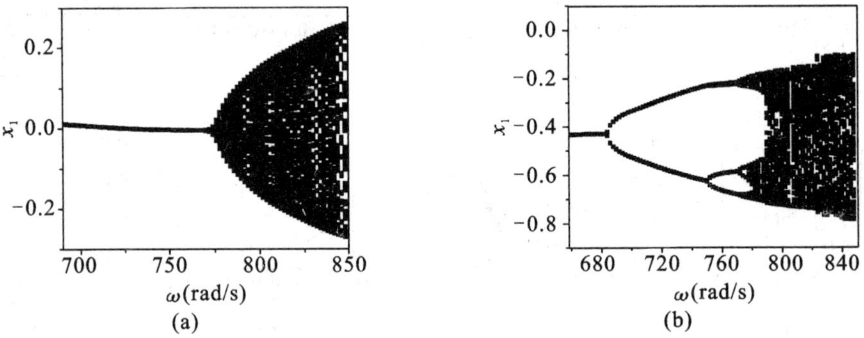

图 13.5 $b=0.03$，$b=0.05$ 时系统运动的分岔图

(a)偏心量 $b=0.03$；(b)偏心量 $b=0.05$

13.4 支点不对中转子系统的动力学模型

13.4.1 支点不对中转子系统的动力学方程

图 13.6 所示的两支点转子系统，由于轴承支承部件安装不良等原因，将存在支点不对中(平行和角度不对中)的情况。图中，转盘质量为 m，极转动惯量为 $J_{xx}=J_p$，直径转动惯量分别为 $J_{yy}=J_{zz}=J_d$。转盘 P 距左支点 B_1 的距离为 a，距右支点 B_2 的距离为 b。

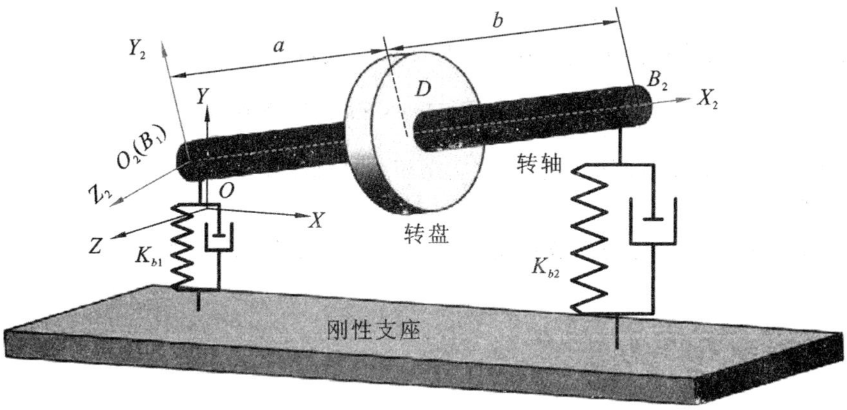

图 13.6　考虑支点不对中的两支点转子系统示意图

对模型进行如下假设：①转盘为刚性；②转轴为无质量的刚性轴，其质量集中到转盘处；③考虑转子系统的弯曲振动和轴向振动，忽略扭转振动的影响；④轴承为弹性支承，滚动轴承采用考虑不对中因素的五自由度刚度模型，基座为刚性；⑤转轴的转速为常数。

首先建立合理的固定坐标系、平动坐标系和旋转坐标系。然后给出系统的动能和势能表达式。该转子系统的动能包括转盘的动能（平动动能和转动动能），势能包括两支承处的弹性势能。具体如下。

（1）转盘的平动动能

$$
\begin{aligned}
T_t &= \frac{1}{2}m(\dot{x}_p^2+\dot{y}_p^2+\dot{z}_p^2)\\
&= \frac{1}{2}m\{[\dot{x}+\alpha e\Omega\sin(\Psi+\Psi_0)]^2+[\dot{y}-e\Omega\sin(\Psi+\Psi_0)]^2+[\dot{z}+e\Omega\cos(\Psi+\Psi_0)]^2\}\\
&= \frac{1}{2}m[\dot{x}^2+2\dot{x}\alpha e\Omega\sin(\Psi+\Psi_0)+\dot{y}^2-2\dot{y}e\Omega\sin(\Psi+\Psi_0)+\dot{z}^2+2\dot{z}e\Omega\cos(\Psi+\Psi_0)+e^2\Omega^2]
\end{aligned}
\tag{13.9}
$$

式中　(x_p, y_p, z_p)——转盘的位置坐标；

$\Psi=\Omega t$——转盘旋转角度；

Ψ_0——初始相位角；

e——转盘质心相对于旋转中心的距离。

（2）转盘的转动动能

$$
\begin{aligned}
T_r &= \frac{1}{2}\boldsymbol{\Omega}^{\mathrm{T}}\boldsymbol{J}\boldsymbol{\Omega}\\
&= \frac{1}{2}\begin{bmatrix}\Omega+\dot{\theta}_z\theta_y\\ -\dot{\theta}_z\sin\Psi+\dot{\theta}_y\cos\Psi\\ \dot{\theta}_z\cos\Psi+\dot{\theta}_y\sin\Psi\end{bmatrix}^{\mathrm{T}}\begin{bmatrix}J_p & 0 & 0\\ 0 & J_d & 0\\ 0 & 0 & J_d\end{bmatrix}\begin{bmatrix}\Omega+\dot{\theta}_z\theta_y\\ -\dot{\theta}_z\sin\Psi+\dot{\theta}_y\cos\Psi\\ \dot{\theta}_z\cos\Psi+\dot{\theta}_y\sin\Psi\end{bmatrix} \qquad (13.10)\\
&= \frac{1}{2}\{J_p(\Omega+\dot{\theta}_z\theta_y)^2+J_d[(-\dot{\theta}_z\sin\Psi+\dot{\theta}_y\cos\Psi)^2+(\dot{\theta}_z\cos\Psi+\dot{\theta}_y\sin\Psi)^2]\}\\
&= \frac{1}{2}[J_p(\Omega^2+2\Omega\dot{\theta}_y\theta_z+\dot{\theta}_z^2\theta_y^2)+J_d(\dot{\theta}_z^2+\dot{\theta}_y^2)]
\end{aligned}
$$

(3) 支点 B_1 和 B_2 的弹性势能

将支点 B_1 的广义位移向量代入其弹性势能计算式，可得：

$$U_1=\frac{1}{2}\boldsymbol{q}_{b1}^{\mathrm{T}}\boldsymbol{K}\boldsymbol{q}_{b1}=\frac{1}{2}(\boldsymbol{R}\boldsymbol{B}_1\boldsymbol{R}^{\mathrm{T}}\boldsymbol{q}+\boldsymbol{S}_{b1})^{\mathrm{T}}\boldsymbol{K}(\boldsymbol{R}\boldsymbol{B}_1\boldsymbol{R}^{\mathrm{T}}\boldsymbol{q}+\boldsymbol{S}_{b1}) \tag{13.11}$$

式中，$\boldsymbol{K}$ 为支点 B_1 处的支承刚度。它是由支座和滚动轴承串联的合成刚度。滚动轴承刚度矩阵为 $\boldsymbol{K}_b$，详见附录 **A**。

若视轴承支座为刚性，则支点处的支承刚度仅由滚动轴承刚度决定。若视支座为弹性，其刚度为：

$$\boldsymbol{K}_s=\begin{bmatrix}K_{s1}&0&0&0&0\\0&K_{s2}&0&0&0\\0&0&K_{s3}&0&0\\0&0&0&K_{s4}&0\\0&0&0&0&K_{s5}\end{bmatrix} \tag{13.12}$$

式中，$K_{s1}\sim K_{s5}$ 分别为弹性支座在三个方向的平动刚度和绕着横向坐标轴的角刚度。

这样，轴承刚度和支座刚度串联的合成刚度矩阵 $\boldsymbol{K}$ 为：

$$\boldsymbol{K}=1/(1/\boldsymbol{K}_b+1/\boldsymbol{K}_s)=\begin{bmatrix}K_1&0&0&0&0\\0&K_2&0&0&0\\0&0&K_3&0&0\\0&0&0&K_4&0\\0&0&0&0&K_5\end{bmatrix} \tag{13.13}$$

式中，$K_1\sim K_5$ 分别为支承部件合成刚度在三个方向的平动刚度和绕着横向坐标轴的角刚度。

类似地，支点 B_2 的弹性势能为：

$$U_2=\frac{1}{2}\boldsymbol{q}_{b2}^{\mathrm{T}}\boldsymbol{K}\boldsymbol{q}_{b2}=\frac{1}{2}(\boldsymbol{R}\boldsymbol{B}_2\boldsymbol{R}^{\mathrm{T}}\boldsymbol{q}+\boldsymbol{S}_{b2})^{\mathrm{T}}\boldsymbol{K}(\boldsymbol{R}\boldsymbol{B}_2\boldsymbol{R}^{\mathrm{T}}\boldsymbol{q}+\boldsymbol{S}_{b2}) \tag{13.14}$$

式中，$\boldsymbol{K}$ 值根据轴承及其支座的不同而不同。

两支点转子系统的总动能为转盘的平动动能和转动动能，即 $T=T_{\mathrm{t}}+T_{\mathrm{r}}$；总势能为两弹性支承处的弹性势能之和，即 $U=U_1+U_2$。由拉格朗日方程可以得到该转子系统的动力学方程为：

$$\frac{\mathrm{d}}{\mathrm{d}t}\frac{\partial T}{\partial\dot{\boldsymbol{q}}}-\frac{\partial T}{\partial\boldsymbol{q}}+\frac{\partial U}{\partial\boldsymbol{q}}=\boldsymbol{Q} \tag{13.15}$$

式中，$\boldsymbol{q}$、$\dot{\boldsymbol{q}}$ 为系统的广义坐标和广义速度；$\boldsymbol{Q}$ 为广义激振力。

推导得到的转子系统动力学方程为：

$$\boldsymbol{M}\ddot{\boldsymbol{q}}+\boldsymbol{G}\dot{\boldsymbol{q}}+\boldsymbol{K}_{cg}\boldsymbol{q}=\boldsymbol{Q} \tag{13.16}$$

式中，转子系统的质量矩阵 $\boldsymbol{M}$、陀螺力矩矩阵 $\boldsymbol{G}$、刚度矩阵 $\boldsymbol{K}_{cg}$、广义力向量 $\boldsymbol{Q}$ 的具体表达式如下：

$$\boldsymbol{M}=\begin{bmatrix}m&0&0&0&0\\0&m&0&0&0\\0&0&m&0&0\\0&0&0&J_d&0\\0&0&0&0&J_d\end{bmatrix} \tag{13.17}$$

$$\boldsymbol{G}=\Omega\begin{bmatrix}0&0&0&0&0\\0&0&0&0&0\\0&0&0&0&0\\0&0&0&0&J_p\\0&0&0&-J_p&0\end{bmatrix} \tag{13.18}$$

$$\boldsymbol{K}_{cg}=\boldsymbol{R}\boldsymbol{B}_1^{\mathrm{T}}\boldsymbol{R}^{\mathrm{T}}\boldsymbol{K}\boldsymbol{R}\boldsymbol{B}_1\boldsymbol{R}^{\mathrm{T}}+\boldsymbol{R}\boldsymbol{B}_2^{\mathrm{T}}\boldsymbol{R}^{\mathrm{T}}\boldsymbol{K}\boldsymbol{R}\boldsymbol{B}_2\boldsymbol{R}^{\mathrm{T}}$$

$$=\begin{bmatrix}2(1+2\alpha^2)K_1&0&0&0&(a-b)\alpha(1+\alpha^2)K_1\\0&2(1+2\alpha^2)K_2&0&0&(-a+b)(1+\alpha^2)K_2\\0&0&2K_3&(a-b)K_3&0\\0&0&(a-b)K_3&2K_4+(a^2+b^2)K_3&0\\(a-b)\alpha(1+\alpha^2)K_1&(-a+b)(1+\alpha^2)K_2&0&0&2K_5+\alpha^2(a^2+b^2)K_1+(a^2+b^2)K_2\end{bmatrix} \tag{13.19}$$

$$\boldsymbol{Q}=\begin{bmatrix}-\alpha me\Omega^2\cos(\Psi+\Psi_0)\\me\Omega^2\cos(\Psi+\Psi_0)+2K_2\alpha^2\delta\cos\varphi\\me\Omega^2\sin(\Psi+\Psi_0)\\(a-b)K_4\delta\sin\varphi\\-(a-b)K_2\alpha^2\delta\cos\varphi-(a-b)K_5\delta\cos\varphi\end{bmatrix} \tag{13.20}$$

此外，将拉格朗日方程对 φ 进行求导，还可得到一个代数方程来决定转轴的位置角 φ，其表达式与 y、θ_y、θ_z 有关，即：

$$\begin{aligned}&2\alpha^2K_2y\sin\varphi+(b-a)(\alpha^2K_2+K_5)\theta_z\sin\varphi+(b-a)K_4\theta_y\cos\varphi+\cdots+\\&(a^2+b^2)\delta(K_4-K_5)\sin\varphi\cos\varphi=0\end{aligned} \tag{13.21}$$

13.4.2 支点不对中状态下的刚度模型

针对图 13.7 所示的支点不对中状态，引入支点不对中的表征参数为：

$$\delta_{\mathrm{mis}}=(\delta_x^*,\delta_y^*,\delta_z^*,\varphi_y^*,\varphi_z^*)^{\mathrm{T}} \tag{13.22}$$

式中，δ_x^*、δ_y^*、δ_z^* 分别为支点处轴承的内外圈在三个方向上的相对平行位移量，φ_y^*、φ_z^* 为轴承内外圈在横向两个方向上的相对角度偏转量。考虑到轴承在正常安装状态下存在预紧力 F_x，即存在轴承的初始轴向位移 δ_x^*。此时轴承的位移向量为 $\boldsymbol{\delta}=(\delta_x^*,0,0,0,0)^{\mathrm{T}}$。

在平行不对中工况下，相当于给滚动轴承施加径向载荷 F_y 或 F_z，从而产生相应的位移量 δ_y^* 或 δ_z^*。此时，轴承的平行不对中表征参数为：

$$\delta_{\mathrm{mis}}=(\delta_x^*,0,\delta_z^*,0,0)^{\mathrm{T}} \tag{13.23}$$

在角度不对中工况下，相当于给滚动轴承施加了弯矩 M_y 或 M_z，从而产生相应的角位移 φ_y^* 或 φ_z^*。轴承的角度不对中表征参数为：

$$\delta_{\mathrm{mis}}=(\delta_x^*,0,0,0,\varphi_z^*)^{\mathrm{T}} \tag{13.24}$$

在组合不对中工况下，相当于给滚动轴承同时施加径向载荷 F_y 或 F_z 以及弯矩 M_y 或 M_z，从而产生相应的径向位移 δ_y^* 或 δ_z^* 和角位移 φ_y^* 或 φ_z^*。轴承的组合不对中表征参数为：

$$\delta_{\mathrm{mis}}=(\delta_x^*,0,\delta_z^*,\varphi_y^*,0)^{\mathrm{T}} \tag{13.25}$$

在正常安装滚动轴承时，为消除滚动轴承游隙，给轴承施加轴向预紧力 F_{a0}。在该预载荷

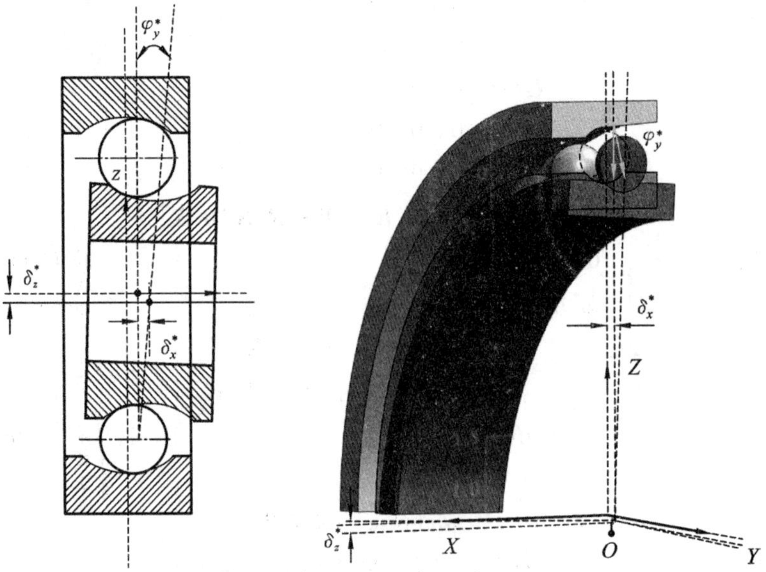

图 13.7　支点不对中状态下的轴承示意图

作用下轴承的初始轴向位移 δ_x^* 为：

$$\delta_x^* = (mK_n \sin {\alpha_0}^{1+n})^{-1/n} {F_{a0}}^{1/n} \tag{13.26}$$

式中　K_n——滚动体的载荷-位移系数；

α_0——滚动轴承的初始接触角。

在正常安装状态下，即轴承存在初始轴向位移 δ_x^*，此时轴承位移为 $\boldsymbol{q}=(\delta_x^*,0,0,0,0)^{\mathrm{T}}$。根据变形-位移关系，确定正常安装条件下第 j 个滚珠的轴向的弹性变形量 δ_{xj} 和径向的弹性变形量 δ_{rj} 分别为：

$$\begin{cases}\delta_{xj}=\delta_x^* \\ \delta_{rj}=0\end{cases} \tag{13.27}$$

将上式代入滚动轴承刚度计算式中，推导得出滚动轴承在正常安装条件下的 5×5 的对称刚度矩阵$\boldsymbol{K}_b$，其上三角矩阵元素详见附录式(A.1)。

当滚动轴承存在不对中状态，相当于给滚动轴承施加额外的预位移载荷 $\delta_{\mathrm{mis}}=(0,\delta_y^*,\delta_z^*,\varphi_y^*,\varphi_z^*)^{\mathrm{T}}$，其中，$\delta_y^*$、$\delta_z^*$ 分别为滚动轴承在横向 Y、Z 方向的平行不对中量，φ_y^*、φ_z^* 分别为滚动轴承绕 Y、Z 方向的角度不对中量。

当滚动轴承存在平行不对中状态，相当于给滚动轴承施加额外的径向载荷 F_y 或 F_z，产生相应的位移 δ_y^* 或 δ_z^*。为简化分析，考虑轴承安装中存在的轴向位移 δ_x^* 影响，在滚动轴承仅存在平行不对中量 δ_y^* 时，其位移为 $\boldsymbol{q}=(\delta_x^*,\delta_y^*,0,0,0)^{\mathrm{T}}$，可以确定出第 j 个滚珠的弹性变形量 δ_{xj} 和 δ_{rj} 分别为：

$$\begin{cases}\delta_{xj}=\delta_x^* \\ \delta_{rj}=\delta_y^*\cos\varphi_j\end{cases} \tag{13.28}$$

将上式代入滚动轴承刚度计算式中，推导得出滚动轴承仅存在平行不对中量 δ_y^* 时的 5×5 的对称刚度矩阵$\boldsymbol{K}_{bp}$ 为：

$$\boldsymbol{K}_{bp}=\boldsymbol{K}_b+\Delta\boldsymbol{K}_p \tag{13.29}$$

式中　$\boldsymbol{K}_b$——正常安装条件下滚动轴承的刚度矩阵；

　　$\Delta\boldsymbol{K}_p$——存在平行不对中量 δ_y^* 的工况下滚动轴承的附加刚度矩阵，其矩阵元素详见附录 A 的式(A.2)。

当滚动轴承处于角度不对中状态时，相当于给滚动轴承施加额外的角位移载荷 φ_y^* 或 φ_z^*。为简化分析，考虑轴承安装中存在的轴向位移 δ_x^* 影响，在滚动轴承仅存在角度不对中量 φ_y^* 时的工况下，其位移为 $\boldsymbol{q}=(\delta_x^*,0,0,\varphi_y^*,0)^{\mathrm{T}}$，确定出第 j 个滚珠的弹性变形量 δ_{xj} 和 δ_{rj} 分别为：

$$\begin{cases}\delta_{xj}=\delta_x^*+R_j\varphi_y^*\sin\varphi_j\\ \delta_{rj}=0\end{cases}\tag{13.30}$$

将上式代入滚动轴承刚度计算式，推导得出滚动轴承仅存在角度不对中量 φ_y^* 时的 5×5 的对称刚度矩阵 $\boldsymbol{K}_{ba}$ 为：

$$\boldsymbol{K}_{ba}=\boldsymbol{K}_b+\Delta\boldsymbol{K}_a\tag{13.31}$$

式中　$\boldsymbol{K}_b$——正常安装条件下滚动轴承的刚度矩阵；

　　$\Delta\boldsymbol{K}_a$——存在角度不对中量 φ_y^* 的工况下滚动轴承的附加刚度矩阵，该对称矩阵元素详见附录 A 的式(A.3)。

当滚动轴承处于平行与角度组合不对中状态时，相当于给轴承同时施加了径向载荷 δ_y^* 或 δ_z^* 和额外的角位移载荷 φ_y^* 或 φ_z^*。同时存在 δ_y^*、δ_z^*、φ_y^*、φ_z^* 时的工况，在滚动轴承刚度计算式的基础上，其位移量为 $\boldsymbol{q}=(\delta_x^*,\delta_y^*,\delta_z^*,\varphi_y^*,\varphi_z^*)^{\mathrm{T}}$，确定出该工况下 δ_{xj} 和 δ_{rj} 分别为：

$$\begin{cases}\delta_{xj}=\delta_x^*+R_j(\varphi_y^*\sin\varphi_j-\varphi_z^*\cos\varphi_j)\\ \delta_{rj}=\delta_y^*\cos\varphi_j+\delta_z^*\sin\varphi_j\end{cases}\tag{13.32}$$

推导出轴承存在复合不对中量 δ_y^*、δ_z^*、φ_y^*、φ_z^* 时的 5×5 对角刚度矩阵 K_{bc} 为：

$$\boldsymbol{K}_{bc}=\boldsymbol{K}_b+\Delta\boldsymbol{K}_c\tag{13.33}$$

式中　$\boldsymbol{K}_b$——正常安装状态下的滚动轴承刚度矩阵；

　　$\Delta\boldsymbol{K}_c$——复合不对中工况下滚动轴承的附加刚度矩阵，该附加刚度矩阵同样为对称矩阵，其元素详见附录 A 的式(A.4)。

13.4.3　支点不对中激振机理分析

对支点不对中转子系统的运动方程式(13.15)～式(13.20)进行分析，可以发现：

① 方程中的质量矩阵为对角矩阵，只包括转盘的质量 m 和直径转动惯量 J_d，不对中对系统质量矩阵没有影响。

② 陀螺力矩矩阵为反对称矩阵，只与转盘的极转动惯量 J_p 和转速 Ω 有关，不受不对中影响。

③ 在忽略支承刚度和交叉刚度的情况下，系统刚度矩阵为非对角矩阵，表明系统的横向振动与轴向振动相互耦合。此外，由于角度不对中量 α 的存在，将产生附加刚度项，包括轴向附加刚度 $4\alpha^2K_1$，不对中方向 y 方向上的附加刚度 $4\alpha^2K_2$，θ_z 方向上的附加刚度 $\alpha^2(a^2+b^2)K_1$，轴向和 θ_z 方向上的附加交叉刚度项 $(a-b)\alpha(1+\alpha^2)K_1$，以及 y 方向和 θ_z 方向上的附加交叉刚度项 $(-a+b)\alpha^2K_2$。其中，K_1、K_2 分别为支承合成刚度在轴向和 y 方向上的平动刚度。具体详见式(13.18)。当转盘安装在转轴的中央，即 $a=b$ 时，则附加的交叉刚度项为零。

④ 在激振力项 $\boldsymbol{Q}$ 中，除了不平衡力外，还包含不对中引起的附加激励项。该附加激励是

位置角 φ 的函数，而 φ 由广义坐标所决定，如式(13.19)所示。因此，该激励项是广义坐标的函数，具有非线性特征，可能会造成复杂的振动。

此外，系统运动方程中除了五个常微分方程外，还有一个决定 φ 角的代数方程，属于微分代数方程。φ 由广义坐标 y、θ_y、θ_z 所决定，该方程为隐式表达式，为将 φ 显式表达，将 φ 写成如下形式：

$$\varphi=f(y,\theta_y,\theta_z) \tag{13.34}$$

$\sin\varphi=\sin[f(y,\theta_y,\theta_z)]$和 $\cos\varphi=\cos[f(y,\theta_y,\theta_z)]$是一个由广义坐标所决定的非线性且不随时间变化的简谐函数。将其移动到方程左端，视为不对中引起的附加的非线性刚度项，该附加项将改变系统的动力学特性。为了更清晰地说明此附加非线性刚度项，假设 φ 能够表示成如下形式：

$$\begin{cases}\sin\varphi=f_1 y+f_2\theta_y+f_3\theta_z\\ \cos\varphi=f_4 y+f_5\theta_y+f_6\theta_z\end{cases} \tag{13.35}$$

式中 $f_1\sim f_6$——y、θ_y、θ_z 的系数。

通过上述假设可方便地将不同心引起的刚度变化项移到系统刚度矩阵中，系统总的刚度矩阵可表示为：

$$\boldsymbol{K}_{\text{mis}}=\boldsymbol{K}_{\text{norm}}+\Delta\boldsymbol{K}_{\alpha}+\Delta\boldsymbol{K}_{\delta}+\Delta\boldsymbol{K}_{\alpha\delta} \tag{13.36}$$

式中 $\boldsymbol{K}_{\text{norm}}$——正常安装状态下系统的刚度矩阵；

$\Delta\boldsymbol{K}_{\alpha}$——角度不对中量 α 引起的系统附加刚度项；

$\Delta\boldsymbol{K}_{\delta}$——平行不对中量 δ 引起的系统附加刚度项；

$\Delta\boldsymbol{K}_{\alpha\delta}$——角度不对中量 α 和平行不对中量 δ 共同作用引起的系统附加刚度项。

上式中各矩阵的具体表达式分别为：

$$\boldsymbol{K}_{\text{norm}}=\begin{bmatrix}2K_1 & 0 & 0 & 0 & 0\\ 0 & 2K_2 & 0 & 0 & (-a+b)K_2\\ 0 & 0 & 2K_3 & (a-b)K_3 & 0\\ 0 & 0 & (a-b)K_3 & 2K_4+(a^2+b^2)K_3 & 0\\ 0 & (-a+b)K_2 & 0 & 0 & 2K_5+(a^2+b^2)K_2\end{bmatrix} \tag{13.37}$$

$$\Delta\boldsymbol{K}_{\alpha}=\begin{bmatrix}4\alpha^2K_1 & 0 & 0 & 0 & (a-b)\alpha(1+\alpha^2)K_1\\ 0 & 4\alpha^2K_2 & 0 & 0 & (-a+b)\alpha^2K_2\\ 0 & 0 & 0 & 0 & 0\\ 0 & 0 & 0 & 0 & 0\\ (a-b)\alpha(1+\alpha^2)K_1 & (-a+b)\alpha^2K_2 & 0 & 0 & \alpha^2(a^2+b^2)K_1\end{bmatrix} \tag{13.38}$$

$$\Delta\boldsymbol{K}_{\delta}=\begin{bmatrix}0 & 0 & 0 & 0 & 0\\ 0 & 0 & 0 & 0 & 0\\ 0 & 0 & 0 & 0 & 0\\ 0 & -(a-b)K_4\delta f_1 & 0 & -(a-b)K_4\delta f_2 & -(a-b)K_4\delta f_3\\ 0 & (a-b)K_5\delta f_4 & 0 & (a-b)K_5\delta f_5 & (a-b)K_5\delta f_5\end{bmatrix} \tag{13.39}$$

$$\Delta \boldsymbol{K}_{\alpha\delta}=\begin{bmatrix}0 & 0 & 0 & 0 & 0\\0 & -2K_2\alpha^2\delta f_4 & 0 & -2K_2\alpha^2\delta f_5 & -2K_2\alpha^2\delta f_6\\0 & 0 & 0 & 0 & 0\\0 & 0 & 0 & 0 & 0\\0 & (a-b)K_2\alpha^2\delta f_4 & 0 & (a-b)K_2\alpha^2\delta f_5 & (a-b)K_2\alpha^2\delta f_5\end{bmatrix} \tag{13.40}$$

由此可知，支点不对中转子系统的运动微分方程(13.16)可写成：

$$\boldsymbol{M}\ddot{\boldsymbol{q}}+\boldsymbol{G}\dot{\boldsymbol{q}}+\boldsymbol{K}_{\text{mis}}\boldsymbol{q}=\boldsymbol{Q} \tag{13.41}$$

式中，不对中引起的激振力项为：

$$\boldsymbol{Q}=\begin{bmatrix}-\alpha me\Omega^2\cos(\boldsymbol{\Psi}+\boldsymbol{\Psi}_0)\\me\Omega^2\cos(\boldsymbol{\Psi}+\boldsymbol{\Psi}_0)\\me\Omega^2\sin(\boldsymbol{\Psi}+\boldsymbol{\Psi}_0)\\0\\0\end{bmatrix} \tag{13.42}$$

上式表明，横向激励项中只包含了不平衡激励力，而轴向激励项中存在由角度不对中量 α 引起的、与工作频率同频的简谐激励力。该激振力幅与角度不对中量 α 成正比，随着角度不对中量的增大，该激振力幅将呈线性增大。

在转子系统振动响应计算时，需要考虑阻尼因素的影响。转子系统的运动方程式(13.41)改写为如下形式：

$$\boldsymbol{M}\ddot{\boldsymbol{q}}+\boldsymbol{G}\dot{\boldsymbol{q}}+\boldsymbol{C}\dot{\boldsymbol{q}}+\boldsymbol{K}_{\text{mis}}\boldsymbol{q}=\boldsymbol{Q} \tag{13.43}$$

式中，$\boldsymbol{C}$ 是系统阻尼矩阵，可由瑞利比例阻尼来计算。

13.5　支点不对中对转子系统固有特性和振动响应的影响

13.5.1　对固有频率的影响

支点不对中转子系统方程式(13.41)对应的无阻尼自由振动方程为：

$$\boldsymbol{M}\ddot{\boldsymbol{q}}+\boldsymbol{K}_{\text{mis}}\boldsymbol{q}=\boldsymbol{0} \tag{13.44}$$

其特征方程为：

$$\boldsymbol{K}_{\text{mis}}\boldsymbol{\varphi}-\omega^2\boldsymbol{M}\boldsymbol{\varphi}=0 \quad \text{或} \quad (\boldsymbol{K}_{\text{mis}}-\omega^2\boldsymbol{M})\boldsymbol{\varphi}=0 \tag{13.45}$$

式中，$\boldsymbol{\varphi}$ 是各节点的振幅向量，ω 是与该振型相对应的特征频率。求解以上方程可以得到 5 个特征解，即 $(\omega_1^2,\boldsymbol{\varphi}_1)$，$(\omega_2^2,\boldsymbol{\varphi}_2)$，…，$(\omega_5^2,\boldsymbol{\varphi}_5)$，其中特征值 $\omega_1,\omega_2,\cdots,\omega_5$ 表示该转子系统的 5 个固有频率。

当存在支点不对中时，滚动轴承刚度将随之改变，支点处的支承刚度也将随之改变。将不对中支承刚度矩阵替换成正常工况下的支承刚度，将其代入系统无阻尼自由振动方程的特征方程中，可得滚动支点不对中工况下系统的固有特性。

两支点转子系统模型的基本参数如表 13.2 所示。假设两端为弹性支座，考虑支座的弹性，其轴向刚度、横向刚度、转角刚度分别为 1×10^7 N/m、1×10^7 N/m、1×10^4 N·m/rad。两端支承处的滚动轴承的计算参数如表 13.3 所示，将其代入滚动轴承刚度计算模型中，得到该滚动轴承刚度。支座刚度与滚动轴承刚度串联可得两端支承处的合成支承刚度。

表 13.2 两支点转子系统的结构参数

参数	数值
转轴总长度	0.480 m
转轴直径	0.036 m
转盘到左支点的距离 a	0.217 m
转盘到右支点的距离 b	0.212 m
转盘外直径	0.440 m
转盘内直径	0.050 m
转盘厚度	0.002 m
转轴、转盘材料弹性模量	2.06×10^{11} Pa
转轴、转盘材料泊松比	0.3
转轴、转盘的材料密度	7.85×10^{3} kg/m^3

表 13.3 滚动轴承计算参数

参数	数值
轴承内环直径 D_i	0.030 m
轴承外环直径 D_o	0.047 m
轴承宽度	0.009 m
滚动体直径	0.004 m
接触角	15°
滚动体个数	16
载荷-变形指数 n	3/2
计算得到的载荷-变形系数 K_n	1.065×10^{10} N/m^n
轴向预载荷	1000 N

在滚动轴承角度不对中量 0°～2°和平行不对中量 0～1 mm 变化范围内，转子系统前三阶固有频率随角度不对中量和平行不对中量的变化趋势如图 13.8 所示。

由图 13.8 可以看出，仅存在滚动轴承平行或角度不对中时，系统的前三阶固有频率随着不对中量的增大而逐渐增大。当在组合不对中工况下，即同时存在平行不对中和角度不对中时，系统的前三阶固有频率随着组合不对中量的增大，有增大趋势，但增势不明显，最终趋于恒定。

当考虑轴承支座的弹性时，系统的支承刚度由轴承刚度和支座刚度串联合成。由于随着组合不对中量的增大，轴承刚度随之增大，当轴承刚度远大于支座刚度时，系统支承处的刚度将主要由支座刚度决定，附加不对中轴承刚度对系统固有特性的影响削弱。

13.5.2 对振动响应的影响

针对所建立的带有支点不对中的转子系统运动微分方程，采取 Runge-Kutta 数值积分方法，进行振动响应的数值仿真分析，对比不同滚动轴承平行不对中量和角度不对中量对转子系统振动响应的影响。

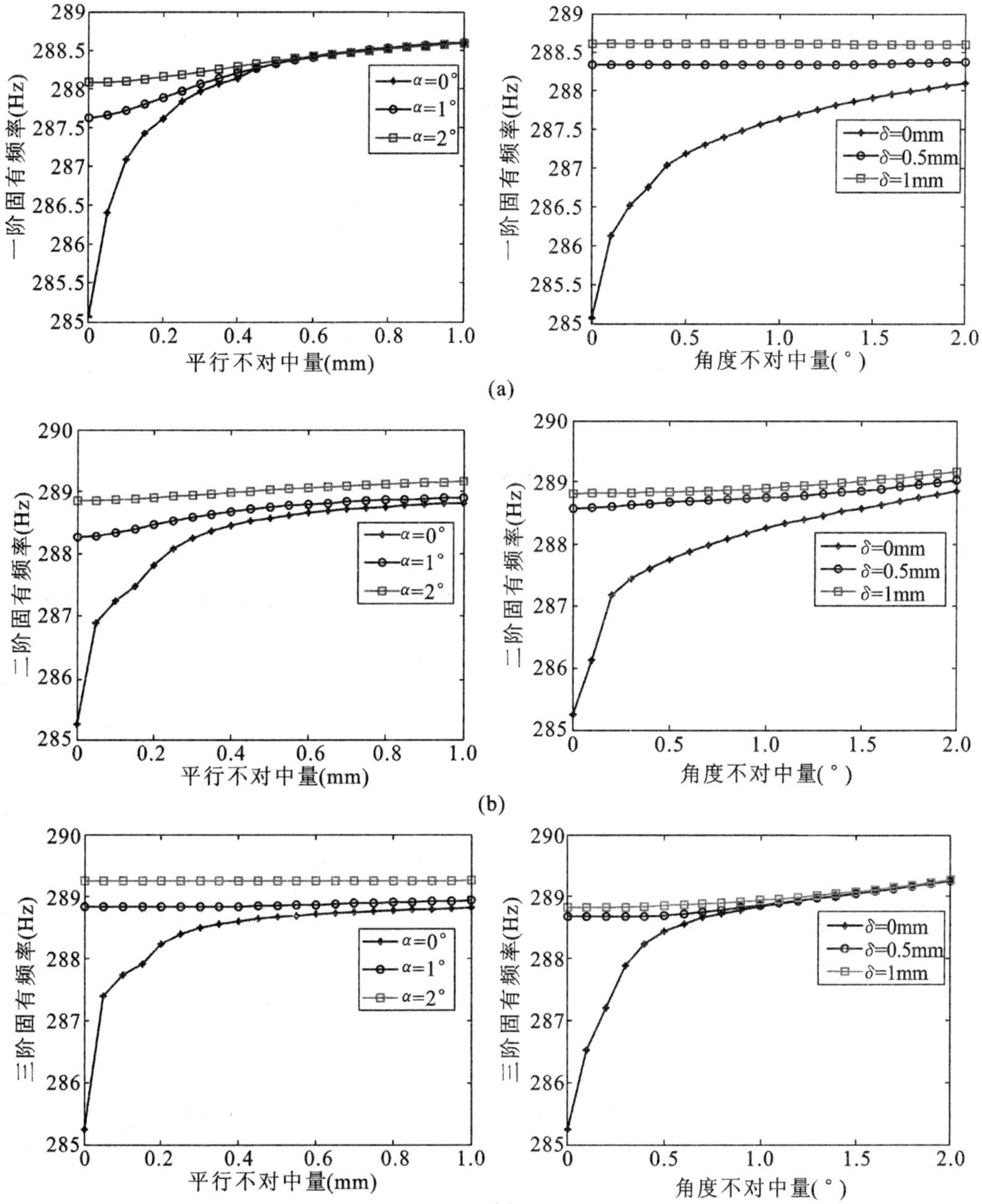

图 13.8 转子系统前三阶固有频率随平行不对中量和角度不对中量的变化趋势图

(a)一阶固有频率;(b)二阶固有频率;(c)三阶固有频率

计算条件如下:转速 1800 r/min,即 $\Omega=30$ Hz,初始不平衡量为 6.1×10^{-3} kg·m。转子系统的基本参数和滚动轴承参数分别如表 13.2、表 13.3 所示。

仅对组合不对中情况加以说明。分为两种情况来讨论:①选取恒定角度不对中量 $\alpha=0.5°$ 和平行不对中量变化范围 $\delta=0\sim2$ mm;②选取恒定平行不对中量 $\delta=0.1$ mm 和角度不对中量变化范围 $\alpha=0°\sim5°$。

(1) 组合不对中工况:角度不对中量恒定,平行不对中量变化

图 13.9 所示为转子系统横向振动响应的一倍频幅值随着不对中量的变化趋势。$\alpha=0.5°$,$\delta=0.5$ mm 和 $\alpha=0.5°$,$\delta=1.5$ mm 的两种组合不对中工况下,y 方向(不对中方向)上的频谱图和轴心轨迹如图 13.10 所示。

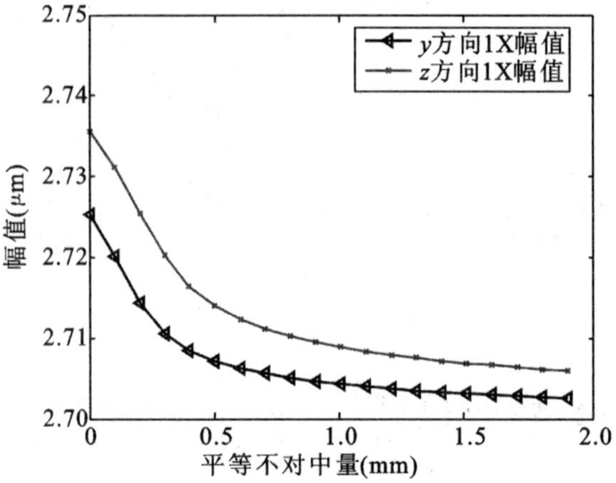

图 13.9 组合不对中工况下,转子系统横向振动响应的一倍频幅值随着平行不对中量变化曲线

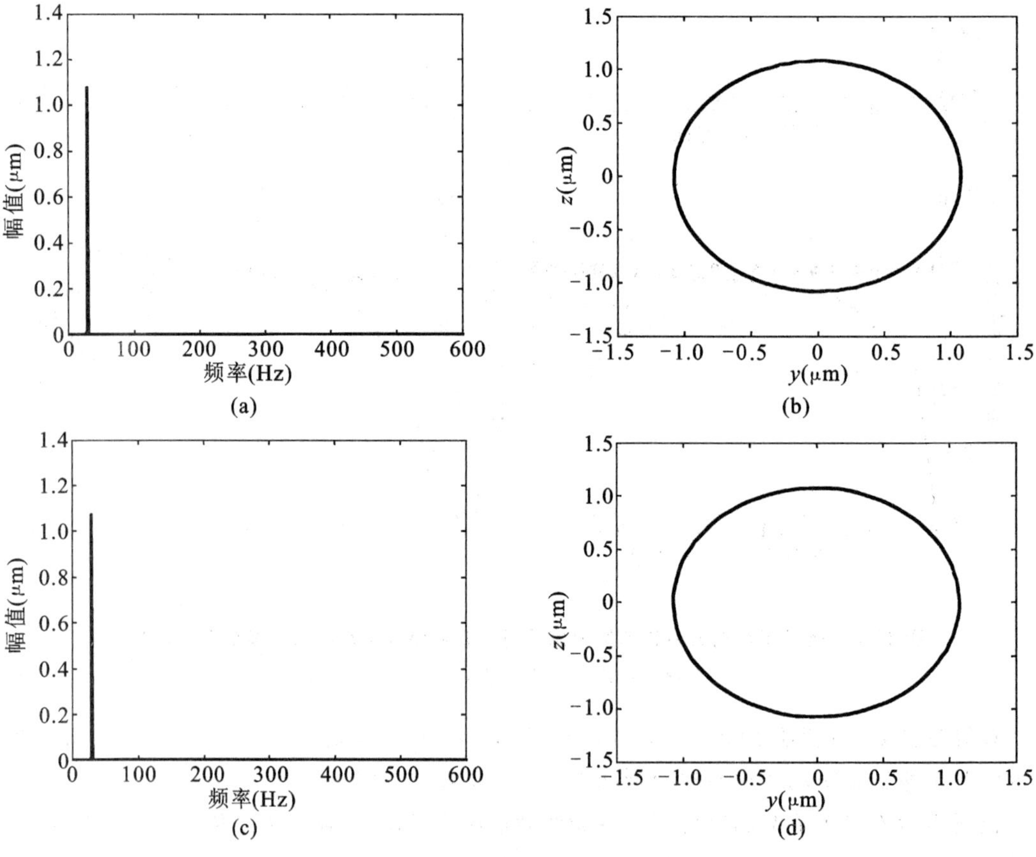

图 13.10 组合不对中工况下,转子系统横向振动响应频谱图和轴心轨迹时频响应

(a)$\alpha=0.5°$,$\delta=0.5$ mm 时 y 方向频谱图;(b)$\alpha=0.5°$,$\delta=0.5$ mm 时轴心轨迹;

(c)$\alpha=0.5°$,$\delta=1.5$ mm 时 y 方向频谱图;(d) $\alpha=0.5°$,$\delta=1.5$ mm 时轴心轨迹

在组合不对中工况下，转子系统出现轴向振动，但振动幅值较小（较横向振动相差两个数量级）。综合图 13.9、图 13.10 可以看出，横向振动轴心轨迹形状规则，振动一倍频幅值随着平行不对中量的增加而呈减小趋势，但减幅很小。

(2) 组合不对中工况：平行不对中量恒定，角度不对中量变化

针对组合不对中工况(2)，转子系统振动响应幅值随着不对中量的变化趋势如图 13.11 所示。由图可以看出，在组合不对中工况下，角度不对中量从 1°变化到 5°，在轴向振动的一倍频幅值随着角度不对中量的增大逐渐增大。在角度不对中量较小时，角度不对中量从 0°变化到 1.4°（区间 A 内），横向振动的一倍频振动响应幅值不变。当不对中量继续增大时，角度不对中量从 1.4°变化到 4.7°（区间 B 内），在横向 y 方向上（不对中的方向）一倍频振动响应幅值逐渐增大，同时在该方向上出现了三倍频和五倍频等奇数倍频振动，且其幅值也随着不对中量的增大而增大。而 z 方向上一倍频振动响应幅值仍未受到影响。当角度不对中量继续增大，从 4.7°变化到 5°（区间 C 内），横向振动恢复到仅包含一倍频的周期振动，且其振动幅值不受角度不对中量的影响。而轴向振动在此区间内，一倍频振动幅值仍随着不对中量的增大而增大。

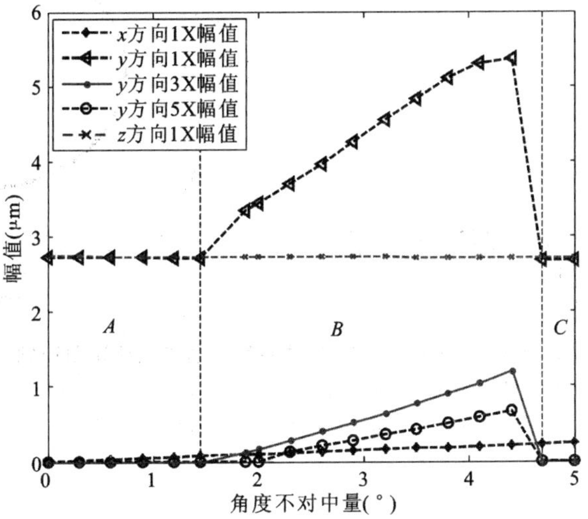

图 13.11 系统振动响应倍频幅值随着角度不对中量的变化曲线

在图 13.11 的三个区间内，分别选取角度不对中量 $\alpha=0.5°$、$\alpha=4.5°$、$\alpha=4.8°$的三种组合不对中工况，y 方向上的频谱图和轴心轨迹分别如图 13.12 所示。

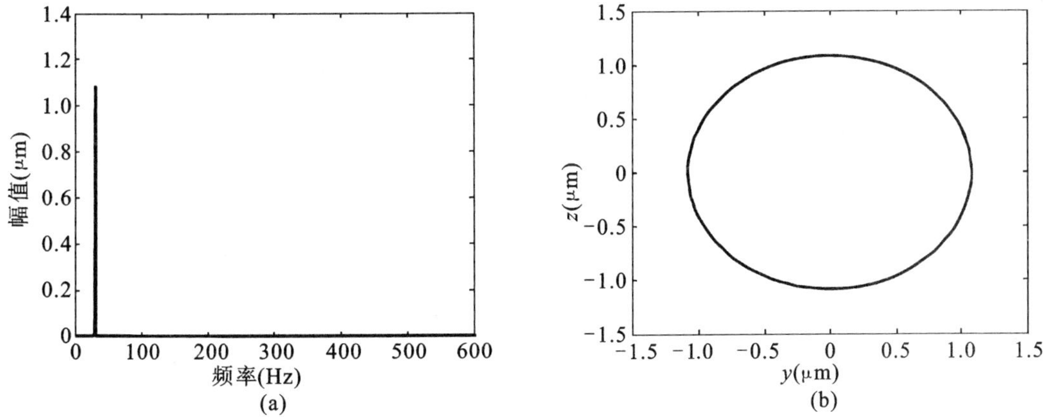

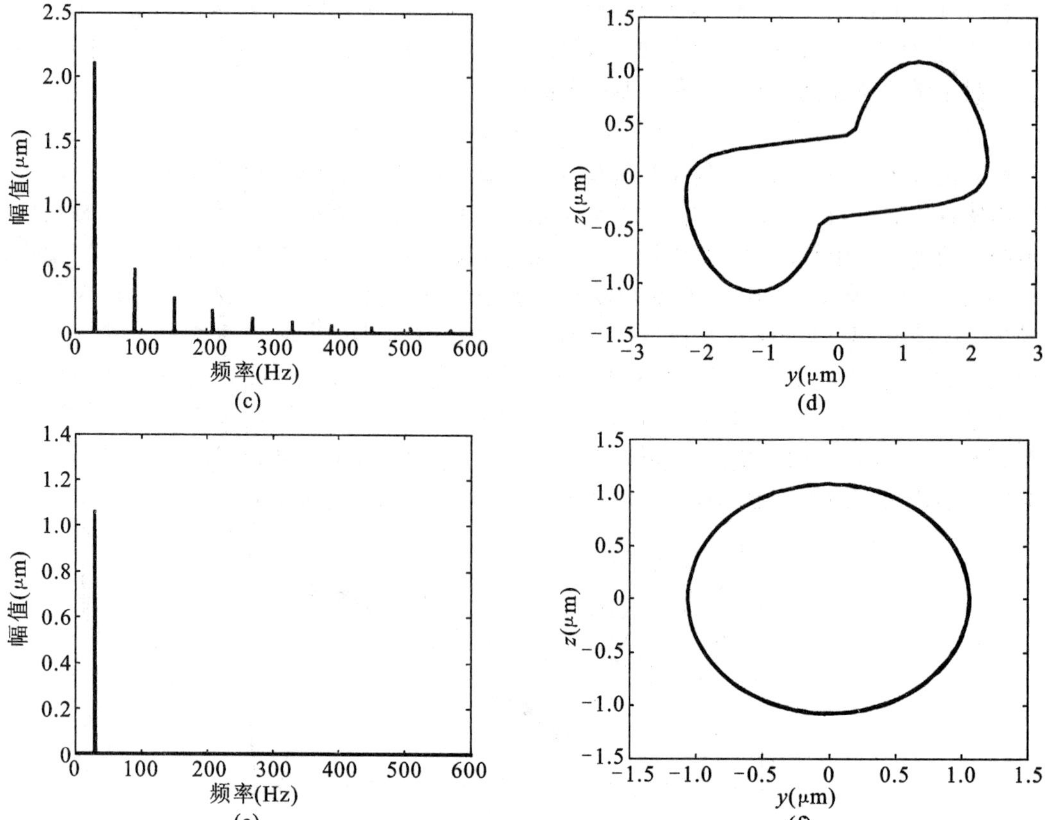

图 13.12 组合不对中工况下，转子系统振动响应频谱图和轴心轨迹

(a)$\alpha=0.5°$时 y 方向频谱图；(b) $\alpha=0.5°$时轴心轨迹；(c)$\alpha=4.5°$时 y 方向频谱图；(d) $\alpha=4.5°$时轴心轨迹；(e)$\alpha=4.8°$时 y 方向频谱图；(f) $\alpha=4.8°$时轴心轨迹

14 齿轮系统的非线性振动

常见的齿轮传动系统由于其运动都是通过轮齿共轭齿面间的相互作用而传递的，齿轮副啮合传动过程中具有明显的非线性。本章给出齿轮系统扭转模型的建立方法，以此为基础研究齿轮系统的非线性动力学特性与扭转振动行为。

14.1 齿轮啮合动态激励的非线性特性

齿轮传动系统的动态激励主要包括两方面，齿轮副轮齿啮合本身所产生的内部激励和系统的其他因素对轮齿啮合所产生的激励，后者称为外部激励。

14.1.1 齿轮内部激励

齿轮副的内部激励是指由齿轮副轮齿啮合过程中所产生的动态激励。齿轮副的内部激励包括三种形式。

(1) 刚度激励

一般来说，齿轮轮齿啮合的重合度大多不是整数，啮合过程中同时参与啮合的齿对数随时间而呈周期变化，因而轮齿的啮合综合刚度是随时间周期变化的，这样，弹性的啮合轮齿可以被简化成沿啮合线方向的时变弹簧，设弹簧的刚度为 $k_m(t)$，则相应的轮齿啮合力 F_k 可表达为：

$$F_k = k_m(t)[y_p(t) - y_g(t)] \tag{14.1}$$

式中，$y_p(t)$和 $y_g(t)$分别为主、被动齿轮基圆上某一点的线振动位移。

刚度激励是因啮合综合刚度的时变性产生动态啮合力并对系统进行动态激励的现象。从本质上来说，刚度激励使齿轮系统的动力学方程(分析模型)中含有时变系统，因而齿轮系统动力学问题属于参数激励的范畴，这是齿轮系统动力学的主要特点。

(2) 误差激励

齿轮和轮齿的加工和安装不可避免地会存在误差，啮合齿廓将偏离理论的理想位置。由于误差的时变性，这种偏离就形成了啮合过程中的一种位移激励。在齿轮动力学中，将这种由误差引起的位移激励称为误差激励。

一般来说，在齿轮动力学中，从研究啮合误差的动态激励入手，往往将齿轮的误差分解成齿距偏差和齿形偏差两种形式。造成以上偏差的几类常见齿轮误差的数学描述方法如表 14.1所示。

表 14.1 齿轮的误差

阶次	几何图形	类型
1	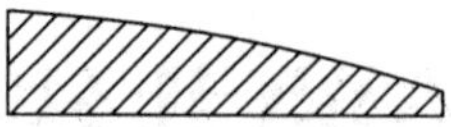	基圆误差
2	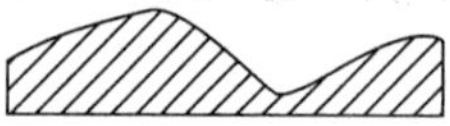	齿形误差
3		展成切削误差
4	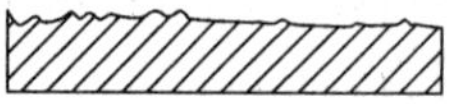	齿面粗糙度

(3) 啮合冲击激励

在轮齿啮合过程中，轮齿的误差和受载弹性变形，使一对轮齿在进入啮合时，其啮入点偏离啮合线上的理论啮入点，引起啮入冲击；而在一对轮齿完成啮合过程退出啮合时，也会产生啮出冲击。在齿轮动力学中，这种啮入冲击和啮出冲击统称为啮合冲击，由啮合冲击产生的冲击力也是轮齿啮合的动态激励源之一。

啮合冲击激励与误差激励的区别在于：前者对系统的激励是一种周期性的冲击力，后者对系统的激励是一种周期变化的位移。

一般来说，内部激励中的主要频率成分包括轴频、具有上下边带的齿频、具有上下边带的倍齿频、三倍齿频和“魔鬼频率”等，其中魔鬼频率是加工过程中由分度齿轮误差引起的齿廓误差产生的。

14.1.2 齿轮外部激励

除齿轮副啮合的内部激励外，齿轮系统中的其他因素也会对齿轮啮合和齿轮系统产生动态激励，如原动机、负载和系统中其他零部件（联轴器等）基本特性的不同性质等，这些激励统称为齿轮副啮合的外部激励。

具体说来，产生外部激励的原因有：齿轮旋转质量不平衡、几何偏心、原动机（电动机、发电机）负载扭矩波动以及系统中有关零部件的激励特性，如滚动轴承的时变刚度、离合器的非线性等。在这些因素中，质量不平衡产生的惯性力和离心力将引起齿轮系统的转子耦合型问题。对于几何偏心，它引起啮合过程的大周期误差，是以位移形式参与系统激励的。

齿轮啮合外部激励是各种随时间变化的激励，与系统的运动状态无关。外部激励一般包括时变动态激励（参数激励）以及与系统中某些自由度间相对运动状态有关的周期性激励。

14.2 齿轮啮合动态激励的描述方法

14.2.1 动态啮合刚度

齿轮啮合刚度是指整个啮合区内所有参与啮合的齿对的综合效应，主要与齿轮的单齿变形、齿对综合变形及重合度有关。在齿轮啮合传动过程中,啮合点不断变化,轮齿的变形与所受的载荷也是时变的。由于啮合重合度一般都大于1,这样在啮合过程中出现单齿啮合区和双齿啮合区周期性地交替出现,因而啮合刚度具有周期性跳跃现象。

取傅里叶级数展开后的第一阶,则齿轮对的啮合频率可以表示为:

$$k(\tau) = k_m + \sum_{j=1}^{\infty}[k_{j1}\cos(j\omega_e t) + k_{j2}\sin(j\omega_e t)] = k_m + \sum_{j=1}^{\infty}k_j\cos(j\omega_e t + \varphi_j) \quad (14.2)$$

其中,k_m 为齿轮对的平均啮合刚度,k_j 为傅里叶系数, φ_j 为齿轮的方向角,ω_e 为啮合频率。ω_e 可以表示为:

$$\omega_e = \omega_i Z_i = \frac{\pi n_i Z_i}{30} \quad (14.3)$$

式中,Z_i 为齿轮的齿数,转速为 n_i。

14.2.2 啮合阻尼

齿轮对的啮合阻尼一般采用下式表示:

$$c_{ij} = 2\xi_g\sqrt{\frac{\bar{k}m_i m_j}{m_i + m_j}} \quad (14.4)$$

式中,ξ_g 为齿轮啮合阻尼系数,一般在0.03至0.17之间,$\bar{k}$ 为齿轮对的平均啮合刚度。m_i,m_j 分别为主动轮与从动轮的质量。

14.2.3 动态啮合误差

齿轮的啮合误差主要是由齿轮加工误差和安装误差引起的,这些误差使齿轮啮合齿廓偏离了理论啮合位置,破坏了渐开线齿轮的正确啮合方式,使齿轮瞬时传动比发生变化,产生了齿轮啮合的误差激励。一些常见的齿轮误差及描述形式见表14.2。

表14.2 齿轮的误差

误差种类	描述方法
制造误差	$e_E = E\sin[\theta_i + \beta - \omega t]$
安装误差	$e_A = A\sin(\theta_i + \gamma)$
齿形误差	$e_{\mu p} = \mu\sin(\omega t + Z\psi_i)$
齿厚误差	$e_\varepsilon = -\varepsilon$

在一定程度上,可以认为齿轮的啮合误差主要由齿廓形状误差引起,通过齿轮精度可以对齿廓形状误差进行预估。同样,齿轮的啮合误差可以写成:

$$e(\tau) = e_m + \sum_{j=1}^{\infty}[e_{j1}\cos(j\omega_e t) + e_{j2}\sin(j\omega_e t)] = e_m + \sum_{j=1}^{\infty}e_j\cos(j\overline{\omega}_e t + \theta_j) \quad (14.5)$$

其中,e_m 为平均啮合误差,$\overline{\omega}_e$ 为啮合频率,θ_j 为误差相位,e_j 为傅里叶系数。

14.2.4 齿侧间隙

当齿轮在实际工作中遇到转速变化、负载变化等不稳定工况时,齿对间会发生接触、脱离、再接触的冲击，因此，齿侧间隙是引起齿轮系统产生非线性振动的重要因素。间隙可采用图14.1所示的模型，设齿侧间隙为 $2b_n$，则两齿轮沿啮合线的相对变形函数为：

$$f[\Delta(t)]=\begin{cases}\Delta(t)-b_n & \Delta(t)>b_n \\ 0 & -b_n\leqslant\Delta(t)_n\leqslant b_n \\ \Delta(t)+b_n & \Delta(t)<-b_n\end{cases} \tag{14.6}$$

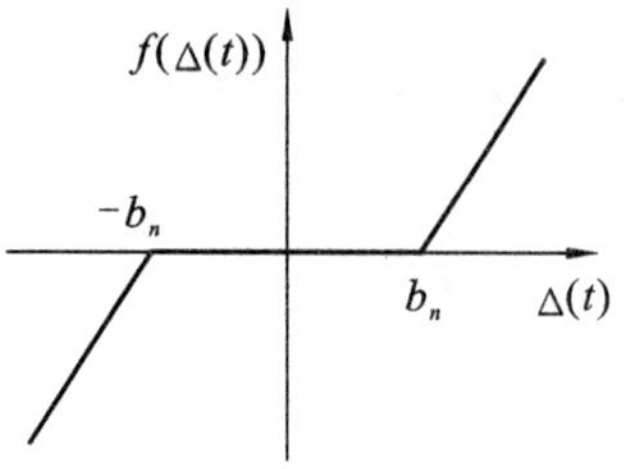

图 14.1　齿侧间隙位移函数

这种间隙模型具有明确的物理含义，是目前使用的较为合理的模型，当 $\Delta(t)$ 满足不同的条件时系统表现出不同的啮合状态。

正常啮合状态：当 $\Delta(t)>b_n$ 时，啮合齿对间在驱动齿面接触，没有产生分离，齿对间存在正常的啮合力。

齿面分离状态：当 $-b_n\leqslant\Delta(t)_n\leqslant b_n$ 时，啮合齿面出现分离，齿对间不存在啮合力。

齿背接触状态：当 $\Delta(t)<-b_n$ 时，啮合齿对间在非驱动齿面接触，齿对间存在与驱动方向相反的啮合力。

14.3　齿轮系统扭转动力学模型

在齿轮系统的振动分析中，若不需考虑传动轴的横向和轴向弹性变形以及支承系统的弹性变形，则可将系统简化成纯扭转的振动系统，相应的分析模型称为扭转型分析模型。此外，由于不存在扭转角位移自由度与横向线位移或轴向线位移自由度间的耦合关系，因此这种模型又称为非耦合型模型。

在不考虑转动轴、支承轴承和箱体等的弹性变形时，齿轮系统可以简化处理成为齿轮副的扭转振动系统，典型的一对齿轮副的扭转振动力学模型如图14.2所示。

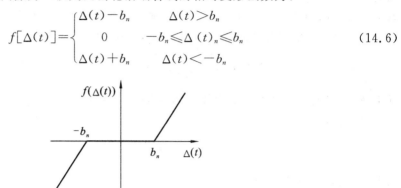

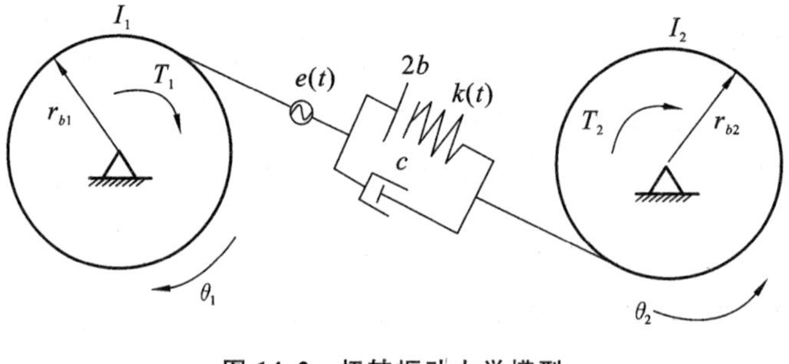

图 14.2　扭转振动力学模型

主动齿轮及从动齿轮的运动微分方程分别为：

$$I_1\frac{\mathrm{d}^2\theta_1}{\mathrm{d}t^2}+c\left[r_1\frac{\mathrm{d}\theta_1}{\mathrm{d}t}+r_2\frac{\mathrm{d}\theta_2}{\mathrm{d}t}+\frac{\mathrm{d}e(t)}{\mathrm{d}t}\right]r_1+k(t)f\left[r_1\theta_1+r_2\theta_2+e(t)\right]r_1=T_1 \tag{14.7}$$

$$I_2\frac{\mathrm{d}^2\theta_2}{\mathrm{d}t^2}+c\left[r_1\frac{\mathrm{d}\theta_1}{\mathrm{d}t}+r_2\frac{\mathrm{d}\theta_2}{\mathrm{d}t}+\frac{\mathrm{d}e(t)}{\mathrm{d}t}\right]r_2+k(t)f\left[r_1\theta_1+r_2\theta_2+e(t)\right]r_2=T_2 \tag{14.8}$$

式中 $\theta_i(i=1,2)$——主、从动齿轮的扭转振动角位移；

$\dot{\theta}_i,\ddot{\theta}_j(i=1,2)$——扭转振动速度和加速度；

$I_i(i=1,2)$——主、从动齿轮的转动惯量；

$r_i(i=1,2)$——主、从动齿轮的基圆半径；

$k(t)$——齿轮的综合啮合刚度；

c——齿轮的阻尼系数；

$e(t)$——齿轮的啮合误差；

T_i——作用在主、从动齿轮上的外载力矩。

定义啮合线上的两齿轮的相对位移为：

$$p=r_1\theta_1+r_2\theta_2+e(t) \tag{14.9}$$

其中，$r_1\theta_1+r_2\theta_2$ 为动态啮合误差，$e(t)$为啮合误差。由式(14.7)～式(14.9)可以得出：

$$m\frac{\mathrm{d}^2p}{\mathrm{d}t^2}+c\frac{\mathrm{d}p}{\mathrm{d}t}+k(t)f(p)=F+m\frac{\mathrm{d}^2e(t)}{\mathrm{d}t^2} \tag{14.10}$$

其中，$m=\dfrac{I_1I_2}{I_2r_1^2+I_1r_2^2}$为等效质量，传递的载荷为 $F=\dfrac{T_1}{r_1}=\dfrac{T_2}{r_2}$。

考虑齿轮的齿侧间隙，定义啮合的间隙函数 $f(p)=\begin{cases}p-b & (p>b)\\ 0 & (-b<p\leqslant b)\\ p+b & (p\leqslant -b)\end{cases}$，其中 $2b$ 为总的齿轮间隙。

对式(14.12)进行无量纲处理，令 $\tau=\omega_nt$，则有：

$$\frac{\mathrm{d}p}{\mathrm{d}t}=\frac{\mathrm{d}p}{\mathrm{d}\tau}\frac{\mathrm{d}\tau}{\mathrm{d}t}=\frac{\mathrm{d}p}{\mathrm{d}\tau}\frac{\mathrm{d}(\omega_nt)}{\mathrm{d}t}=\omega_n\frac{\mathrm{d}p}{\mathrm{d}\tau} \tag{14.11}$$

$$\frac{\mathrm{d}^2p}{\mathrm{d}t^2}=\frac{\mathrm{d}(\mathrm{d}p/\mathrm{d}t)}{\mathrm{d}t}=\frac{\omega_n\mathrm{d}(\mathrm{d}p/\mathrm{d}\tau)}{\mathrm{d}\tau}\frac{\mathrm{d}\tau}{\mathrm{d}t}=\omega_n^2\frac{\mathrm{d}^2p}{\mathrm{d}\tau^2} \tag{14.12}$$

且令 $x=\dfrac{p}{b}$，$\omega_n=\sqrt{\dfrac{k_m}{m}}$，$\zeta=\dfrac{c}{2m\omega_n}$，$\kappa(t)=\dfrac{k(t)}{k_m}$，$f=\dfrac{F}{m\omega_n^2b}$，$\bar{e}(\tau)=\dfrac{e(\tau)}{b}$，于是，无量纲处理后的齿轮运动微分方程可以写为：

$$\frac{\mathrm{d}^2x}{\mathrm{d}\tau^2}+2\zeta\frac{\mathrm{d}x}{\mathrm{d}\tau}+\kappa(\tau)g(x)=f+\frac{1}{b}\frac{\mathrm{d}^2e(\tau)}{\mathrm{d}t^2} \tag{14.13}$$

其中

$$g(x)=\begin{cases}x-1 & (x>1)\\ 0 & (-1<x\leqslant 1)\\ x+1 & (x\leqslant -1)\end{cases}$$

定义$\dfrac{\mathrm{d}^2x}{\mathrm{d}\tau^2}=\ddot{x}$，$\dfrac{\mathrm{d}x}{\mathrm{d}\tau}=\dot{x}$，$\dfrac{\mathrm{d}^2\bar{e}}{\mathrm{d}\tau^2}=\ddot{\bar{e}}(\tau)$，则式(14.13)可以写为：

$$\ddot{x}+2\zeta\dot{x}+\kappa(\tau)g(x)=f+\ddot{\bar{e}}(\tau) \tag{14.14}$$

设输入轴齿数为 z，输入转速为 Ω，则啮合频率 $\omega_e = z\Omega$，定义 $\overline{\omega}_e = \dfrac{\omega_e}{\omega_n}$，对于时变啮合刚度，若只考虑第一阶近似，则简化为：

$$\kappa(\tau) = 1 + 2\varepsilon\cos(\overline{\omega}_e\tau) \tag{14.15}$$

同样，啮合误差若只考虑第一阶近似，且定义平均啮合误差 $e_m = 0$，则啮合误差和啮合误差的二阶导数可简化为：

$$e(\tau) = e_A\cos(\overline{\omega}_e\tau + \varphi_e) \tag{14.16}$$

$$\ddot{e}(\tau) = -e_A\overline{\omega}_e^2\cos(\overline{\omega}_e\tau + \varphi_e) \tag{14.17}$$

14.4 齿轮系统扭转振动的非线性分析算例

对于图 14.3 所示的齿轮对，其基本参数如表 14.3 所示。

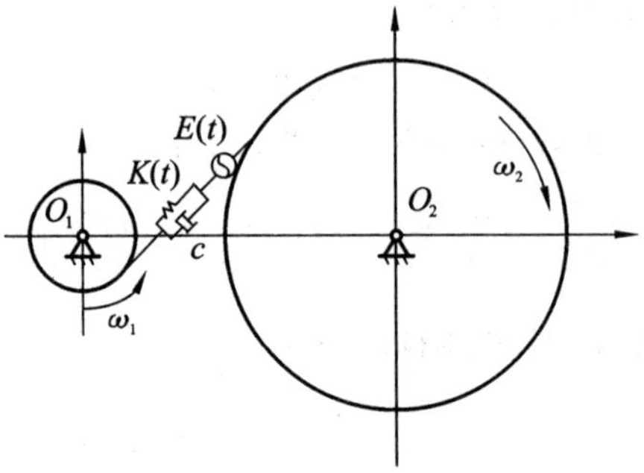

图 14.3 齿轮扭转振动模型

表 14.3 齿轮的基本参数

	齿轮 1(输入轴)	齿轮 2(中间轴)
齿轮精度等级	7 级	
模数(mm)	2.5	
齿宽(mm)	45	
压力角(°)	20	
倾斜角(°)	12	
中心距(mm)	350	
齿数	80	193
基圆半径(mm)	191.6	462.3
转动惯量($kg \cdot m^2$)	0.07	1.6
端面重合度	1.756	
平均啮合刚度(N/m)	1.09×10^9	
摩擦系数(Ns/m)	81400	

式(14.13)中的齿轮对的最小侧隙可由下式计算：

$$b_{\min}=\frac{1}{3}\times(0.06+0.0005a+0.03m)=100\ \mu\text{m} \tag{14.18}$$

式中　a——中心距；

m——模数。

取该齿轮对的最小侧隙：

$$2b=200\ \mu\text{m} \tag{14.19}$$

设静态误差主要由齿廓形状误差造成，获得齿轮 1 的最大齿廓偏差为 14 μm，齿轮 2 的最大齿廓偏差为 16 μm，由此该对齿轮可能产生的平均静态啮合误差($2e$)为 2～30 μm，取 $2e=$ 20 μm。

利用数值积分法分别针对轻负载和重负载两种工况进行仿真分析并加以对比。

(1) 轻载工况下的齿轮系统扭转振动

设输入轴转矩为 1040 N·m，于是有 $f=T_1/(r_1m\omega_n^2b)=0.05$，$e_A=0.1$。分析不同转速($\overline{\omega}_e=0.3,0.6,1,1.5$ 四种工况)对齿轮系统的动力学特性影响，如图 14.4～图 14.7 所示。

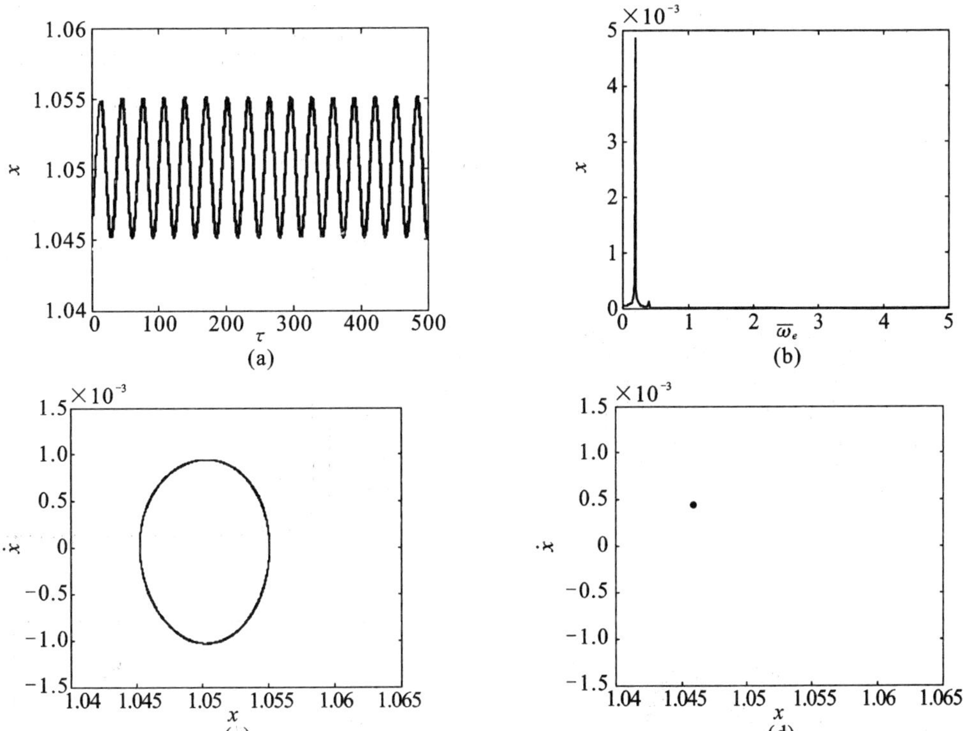

图 14.4　$\overline{\omega}_e=0.3$ 时齿轮系统的动力学特性

(a)时域；(b)频域；(c)相图；(d)Poincaré 截面

如图 14.4 所示，当输入齿轮转速 $\overline{\omega}_e=0.3$ 时，齿轮 1 与齿轮 2 的啮合位移周期性明显，其频域信号主要为啮合频率，并无其他明显的倍频成分。随着输入齿轮转速增大到 $\overline{\omega}_e=0.6$ 时，齿轮 1 与齿轮 2 的啮合频率出现了明显的 0.5 倍频和 1.5 倍频成分，此时的相空间轨线在环绕两圈之后闭合，Poincaré 截面上的点主要集中在两个点附近，此时系统近似对应周期 2 运动。当输入齿轮转速为 $\overline{\omega}_e=1$ 时，啮合位移的频域信号同时出现了 0.25 倍频，0.5 倍频，0.75 倍频和

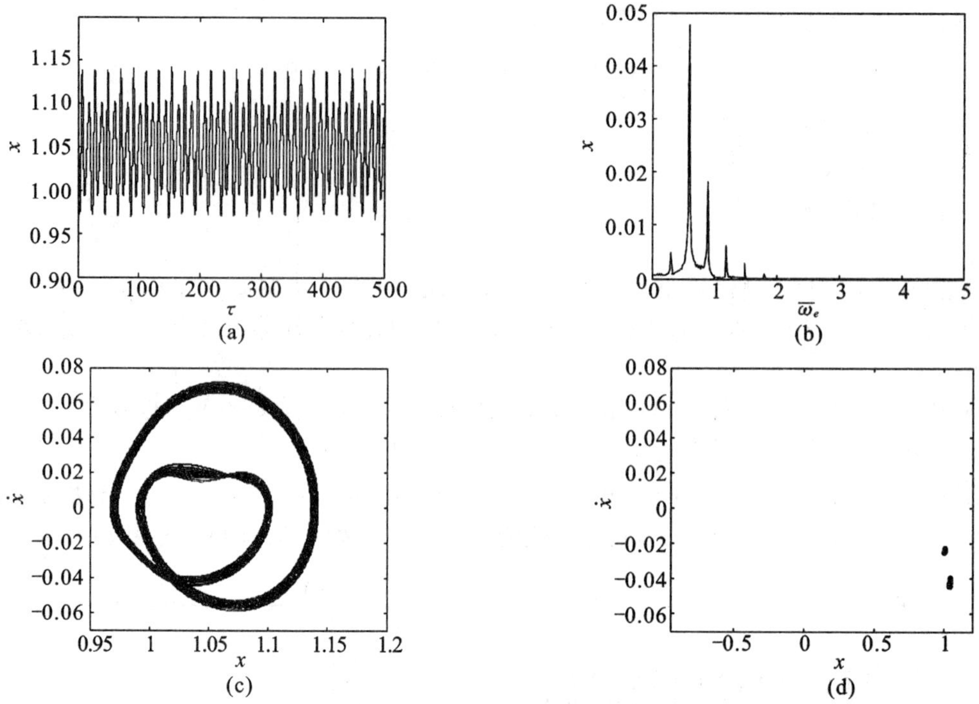

图 14.5 $\overline{\omega}_e=0.6$ 时齿轮系统的动力学特性

(a)时域;(b)频域;(c)相图;(d)Poincaré 截面

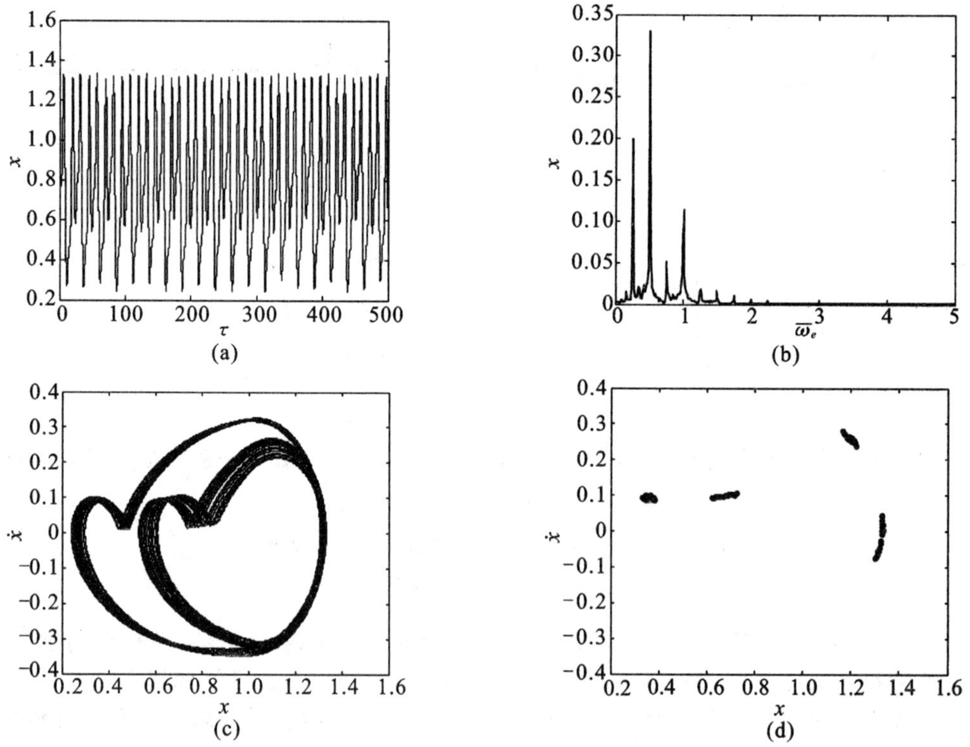

图 14.6 $\overline{\omega}_e=1$ 时齿轮系统的动力学特性

(a)时域;(b)频域;(c)相图;(d)Poincaré 截面

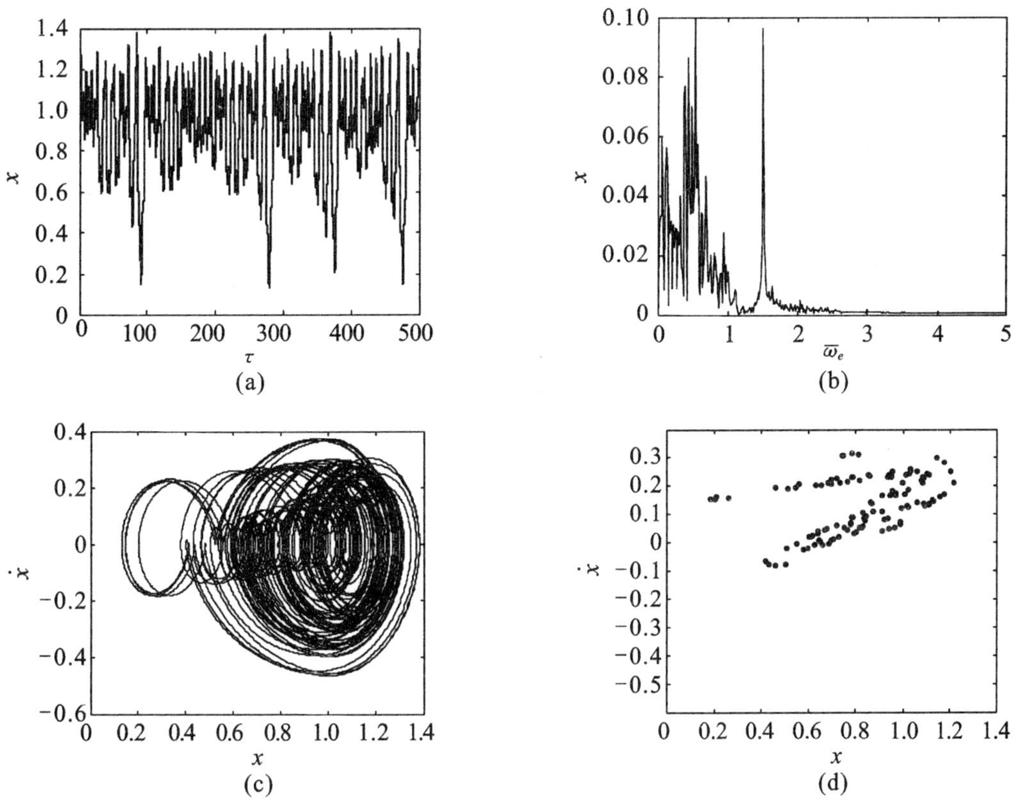

图 14.7 $\bar{\omega}_e=1.5$ 时齿轮系统的动力学特性

(a)时域;(b)频域;(c)相图;(d)Poincaré 截面

1.25 倍频等其他倍频成分,运动行为更加复杂,相图为多圈缠绕的封闭曲线,Poincaré 截面上的点主要集中在四个点附近,此时系统近似对应周期 4 运动。输入齿轮转速升高到 $\bar{\omega}_e=1.5$ 时,啮合位移的频域信号除了明显的 0.5 倍频外,出现了具有一定宽度的离散谱,其相空间轨线和 Poincaré 截面都表明系统为混沌运动。

此外,通过以上的扭转振动行为分析,可以发现该系统在轻载作用下,齿轮处于单边冲击状态,轮齿经历接触-脱离-接触的反复冲击的现象。

(2) 重载工况下的齿轮系统非扭转振动

设输入轴转矩为 4160 N·m,于是有 $f=T_1/(r_1 m\omega_n^2 b)=0.2$,$e_A=0.1$,分析不同转速($\bar{\omega}_e=1$,1.5 两种工况)对齿轮系统的动力学特性影响,如图 14.8、图 14.9 所示。

从图 14.8、图 14.9 可以看出,随着负载的加大,齿轮系统均由 $\bar{\omega}_e=1$,1.5 两种工况下的 4 周期和混沌运动转为简谐振动。同时,通过对其他转速进行分析可知,在给定重载情况下,齿轮系统的运动一直为简谐振动,不随转速发生改变。此时,轮齿一直处于接触状态。

轮齿间的冲击是导致齿轮系统非线性振动的主要原因,随着负载的增大,轮齿间的冲击现象会减少直至消失。通过控制负载可以保证齿轮系统工作在特定的振动状态。

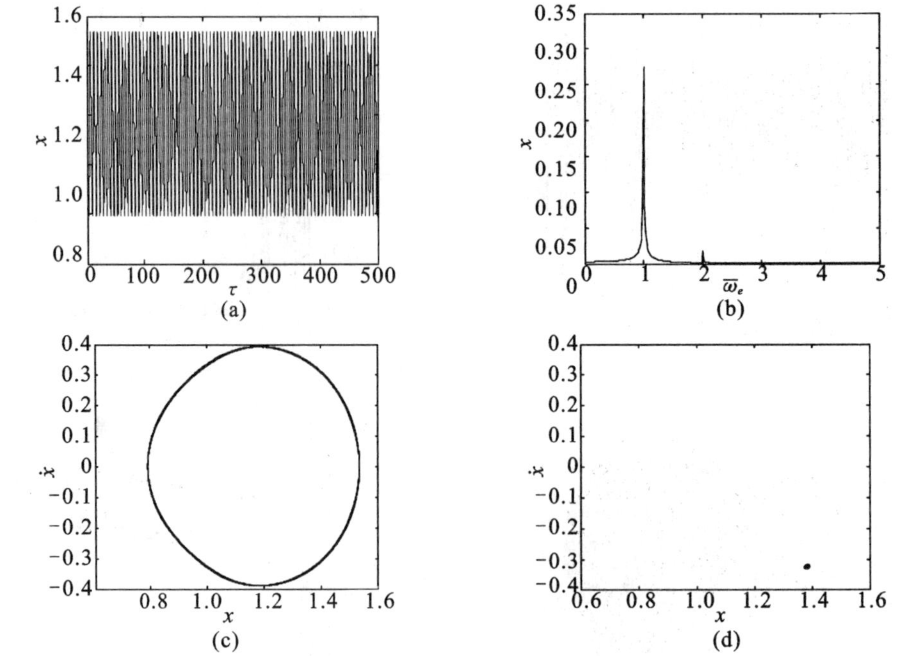

图 14.8 $\overline{\omega}_e=1$ 时齿轮系统的动力学特性

(a)时域;(b)频域;(c)相图;(d)Poincaré 截面

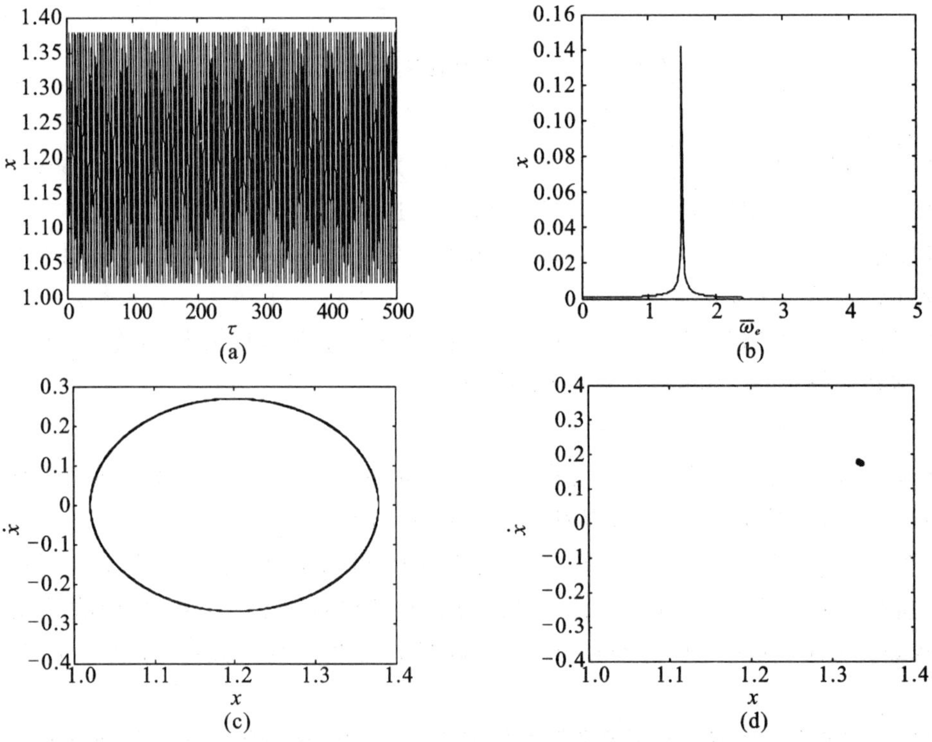

图 14.9 $\overline{\omega}_e=1.5$ 时齿轮系统的动力学特性

(a)时域;(b)频域;(c)相图;(d)Poincaré 截面

参考文献

[1] Hibbeler R C. Engineering Mechanics: Dynamics[M]. New Jersey: Pearson Prentice Hall,2010.

[2] 陈立群,刘延柱.振动力学发展历史概述[J].上海交通大学学报,1997,31(7):132-136.

[3] 曹志远.板壳振动理论[M].北京:铁道出版社,1989.

[4] 闻邦椿.机械振动学[M].北京:冶金工业出版社,2011.

[5] Hirai T,Chen L. Recent and prospective development of functionally graded materials in Japan[J]. Materials Science Forum,1999,308:509-514.

[6] Chen W Q,Ding H J. Bending of functionally graded piezoelectric rectangular plates[J]. Acta Mechanica Solida Sinica,2000,13(4):312-319.

[7] Cheng Z Q, Lim C W, Kitipornchai S. Three-dimensional asymptotic approach to inhomogeneous and laminated piezoelectric plates[J]. International Journal of Solids and Structures,2000,37:3153-3175.

[8] Lim C W,He L H. Exact solution of a compositionally graded piezoelectric layer under uniform stretch,bending and twisting[J]. International Journal of Solids and Structures, 2001,43:2479-2492.

[9] Leissa A W. The free vibration of rectangular plates[J]. Journal of Sound and Vibration, 1973,31(3):257-293.

[10] Gorman D J. Free vibration analysis of cantilever plates by the method of superposition [J]. Journal of Sound and Vibration,1976,49(4):453-467.

[11] Gorman D J. Accurate free vibration analysis of the orthotropic cantilever plate[J]. Journal of Sound and Vibration,1995,181(4):605-618.

[12] 曹志远.功能梯度板的非线性动力分析[J].固体力学学报,2006,27(1):21-25.

[13] 胡海岩.应用非线性动力学[M].北京:航空工业出版社,2000.

[14] Timoshenko S,Goodier J N. Theory of Elasticity [M]. New York :McGraw-Hill Book Company Inc. ,1951.

[15] Chopra A K. Dynamics of Structures [M]. Boston:Prentice Hall,2012.

[16] Rao J S. Vibratory Condition Monitoring of Machines [M]. Oxford: Alpha Science Intl Ltd,2000.

[17] Stodola A. Steam and Gas Turbines[M]. New York:McGraw-Hill,1927.

[18] Jeffcott H. The lateral vibration of loaded shafts in the neighborhood of a whirling speed-the effect of want of balance [J]. The London, Edinburgh, and Dublin Philosophical Magazine and Journal of Science,1919,37(219):304-314.

[19] 钟一谔,何衍宗,王正,等.转子动力学[M].北京:清华大学出版社,1987.

[20] 张文.转子动力学理论基础[M].北京:科学出版社,1990.

[21] 闻邦椿,顾家柳,夏松波,等.高等转子动力学[M].北京:机械工业出版社,2000.

[22] Vance J M. Rotordynamics of Turbomachinery[M]. Chichester: John Wiley & Sons Inc. ,1988.

[23] Rao J S. Turbomachine Blade Vibration[M]. New Delhi: New Age International Publishers,1991.
[24] Adams M L. Rotating machinery vibration-from analysis to troubleshooting [M] . New York:C R C Press LLC,2001.
[25] Muszynska A. Rotordynamics [M]. Boca Raton:Taylor & Francis Group,2005.
[26] 晏砺堂.结构系统动力学特性分析[M].北京:北京航空航天大学出版社,1987.
[27] 航空发动机设计手册总编委会.航空发动机设计手册(第19册):转子动力学及整机振动[M].北京:航空工业出版社,2000.
[28] 陈光.航空发动机结构设计分析[M].北京:北京航空航天大学出版社,2006.
[29] 孟光.转子动力学研究的回顾与展望[J].振动工程学报,2002,15(1):1-9.
[30] Nelson H D,Mcvaugh J M. The dynamics of rotor-bearing systems using finite elements [J]. ASME Journal of Engineering for Industry,1976,98:593-600.
[31] Lalanne M,Ferraris G. Rotordynamics prediction in engineering[M]. New York:John Wiley,1998.
[32] Childs D. Turbomachinery Rotordynamics: Phenomena, Modeling, and Analysis[M]. New York:John Wiley,1993.
[33] Genta G. Dynamics of Rotating Systems [M]. New York:Springer Science+Business Media Inc. ,2007.
[34] Kicinski J. Rotor Dynamics [M]. Poland:Institute of Fluid-Flow Machinery,2005.
[35] Fischer J, Strackeljan J. FEM-Simulation and stability analyses of high speed rotor systems [C] . The 7th IFToMM on Rotor dynamics,Vienna,25-28 Sept,2006.
[36] Goldman P, Muszynska A. Dynamic effects in mechanical structures with gap and impacting:order and chaos [J]. Journal of Vibration and Acoustics,1994,11:541-547.
[37] 黄文虎,武新华,焦映厚,等.非线性转子动力学研究综述[J].振动工程学报,2000,13(4):497-509.
[38] 黄文虎,夏松波,等.旋转机械非线性动力学设计基础理论与方法[M].北京:科学出版社,2006.
[39] 韩清凯,于涛,王德友,等.故障转子系统的非线性振动分析与诊断方法[M].北京:科学出版社,2010 .
[40] 顾家柳,孙志伟.转子系统的振动控制[J].控制理论与应用,1992,9(5):506-511.
[41] 王建军,李润方.齿轮系统动力学的理论体系[J].中国机械工程,1998,9(12),55-58.
[42] R G Parker. A physical explanation for the effectiveness of planet phasing to suppress planetary gear vibration[J]. Journal of Sound and Vibration,2000,236(4):561-573.
[43] R G Parker,J Lin. Mesh phasing relationships in planetary and epicyclic gears[J]. Journal of Mechanical Design,2004,126(2):365-370.
[44] V K Ambarisha,R G Parker. Nonlinear dynamics of planetary gears using analytical and finite element models[J]. Journal of Sound and Vibration,2007,302(3):577-595.
[45] V Abousleiman,P Velex. A hybrid 3D finite element/lumped parameter model for quasi-static and dynamic analyses of planetary/epicyclic gear sets[J]. Mechanism and Machine

Theory,2006,41(6):725-748.

[46] 李润方.齿轮系统动力学[M].北京:科学出版社,1997.

[47] An S L,Jin W H. Prediction of maximum unbalance responses of a gear-coupled two-shaft rotor-bearing system[J]. Journal of Sound and Vibration,2005,283:507-523.

[48] Capone G. Descrizione analitica del campo di forze fluidodinamico nei cuscinetti cilindrici lubrificati[J]. Energia Elettrica,1991,68(3):105-110.

[49] 刘长利,夏春明,郑建荣,等.碰摩和油膜耦合故障转子系统周期运动分岔分析[J].振动与冲击,2008,05:85-88.

[50] 王美令.不对中转子系统的动力学机理及其振动特性研究[D].沈阳:东北大学,2013.

[51] 潘振宽,赵维嘉,洪嘉振,等.多体系统动力学微分/代数方程组数值方法[J].力学进展,1996,26(1):28-40.

附　录　A

滚动轴承在正常安装条件下的 5×5 的对称刚度矩阵$\mathbf{K}_b$为对称矩阵，其上三角矩阵元素分别为：

$$K_{11}=K_n\sum_{j=1}^{m}\frac{(A_j-A_0)^n\left[\dfrac{nA_j\,(A_0\sin\alpha_0+\delta_x^*)^2}{A_j-A_0}+A_j^2-(A_0\sin\alpha_0+\delta_x^*)^2\right]}{A_j^3}\tag{A.1a}$$

$$K_{12}=K_n\sum_{j=1}^{m}\frac{(A_j-A_0)^nA_0\cos\alpha_0(A_0\sin\alpha_0+\delta_x^*)\cos\varphi_j\left[\dfrac{nA_j}{A_j-A_0}-1\right]}{A_j^3}\tag{A.1b}$$

$$K_{13}=K_n\sum_{j=1}^{m}\frac{(A_j-A_0)^nA_0\cos\alpha_0(A_0\sin\alpha_0+\delta_x^*)\sin\varphi_j\left[\dfrac{nA_j}{A_j-A_0}-1\right]}{A_j^3}\tag{A.1c}$$

$$K_{14}=K_n\sum_{j=1}^{m}\frac{R_j\,(A_j-A_0)^n\sin\varphi_j\left[\dfrac{nA_j\,(A_0\sin\alpha_0+\delta_x^*)^2}{A_j-A_0}+A_j^2-(A_0\sin\alpha_0+\delta_x^*)^2\right]}{A_j^3}\tag{A.1d}$$

$$K_{15}=K_n\sum_{j=1}^{m}\frac{R_j\,(A_j-A_0)^n\cos\varphi_j\left[-\dfrac{nA_j\,(A_0\sin\alpha_0+\delta_x^*)^2}{A_j-A_0}-A_j^2+(A_0\sin\alpha_0+\delta_x^*)^2\right]}{A_j^3}\tag{A.1e}$$

$$K_{22}=K_n\sum_{j=1}^{m}\frac{(A_j-A_0)^n\cos^2\varphi_j\left[\dfrac{nA_j\,(A_0\cos\alpha_0)^2}{A_j-A_0}+A_j^2-(A_0\cos\alpha_0)^2\right]}{A_j^3}\tag{A.1f}$$

$$K_{23}=K_n\sum_{j=1}^{m}\frac{(A_j-A_0)^n\sin\varphi_j\cos\varphi_j\left[\dfrac{nA_j\,(A_0\cos\alpha_0)^2}{A_j-A_0}+A_j^2-(A_0\cos\alpha_0)^2\right]}{A_j^3}\tag{A.1g}$$

$$K_{24}=K_n\sum_{j=1}^{m}\frac{R_j\,(A_j-A_0)^n(A_0\sin\alpha_0+\delta_x^*)A_0\cos\alpha_0\sin\varphi_j\cos\varphi_j\left[\dfrac{nA_j}{A_j-A_0}-1\right]}{A_j^3}\tag{A.1h}$$

$$K_{25}=K_n\sum_{j=1}^{m}\frac{R_j\,(A_j-A_0)^n(A_0\sin\alpha_0+\delta_x^*)A_0\cos\alpha_0\cos^2\varphi_j\left[-\dfrac{nA_j}{A_j-A_0}+1\right]}{A_j^3}\tag{A.1i}$$

$$K_{33}=K_n\sum_{j=1}^{m}\frac{(A_j-A_0)^n\sin^2\varphi_j\left[\dfrac{nA_j\,(A_0\cos\alpha_0)^2}{A_j-A_0}+A_j^2-(A_0\cos\alpha_0)^2\right]}{A_j^3}\tag{A.1j}$$

$$K_{34}=K_n\sum_{j=1}^{m}\frac{R_j\,(A_j-A_0)^n(A_0\sin\alpha_0+\delta_x^*)A_0\cos\alpha_0\sin\varphi_j\cos\varphi_j\left[-\dfrac{nA_j}{A_j-A_0}+1\right]}{A_j^3}\tag{A.1k}$$

$$K_{35}=K_n\sum_{j=1}^{m}\frac{R_j\,(A_j-A_0)^n(A_0\sin\alpha_0+\delta_x^*)A_0\cos\alpha_0\sin^2\varphi_j\left[\dfrac{nA_j}{A_j-A_0}-1\right]}{A_j^3}\tag{A.1l}$$

$$K_{44}=K_n\sum_{j=1}^{m}\frac{R_j^2\,(A_j-A_0)^n\,\sin^2\varphi_j\left[\dfrac{nA_j\,(A_0\sin\alpha_0+\delta_x^*)^2}{A_j-A_0}+A_j^2-(A_0\sin\alpha_0+\delta_x^*)^2\right]}{A_j^3}\tag{A.1m}$$

$$K_{45}=K_n\sum_{j=1}^{m}\frac{R_j^2\,(A_j-A_0)^n\sin\varphi_j\cos\varphi_j\left[-\dfrac{nA_j\,(A_0\sin\alpha_0+\delta_x^*)^2}{A_j-A_0}-A_j^2+(A_0\sin\alpha_0+\delta_x^*)^2\right]}{A_j^3}\tag{A.1n}$$

$$K_{55}=K_n\sum_{j=1}^{m}\frac{R_j^2\,(A_j-A_0)^n\,\cos^2\varphi_j\left[\dfrac{nA_j\,(A_0\sin\alpha_0+\delta_x^*)^2}{A_j-A_0}+A_j^2-(A_0\sin\alpha_0+\delta_x^*)^2\right]}{A_j^3}\tag{A.1o}$$

在平行不对中量 δ_y^* 工况下滚动轴承的附加刚度矩阵 $\Delta\boldsymbol{K}_p$ 为对称矩阵，其上三角矩阵元素具体为：

$$K_{11}=K_n\sum_{j=1}^{m}\frac{(A_j-A_0)^n\left[\dfrac{nA_j\,(A_0\sin\alpha_0)^2}{A_j-A_0}+A_j^2-(A_0\sin\alpha_0)^2\right]}{A_j^3}\tag{A.2a}$$

$$K_{12}=K_n\sum_{j=1}^{m}\frac{(A_j-A_0)^n(A_0\cos\alpha_0+\delta_y^*\cos\varphi_j)A_0\sin\alpha_0\cos\varphi_j\left[\dfrac{nA_j}{A_j-A_0}-1\right]}{A_j^3}\tag{A.2b}$$

$$K_{13}=K_n\sum_{j=1}^{m}\frac{(A_j-A_0)^n(A_0\cos\alpha_0+\delta_y^*\cos\varphi_j)A_0\sin\alpha_0\sin\varphi_j\left[\dfrac{nA_j}{A_j-A_0}-1\right]}{A_j^3}\tag{A.2c}$$

$$K_{14}=K_n\sum_{j=1}^{m}\frac{R_j\,(A_j-A_0)^n\sin\varphi_j\left[\dfrac{nA_j\,(A_0\sin\alpha_0)^2}{A_j-A_0}+A_j^2-(A_0\sin\alpha_0)^2\right]}{A_j^3}\tag{A.2d}$$

$$K_{15}=K_n\sum_{j=1}^{m}\frac{R_j\,(A_j-A_0)^n\cos\varphi_j\left[-\dfrac{nA_j\,(A_0\sin\alpha_0)^2}{A_j-A_0}-A_j^2+(A_0\sin\alpha_0)^2\right]}{A_j^3}\tag{A.2e}$$

$$K_{22}=K_n\sum_{j=1}^{m}\frac{(A_j-A_0)^n\,\cos^2\varphi_j\left[\dfrac{nA_j\,(A_0\cos\alpha_0+\delta_y^*\cos\varphi_j)^2}{A_j-A_0}+A_j^2-(A_0\cos\alpha_0+\delta_y^*\cos\varphi_j)^2\right]}{A_j^3}\tag{A.2f}$$

$$K_{23}=K_n\sum_{j=1}^{m}\frac{(A_j-A_0)^n\sin\varphi_j\cos\varphi_j\left[\dfrac{nA_j\,(A_0\cos\alpha_0+\delta_y^*\cos\varphi_j)^2}{A_j-A_0}+A_j^2-(A_0\cos\alpha_0+\delta_y^*\cos\varphi_j)^2\right]}{A_j^3}\tag{A.2g}$$

$$K_{24}=K_n\sum_{j=1}^{m}\frac{R_j\,(A_j-A_0)^nA_0\sin\alpha_0(A_0\cos\alpha_0+\delta_y^*\cos\varphi_j)\sin\varphi_j\cos\varphi_j\left[\dfrac{nA_j}{A_j-A_0}-1\right]}{A_j^3}\tag{A.2h}$$

$$K_{25}=K_n\sum_{j=1}^{m}\frac{R_j\ (A_j-A_0)^nA_0\sin\alpha_0(A_0\cos\alpha_0+\delta_y^*\cos\varphi_j)\cos^2\varphi_j\left[-\dfrac{nA_j}{A_j-A_0}+1\right]}{A_j^3}\tag{A. 2i}$$

$$K_{33}=K_n\sum_{j=1}^{m}\frac{(A_j-A_0)^n\ \sin^2\varphi_j\left[\dfrac{nA_j\ (A_0\cos\alpha_0+\delta_y^*\cos\varphi_j)^2}{A_j-A_0}+A_j^2-(A_0\cos\alpha_0+\delta_y^*\cos\varphi_j)^2\right]}{A_j^3}\tag{A. 2j}$$

$$K_{34}=K_n\sum_{j=1}^{m}\frac{R_j\ (A_j-A_0)^nA_0\sin\alpha_0(A_0\cos\alpha_0+\delta_y^*\cos\varphi_j)\sin\varphi_j\cos\varphi_j\left[-\dfrac{nA_j}{A_j-A_0}+1\right]}{A_j^3}\tag{A. 2k}$$

$$K_{35}=K_n\sum_{j=1}^{m}\frac{R_j\ (A_j-A_0)^nA_0\sin\alpha_0(A_0\cos\alpha_0+\delta_y^*\cos\varphi_j)\ \sin^2\varphi_j\left[\dfrac{nA_j}{A_j-A_0}-1\right]}{A_j^3}\tag{A. 2l}$$

$$K_{44}=K_n\sum_{j=1}^{m}\frac{R_j^2\ (A_j-A_0)^n\ \sin^2\varphi_j\left[\dfrac{nA_j\ (A_0\sin\alpha_0)^2}{A_j-A_0}+A_j^2-(A_0\sin\alpha_0)^2\right]}{A_j^3}\tag{A. 2m}$$

$$K_{45}=K_n\sum_{j=1}^{m}\frac{R_j^2\ (A_j-A_0)^n\sin\varphi_j\cos\varphi_j\left[-\dfrac{nA_j\ (A_0\sin\alpha_0)^2}{A_j-A_0}-A_j^2+(A_0\sin\alpha_0)^2\right]}{A_j^3}\tag{A. 2n}$$

$$K_{55}=K_n\sum_{j=1}^{m}\frac{R_j^2\ (A_j-A_0)^n\ \cos^2\varphi_j\left[\dfrac{nA_j\ (A_0\sin\alpha_0)^2}{A_j-A_0}+A_j^2-(A_0\sin\alpha_0)^2\right]}{A_j^3}\tag{A. 2o}$$

在角度不对中量 φ_y^* 工况下滚动轴承的附加刚度矩阵 $\Delta\boldsymbol{K}_a$ 为对称矩阵，其上三角矩阵元素具体为：

$$K_{11}=K_n\sum_{j=1}^{m}\frac{(A_j-A_0)^n\left[\dfrac{nA_j\ (A_0\sin\alpha_0+R_j\varphi_y^*\sin\varphi_j)^2}{A_j-A_0}+A_j^2-(A_0\sin\alpha_0+R_j\varphi_y^*\sin\varphi_j)^2\right]}{A_j^3}\tag{A. 3a}$$

$$K_{12}=K_n\sum_{j=1}^{m}\frac{(A_j-A_0)^nA_0\cos\alpha_0(A_0\sin\alpha_0+R_j\varphi_y^*\sin\varphi_j)\cos\varphi_j\left(\dfrac{nA_j}{A_j-A_0}-1\right)}{A_j^3}\tag{A. 3b}$$

$$K_{13}=K_n\sum_{j=1}^{m}\frac{(A_j-A_0)^nA_0\cos\alpha_0(A_0\sin\alpha_0+R_j\varphi_y^*\sin\varphi_j)\sin\varphi_j\left(\dfrac{nA_j}{A_j-A_0}-1\right)}{A_j^3}\tag{A. 3c}$$

$$K_{14}=K_n\sum_{j=1}^{m}\frac{R_j\ (A_j-A_0)^n\sin\varphi_j\left[\dfrac{nA_j\ (A_0\sin\alpha_0+R_j\varphi_y^*\sin\varphi_j)^2}{A_j-A_0}+A_j^2-(A_0\sin\alpha_0+R_j\varphi_y^*\sin\varphi_j)^2\right]}{A_j^3}\tag{A. 3d}$$

$$K_{15}=K_n\sum_{j=1}^{m}\frac{R_j\ (A_j-A_0)^n\cos\varphi_j\left[-\dfrac{nA_j\ (A_0\sin\alpha_0+R_j\varphi_y^*\sin\varphi_j)^2}{A_j-A_0}-A_j^2+(A_0\sin\alpha_0+R_j\varphi_y^*\sin\varphi_j)^2\right]}{A_j^3}\tag{A. 3e}$$

$$K_{22}=K_n\sum_{j=1}^{m}\frac{(A_j-A_0)^n\cos^2\varphi_j\left[\dfrac{nA_j(A_0\cos\alpha_0)^2}{A_j-A_0}+A_j^2-(A_0\cos\alpha_0)^2\right]}{A_j^3} \tag{A.3f}$$

$$K_{23}=K_n\sum_{j=1}^{m}\frac{(A_j-A_0)^n\sin\varphi_j\cos\varphi_j\left[\dfrac{nA_j(A_0\cos\alpha_0)^2}{A_j-A_0}+A_j^2-(A_0\cos\alpha_0)^2\right]}{A_j^3} \tag{A.3g}$$

$$K_{24}=K_n\sum_{j=1}^{m}\frac{R_j(A_j-A_0)^n(A_0\sin\alpha_0+R_j\varphi_y^*\sin\varphi_j)A_0\cos\alpha_0\sin\varphi_j\cos\varphi_j\left(\dfrac{nA_j}{A_j-A_0}-1\right)}{A_j^3} \tag{A.3h}$$

$$K_{25}=K_n\sum_{j=1}^{m}\frac{R_j(A_j-A_0)^n(A_0\sin\alpha_0+R_j\varphi_y^*\sin\varphi_j)A_0\cos\alpha_0\cos^2\varphi_j\left(-\dfrac{nA_j}{A_j-A_0}+1\right)}{A_j^3} \tag{A.3i}$$

$$K_{33}=K_n\sum_{j=1}^{m}\frac{(A_j-A_0)^n\sin^2\varphi_j\left[\dfrac{nA_j(A_0\cos\alpha_0)^2}{A_j-A_0}+A_j^2-(A_0\cos\alpha_0)^2\right]}{A_j^3} \tag{A.3j}$$

$$K_{34}=K_n\sum_{j=1}^{m}\frac{R_j(A_j-A_0)^n(A_0\sin\alpha_0+R_j\varphi_y^*\sin\varphi_j)A_0\cos\alpha_0\sin\varphi_j\cos\varphi_j\left(-\dfrac{nA_j}{A_j-A_0}+1\right)}{A_j^3} \tag{A.3k}$$

$$K_{35}=K_n\sum_{j=1}^{m}\frac{R_j(A_j-A_0)^n(A_0\sin\alpha_0+R_j\varphi_y^*\sin\varphi_j)A_0\cos\alpha_0\sin^2\varphi_j\left(\dfrac{nA_j}{A_j-A_0}-1\right)}{A_j^3} \tag{A.3l}$$

$$K_{44}=K_n\sum_{j=1}^{m}\frac{R_j^2(A_j-A_0)^n\sin^2\varphi_j\left[\dfrac{nA_j(A_0\sin\alpha_0+R_j\varphi_y^*\sin\varphi_j)^2}{A_j-A_0}+A_j^2-(A_0\sin\alpha_0+R_j\varphi_y^*\sin\varphi_j)^2\right]}{A_j^3} \tag{A.3m}$$

$$K_{45}=K_n\sum_{j=1}^{m}\frac{R_j^2(A_j-A_0)^n\sin\varphi_j\cos\varphi_j\left[-\dfrac{nA_j(A_0\sin\alpha_0+R_j\varphi_y^*\sin\varphi_j)^2}{A_j-A_0}-A_j^2+(A_0\sin\alpha_0+R_j\varphi_y^*\sin\varphi_j)^2\right]}{A_j^3} \tag{A.3n}$$

$$K_{55}=K_n\sum_{j=1}^{m}\frac{R_j^2(A_j-A_0)^n\cos^2\varphi_j\left[\dfrac{nA_j(A_0\sin\alpha_0+R_j\varphi_y^*\sin\varphi_j)^2}{A_j-A_0}+A_j^2-(A_0\sin\alpha_0+R_j\varphi_y^*\sin\varphi_j)^2\right]}{A_j^3} \tag{A.3o}$$

复合不对中工况下滚动轴承的附加刚度矩阵 $\Delta\boldsymbol{K}_c$ 为对称矩阵，其上三角元素具体为：

$$K_{11}=K_n\sum_{j=1}^{m}\frac{(A_j-A_0)^n\left[\dfrac{nA_j[A_0\sin\alpha_0+R_j(\varphi_y^*\sin\varphi_j-\varphi_z^*\cos\varphi_j)]^2}{A_j-A_0}+A_j^2-[A_0\sin\alpha_0+R_j(\varphi_y^*\sin\varphi_j-\varphi_z^*\cos\varphi_j)]^2\right]}{A_j^3} \tag{A.4a}$$

$$K_{12}=K_n\sum_{j=1}^{m}\frac{(A_j-A_0)^n(A_0\cos\alpha_0+\delta_y^*\cos\varphi_j+\delta_z^*\sin\varphi_j)[A_0\sin\alpha_0+R_j(\varphi_y^*\sin\varphi_j-\varphi_z^*\cos\varphi_j)]\cos\varphi_j\left(\dfrac{nA_j}{A_j-A_0}-1\right)}{A_j^3} \tag{A.4b}$$

$$K_{13}=K_n\sum_{j=1}^{m}\frac{(A_j-A_0)^n(A_0\cos\alpha_0+\delta_y^*\cos\varphi_j+\delta_z^*\sin\varphi_j)[A_0\sin\alpha_0+R_j(\varphi_y^*\sin\varphi_j-\varphi_z^*\cos\varphi_j)]\sin\varphi_j\left(\frac{nA_j}{A_j-A_0}-1\right)}{A_j^3} \tag{A.4c}$$

$$K_{14}=K_n\sum_{j=1}^{m}\frac{R_j(A_j-A_0)^n\sin\varphi_j\left\{\frac{nA_j[A_0\sin\alpha_0+R_j(\varphi_y^*\sin\varphi_j-\varphi_z^*\cos\varphi_j)]^2}{A_j-A_0}+A_j^2-[A_0\sin\alpha_0+R_j(\varphi_y^*\sin\varphi_j-\varphi_z^*\cos\varphi_j)]^2\right\}}{A_j^3} \tag{A.4d}$$

$$K_{15}=K_n\sum_{j=1}^{m}\frac{R_j(A_j-A_0)^n\cos\varphi_j\left\{-\frac{nA_j[A_0\sin\alpha_0+R_j(\varphi_y^*\sin\varphi_j-\varphi_z^*\cos\varphi_j)]^2}{A_j-A_0}-A_j^2+[A_0\sin\alpha_0+R_j(\varphi_y^*\sin\varphi_j-\varphi_z^*\cos\varphi_j)]^2\right\}}{A_j^3} \tag{A.4e}$$

$$K_{22}=K_n\sum_{j=1}^{m}\frac{(A_j-A_0)^n\cos^2\varphi_j\left[\frac{nA_j(A_0\cos\alpha_0+\delta_y^*\cos\varphi_j+\delta_z^*\sin\varphi_j)^2}{A_j-A_0}+A_j^2-(A_0\cos\alpha_0+\delta_y^*\cos\varphi_j+\delta_z^*\sin\varphi_j)^2\right]}{A_j^3} \tag{A.4f}$$

$$K_{23}=K_n\sum_{j=1}^{m}\frac{(A_j-A_0)^n\sin\varphi_j\cos\varphi_j\left[\frac{nA_j(A_0\cos\alpha_0+\delta_y^*\cos\varphi_j+\delta_z^*\sin\varphi_j)^2}{A_j-A_0}+A_j^2-(A_0\cos\alpha_0+\delta_y^*\cos\varphi_j+\delta_z^*\sin\varphi_j)^2\right]}{A_j^3} \tag{A.4g}$$

$$K_{24}=K_n\sum_{j=1}^{m}\frac{R_j(A_j-A_0)^n[A_0\sin\alpha_0+R_j(\varphi_y^*\sin\varphi_j-\varphi_z^*\cos\varphi_j)](A_0\cos\alpha_0+\delta_y^*\cos\varphi_j+\delta_z^*\sin\varphi_j)\sin\varphi_j\cos\varphi_j\left(\frac{nA_j}{A_j-A_0}-1\right)}{A_j^3} \tag{A.4h}$$

$$K_{25}=K_n\sum_{j=1}^{m}\frac{R_j(A_j-A_0)^n[A_0\sin\alpha_0+R_j(\varphi_y^*\sin\varphi_j-\varphi_z^*\cos\varphi_j)](A_0\cos\alpha_0+\delta_y^*\cos\varphi_j+\delta_z^*\sin\varphi_j)\cos^2\varphi_j\left(-\frac{nA_j}{A_j-A_0}+1\right)}{A_j^3} \tag{A.4i}$$

$$K_{33}=K_n\sum_{j=1}^{m}\frac{(A_j-A_0)^n\sin^2\varphi_j\left[\frac{nA_j(A_0\cos\alpha_0+\delta_y^*\cos\varphi_j+\delta_z^*\sin\varphi_j)^2}{A_j-A_0}+A_j^2-(A_0\cos\alpha_0+\delta_y^*\cos\varphi_j+\delta_z^*\sin\varphi_j)^2\right]}{A_j^3} \tag{A.4j}$$

$$K_{34}=K_n\sum_{j=1}^{m}\frac{R_j(A_j-A_0)^n[A_0\sin\alpha_0+R_j(\varphi_y^*\sin\varphi_j-\varphi_z^*\cos\varphi_j)](A_0\cos\alpha_0+\delta_y^*\cos\varphi_j+\delta_z^*\sin\varphi_j)\sin\varphi_j\cos\varphi_j\left(-\frac{nA_j}{A_j-A_0}+1\right)}{A_j^3} \tag{A.4k}$$

$$K_{35}=K_n\sum_{j=1}^{m}\frac{R_j(A_j-A_0)^n[A_0\sin\alpha_0+R_j(\varphi_y^*\sin\varphi_j-\varphi_z^*\cos\varphi_j)](A_0\cos\alpha_0+\delta_y^*\cos\varphi_j+\delta_z^*\sin\varphi_j)\sin^2\varphi_j\left(\frac{nA_j}{A_j-A_0}-1\right)}{A_j^3} \tag{A.4l}$$

$$K_{44}=K_n\sum_{j=1}^{m}\frac{R_j^2(A_j-A_0)^n\sin^2\varphi_j\left\{\frac{nA_j[A_0\sin\alpha_0+R_j(\varphi_y^*\sin\varphi_j-\varphi_z^*\cos\varphi_j)]^2}{A_j-A_0}+A_j^2-[A_0\sin\alpha_0+R_j(\varphi_y^*\sin\varphi_j-\varphi_z^*\cos\varphi_j)]^2\right\}}{A_j^3} \tag{A.4m}$$

$$K_{45}=K_n\sum_{j=1}^{m}\frac{R_j^2(A_j-A_0)^n\sin\varphi_j\cos\varphi_j\left\{-\frac{nA_j[A_0\sin\alpha_0+R_j(\varphi_y^*\sin\varphi_j-\varphi_z^*\cos\varphi_j)]^2}{A_j-A_0}-A_j^2+[A_0\sin\alpha_0+R_j(\varphi_y^*\sin\varphi_j-\varphi_z^*\cos\varphi_j)]^2\right\}}{A_j^3} \tag{A.4n}$$

$$K_{55}=K_n\sum_{j=1}^{m}\frac{R_j^2(A_j-A_0)^n\cos^2\varphi_j\left\{\frac{nA_j[A_0\sin\alpha_0+R_j(\varphi_y^*\sin\varphi_j-\varphi_z^*\cos\varphi_j)]^2}{A_j-A_0}+A_j^2-[A_0\sin\alpha_0+R_j(\varphi_y^*\sin\varphi_j-\varphi_z^*\cos\varphi_j)]^2\right\}}{A_j^3} \tag{A.4o}$$